U0161034

席泽宗文集

第四卷

中外科学交流

席泽宗 著
陈久金 主编

科学出版社
北京

内 容 简 介

席泽宗院士是我国著名的科学史家，在新星和超新星、夏商周断代、科学思想史等研究领域做出了杰出贡献，是中国科学院自然科学史研究所的创始人之一、我国天文学史学科的引路人。本文集辑为六卷，所选内容基本涵盖了席院士学术研究的各个领域，依次为《科学史综论》《新星和超新星》《科学思想、天文考古与断代工程》《中外科学交流》《科学与大众》《自传与杂著》，所选内容基本涵盖了席院士学术研究的各个领域，展现了一位科学史家的学术生涯和思想历程，为学界和年轻人理解科学的本质和历史提供了一种途径。

本书可供对科学史、天文学、科普等感兴趣的读者阅读参考。

图书在版编目（CIP）数据

席泽宗文集. 第四卷，中外科学交流 / 席泽宗著；陈久金主编. —北京：科学出版社，2021.10

ISBN 978-7-03-068556-8

Ⅰ.①席…　Ⅱ.①席…　②陈…　Ⅲ.①自然科学史-中国-文集　Ⅳ.①N092

中国版本图书馆 CIP 数据核字（2021）第 062673 号

责任编辑：侯俊琳　邹　聪　刘红晋 / 责任校对：贾伟娟

责任印制：李　彤 / 封面设计：有道文化

科学出版社 出版

北京东黄城根北街 16 号

邮政编码：100717

http://www.sciencep.com

北京建宏印刷有限公司 印刷

科学出版社发行　各地新华书店经销

*

2021 年 10 月第　一　版　开本：720×1000　1/16

2022 年 3 月第二次印刷　印张：23 3/4

字数：396 000

定价：196.00 元

（如有印装质量问题，我社负责调换）

编 委 会

出版说明

席泽宗院士是我国著名的科学史家，在新星和超新星、夏商周断代、科学思想史等研究领域做出了杰出贡献，是中国科学院自然科学史研究所的创始人之一、我国天文学史学科的引路人。本文集辑为六卷，依次为《科学史综论》《新星和超新星》《科学思想、天文考古与断代工程》《中外科学交流》《科学与大众》《自传与杂著》，所选内容基本涵盖了席院士学术研究的各个领域，展现了一位科学史家的学术生涯和思想历程，为学界和年轻人理解科学的本质和历史提供了一种途径。

文集篇目编排由各卷主编确定，原作中可能存在一些用词与提法因特定时代背景与现行语言使用规范不完全一致，出版时尽量保持作品原貌，以充分尊重历史。为便于阅读，所选文章如为繁体字版本，均统一转换为简体字。人名、地名、文献名、机构名和学术名词等，除明显编校错误外，均保持原貌。对参考文献进行了基本的技术性处理。因文章写作年份跨度较大，引文版本有时略有出入，以原文为准。

科学出版社

2021 年 6 月

总　序

席泽宗院士，是世界著名的科学史家、天文学史家。新中国成立以后，他和李俨、钱宝琮等人，共同开创了科学技术史这个学科，创立了中国自然科学史研究室（后来发展为中国科学院自然科学史研究所）这个实体，培养了大批优秀人才，而且自己也取得了巨大的科研成果，著作宏富，在科技史界树立了崇高的风范。他的一生，为国家和人民创造出巨大的精神财富，为人们永久怀念。

为了将这些成果汇总起来，供后人学习和研究，从中汲取更多的营养，在2008年底席院士去世后，中国科学院自然科学史研究所成立专门的整理班子对席院士的遗物进行整理。在席院士生前，已于2002年出版了席泽宗院士自选集——《古新星新表与科学史探索》。他这本书中的论著，是按发表时间先后编排的，这种方式，比较易于编排，但是，读者阅读、使用和理解起来可能较为费劲。

在科学出版社的积极支持和推动下，我们计划出版《席泽宗文集》。我们邀集席院士生前部分好友、同行和学生组成了编委会，改以按分科分卷出版。试排后共得《科学史综论》《新星和超新星》《科学思想、天文考古与断代工程》《中外科学交流》《科学与大众》《自传与杂著》计六卷。又选择各分科的优秀专家，负责编撰校勘和撰写导读。大家虽然很忙，但也各自精心地完成了既定任务，由此也可告慰席院士的在天之灵了。

关于席院士的为人、治学精神和取得的成就，宋健院士在为前述《古新星新表与科学史探索》撰写的序里作了如下评论：

> 席泽宗素以谦虚谨慎、治学严谨、平等宽容著称于科学界。在科学研究中，他鼓励百家争鸣和宽容对待不同意见，满腔热情帮助和提掖青年人，把为后人开拓新路，修阶造梯视为己任，乐观后来者居上，促成科学事业日益繁荣之势。
>
> 半个多世纪里，席泽宗为科学事业献出了自己的全部时间、力量、智慧和心血，在天文史学领域取得了丰硕成就。他的著述，学贯中西，融通古今，提高和普及并重，科学性和可读性均好。这本文集的出版，为科学界和青年人了解科学史和天文史增添了重要文献，读者还能从中看到一位有卓越贡献的科学家的终身追求和攀登足迹。

这是很中肯的评价。席院士在为人、敬业和成就三个方面，都堪为人师表。

席院士的科研成就是多方面的。在其口述自传中，他将自己的成果简单地归结为：研究历史上的新星和超新星，考证甘德发现木卫，钻研王锡阐的天文工作，考订敦煌卷子和马王堆帛书，撰写科学思想史，晚年承担三个国家级的重大项目：夏商周断代工程、《清史·天文历法志》和《中华大典》自然科学类典籍的编撰出版，计 9 项。他对自己研究工作的梳理和分类大致是合理的。现在仅就他总结出的 9 个方面的工作，结合我个人的学术经历，作一简单的概括和陈述。

我比席院士小 12 岁，他 1951 年大学毕业，1954 年到中国科学院中国自然科学史研究委员会从事天文史专职研究。我 1964 年分配到此工作，相距十年，正是在这十年中，席院士完成了他人生事业中最耀眼的成就，于 1955 年发表的《古新星新表》和 1965 年的补充修订表。从此，席泽宗的名字，差不多总是与古新星表联系在一起。

两份星表发表以后，被迅速译成俄文和英文，各国有关杂志争相转载，成为20世纪下半叶研究宇宙射电源、脉冲星、中子星、γ射线源和X射线源的重要参考文献而被频繁引用。美国《天空与望远镜》载文评论说，对西方科学家而言，发表在《天文学报》上的所有论文中，最著名的两篇可能就是席泽宗在1955年和1965年关于中国超新星记录的文章。很多天文学家和物理学家，都利用席泽宗编制的古新星表记录，寻找射线源与星云的对应关系，研究恒星演化的过程和机制。其中尤其以1054年超新星记录研究与蟹状星云的对应关系最为突出，中国历史记录为恒星通过超新星爆发最终走向死亡找到了实证。蟹状星云——1054年超新星爆发的遗迹成为人们的热门话题。

对新星和超新星的基本观念，很多人并不陌生。新星爆发时增亮幅度在9～15个星等。但可能有很大一部分人对这两种天文现象之间存在着巨大差异并不在意甚至并不了解，以为二者只是爆发大小程度上的差别。实际上，超新星的爆发象征着恒星演化中的最后阶段，是恒星生命的最后归宿。大爆发过程中，其光变幅度超过17个星等，将恒星物质全部或大部分抛散，仅在其核心留下坍缩为中子星或黑洞的物质。中子星的余热散发以后，其光度便逐渐变暗直至死亡。而新星虽然也到了恒星演化的老年阶段，但内部仍然进行着各种剧烈的反应，温度极不稳定，光度在不定地变化，故称激变变星，是周期变星中的一种。古人们已经观测到许多新星的再次爆发，再发新星已经成为恒星分类中一个新的门类。

席院士取得的巨大成果也积极推动了我所的科研工作。薄树人与王健民、刘金沂合作，撰写了1054年和1006年超新星爆发的研究成果，分别发表在《中国天文学史文集》（科学出版社，1978年）和《科技史文集》第1辑（上海科学技术出版社，1978年）。我当时作为刚从事科研的青年，虽然没有撰文，但在认真拜读的同时，也在寻找与这些经典论文存在的差距和弥补的途径。

经过多人的分析和研究，天关客星的记录在位置、爆发的时间、爆发后的残留物星云和脉冲星等方面都与用现代天文学的演化结论符合得很好，的确是天体演化研究理论中的标本和样板，但进一步细加推敲后却发现了矛盾。天关星的位置很清楚，是金牛座的星。文献记载的超新星在其“东南可数寸”。蟹状星云的位置也很明确，在金牛座ζ星（即天关星）西北1.1度。若将“数寸”看作1度，那么是距离相当，方向相反。这真是一个极大的遗憾，怎么会是这样的呢？这事怎么解释呢？为此争议，我和席院士还参加了北京天文台为1054年超新星爆发的方向问题专门召开的座谈会。会上只能是众说纷纭，没有结论。不过，薄树人先生为此又作了一项补充研究，他用《宋会要》载“客星不犯毕”作为反证，证明“东南可数寸”的记载是错误的。这也许是最好的结论。

到此为止，我们对席院士超新星研究成果的介绍还没有完。在庄威凤主编的《中国古代天象记录的研究与应用》这本书中，他以天象记录应用研究的权威身份，为该书撰写了“古代新星和超新星记录与现代天文学”一章，肯定了古代新星和超新星记录对现代天文研究的巨大价值，也对新星和超新星三表合成的总表作出了述评。

1999年底，按中国科学院自然科学史研究所新规定，无特殊情况，男同志到60岁退休。我就要退休了，为此，北京古观象台还专门召开了“陈久金从事科学史工作三十五周年座谈会”。席院士在会上曾十分谦虚地说：“我的研究工作不如陈久金。”但事实并非如此。席院士比我年长，我从没有研究能力到懂得和掌握一些研究能力都是一直在席院士的帮助和指导下实现的。由于整天在一室、一处相处，我随时随地都在向席院士学习研究方法。席院士也确实有一套熟练的研究方法，他有一句名言，“处处留心即学问”。从旁观察，席院士关于甘德发现木卫的论文，就是在旁人不经意中完成的。席院士有重大影响的论文很多，他将甘德发现木卫排在前面，并不意味着成就的大小，而是其主要发生在较早的“文化大革命”时期。事实上，席院士中晚期撰写的研究论文都很重要，没有质量高低之分。

“要做工作，就要把它做好！”这是他研究工作中的另一句名言。席院士的研究正是在这一思想的指导下完成的，故他的论文著作，处处严谨，没有虚夸之处。

在《席泽宗口述自传》中，专门有一节介绍其研究王锡阐的工作，给人的初步印象是对王锡阐的研究是席院士的主要成果之一。我个人的理解与此不同。诚然，这篇论文写得很好，王锡阐的工作在清初学术界又占有很高的地位，论文纠正了朱文鑫关于王锡阐提出过金星凌日的错误结论，很有学术价值。但这也只是席院士众多的重要科学史论文之一。他在这里专门介绍此文，主要是说明从此文起他开始了自由选择科研课题的工作，因为以往的超新星表和承担《中国天文学史》的撰稿工作，都是领导指派的。

邓文宽先生曾指出，席泽宗先生科学史研究的重要特色之一，是非常重视并积极参与出土天文文物和文献的整理与研究。他深知新材料对学术研究的价值和意义。他目光敏锐，视野开阔，始终站在学术研究的前沿，从而不断有新的创获。

邓文宽先生这一评价完全正确。席院士从《李约瑟中国科学技术史（第三卷）：数学、天学和地学》中获悉《敦煌卷子》中有13幅星图，并有《二十八宿位次经》、《甘石巫三家星经》和描述星官分布的《玄象诗》，他便立即加以研究，并发表《敦煌星图》和《敦煌卷子中的星经和玄象诗》。经过他的分析研究，得出中国天文学家创造麦卡托投影法比欧洲早了600多年的结论。瞿昙悉达编《开元占经》时，是以石氏为主把三家星经拆开排列的，观测数据只取了石氏一家的。未拆散的三家星经在哪里？就在敦煌卷子上。他的研究，对人们了解三家星经的形成过程是有意义的。

对马王堆汉墓出土的帛书《五星占》的整理和研究，是席院士作出的重大贡献之一。1973年，在长沙马王堆3号汉墓出土了一份长达8000字的帛书，由于所述都是天文星占方面的事情，席院士成为理所当然的整理人选。由于这份帛书写在2000多年前的西汉早期，文字的书写方式与现代有很大不同，需要逐字加以辨认。更由于其残缺严重，很多地方缺漏文字往往多达三四十字，不加整理是无法了解其内容的。席院士正是利用了自己深厚的积累和功底，出色地完成了这一任务。由他整理的文献公布以后，我曾对其认真地作过阅读和研究，并在此基础上发表自己的论文，证实他所作的整理和修补是令人信服的。

马王堆帛书《五星占》的出土，有着重大的科学价值。在《五星占》出土以前，最早的系统论述中国天文学的文献只有《淮南子·天文训》和《史记·天官书》。经席院士的整理和研究，证实这份《五星占》撰于公元前170年，比前二书都早，其所载金星八年五见和土星30年的恒星周期，又比前二书精密。故经席院士整理后的这份《五星占》已经成为比《淮南子·天文训》《史记·天官书》还要珍贵的天文文献。

席院士的另一个重大成果是他对中国科学思想的研究。早在1963年，他就发表了《朱熹的天体演化思想》。较为著名的还有《“气”的思想对中国早期天文学的影响》《中国科学思想史的线索》。1975年与郑文光先生合作，出版了《中国历史上的宇宙理论》这部在社会上有较大影响的论著。2001年，他主编出版了《中国科学技术史·科学思想卷》，该书受到学术界的好评，并于2007年获得第三届郭沫若中国历史学奖二等奖。

最后介绍一下席院士晚年承担的三个国家级重大项目。席院士是夏商周断代工程的首席科学家之一，工程的结果将中国的历史纪年向前推进了800余年。席院士在其口述自传中说，现在学术界对这个工程的结论争论很大。有人说，这个工程的结论是唯一的，这并不是事实。我们只是把关于夏商周年代的研究向前推进了一步，完成的只是阶段性成果，还不能说得出了最后的结论。我支持席院士的这一说法。

席院士还主持了《清史·天文历法志》的撰修工作。不幸的是他没能看到此志的完成就去世了。庆幸的是，以后王荣彬教授挑起了这副重担，并高质量地完成了这一任务。

席院士承担的第三个国家项目是担任《中华大典》编委会副主任，负责自然科学各典的编撰和出版工作。支持这项工作的国家拨款已通过新闻出版总署下拨到四川和重庆出版局，也就是说，由出版部门控制了研究经费分配权。许多分典的负责人被变更，自此以后，席院士也就不再想过问大典的事了。这是自然科学许多分卷进展缓慢的原因之一。这是席院士唯一没有做完的工作。

陈久金

2013年1月31日

序　言

> 李约瑟博士是第一个对中国科学技术史进行了系统、综合研究的人。他不仅在自然科学领域取得了重大成就，而且在哲学、历史、文学和多种语言方面有极深的造诣。尽管置身于西方文化背景之中，但李约瑟博士通过自己的感受，对东方文化具备了深入透彻的认识。他开创了世界背景下的中国科学技术史比较研究，探讨中国科学技术与其他国家的相互影响，以及她的优点与不足。他的里程碑式的著作《中国科学技术史》，完成了从一种文明到另一种文明的超越。

这是席泽宗院士1995年6月10日在李约瑟博士追思会上的讲话中的一段。虽然这是对李约瑟的评价，但也反映了席泽宗本人关于中国科学技术史研究的思想。席泽宗对中国科学技术史特别是中国古代天文学史的研究，始终是置于自然科学的前沿和东西方科学文化背景之下的。他关于中国古代新星、超新星的研究，是从天体物理学最前沿出发提出天文学史研究问题。如果没有对当代天文学的了解，是不可能做出这样的研究工作的。他对西方的科学、历史和文化有非常深入的了解，这使他在研究中国科学技术史时总是能够以比较的视角和独到的方式提出问题。席泽宗的科学技术史思想在他的所有研究中都有所体现，本卷收集的论文，主要是他专门探讨历史上的中西方科学交流的论文，此外还有一些介绍国外天文学史研究动态的报告。有些看起来只是简短的国际会议情况介绍，却很好地反映出他当时关注的视角。

席泽宗院士是学习天文学出身的，他对当代天文学有强烈的兴趣和很高的素养，这从他从学生时代就开始发表的很多天文学科普论文中就可以看出来（见“科普卷”)。他对天文学更深入的理解，是通过对苏联天文学的介绍和研究获得的。他与著名天文学家戴文赛合译苏联天文学家阿姆巴楚米扬的《理论天体物理学》，又译阿氏的《恒星的起源问题》；还与应幼梅、关泽光、李竞合作，翻译苏联科学院院士奥巴林和费森科夫合著的《宇宙间的生命》，这是一部探讨生命的起源和生命在宇宙间分布的书。由此可见，他对当时天文学的最前沿问题和最新进展是非常了解的。这就使他在从事中国古天文研究时具有很开阔的科学视野。与此同时，他还关注当时苏联的科学技术史工作。他的《先进的苏联科学技术史工作》一文，介绍了当时苏联科学技术史的研究状况。苏联科学家对科学史有着极大的兴趣，苏联的科学技术史当时的主要任务是：①研究苏联建国 40 年以来的科学技术发现和发明史；②研究各个时期与科学发展有关的中心问题，如科学与社会制度的关系；③对世界科学技术史进行广泛深入的研究。“苏联的今天就是我们的明天”，这也是席泽宗当时对未来中国科学技术史事业的憧憬。

天文学是中国古代自然科学最发达的学科之一，但到明代却趋于衰落。明末耶稣会传教士输入西方天文学，好像一块巨石投入平静的湖面，激起千层巨浪。在“中法”和“西法”的激辩与汇通之中，中国天文学走上了从传统向现代的转变历程。席泽宗等 1973 年发表的《日心地动说在中国——纪念哥白尼诞生五百周年》，虽然免不了受当时“文化大革命”的影响，却仍抓住了中国天文学现代化过程中的一个关键问题。他 1988 年发表的《十七、十八世纪西方天文学对中国的影响》，则是对这一历程的深入研究。他指出，西方天文学的传入不仅改变了中国传统的天文学，而且其影响远远超出了天文学本身的范围。即便如此，西方天文学的传入并没有在中国引起类似欧洲的“科学革命”。我们可以看到，他的研究视角不局限在中国，而是带有国际的视角，对“科学革命”这样的科学史经典话题，特别是对“李约瑟问题”充满关注。

关于“李约瑟问题”，席泽宗在他的《关于“李约瑟难题”和近代科学源于希腊的对话》一文中有精辟的论述。首先，他认为“李约瑟难题”的提法不妥，历史没有发生的事情，不是历史学家研究的对象，问题还是近代科学为什么在欧洲发生。近代科学没有在中国发生和当今中国科学落后，这是两个问题，不能混为一谈。其次，他认为，近代科学在欧洲产生与欧洲吸收了古希腊文化有关系，这种提法也不一定准确。事实上，近代科学是在反对古希腊科学的激烈斗争中诞生的。比如说，哥白尼的“日心说”出现以后，在欧洲所受的阻力，远比传到中国以后所受的阻力为大。再次，关于科学的方法，如亚里士多德的逻辑、欧几里得《几何原本》的严密，都不是近代科学发生的根本原因。中国古代虽然没有亚里士多德这样的逻辑论述，但不等于中国古人不会逻辑地思考问题；12 世纪以前的阿拉伯世界，大量吸收了古希腊的科学，但也没有产生近代科学。所以，最后他指出，“近代科学产生在欧洲并得到迅速的发展是由当时当地的条件决定的，不必到 1400 多年以前的古希腊去找原因。自 16 世纪以来，中国科学开始落后，也要从当时当地找原因，不必把板子打在孔子、孟子身上”。从他的这些论述来看，他的学识和视野是贯通古今中外的，所以他才能在科学史上提出精辟的见解。

席泽宗的国际视野反映在他的一些关于科学史领域的活动和进展报告之中。可以说，他是走到哪里，就会关注哪里的科学史研究。这些报告虽然有的篇幅很短，却能抓住要点，看到主流。例如，他在参加于 1981 年在罗马尼亚首都布加勒斯特召开的第 16 届国际科学史大会之后写的简报中称：“一些传统的学科分支，如天文学史、数学史、技术史、医学史等续有发展，有不少高质量的论文；同时，近现代史的研究进一步得到重视；科学史的方法论、科学与社会等分支相当活络，很有生气；会议期间还举行了科学史教育等专题报告会。这些值得注意的发展趋向，引起我们很大的兴趣和关注。”他关注的这些方面，事实上后来也成为中国科学技术史学科的发展方向。

因此，对科学前沿的关注、对东西方科学的了解，是席泽宗院士成为科学史领域常青树的至宝。

孙小淳　王广超

2012 年 7 月 6 日

目录

CONTENTS

苏联在天体物理学上的伟大贡献

天体物理学是研究天体的化学组成与物理性质、恒星与星系的结构和演化的科学。在天体物理学的发展上，俄国科学家有着巨大的贡献。早在 200 多年以前，当天体物理学还没有形成一门独立的科学的时候，罗蒙诺索夫就有过意义重大的发现。他第一次确定太阳系中另一行星（金星）上大气的存在，因而证明了地球和其他行星在物理性质上有相似的地方。

俄国最大的天文台——普尔科沃天文台——的第一任台长斯特鲁维（В. Я. Струве）在恒星的研究方面做出了划时代的贡献。他是首先测定恒星距离的三位天文学家之一，他是指出星际空间有物质存在的第一人，他所编制的双星和聚星表是以后许多年中研究恒星性质和运动的必备文件。由于他和他的同事们的努力，普尔科沃天文台在 19 世纪获得了“世界天文首都”的光荣称号。

彗星物理性质的研究是和普尔科沃天文台的第三任台长布列季欣（Ф. А. Бредихин）的名字分不开的。他在研究彗星尾巴的形状方面做了许多经典的工作，并且证明自然界中除了引力还有斥力存在。后来俄国物理学家列别捷夫（П. Н. Лебедев）对这种力又加以详细研究，用实验的方法证明了光有压力，并且测量了它的大小：质点的半径越小，光压对它起的作用越大。

近代天体物理学中最强有力的方法——光谱分析法——在许多部门的应用是由布列季欣的同事别洛波尔斯基（А. А. Белопольский）奠定和发展起来的。他把关于音波的多普勒效应推广到光波上，并给以实验证明：发光的物体向我们走来或离我们远去的时候，它所发的光谱线也要发生变化。发光体向我们走近时，光谱线向紫色一端移动；离我们远去时，光谱线向红色一端移动；并且位移的多少和发光物体的运动速度成正比。因此，在知道了恒星光谱线位移的大小以后，就可以算出它们远离或接近我们的速度（“视线速度”）。把视线速度和自行配合起来，就可以研究恒星的运动规律。

利用多普勒—别洛波尔斯基原理还可以确定天体是否在自转。因为自转的时候，天体总是有一部分向我们来，一部分离我们去，形成光谱线加宽的现象。根据这一现象，西梅兹天文台的沙因（Г. А. Шайн）院士首先证明：许多恒星，主要是高温恒星，自转速度非常之大，如牛郎星，每六小时就自转一周。这一事实的发现，对于正确理解恒星的结构与演化具有重大意义。

西梅兹是克里米亚半岛上雅尔塔附近的一个村子，这里的天文台建立于1908 年，原来是普尔科沃天文台的一个分台，以研究小行星著称于世。“十月革命”以后，1925 年在这里安装了直径一米（40 英寸）的反射望远镜，从此它在恒星的光谱研究方面就很快地获得各国天文家的好评，一跃而为苏联的主要天体物理观象台。

第二次世界大战期间，德国法西斯侵入苏联领土的时候，普尔科沃和西梅兹两个天文台都毁于炮火之中了。由于苏联党和政府的大力支持，在战后很短的时期内，这两个天文台不但恢复了旧观，而且大大近代化了，安装了许多新式仪器，这些仪器绝大多数都是苏联自己制造的。不但如此，并且又在克里米亚半岛的中部，游击队村附近建立了拥有丰富设备的大型天文台。这个新天文台和西梅兹天文台构成一个统一的整体，改归苏联科学院直接领导，它的名称是：克里米亚天体物理观象台，台长就是去年来过中国的谢维尔内（А. Б. Северный）博士。

除此以外，在苏联建国以来的 40 年当中还在少数民族区域建立了许多天文台，如格鲁吉亚的阿巴斯图曼尼天文台，亚美尼亚的比拉坎天文台……现在苏联共有 20 个天文台，1000 多名天文学工作者，是一支浩浩荡荡的科学大军。这支用马克思列宁主义武装起来的科学大军，在苏联科学院天文委员会的统一领导下，有计划有步骤地开展研究工作，保证了天体物理学以空前无比的速度蓬勃向前发展。现在就让我们以兴奋的心情，来回顾一下战后 12 年来苏联在天体物理学上取得的一些巨大成就吧！

一、太阳系的研究

太阳系的主角是太阳。太阳活动（如黑子的出现）与地面许多现象（如磁暴的发生）有着密切关系，对太阳的观测和研究有着重大的实践意义，因此苏联建有“太阳联合观测网”，大规模地进行着工作。

太阳能的利用，在苏联已经成为现实。它已被用来作医疗、冷却、取暖等之用。现在苏联科学院动力研究所日光工程实验室正在做各种实验，准备大规模地利用太阳能来为共产主义建设服务。

对于大行星，首先是火星的研究，苏联天体物理学家们做了很多的工作。在这里应该举出巴拉巴舍夫（Н. П. Барабашев）、沙罗诺夫（В. В. Шаронов）和吉霍夫（Г. А. Тихов）的名字。尤其是吉霍夫，他是天体植物学的创建者，他首先确定火星上的暗斑区域有植物存在。这些植物与地球上的植物有共性，但为了适应火星上的严寒气候，在很大程度上也有它的特殊性。

对于小行星的研究，西梅兹天文台一向居于世界的领导地位，它所出版的“小行星历表”被各国天文台一致采用。

奥尔洛夫继承和发展了布列季欣关于彗尾的理论，他按照斥力数值的不同，将彗尾分为两大类：第一类彗尾是由各种气体（游离的碳气体和氮的分子）组成的，斥力是引力的 22～200 倍；第二类彗尾是由直径约 0.001 毫米的微小固体质点组成的，斥力是引力的 0.1～2.2 倍。奥尔洛夫对彗尾研究的这一卓越贡献，使他获得了斯大林奖金。

关于太阳系起源问题的研究在苏联有很大的发展。1951 年 4 月，苏联科学院举行了盛大的专门会议。与会的天文学家、地质学家、地球物理学家及其他学会的代表们，都热烈地讨论了施密特院士关于太阳系起源的理论。施密特认为：我们的太阳在它形成的初期，或者在它围绕银河系中心运动时，穿过尘埃云，并俘获其中的一部分。这种尘埃中包含大大小小的微粒。在太阳的引力作用下，微粒群在一定的轨道上运行而且互相撞击，随即黏结在一起，最后形成了行星。

与会的人们热烈地祝贺了施密特的成就，但也指出了他的学说的缺点。反对施密特学说最激烈的是费森科夫院士，他提出了另外一套看法。他认为必须把太阳系的起源跟恒星的起源和演化联系起来：太阳从前可能旋转得非常快，那时可能在离心力作用下从它的炙热的气体中抛出物质碎块，这些碎块离开太阳以后，经过冷凝就成为行星。

到现在为止，关于太阳系的起源问题还是没有得到彻底解决。不过世界总是可以认识的，相信在积累了更多的资料以后，科学家们迟早会解决这一问题。

二、恒星的研究

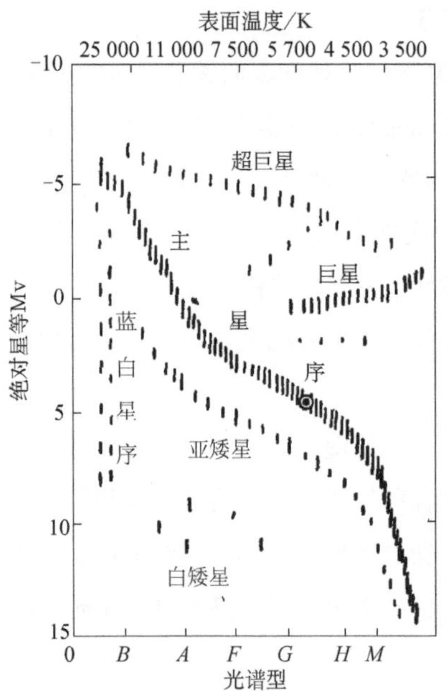

由于光谱的差异，恒星可以分为七大类或七个光谱型。把光谱型作为横坐标，光度（恒星的真正发光本领，用“绝对星等”表示）作为纵坐标，将每颗星点出，便得到右图。绝大多数的星都处在由左上角到右下角的对角线上。这条对角线叫作主星序。在主星序的上方有些很亮的星，叫作巨星。比巨星更亮的是超巨星。在主星序的右下方有为数不多的白矮星，它们的温度很高、密度很大，但体积很小。

以上所叙述的情况就是罗素图，它是由美国天文家罗素于 1913 年首先绘出的。这幅图在天文学上非常重要，有许多人在研究，苏联天文家们也做出了巨大贡献。巴连那果（П. П. Паренаго）发现在主星序和白矮星之间还有一组亚矮星。他又和马谢维奇（А. Г. Масевич）断定：主星序分为两部分，第一部分包括从 O 型到 G 型温度较高的星，第二部分包括从 G 型到 M 型的矮星；

这两部分星在空间分布和运动方面都有很大的差别。伏隆佐夫-维里亚米诺夫（Б. А. Воронцов-Вельяминов）发现：在罗素图的右方从O型和B型开始，经过沃尔夫－拉叶星、新星，最后止于白矮星，形成了一个系统，他把它叫作蓝白星序。

新星、沃尔夫－拉叶星和变星，这些都属于不稳定星，它们是迅速地变化着的天体。苏联对不稳定星的研究很是注意，1954年在莫斯科召开的第四次天体演化学会议就是专门讨论这方面问题的。应该指出，苏联在变星方面的研究居于世界的领导地位，它是全球通用的变星表的编制者。

阿姆巴楚米扬（В. А. Аибарцумян）在研究炽热恒星（O型星和B型星）的空间分布时发现，这些星在空间有成窝存在的现象。从理论上算出，同一窝中的恒星在不同速度的影响下，以及由于其他原因，它们应当很快地分散。但是还没有分散，可见它们是不久以前才形成的。阿姆巴楚米扬把这种刚成窝形成的恒星叫作“星协”。

除由炽热恒星组成的星协（O-星协）外，还发现有另一类型的星协，其中都是由G型到M型的矮星，这些星的亮度变化很不规则，光谱中有明线存在。这一类星协叫作T-星协，它是因金牛座的变星而得名的。

星协的发现对于反动的唯心论是一个致命的打击。它证明了在我们的星系（银河系）里，恒星不是由于某一“造物主”的创造在同一时间产生的，而是陆续形成的，就是此刻，也还在产生着。

三、星系的研究

我们所在的星系——银河系——是由恒星、星云和星际物质等组成的。巴连那果和库卡金（Б. В. Кукаркин）在研究各种不同类型的恒星的空间分布和运动特性时，发现它们在银河系里头分别属于三个子系：球状子系、扁平子系和中介子系。同一子系的各类天体似乎有起源和演化上的联系。这一子系概念的建立，对于星系结构的研究是十分重要的。

前面说过，星际物质的研究是从俄罗斯天文学家斯特鲁维开始的。苏联天文学家们继承了这个光荣历史，在这方面做了许多工作。科学家们查明星际物质有两种：尘埃和气体。大半集中在扁平子系里的星际尘埃具有吸光的作用，也有使遥远的星光变红的现象。星际尘埃的密度并不是到处一样，有的地方特别密集，形成“黑云”一团。被巨大的云块遮住的银河系中心，在1948年终于露出了它的“庐山真面目”，苏联天文家卡里涅克（А. А. Калиняк）、克拉索夫斯基（В. И. Красовский）和尼可诺夫（В. Б. Никонов）用电子光学变换器拍得了它的照片。在全世界来说，这是第一次。

在研究黑暗星云的同时，对于明亮的弥漫星云苏联也在研究。沙因院士和加泽（В. Ф. Газе）发明了一种方法，能把纯气体的云和气体尘埃云分别开来。结果发现：纯气体云常和炽热恒星（O 型星和 B 型星）混在一起，而气体尘埃云则与一些低温恒星是在一起的。很可能，这种关系有着深刻的演化意义。

将沙因的方法应用到其他星系——河外星系——的照相上时，发现有些河外星系的内部也有巨大的气体云，而且这种云也是和炽热恒星在一起的。这说明在其他的星系里可能也存在着像我们银河系里的星协。

银河系和其他的星系是有着许多共同点的，彼此可以互相引证。1952 年，伏隆佐夫-维里亚米诺夫就在研究河外星系旋涡结构的基础上，得出了一些普遍原则，来作为研究银河旋涡臂的指导思想。他认为从巨星和超巨星的空间分布可以确定旋涡臂的位置，并且断言银河系不止两个旋涡臂。这方面的研究现还在继续。

从以上的简短叙述，我们可以看出苏联在天体物理学上的成就是多方面的，是巨大的。它之所以能如此，除了由于苏联共产党和苏联政府的重视，还由于苏联天文家们掌握了马克思列宁主义认识论的有力方法，以及他们工作的计划性。学习苏联，建设祖国——我们不仅要学习苏联的科学成就，还必须学习苏联科学家们的这两大特点。只有这样，我们才能迅速赶上世界水平。

〔《科学》，1958 年第 1 期〕

恒星的起源问题

伟大的“十月革命”以来的40年间，关于宇宙间物理现象的科学——天体物理学——完全改变了面貌。大型望远镜的应用和建立在电子学技术基础上的新的测量仪器的出现，使得我们关于恒星和星际介质内发生的物理过程的知识大为增加了。另外，又可以用近代的理论物理学来正确地解释观测资料和了解这些过程的本质。于是产生了一门新的科学——理论天体物理学，它不但可以从理论上来计量天体内发生的许多现象，并且可以预告从前未曾观测到的一些现象。

对于苏联天体物理学应该给以特别崇高的评价。在“十月革命”以前，虽然布列季欣院士和别洛波尔斯基院士，以及他们的学生们做了不少的工作，但那时有显著发展的只是观测天体物理学。现在，情况起了根本变化：在许多的理论研究部门里，我们的天体物理学已居领导地位，它常常可以提出极其新颖而富有意义的概念和方向。

大约在20世纪30年代，苏联天体物理学家们在恒星演化学领域里迈出了“羞答答”的第一步，开始从广泛的观测资料中，很不肯定地和很不精确地整理有关恒星演化的片段资料。近代科学的恒星演化学，在它诞生的初期，发展得很慢；但随着观测资料的积累，在对它们的解释方面所取得的成就就开始增加了。到了40年代的末尾，在恒星和星系的起源方面就获得了头一批成就。这些成就是后来很有价值的结果的前导。

在这里我们想要叙述一些有意义的结果，它们都是苏联的天体物理学家们在解决恒星的起源和演化问题时得到的。同时我们的注意力将主要地集中在：由列宁格勒大学天体物理教研室的工作而产生，后来被亚美尼亚共和国科学院比拉坎天体物理观象台所发展了的学说。这些学说和方法的发展是与苏联其他的天文团体的工作紧密联系着的，如普尔科沃天文台、克里米亚天体物理观象台和史天堡天文研究所。不过为了叙述的统一性，我们将取在列宁格勒和比拉坎所发展起来的恒星演化概念作为介绍的基础。

在谈恒星的起源和演化的问题时，通常是指组成我们的星系——银河系——的恒星。银河系中的多数恒星是在什么时候和怎样形成的？它们的年龄怎样？它们和银河系中别的天体（如气体星云）有没有演化上的联系？这些题目让我们产生了兴趣。

解决这些问题时，主要的困难是，恒星演化极慢，以至于人的一生，甚至天文观测的整个历史，和它那变化的长久比起来，成了一刹那。许多的演化过程是不可能直接观测到的。所以只能在对我们已知的许多恒星的物理状态的观测资料进行仔细的研究和对比的基础上，绘出恒星的起源和演化的图案。

恒星物理状态的多种多样使人感到惊讶。在19世纪的末叶，人们按照光谱的面貌把恒星分为不多的几类。后来又引入了光谱次型和光度型的分类。现在知道：就是同一光谱次型和同一光度型的星，也可以有不同的自转速度。这就代表着物理状态也还有不同，诸如化学成分不同、磁场的存在与否、大气是否抛射物质等。

恒星彼此之间不但物理状态不同，就是和其他星的联系也有不同。银河系的所有恒星都在围绕着银河中心旋转。但是有些星单独地公转，如太阳；有些星却成群结队地公转，如双星、聚星和星团。这些“小集团”的存在是银河系的特征之一。在结构和状态方面，这些小集团也彼此不同。在恒星的物理状态和它在集团内所处的地位之间，曾发现一些有意义的规律。只有在了解了各种恒星和恒星群的起源以后，对这些规律才能做出解释。

不久以前，恒星的起源问题还是完全脱离开恒星群（聚星和星团）的起源问题被孤立地讨论的。苏联天文家们的工作结果表明：这些问题是有紧密联系的。现在看来，恒星是成群产生的。把恒星当作孤立物体来讨论它的起源问题，这样做是没有道理的。但是在十年前情况还不是这样。当然，那时已经理解到：每个恒星都处在别的星的引力场内。不过可以证明：别的恒星和整个银河系对一颗星内部结构的引力作用，应该是微不足道的。如果恒星没有辐射，可以把它当作孤立系统。辐射把恒星和外界环境联系起来了。但这种联系只是一个方面。恒星的辐射能量，本质上决定于它的内部条件。外力几乎不影响恒星的内部活动，内部活动是由内力的作用而发展起来的。

若是这样，就可用下述简单而合理的方法来研究恒星的演化问题。根据理论物理学，在得到了一些观测资料（质量、光度、半径等）后，可以确定处在平衡状态下的恒星的内部结构。这就是说，若恒星内的每一点都处在平衡状态，我们就能计算随着到中心的距离而变化的温度、密度和压力值。解决了某一恒星的这个问题时，就算建立了它的内部结构模型。

由于恒星辐射，辐射能源不断消耗，应该引起恒星状态的变化。在改变了状态的恒星内部的每一点，可以得到温度、密度和压力的另一数值，于是又建立了变化后的模型，它将适应于另一些观测资料。

这样一来，就可以建立一系列的模型，来确定恒星演化的整个过程。不过在这里，关于恒星能源的性质引入一定的假设，也是极为重要的。在恒星核心的温度下，由于从氢变氦的热核子反应，应该产生出许多能量来。但是把核转变当作恒星辐射主要能源的这一假设是任意的，还需要经过严格的考验。

虽然在恒星生存的大部分时期内，可以把它当作自动机体讨论，但是，我们不能相信：在它形成的时期，内部过程和外界作用无关。为了解决这一问题，需要知道恒星是在什么样的条件下形成的。但是为了求得恒星刚一形成后所处的状态，企图把随时间而变化的恒星内部结构向上外推时，模型的方法遇到了不可克服的困难。同时在使用这个方法时，附加的许多任意假设，使得结果相当不可靠，它所得到的只是已经形成了的星的较晚时期。但用理论力学和统计物理的方法可以充分可靠地追寻恒星群（甚至恒星群的总体）

演化的过程。我们可以不作任何假定，在时间方面向上外推求得过去的一切变化。所以从星系力学得到的关于恒星群初始状态的知识，是相当可靠的。它可以得到关于恒星群和成员星的起源的知识。所以在恒星演化学的领域里产生了一个新的方向：用星系力学来研究恒星的演化。这个方向在苏联得到了最大的发展。

星系力学的方法和对星群内各个不同阶段的恒星的物理性质进行详细的研究，二者结合起来就大大地扩大了天体演化学的知识。

在 19 世纪和 20 世纪的前半期曾经提出过不少的所谓天体演化学说：太阳系起源假说、恒星起源假说、星系及其成员星的起源假说……这些假说都是企图从假定某一物体或系统的初始状态出发，来解释它的起源和以后的演化。例如，假定过去某一个时期，太阳处在弥漫星云的内部，而弥漫星云所占据的空间，就是今天行星们运动所占据的空间；由此来解释现今行星系的情况。

所有这些假说都显得软弱无力。问题在于：宇宙现象，以及伴随着恒星的起源和演化而发生的现象，根本不同于在规模很小的范围内发生的现象。虽然在银河系内，在仙女座大星云内，在物理实验室内，这些地方的物质的原子和分子都有相同的性质，但是在宇宙的条件下，有关系的物质数量是如此之多，变化的时间是如此之长；以至在普通条件下几乎不起什么作用的一些物质的深刻的性质，在这里显露了，而且有时具有极重要的意义。

例如，和核能有联系的现象，在地球上只起十分微小的作用。一直到 20 世纪的开头，放射性被发现以前，物理学家们不知道它。但是核内能量的释放在恒星内部的条件下却起着非常重要的作用。由此可见，19 世纪的天体演化学者们没有掌握恒星内部的特殊的条件和性质，不可能正确地解决恒星的演化问题。没有疑问，在许多的场合，天体尚有其他的一些特性，现在我们也还不了解。

我们越向宇宙空间深入，就越发遇到极其特别的现象，这些现象只有在对近代物理学或将来发现的基本粒子的一些隐蔽特性的研究基础上，才能得到解释。

天体物理学家们在竭尽全力把原子和原子核物理学应用到宇宙现象的时候，应该看到天体演化学的研究在观测资料和阐明恒星演化过程所服从的特殊规律方面所得到的支持。这就是说，近代的天体物理学已经走上了这条道路。这方面的工作表明：这些规律是很复杂的，而且确实有其特殊性。

在解决了第一批恒星的起源问题以后，我们面临着许多复杂的问题。可以这样说：在恒星演化学的领域里，我们只解决了有数的难题，还有更多更难的问题留待解决。

天体演化的讨论可能显得平淡无味，但这是必要的，因为现在还有人继续在不对所有观测资料都进行充分的深刻分析，而是进行一些简化的假设的基础上，设法解决这方面的问题。

例如，为了解释恒星的起源，许多人都着眼于弥漫物质。他们认为，恒星是由稀薄的云状物质凝聚而成的，并且认为，过去某一时期，银河并不是由星组成的，而是一块大的云状物质。大量的椭圆星系的存在支持了这种观点；那时望远镜还没有把这种星系里的星分辨出来，于是金斯认为：椭圆星系就是星系演化的初始阶段。1944 年，巴德证明了：椭圆星系是由星组成的，而且它所含的弥漫物质，比其他类型的星系都少。巴德的这一发现，给金斯的观点带来了致命打击。现在我们知道，没有一个星系是单独由弥漫物质组成的。所以恒星起源于稀薄的云状物质的假说是毫无根据的。尽管如此，这种错误的观点仍然在流传着。

现在准备报告一些重要的天体演化问题，谈谈苏联科学得到的一些有意义的结果和属于恒星起源问题的一些可靠的规律。

1. 恒星的年龄怎样

一直到 20 世纪 30 年代的中期，还没有方法正确地估出恒星的年龄。估计银河系内恒星平均年龄的头一个正确方法，是在统计双星的基础上得到的。参加双星（和聚星）系统的恒星占恒星的大部分，至少在太阳附近是如此。怎样决定单位体积内双星和单星数目的比例？在解决这个问题时，要从理论力学的观点来考虑：在银河系内应该发生分解和结合两种相反的过程。一方面是双星分解成单星，一方面是原先彼此不相关的单星结合成双星。当双星和某一局外星接近时，彼此的重力作用，使彼此相对运动的部分能量消耗在分解双星上，结果双星就告瓦解。这种机会虽然很少，但在原则上还是有的。当三个星偶然在空间相遇，而处在极近时，其中有一个星取得其他两个星相对运动的大部能量而远走了，剩下的两个就结合成双星了。这种机会很少，不过在漫长的岁月里，银河系内总有这种情形发生。如果双星系统能相当持久地保持，而且恒星能保持质量不变，那么这两种相反的过程终究会达到平衡。当星系达到这种平衡状态时，我们就说它是处在分解平衡状态，这时双星和单星的比例，完全是一个确定的数值，可以叫它“平衡”数。

但是观测到的数值超过平衡数几千万倍。由此可见，在银河系内单星和双星的分解平衡还远没有达到。换句话说，银河系内恒星已存在的时间，比达到分解平衡所需要的时间短得多。可以证明，用这个方法所求得的恒星年龄不到几百亿年。这样一来，就确定了恒星年龄的上限。另外，地球化学的资料说明：地球的年龄，也就是恒星之一的太阳的年龄，不小于几十亿年。所以可以认为：上限和真实年龄相差并不太远。

应该指出，这里所谈的只是平均年龄。个别种类的恒星的年龄可以和这个数值相差很多。例如，它并不排斥只有平均年龄几分之一的青年星的存在。

2. 俘获呢，还是共同起源

现时银河系内存在的双星，事实上究竟是怎样产生的？是三个星接近时俘获而得的呢，还是当初就在一起成双诞生？

先假定所有恒星都是单个产生，后来开始结合。不过在用俘获的方式形成了第一批双星以后，就应该开始双星分解的过程。当然，在这种情况下，双星对单星的比例应该增加，但无论在什么时候也不会超过上述的平衡值。然而观测到的数值比平衡值大许多许多倍。这就是说，我们关于恒星单个起源的假说，是完全不可信的。应该得出下列结论：观测到的双星当初就是双胎产生的。换句话说，双星的成员星有着共同的起源。

关于三合星、聚星和星团也都可以这样说。可以相信：参加在同一星团的恒星有着共同的起源，它们是同时诞生的。恒星成群产生的这种思想，在20 世纪 30 年代就有人提出，不过得到广泛的采用，却是在发现有些星群正处于瓦解中的事实以后。

3. 星团是稳定的吗

许多星团，如昴星团，都处在稳定状态：也就是说，星团内部各个恒星的位置尽管有变化，但是它们的空间分布总是不变，因为其中所有恒星的运动速度和方向都是一致的。请问这种平衡状态能够保持多久，什么原因可以把它破坏？星系力学的研究表明：能够使星团稳定性遭到破坏的是星团与星团的紧密接近。当它们接近时发生能量交换，偶尔可以有一颗恒星获得巨大的能量，以至能够战胜整个星团的引力，而逃逸出去。恒星逃走的机会虽然很少，但年深日久，星团却要变为贫星，以至最后瓦解。可以算出，要昴星团和毕星团等发生瓦解，需要几十亿年的时间。对于有些星团，需要的时间却很短，几亿年就可以测量出其变化。这就是说，不同的星团可能在银河发展的不同时期产生。在这方面的研究所得到的最有意义的结论是：银河系中许多的单星可能是星团的逃兵，不过这个结论还没有充分的证实。

4. 恒星形成的过程在银河系内现在还继续吗

这个问题的答案和在银河系内发现的星协有着紧密的联系。星协是由某些物理类型的恒星组成的星群，它所占的空间范围很大，但内部密度很小。详细的研究指出：星协分为两类。一种是由炽热的高温星（巨星）组成的稀疏星群，叫作O-星协；一种是由比较冷的低温变星（矮星）组成的，叫作T-星协。星协内，恒星的空间密度如此之小，它不能依靠成员的彼此吸引力来保持稳定状态。它应该在银河中心的吸引力的作用下，不断地变形和分解。如果再没有引起星协瓦解的其他原因，那么，单银河中心的引力，在几千万年以内就可使星协瓦解。这就已经表明：和银河系的其余部分比较起来，星协是很年轻的恒星组织。然而进一步的研究又证明：对星协的瓦解起主要作用的不是银河中心，而是星协的成员星在一开始就有很大的运动速度，快速地从相互吸引的球体范围内往外跑。换句话说，许多的星协应该是正在分散着的恒星群，不管怎样，星协中的大部分恒星总都是以很大的速度在离开中心。这些结论是在对星协的结构进行质的研究的基础上，先从理论上得到，然后又在对星协内恒星的运动作测量时得到了完全证实。现在对许多星协进行了膨胀速度的测定，使得可能更精确地确定星协的成员星的年龄。对于许多的O-星协得到的年龄是100万～500万年，这个年龄只是银河系年龄的几千分之一，它们简直是新生婴儿星。对于T-星协虽然还没有得到准确的数值，但根据间接的材料，它们的年龄有一二百万年。

星协的发现及其瓦解的确定，是银河系内恒星还在继续产生的证据。星协瓦解以后，它的成员星就以单星或聚星的形式参加到银河的一般星场内了。于是就得到这样一个概念：银河系内的恒星至少有一大部分是在星协内形成的。

5. 银河系内的恒星都是在星协内产生的吗

众所周知，银河系中有一部分恒星非常强烈地向银河的对称面集中，这一部分恒星叫作星族Ⅰ，另一部分不大向对称面集中的叫作星族Ⅱ。真实的情况比这更要复杂。事实上银河系是由互相参插的、具有不同空间分布的子系组成的总体。星族Ⅰ相应于“扁平”子系，星族Ⅱ相应于“球状”子系，另外还有一个中介子系，它不是扁平的，但也相当扁。星协集中在银河平面内，在它内部形成的恒星参加扁平子系，有时也参加中介子系，但不参加球状子系。我们在银河系内观测到了许多星协，但由于它们的寿命很短，一定还有更多的星协我们没有来得及看到。自银河系形成以来，在它的内部出现和分散了的星协，可能有好几百万个。这个数目已大到足以证实：扁平子系和中介子系的绝大部分恒星是在星协内产生的。这样一来，我们可以得出结论：在星协内成窝产生是这些子系的星的一个规律。球状子系的星一定不是在星协内产生的。可以确信：组成每一球状星团的星是一起形成的。完全可能：有些球状星团是不稳定的，它们在扩散着，分散后的星参加到球状子系的一般星场内。所以球状子系的星也完全可能是成窝产生的，不过还需要观测的资料证实。

6. 星协内的恒星是同时产生的吗

有些O-星协又是由几种星级组成的。一种类似普通的星团，另一种是巨星链，第三种是猎户座梯形聚星。猎户座梯形聚星常在星协内，这就是它们还年轻的直接证据。组成梯形聚星的星都是极炽热的星。从星系力学的观点来看，梯形聚星也是不稳定的，在100万年左右，或更短的时间内就应当分散。所以有根据认为：在星协内恒星年龄不一，有些星组比其他的成员年轻。这些星组集中在不大的范围内，由密集系统（星团、星链、梯形聚星）组成。由此得到两个结论：第一，星协内的所有恒星不是同时产生的；第二，单个星组的形成发生在比整个星协小的体积内。

进一步的研究在T-星协方面也发现了类似的事实：赫比格－哈罗天体的所有特征都显示它是T-星协内最年轻的组织，似乎它们的年龄还在100万年以下。

7. 星前物质是什么

因为在银河系内除了恒星，还有组成星云的许多弥漫气体物质，所以产生了下列假说：星群是由星云产生的。曾经发现几乎在所有星协内，都有质量很大的星云和恒星并存。但没有找到星云转变为星的直接证据。相反地，却有直接事实表明：组成星协的恒星向周围空间抛射物质。恒星的抛射物质使得星云的质量在增加。另外，曾经证明：有些星协包含对称形的星云，它们的质量很大，有时呈环状，膨胀速度和星协内星组的膨胀速度一致。利用中性氢无线电辐射的观测，可以比光学方法更多地在星协内发现这种膨胀的星云。在膨胀星云的中央部分有年轻的炽热星组。这些事实似乎说明：恒星和星云有着共同的起源，而且在形成以后，星组和星云一起开始膨胀。但是在文献里极常遇到的却是星组由星云产生的假说，而且还想从原始星云处于不平衡状态和在已知的条件下开始膨胀出发，来解释星组的膨胀。

我们暂且认为这种观点是正确的，即星组起源于星云。但理论上的计算证明：星云本身不可能处于平衡状态，因为星云没有平衡的外形。在它存在的几百万年内，就应该遭到破坏。那么要问星云前的物质又是什么？换句话说，就是认为星云阶段发生在星组形成以前，但这一阶段也只是星协发展过程的一个很短时期。因此，我们不可避免地要追问：物质在恒星和星云形式存在以前，又是怎样的形式？这样一来，恒星和星云一同由星前物质产生的观点更加有了根据。为了简便起见，我们以后将说：恒星和星云全由星胎产生。

至于什么是星胎，我们还不敢说，因为目前还没有观测到。显然，它们的质量应该大到可以形成整个星组和星云。可以设想，星胎的密度极大。

虽然直到现在还没有成功地解决星胎的性质和结构问题，但是问题的讨论引到一个结论：若星胎的假说正确，星胎的物质应有一系列的特殊性质。例如，内部包含着高能量。由此更可以认为，星胎是超密度的物质，它的密度可能接近于原子核的密度。若是如此，恒星和星云形成的过程，就和化学元素起源的问题联系起来了。

可以认为：星胎具有大的质量和小的半径。星组是由星胎分裂成许多块而成的。分裂开的星前物质块（质量和恒星差不多）是不稳定的，它们迅速转变为普通物质，形成恒星，而残留在恒星外围的原始星胎物质形成星云。在转变的同时，原先星胎中聚集的能量的一部分，转变成星组和星云膨胀的动能。

上述这种观点，可能完全不符合事实。事实也许要复杂得多。不过这一观点可以作为工作的假说，我们把它叫作星胎假说，并且记住它是极简陋的形式。

8. 除了恒星和星云形成的过程，还能观测到星前物质其他的表现形式吗

如前所述，我们尚未观测到星胎。我们还不能建立星胎的某种理论模型。星前物质的性质可能和已知的物质有本质的不同，根据现有的关于基本粒子的性质的知识，难以解释这些新的特性。我们需要从各方面收集关于星前物

质的外部表现的经验材料。收集这些现象和研究它们的规律性，以便进一步了解星前物质和星胎的性质。

已经说过，星胎的表现形式之一就是产生恒星和星云。寻找星前物质的其他表现形式也是有趣味的。完全可能，恒星形成以后，不是构成恒星的星前物质全都马上转变成恒星的普通物质。可以暂且认为，在青年星的核心还保有一部分星前物质，但在减少中。若像前面所说，星前物质是高能量的携带者，那么可以认为：青年星内部的星前物质的转化过程必然伴以能量的急剧释放。在 T-星协的成员星那里，恰巧观测到了类似的过程。这种成员就是所谓金牛座 T 型变星，以及和它有演化关系的其他爆发星。

近年来，对于这些变星的研究得到了惊人的结果，观测到了许多十分特殊的物理现象，这些留待后面再讲。在上述关于星胎的假说里，这些现象应该解释作留在青年星内部的星前物质的一些表现。

9. 不稳定星的一些特征

金牛座 T 型变星表现出完全不规则的光变，有时亮度增加得很厉害。个别的在亮度极大时比极小时大 20 或 30 倍。所以“不稳定星”这一个称号完全适用于它。在星协内发现的爆发星也属于不稳定星，所不同的只是：爆发星通常处在极小亮度，爆发时在极短的时期（几分钟）内，亮度就可以增加几十倍。

绝大部分稳定星的辐射被解释作热辐射，但相当多的不稳定星的辐射却不是普通的热辐射。它们亮度增加时，光球层的温度并不升高。非热辐射用光谱的“连续发射”形式表现出来；这种辐射发生在恒星大气的外层甚或它的外部，但是和从光球出来的热辐射比较起来，它常常具有更强的能量，爆发星的非热辐射主要在爆发时以大规模的爆发形式释放出来。对这种辐射能源的寻求引到了一个结论：它不会经常处在恒星的外层。需要假定，携带能量的物质偶尔从恒星的内层被运向大气的外边缘，有时也可能是直接地连续的运送，到了那里以后发生能量的释放过程。因为恒星大气外边缘的温度很低，在那里没有条件进行热核子反应：一定是由某种尚未了解的过程，产生许多辐射连续光谱的质点。有根据认为：这种辐射机制可能是恒星内或恒星附近磁场内的相对论性电子辐射。但是反对这种机制的意见很多，现在还不能认为问题已经解决。事实上，如此多的能量的释放、如此众多的高能质点的释放，根据已知的核反应还不能得到解释，所以可以假定：从恒星内层出来的物质是前面说过的星前物质的某一部分痕迹。在这种情况下，同时也和元素的形成过程发生了联系。在金牛座 T 型变星的大气内观测到锂线的事实直接表明锂原子含量的不断恢复。锂原子在这种星的外层条件下应该迅速消失，但是现在还有。这似乎证实了元素形成的假说。在这里应该提出不属于 O-星协和 T-星协，但是青年星的 S 型星。它们也是变星，并且有些也显示着不规则的光变。在它们的光谱里观测到了很强的锝线。众所周知，这种元素没有稳定的同位素，在地球上的自然界里就没有遇见过。所以在这种场合里，我们也应该认为：大气里锝原子的含量经常恢复着。

有利于接近光速的高能质点引起连续发射这一假说的，是它能说明彗状星云里发生的变化。这种星云和不稳定星联系在一起，从前认为它们反射星光。但是反光的假说似乎不能解释某些彗状星云的发光和它的光变。这种光变以很大的速度传播。如果认为，在许多的场合里，彗状星云的发光具有和它相联系的恒星相同的连续发射光谱，并且也是由不稳定星抛射出来的快速质点所引起的，那么这些质点数量的变化就以观测到的高速传播表现出来。

10. 蟹状星云

类似的变化在蟹状星云里也观测到了，不过蟹状星云除了连续发射，还有强烈的无线电辐射。计算证明，这里的连续发射现象可以用相对论性电子在磁场内的辐射来解释。

观测证明，从蟹状星云的中央星有速度很大的质点块抛出，这些质点块产生连续发射。在这里我们直接观测到了，在研究不稳定星时根据间接的资料所得到的情景。这种质点块的能量和恒星大气内普通的能源没有丝毫共同点。这里能量的释放似乎是由于星前物质在经历着转变。这样一来，处在蟹状星云中央的暗星就完全不是一个普通的星。它是一个十分不平常的能源，按照前述假说，它应该是星胎的残迹。凑巧蟹状星云是 1054 年超新星爆发的产物，这个星云现在以每秒 1500 千米的速度膨胀着。

这样一来，星云由星胎产生的过程，至少在有些场合，又和超新星的爆发联系起来了。

11. 星系核

众所周知，在大的星系（如仙女座大星云）的中央区域的恒星多属于球状子系，而在旋臂上的多属扁平子系。换句话说，旋涡星系中央区域恒星的成分很像椭圆星系。可以设想：和椭圆星系类似，在旋涡星系中央区域弥漫物质的数量不多。这表示其中的物质基本上集中在恒星内。

但在仙女座大星云的真正中心，即中央区域的中心，还有一个不大的核很鲜明地从一般背景上区别出来。它的直径有 4～5 秒差距，和仙女座大星云的整体比起来是微不足道的。

这个核的性质怎样？它的特殊位置不允许把它当作普通的星团。它要在星系的演化过程中起重大的作用，应该具有很大的质量——比球状星团的质量大好几个数量级。但是按光度来说，它只略为超过多星的球状星团。设若单位质量产生的平均辐射只是球状星团的几分之一，那么就可以把质量大和光度小调和起来。由此就产生了一个猜想：巨型星系的核可能包含质量很大而光度小的物质。星前物质组成的星胎应该具有这些性质。请问我们能否找到有利于巨型星系核心这种特殊性质的证据？

巨型星系 NGC4486 中央出来的气流和它包含的三个凝块，似乎是这方面的直接证据。每个凝块发出的辐射都是非热辐射。这种辐射的光谱是连续发射光谱。这些凝块中的辐射质点似乎和蟹状星云的质点有相同的性质，也可能是相对论性电子。气流的形状表明，它是由星系的中央核抛射出来的。但若星系 NGC4486 的核只是由恒星和星云组成，那么就不可能抛出气流，尤其是凝块的质量接近于不大的星系，更是说不通。

自然得多的假定是：中央核包含大量的星前物质。当它转化时，产生高能质点的巨流，并且可以抛射相当数量的物质到远距离上去——类似的现象在星协内已经发现了。

不久以前发现，椭圆星系 NGC3651 具有从中央区域出来的气流，而且包含着光度很大的凝块，其光度足以和仙女座大星云的伴星系相媲美。没有疑问，在这里我们遇到的从星系的核心往外抛射物质的规模，比在 NGC4486 的情形更为巨大。

从 NGC3651 抛射出来的凝块具有很强的浅蓝色，仅此一点就足以否定用恒星的热辐射作为条件的辐射的假说。不言而喻，若该星系的核心是由普通的恒星和星云组成的，对这种大规模的抛射就不可能理解。所以在这里又得到了星系的核心内有大量星前物质的结论。

12. 聚星系

利用在聚星研究方面发展起来的方法，可以确定：在聚星系的情况下，成员星系没有共同起源的假说是错误的。所以我们可以得到这样一个概念：

先是某种原始物体分裂成几部分，然后发展成为各个星系。可以把从巨星系的中央核抛出某种小星系的胚胎，当作这种分裂的个别现象，它分裂成了两个很不相等的部分。这样或者可以解释上述具有气流的星系。最近找到了有利于这个假说的许多新证据。核也有可能分裂为两个近于相等的部分。天鹅座的射电星云似乎就是这种情形，它有两个核，并且发射出比其他射电星系强几千倍的无线电辐射。

文章写到这里，已经进入了未经研究过的星系演化学的领域。这方面的工作还刚刚开始，我们所得到的结论很不可靠，因为对河外星系世界的研究，要比恒星世界少得多。但是新的强有力的研究工具预示着河外星系天文学迅速发展的远景，现在的观测已经得到了许多惊人的发现。所以可以满怀信心地向前看，并且希望星系演化学的成就，给恒星演化学问题的解决予以重大帮助。

〔《苏联科学院通报》，1957 年 11 月号，作者：阿姆巴楚米扬，席泽宗译〕

纪念齐奥尔科夫斯基诞辰 100 周年

《淮南子》里有“嫦娥奔月”的故事，敦煌石窟中有“飞天”的壁画，但这些都是幻想。把人类的这种幻想变成科学的现实可能性的是俄国卡路格（Калуга）城的一位中学教师：康斯坦丁·爱德华多维奇·齐奥尔科夫斯基（Константин Эдуардович Циолковский）。

齐奥尔科夫斯基于 1857 年 9 月 17 日出生在一个管林人家里，幼年多病，9 岁时因得猩红热，耳朵几乎完全失去了听觉，于是只得中途辍学。14 岁起开始自学，22 岁参加中学数学教师招聘，考试合格，从此开始教学生活。他一面教学，一面利用业余时间，自己花钱买些仪器，进行科学研究。他就这样辛勤劳动，孤军奋斗，四十年如一日，一直到了“十月革命”成功，党和政府才让他退休，给他以优良条件，专门从事科学研究。1919 年这位伟大的学者以激动的心情写道：

“我现在意识到自己不是孤独的……”

“只有我的苏维埃祖国能看重我，新的真正的祖国给我提供了生活和工作的条件。”

1920年列宁亲笔签署了一个给齐奥尔科夫斯基以各方面帮助的指令。

1932年在莫斯科、列宁格勒和卡路格举行了盛大的庆祝会，庆祝齐奥尔科夫斯基从事科学工作40周年和诞生75周年。在莫斯科的会上，政府将“劳动红旗勋章”授予了齐奥尔科夫斯基。

在革命前的40年中，齐奥尔科夫斯基的著作只出版了130种，而在革命后的17年中就出版了450种。

1935年9月19日齐奥尔科夫斯基与世长辞了。临终前他写信给斯大林：

> 我一直想用自己的劳动或多或少地把人类的文明向前推进一步，但在革命以前，我的理想不能实现。
>
> 只有“十月革命”，才给我这个自学者的劳动带来了普遍的承认；只有苏维埃政权和列宁斯大林的党才给了我真正的帮助。我体会到人民群众对我的敬爱。这使我有力量能在病中坚持工作。
>
> 然而，现在疾病不容许我完成已经开始的事业，我将自己在航空、火箭飞行和星际交通方面的全部著作献给布尔什维克党和苏维埃国家——人类文化进步的真正领导者。我深信，他们会胜利地完成这些工作。（原信载1935年9月14日的《真理报》和《消息报》）

齐奥尔科夫斯基虽然对数学、物理、天文、生物和哲学都具有兴趣，不过他的科学研究主要是为了实现一个理想而围绕着三个复杂的技术问题进行的。一个理想是星际航行，三个问题是全金属飞艇、流线型飞机和火箭。1885～1892年，主要研究全金属飞艇。他注意到，用橡胶布制成外壳的气球有着本质上的缺点，从而提出用金属代替橡胶布来做气球外壳的想法。他的《气球的理论和实验》一文，成了后来金属飞艇制造的科学根据。1894年公布了他关于单翼飞机的设计，这种设计大大超过了以后15～18年的飞机设计技术。在他所设计的飞机中，机翼有很厚的剖面，翼前缘为圆形，机身为流线型。1897年他又建成了俄国的第一个风洞，开始进行空气动力学的实验。五年多的时间里得到许多有趣的结果。遗憾的是，这些宝贵的实验结果，在革命前一直未能与世人相见（这些实验结果现在已收入苏联科学院出版的《齐奥尔科夫斯基全集》第一卷）。

在齐奥尔科夫斯基的所有科学遗产中，最宝贵、最先进的是他的火箭喷射推进理论。他是充分认识到喷气原理在交通事业上具有重大作用的第一人。远在他早年致力研究金属飞艇的时候，就注意到火箭问题。在他的遗稿中，发现远在 1883 年他就用日记体裁写过一本《自由空间》(*Свободное пространство*)，在这本书里，他想到人类可以利用火箭到星际去飞行。20 年后（1903 年）他在《科学评论》(*Научное обозрение*) 第 5 期上发表的《利用喷气机探测宇宙》(“Исследование мировых пространств реактивными приборами”) 一文成了星际航行学的基石。在这篇永垂不朽的论文里，齐奥尔科夫斯基断定：飞出地球去，这不是幻想，人类一定能够实现。不过到宇宙空间去所用的交通工具不能是火车、轮船或普通的飞机，而是特制的喷射推进的火箭船。齐奥尔科夫斯基设计的火箭船的外部是用金属制成的椭圆舱（如图），有点像没有翅膀的鸟，很容易劈开空气。舱内的头部可以坐人和放置仪表，其余大部分空间全盛着两种液体：氢和氧，它们之间用隔板分开。当唧筒把氢和氧抽到燃烧室混合燃烧的时候，生成水蒸气。水蒸气的压力很大，从喷管以惊人的速度喷出，这时喷气的反作用力就使得火箭船向着与喷气方向相反的方向前进。

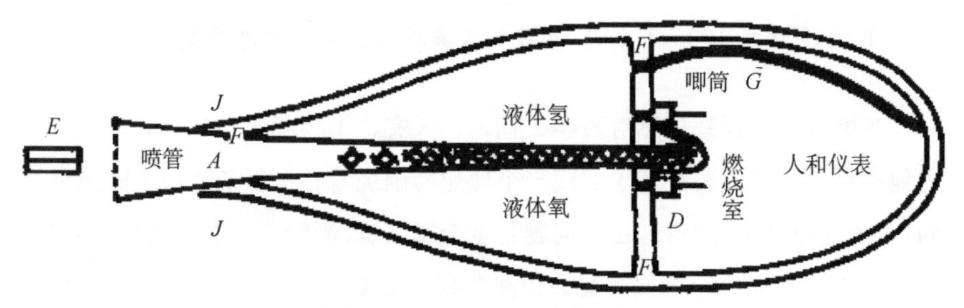

齐奥尔科夫斯基设计的火箭船

设火箭船的喷气速度为 v_r，在 dt 时间内喷出物质的质量为 dM，火箭船的质量为 M，在 t=0 时火箭船的速度 v=0，则在没有空气摩擦和没有重力场存在的条件下，由动量守恒定律得

$$\mathrm{d}M \cdot v_r + M \cdot dv = 0$$

或

$$\mathrm{d}v = -v_r \frac{\mathrm{d}M}{M}$$

积分得

$$v = -v_r \ln M + C$$

因当 $M=M_0$ 时，$v=0$，故 $C=v_r\ln M_0$，
所以

$$v=v_r\ln\frac{M_0}{M} \tag{1}$$

现在全世界的人们把（1）式叫作齐奥尔科夫斯基方程。从这个式子可以看出，如果喷气速度一定，火箭船的速度在燃料用完时最大。设火箭船壳（包括人和仪器）的质量为 M_s，燃料的质量为 m，则 $M_0=M_s+m$，而齐奥尔科夫斯基方程可改写为

$$v_{max}=v_r\ln\frac{M_s+m}{M_s}=v_r\ln(1+z) \tag{2}$$

式中，$z=\frac{m}{M_s}$ 为质量比，也叫作齐奥尔科夫斯基数。

从理论力学里得知，要想火箭船离开地球而一去不复返，需要 v_{max}=11.2km/s（脱离速度）；就是使它不离开地球，只围绕着地球运动，也得 v_{max}=7.9km/s（环绕速度）。所以问题在于怎样提高速度。方程（2）一目了然，要提高速度有两种方法：增加喷气速度和提高质量比，尤以增加喷气速度为有效。

气体的喷气速度取决于伯努利（Bernoulli）方程：

$$v_r=\sqrt{\frac{2\gamma}{\gamma-1}\frac{GT}{M}\left[1-\frac{P_2}{P_1}\right]^{\frac{r-}{r}}} \tag{3}$$

式中，M 为分子量；G 为普通气体常数；γ 为气体的比热比数，即 $\gamma=\frac{G_P}{G_v}$。在一定的混合气体中，r 为常数，膨胀比 $\frac{P_2}{P_1}$ 在发动机一定的工作条件下也是常数，于是（3）式简化为

$$v_r\propto K\sqrt{\frac{T}{M}} \tag{4}$$

由（4）式可见，要提高喷气速度就得提高燃烧室的温度 T 和选择生成的气体的分子量 M 最小的燃料。齐奥尔科夫斯基根据这项原则，于 1934 年在给苏联国防航空化学建设后援会（Осоавиахим）的手稿中对火箭的燃料规定了六条标准：

（1）在燃烧时，单位质量应做最大的功；

（2）在化合时，应产生气体或挥发性液体；

（3）在燃烧时，应尽可能低温，以免把燃烧室熔化；

（4）应尽可能有比较大的密度，这样可以少占容积；

（5）应当是液体的，而且容易流动；

（6）可以是气体，但必须有较高的临界温度和较低的临界压力，以便在很方便的液态下应用。

按照这六项标准，他配了四种燃料：①液体氢和液体氧；②煤油和液体氧；③酒精和液体氧；④甲烷和液体氧。四种之中，以液体氢和液体氧为最好，喷气速度可达 3.6km/s，但还是不足以离开地球。于是又不得不从质量比方面考虑。

从（2）式可以算出，在 v_r=3.6km/s 时，要使火箭船的最大速度达到 11.2km/s，需要的质量比 z=20。这在技术上是很难办到的。但是，天才的齐奥尔科夫斯基早于 1929 年就想出了多级火箭的办法来解决这项困难。在他写的《宇宙火箭列车》（Космические ракетные гоезды）一文里，主张把许多火箭串联在一起，像一列火车一样。不过所有车厢中都是燃料，只有头部那一节是放仪器。当起飞的时候，先用最末尾的那节车厢中的燃料，用完后就把它扔掉，接着再用倒数第二节中的燃料。这样每掷掉一节，质量比就加大一次，速度也增加一次，头部的那节火箭最后可以达到很高速度而飞出地球去。除了“火箭列车”，同时他还提出另一种“火箭中队”的办法，把许多火箭并联在一起，它们同时燃烧。以后边缘的火箭把剩余的燃料混合到其余火箭的半空的燃料舱内，并自行脱离火箭中队。燃料混合的过程，一直进行到只剩下最后一节火箭为止，这样也可以达到很高的速度而飞出地球去。

但是，无论是串联还是并联，火箭都不能组合得太多。第一，结构上有困难；第二，要把几万吨重的东西一次射上天空谈何容易。为了避免这些困难，齐奥尔科夫斯基又想到人造卫星的建立。环绕速度比脱离速度要小得多，建立人造卫星自然比较容易。齐奥尔科夫斯基设想：“首先，要进行大气层以外的飞行，然后，我们建筑地球的卫星——地球外面的驿站，接着有第二个、第三个……驿站建立起来。”这些驿站在离地球不同的距离上环绕地球运转。大的人造卫星上面可以种植物，可以有天文台、实验室，可以有贮藏燃料的仓库。这样一来，飞往别的星球去的火箭船，从地球上起飞时就不必多带燃料，它可以在这些驿站上中途“加油”。

“您点起了火炬”，德国火箭学者奥伯特（Oberth）在给齐奥尔科夫斯基的信里说，“我们将沿着您所指出的方向工作下去”。

今天，齐奥尔科夫斯基的理想真是光芒四射，照耀着全世界。

1948 年成立了星际交通国际联合会，共有会员约 1 万名。1957 年 10 月 5～12 日在西班牙的巴塞罗那举行了第八次代表大会，来自 24 个国家的 230 位学者出席了会议，以谢道夫（Седов）院士为首的苏联代表团是大会的中心，备受欢迎。

在火箭和星际航行的研究方面，齐奥尔科夫斯基引以自豪的祖国，社会主义的苏联一直走在最前列。20 世纪 40 年代制成了喷气式飞机。1955 年在科学院内成立了星际交通常设委员会。1957 年 8 月成功地试验了超远程的多级火箭，1957 年 10 月 4 日和 11 月 3 日利用多级火箭成功地发射了两颗人造地球卫星，跨出了星际航行的第一步。全世界的人民都为苏联的这一巨大科学成就而欢呼！

在第一批人造卫星发出以后，将跟着出现更高更大的载人的人造卫星，然后是星际飞船。苏联的科学家们已经论证了把人造地球卫星变成月亮的卫星的可能性，并且提出了飞往月亮、金星、火星的方案。看来，齐奥尔科夫斯基理想的完全实现，已经是指日可期了。

让我们永远纪念这位伟大的导航人吧!

参 考 文 献

Clarke A C. Interplanetary Flight（An Introduction to Astronautics）.（中译本：星际航行与火箭）

Космодемьянский А А. К. Э. Циолковский—основположник современной ракедодинамикн.（这是作者为《齐奥尔科夫斯基全集》第二卷写的序）

Ляпунов Ф В. Проблема Межпланетных путешествий в трудах отечественных учёных.

Меркулов И А. Константин Эдуардович Циолковский.

Роснин Н А. К. Э. Циолковский—его жизнгъ，работы и ракеты.

Циолковский К Э. Достижение страдосферы. Топиво для ракеты.

Циолковский К Э. Исследование мировых пространств реактивными цриборами：часть Ⅰ（1903），часть Ⅱ（1911），часть Ⅲ（1914）.（这部经典著作的第一部分于 1903 年在彼得堡的《科学评论》第五期上开始连续发表，后来由于宪兵当局查封了这个杂志，所以未能刊完。这一部分是对星际航行问题的理论分析和论证。第二部分发表在彼得堡的《航空通报》，它是第一部分的进一步发挥和从它得出来的实际结论。第三部分在卡路格出版。1926 年，他又把这部著作改写一新。在新版中，他已预见到有可能把原子能应用到喷气飞行上）
Циолковский К Э. КосМические ракетные поеэлы.
Циолковский К Э. Свободное пространство.
郑文光. 飞出地球去. 北京：中国青年出版社，1957.

〔《科学史集刊》，第 1 期，1958 年 4 月〕

宇宙间的生命

前言

呈献在读者们面前的这本书是一种尝试，企图对宇宙中生命的普遍性问题，特别是对我们太阳系各行星的可居住性问题，以现代科学的成就为根据给出一个力所能及的答案。全书内容曾经两位作者共同讨论过。绪论和最后一章是由两位作者共同写的。第一章是 A. И. 奥巴林写的，其余各章是 B. Г. 费申科夫写的。

绪论

环绕我们的世界到处都有生命存在，是从上古到今日盘踞在人们心中的一个臆断的共同观念。在不同时代，不同文化程度，不同哲学家阵营间围绕着生命的普遍性问题燃起热烈而尖锐的思想争论之火，但是这些争论主要是说明这一现象的起因和哲学见解，而宇宙中生命分布的普遍性这一思想被绝大多数人认为是天经地义的真理。

生命普遍性概念的要素，我们已在公元前 6 世纪欧洲哲学发源地米利都学派人物那里见到。这些古希腊唯物主义哲学家认为生命是一切物质的不可分离的原有特性。因此，他们认为整个世界从开头就是活的[这一系统在哲学方面称为物活论（гилоэоиэм）]。

阿那克萨戈拉构成的所谓泛因子理论具有另外一种性质。根据这一学说，环绕我们的世界到处散布有看不见的“生命的轻浮胚胎”——精子，也就是包括人类在内的一切生物发生的原因。

在罗马哲学家及新柏拉图主义者（Неоплатоник）——公元头几世纪的哲学流派——那里，活物发生学说有进一步的发展。这一学说越来越明显地表现了唯心论的性质，也就以这一形式为早期基督教所接受而被列入“教会之父”的学说中。例如，“圣”奥古斯丁这样的从前是而现在还是的神学权威教导说，整个世界充满了潜藏的生命胚胎，也就是看不见而有神圣起源的玄秘精子（oculta semina）。这些精子也从土、空气和水那里产生各种各样的生物。

对于中世纪来说，对于早期和晚期的经院哲学来说，地球是宇宙中心；因此，生命分布普遍性的概念那时也只可局限于这些封闭在狭窄的托勒密框子的范围内。在哥白尼宣布了他创立的日心说系统之后，情况有了剧烈变化。在这一系统中，地球与其他环绕着太阳的行星处在同等的平凡地位。自然而然人们就会联想到在其他类似地球的行星上有生命居住的可能性。

关于有很多住满生物的世界的大胆观念是 16 世纪伟大思想家布鲁诺还在当时的强大天主教否定了哥白尼学说的时候，从这一学说做出远大的结论后发表的。在他的《论宇宙的无限性和论诸世界》著作中，布鲁诺写道：“存在着无数的太阳，存在着无数的地球，这些地球环绕着自己的太阳回转，好像我们的七颗行星环绕着我们的太阳回转一样……在这些世界上住着生物。”

显然，当教会认定地球是宇宙中心而恒星和行星不过是充作依照上帝的形象造成的人类所用的灯的时候，布鲁诺的观念好似是邪说。

为了宣传他的新世界观，他遭受到宗教裁判所的残酷迫害。他在狱中长期幽禁之后，1600 年死于火刑。

布鲁诺开端的斗争，在 17 世纪的头几十年还继续下去。伽利略对行星系统和周围世界的构造的正确观点做了过人的宣传工作后，为宗教裁判所判罪而拘禁在阿尔契特一直到死。以独立思考著名的笛卡儿宁愿迁徙到教士势力较弱的荷兰；但在那里也因为有信奉日心学说的嫌疑而被迫害。

可是重要的是，生命分布的普遍性这一思想，除了和日心说系统有依存关系之外，并没有遇到教士方面的反对。“圣”奥古斯丁的关于生命胚胎分布普遍性的学说，在中世纪没有受到基督教会方面的怀疑和批评。17 世纪中叶，在天主教集团很有权威的基尔赫尔重新确认这一学说而发展为泛因子理论，根据这一理论，生命的胚胎以混乱状态普遍存在于宇宙中并存在于宇宙的所有元素中。

在日心学说路线方面进行了斗争。接连不断的事实和观测，哥白尼系统的严整性（与托勒密的复杂而又假设的体系比较），尤其是排除了反对新世界观的可能的物理学和力学的发展——这一切使哥白尼系统在 17 世纪末期达到普遍承认的程度，结果天主教已不敢公开迫害这一系统的信奉者而转向重新考虑自己的立场。

这一切使得法国科学院秘书冯得乃有可能在 1686 年出版了《诸世界谈》一书，已经不惧怕教会的迫害了。这本引人入胜的对话体裁的书，不但对日心说理论通俗化起了很大作用，也宣传了宇宙中生命普遍性的思想。冯得乃的书问世不久，很快就被译成许多种的欧洲文字，其中包括 1740 年和 1761 年的俄文译本，而后一次是由于罗蒙诺索夫的努力。

冯得乃阐明哥白尼的行星运动理论之后立即做出行星上有有思维的生物居住的结论，虽然他在这方面除和地球的类比之外是没有什么根据的。按照他的描述，不同行星的栖居者有在它们所住的天体上所特有的特性。因之水星的栖居者“应当由于非常活泼而变成滑稽”，而在土星上“栖居者不活泼到耗费整天工夫去揣度所提出问题的意思和给出答案”。

冯得乃不想和教会发生冲突。反之，在认出地球丧失了在宇宙的中心地位是无可争论的同时，他认为宇宙中生命的广大分布和“全能创世主”是一致相容的。

到底不得不撤销对于哥白尼这部天才著作的禁令的天主教，也接受了类似的解释。

天主教在 19 世纪和 20 世纪就已声明，地球之外可能有其他可居住的世界存在这一点是和教会的教条完全一致的。因之神学者 Г. 万诺尔特在 1920 年刊行的一篇论文中写道：“承认地球之外的其他天体上有有思维的生物存在并不与真正的信仰发生冲突。”康涅尔利和其他神学者也表示了同样意见。

可以举很多例子表明日心学说在有许多可居住的世界这一思想的进一步发展中获得胜利的巨大意义。特别是在熟悉了俄国的日心说世界观宣传史后，可以清楚地看到这一点。以俄文说明哥白尼系统的最早的书之一是惠更斯的《宇宙论》，该书由 Я. 勃留斯奉彼得一世的直接指示以匿名译出，书名改为“世界观，或天体与地球说”（彼得堡，1717 年）。其内容有哥白尼学说正确性的各种证据，但与之同时，在这一足够严格科学性的叙述之后用纯粹幻想描述了各行星上的居民。

其后，《每月论文》的文章有同样的意思，这本杂志是罗蒙诺索夫所发起，从 1755 年起由科学院开始出版，以使科学在居民中大众化。再稍后，埃皮努斯院士在《谈世界的结构》一书（彼得堡，1770 年）中说明日心系统并捍卫行星可住性的思想，科学性较强。

罗蒙诺索夫的意见对于我们所关心的问题的发展有特别意义。罗蒙诺索夫是日心系统和诸世界可住性的思想的彻底和热烈的拥护者。在他那有关北极光的著名的“沉思”中写道：

> 大智慧的口留给我们传说：
> 那里有许多各种各样的世界，
> 那里有无数的太阳闪耀着。
> 那里有人民和年代的循环。
> 那里有相等的自然力量，
> 比得上上帝的无上光荣。

在末后两行中罗蒙诺索夫以天才的预见指出两条基本路线，按照这两条路线，宇宙中生命分布普遍性的思想有了更进一步的发展。虽然罗蒙诺索夫为他的时代所局限而在这里说到“上帝的光荣”，但对于他来说，如对科学家和唯物论者来说那样，问题的重心在于物质世界规律的共同性。对于罗蒙诺索夫来说，有许多可住的世界只反映了“自然的力量”，只反映了以同等程度在整个宇宙中主宰着的永存自然规律。我们所关心问题的进一步唯物科学性研究也在这一方向进行起来了。

反之，对于肯定精神先于物质的唯心论来说，而特别是对于宗教来说，有其他可居住的世界存在的一切观念，从前和现在只能归结于“上帝的无上光荣”（ad majorem dei gloriam），那时为了上帝的光荣，宗教裁判所的火堆以及使布鲁诺化为灰烬的火堆炎炎地燃烧起来了。

按照这些观点，宇宙是上帝为一定的目的而创造的，而这一目的是生物，甚至是认识和赞美造物主的有思维的生物。因此，所有天体都应当有生物居住，如果行星是不可居住的，那么它就没有完成它在宇宙中预定的目的。

这一条唯心论路线在 19 世纪一位始终不渝的唯心论者和唯灵论者的法国天文协会奠基者 K.弗拉马里翁的著作中有明显的表现。

弗拉马里翁在他 1860 年出版并在法国很流行的《论许多可以住的世界》一书及其他著作中，发挥了他那行星的形成是为了生命这一观念。因之对于木星他写道：“它的形成是为了生命，正如地球的形成是为了生命一样。”

现代唯心论者也如他们的前辈那样，肯于承认不同的宇宙体上有生物居住，他们还公开宣称“宇宙的目的”和“神圣的造物主”，如英国天文学家 P. 斯马特（1952）、美国天文学家 K. 赫耶尔（1954）和德国天文协会会长 Π. 舍维纳尔（1954）。

可是宇宙中生命普遍的问题，也引起了 19 世纪和 20 世纪的自然科学家的注意，他们不能也不想从“上帝旨意”的观点来看这一问题，而试图得到科学的答案。但是在 19 世纪和 20 世纪的初期，关于行星的物理本质、关于生命起源和存在所必需的条件，在科学方面的实际资料还很贫乏。这就使得很多投机的、十分不正确的结论有产生的余地，这些结论往往是根据极其可疑的、不加批判地接受的和偶然的观察而做出的。

火星上“人工运河”发现的历史，或者更迟些，著名的星球学家 B. 皮克林断言月球上有昆虫，都可以作为这方面的例证。这些昆虫的大量迁移引起它们在月盆上所显出来的黑斑的形状和强度的改变。

但是在那时的科学文献中在我们所分析的问题方面还有更多的一般臆测性推断，不只是天文学家所发表的，而且还有物理学家、化学家、地质学家和生物学家所发表的。大多数的情况，这些推断反映了在 19 世纪自然科学者中间广泛传播开的对于生物界的形而上学见解。稍加系统的整理之后，可以指出解决这一问题的三个派别。

第一，假如我们继续古希腊物活论者的路线：在环绕我们的世界中应当到处有生命存在，因为生命根本是物质的原始特征。不一定完全像我们地球上有机体那样的生物才算是有生命。因此，任何条件，即使是笼罩着恒星表面的那些条件，好像也不会排斥生命的可能。

对于这一观点有明显表现的是，在 19 世纪末很受人欢迎的普勒耶尔理论。按照普勒耶尔的意见，没有一种生物是从非生物发生的，反之，非生物是从生物的死质中分解出来的。因此，地球起先的一切火焰般液质都是活的，但随着冷却的程度大多数含有这些液质的物体“死去而绝灭”，形成了死的无机物质，而生命只以现代原生质的形状保留了下来。

依附于这一“理论”的还有大量（尤其是在通俗科学文献中）关于荒诞的“石英质”生物的说法；它们的细胞体内所含的不是碳而是硅。因此，它们能在无论哪一种地球上生命都不能经受的高温下生活。

当然，这样的议论是没有任何科学根据的，而一点也不会让我们接近问题的答案。

第二个派别，也是在 19 世纪和 20 世纪的科学文献中很普遍的，是使泛因子理论恢复起来。这一路线是从实质上关于生命永存性的唯心概念出发的，这一概念否定产生有机体的任何可能，而肯定生物和其胚胎只能从一个天体迁移到另一天体。附和这一派别的有许多世纪和现世纪的杰出自然科学家，如李比希、格尔姆戈尔茨、阿累尼乌斯等。

按照李比希的意见，“天体的大气，回转着的宇宙星云，可以看作是有生命类型的永久仓库、有机体胚胎的永久种植场”，生命从那里以这些胚胎的形式在整个宇宙中散开。以后英国的克尔文爵士、法国的万-蒂根，德国的格尔姆戈尔茨和其他许多人也发表了类似的观点。

著名的瑞典物理化学家阿累尼乌斯，在 20 世纪开始就以他那时已很受人欢迎的辐射-泛因子理论而露头角。他在这一问题的著作中描述了物质微粒、最小细尘及它们附带的微生物活孢子，怎样脱离有生物居住的行星表面而走到宇宙的空间。这些孢子被带着飞遍了宇宙空间，保存了充足的生活力，并由于太阳光和其他星光对它们所发生的压力而以巨大的速度从一个天体飞向另一个天体。孢子落在已经创造了适合生命条件的行星上就继续生长，从它们发生的生物成为该天体所有生物的祖先。

阿累尼乌斯的理论在科学界中有许多热烈的拥护者。特别是在苏联拥护这一理论的有科斯蒂切夫（С. П. Костычев）院士，拉查列夫（П. П. Лазарев）

院士以及比较新近的别尔格（Л. С.Берг）。后者发表了这种意见，说地球一开首就从构成它的尘埃或陨石物质“能够继承生命的胚胎，或者也许是原始生物的现成综合体”。

可是，尽管阿累尼乌斯在物理学上相当详细地论证了孢子迁移的机制，但他的理论和我们现时所知的生物学上的事实是根本矛盾的。

最后，还需要指出，19 世纪末 20 世纪初有些自然科学家开始走上否定罗蒙诺索夫所写的“相等的自然力量”的道路。他们开始不把生命和生命的起源看作是有规律的现象，而看作是偶然的现象，也许是在任何时候任何地方也不会再有的偶然现象。

天文学家中间坚持这一观点的是金斯，他甚至把我们地球的形成也看作偶然的结果，而在宇宙空间简直不会在第二颗星上遇到的一件很不平凡的事情。法国的多维耶（А. Довийе）在一本大篇幅的《行星的起源、本质和进化》（1947 年）书中把地球上生命的形成看作是有机物质“纯粹偶合”的结果，而认为重演的可能性是极少的。在生物学方面，摩尔根的许多学生也发挥了同样的观点。所以 Г.缪勒还在不久以前写过，生命的起源只是由于“侥幸的化学配合”的结果，以遗传物质（一切生命属性一开始所赋予的）的原始构成形态发生起来的。

显然，这种以偶然性代替了规律性的断言，把我们导向有关问题的科学解答的另一方面。

辩证唯物论的一般原理为科学研究我们所关心的问题，为自然科学研究者开辟了完全不同的、极其广阔的前景。

从辩证唯物论的观点看来，生命按它的本质是物质的，但一般说来它并不是一切物质的某种不可分离的特性。反之，它只是生物所固有的，而无机界的物体则没有它。生命是物质运动的一种很复杂而很完备的特殊类型。它和所有其余世界并没有深渊隔开；反之，它是在物质发展过程中，在这发展的某一阶段，作为从前没有过的新特质而发生起来的。

恩格斯在 19 世纪末说明了这一特质，给了生命一个光辉的定义，使生命不但没有丧失它的意义，并且在现代生物学资料中有更加完备的确证和根据。恩格斯写道：“生命是蛋白体的存在方式，这个存在方式的重要因素是在于与其周围的外部自然界不断的新陈代谢，而且这种新陈代谢如果停止，生命也就随之停止，结果便是蛋白质的解体。”[①]

这样，恩格斯断定了蛋白体是物质的生命携带者，而新陈代谢是一种使我们不得不把生命看作是物质运动的特殊类型的特质。

物质发展的道路可能是不同的、各种各样的，毫无疑义，在环绕着我们的世界中有很多有时是很复杂而很完备的物质运动类型，其中有许多也许是我们还猜想不到的。但是要把这些类型的任何一种称之为生命，是完全没有根据的，如果这一类型根本上不同于我们地球上各种各样有机体的整个总体所代表的生命的话；因此，我们应当从科学习惯中去掉一切关于石英质生物和“火焰般”生物的梦想。

恩格斯对从生命永存性原则出发的一切理论也做出了致命的批评，而证明这一原则和彻底的唯物主义是完全不相容的。恩格斯在评论李比希所认为的“物质有多老，有多长久，生命就有多老有多长久”的原理时写道：“李比希认为碳素化合物是和碳素本身一样地永存的；他的这个主张即使不是错误的，至少也是可以怀疑的……碳素化合物是永存的，这就是说它们在同样的混合、温度、压力、电压等条件之下总会再产生出来。但是，直到现在还没有任何人主张：即使像 CO_2 或 CH_4 这种最简单的碳化物是永存的，就是说，它们在任何时候而且或多或少地在各个地方都存在着，而不是不断地从形成它们的元素重新产生出来并且不断地重新分解成这些元素。如果活的蛋白质是在其余的碳化物永存的同一意义下永存，那么它不但应当像大家都知道的、实际发生的那样经常地分解为它的各个元素，而且应当经常地从这些元素中重新并且毫不假借原有蛋白质的帮助而产生出来，而这和李比希所达到的结果恰恰相反。”[②]

生命不是像“灶神[③]的不灭之火”那样可以以现成胚胎的形状从一个天体转移到另一个天体，而是在物质发展的过程中适宜于生命起源的条件已经树立起来时每次重新发生的。因之，生命的发端不是“侥幸”得来的极端靠不住的情况，而完全是可能加以深入科学分析和全面研究的有规律的现象。

不容置疑，在宇宙中，特别是在我们的银河中应当有很多可以居住的行星。可是，这一完全无可争论的肯定说法所作为根据的，只是一般性质的见

① 恩格斯，自然辩证法，1957年人民出版社中文版，第256页。

② 恩格斯，自然辩证法，242-243页（译文是按人民出版社1957年版255页）。

③ 原文是 Веста，罗马宗教的女神，司灶司炉，无神像，其庙即以城市的炉灶为代表。

解，而在个别具体情况，这一说法应当以可能达到的现代科学研究方法考察宇宙体上所发生的实际情况来证实。

现代自然科学在宇宙中生命普遍性问题方面的任务，也在于分析天文学、生物学和其他科学所拥有的还绝不是完全实际的材料时，首先要构成某天体上有无生命起源和进一步发展的可能性的正确概念。但是，无论我们怎样想把某一行星住满生物，特别是在总计起来各种条件大概是适宜的行星上住满生物，我们应当只根据对直接观测得来的事实做出的批判性的估计而做出最后结论。

奉献给读者们的这一本书也是这种分析的尝试。

第一章　生命及其起源

要完全无懈可击地且绝对科学地证明某个天体上存在着生命，那除非是直接看到生活在这个天体上的有机体，或者至少是这些有机体的尸体和组成部分的残骸。在后面这种情况，我们可以像古生物学家鉴定早先居住在地球上的动物和植物那样来判断那些星体上以前的居民。

但是对于大多数的天体来说，像这样的直接观察，只有在星际旅行的基础上才能实现。在现代的科学技术的情况下，星际旅行还完全只是引诱人的幻想，虽然这已经是很快就能实现的事情。

陨石，这是现在可以就是否存在生命这个问题直接进行研究的地球以外唯一的物体。如果这些陨石，就像大多数天文学家所想象的那样，是某个时候曾经存在过的行星的碎片，那就不该事先就排斥在它上面存在着活的有机体或者它们的残骸的这种可能性。在科学文献里，早就有人表达过这样的想法，特别是在把它和泛因子理论联系起来的时候。许多自然研究者正是把陨石看作星际的船，说它运载着生命的种子，在某个时候，从其他的世界飞到地球上来了。

这种说法的主要根据是在许多陨石上发现了与碳氢化合物相近的含碳的物质。例如，1857 年，维勒在那落在匈牙利卡巴附近的陨石上得到一些和石蜡类似的有机物质。经过分析，证明了这些物质确实是高分子的碳氢化合物。在那落在南非柯尔特・博克维尔德地方的陨石里也找到类似的物质。这个陨石含碳氢化合物 0.25%。后来密里科夫和克尔日然诺夫斯基两个人在那 1889

年落在赫尔松省叶里查维特格拉特县米盖依村的硅陨石上找到少量的碳氢化合物。克略兹对奥尔盖里陨石进行了化学分析，证明了其中有着和某些可燃矿产的腐殖质极其相像的无定形物。

在那个时候，在最初肯定陨石里有碳氢化合物存在的时候，还有人坚决地相信在自然情况下，有机物质，当然也包括碳氢化合物在内，是只能通过生物体产生的。因此许多学者这样假定，说是陨石里的碳氢化合物是这些天体里某个时候生活过的有机体分解而形成的，是衍生的。

于是就自然得出了结论，说是陨石里可能有活的细菌或者细菌的孢子。

现在，在门捷列夫和其他化学家详尽研究以后，大家都已经知道得很清楚，碳氢化合物和它的衍生物在自然情况下是很容易通过无机的方式产生的。陨石里有镍碳铁石，这种矿物是铁、镍和钴的碳化物。它也一样可以产生碳氢化合物及其衍生物。

施密特曾经指出在奥尔盖里陨石以及其他的陨石里，由于碳和二硫化铁的作用，可以生成有机物质。施密特还在诺伽亚陨石和阿连萨陨石里分离出含硫的碳氢化合物 $C_4H_{12}S_3$。他说这些有机化合物的生成和有机体一点儿也不相干。

当时，别尔特洛，还有舒赞别尔热也都曾经独立地做出过类似的结论。他们说陨石里的碳氢化合物就和熔铸铁的时候产生的碳氢化合物完全一样，在那种温度下，是不可能有生命的。因此，在现在这个时候，陨石里有碳的物质，已经不能作为这些天体里存在过生命的证据了。

有许多人想直接在陨石里发现微生物的孢子，也没有得到真正靠得住的结果。按照门涅的报道，巴斯德曾经用门涅给他的碳陨石标本，想从里面分离出有生命能力的细菌。他还因此制造了特殊的探针好从陨石内部取样。但是无论怎么样，巴斯德都只得到反面的结果，所以他就没有把它发表出来。后来的科学家也完全一样，什么时候也没有能够从陨石里找到生物。

只有李普曼 1932 年发表的报告是个例外。作者在报告里叙述了他在许多各种各样陨石上进行的研究工作。他将陨石的表面加以消毒，而且采取一切办法不让地球上的细菌进入陨石内部。虽然如此，当他把陨石碎片接种在培养基里的时候，在许多情况下还是得到了活的杆菌或球菌。

这个报道引起科学界的广泛注意，而且甚至还在某些教科书里加以引用。但是遗憾的是，直到现在这件事还没有任何人加以证实。并且要注意的是李普曼得到的是和地球上通常的细菌一样的细菌。细菌的变异性很大，很容易适应外界环境，因此很难说其他天体上生存的微生物的形式就正好跟地球上的一样。更有可能的是，尽管李普曼十分小心，他在磨碎陨石的时候还是没能避免地球上的细菌落到他所研究的陨石里。李普曼在写给这本书的作者之一的信里也没有坚持说自己的资料是完全可靠的。

事实上，根据现在所有的知识，很难说陨石里有生物存在。如果在陨石里，或者说在哪个行星里，曾经形成了生物，生命曾经演发，那么总得留下些生物的痕迹来。但是在陨石里，即便找得非常仔细，还是找不出这种痕迹。根据费尔斯曼、列维生-莱辛，以及别的科学家的工作，在陨石里，类似的这种痕迹也罢，或者和生命过程有点联系的物质也罢，什么也没有找出来。

现在，用陨石上的碳的同位素分析的资料证实了陨石上的碳的化合物的形成是非生物原的，也就是说跟活的生物不相干的。因此，关于陨石上，以及同样地在生成那些陨石的假设的行星上存在着生命的可能性的这个问题，我们的回答是否定的。

弄清楚别的天体上，尤其是我们太阳系的其他行星上有没有生物原的物质，就可以充分可靠地论证这些天体上，或者至少是过去在这些天体上有没有生物的存在。的确，我们在这方面的活动范围，比起对待陨石来，不论是化学分析还是矿物学研究，都受到更多的限制。我们只能用光谱分析的方法来得到其他行星表面和大气的化学成分的资料，但是在合适的情况下，这种方法也能告诉我们许多事情。

从上面所说的观点看来，作为地球大气主要成分的分子氧具有特别的意义。根据维尔纳德斯基的意见，所有这些氧都是在绿色植物的光合作用过程里生物原地形成的。哥尔施密特指出，尽管大气里有大量的自由氧，但是只有地壳的最外面的这一层是氧化的，处在比较深的地方的岩石明显地呈现为还原状态，紧紧地和氧结合在一起。哥尔施密特用这样的事实来说明这个情况。他说火成岩是黑色的、绿色的和灰色的，也就是说它们含着亚氧化铁。相反地，水成岩——黏土、沙子等——都是红色的和黄色的，它们含着氧化铁。因此，就在我们眼前，就直接完成着从火成岩到水成岩转变过程里的氧的逐渐吸收。只有光合作用过程决定着地球大气里经常有氧。哥尔施密特强调说，如果现在地球上的一切植物突然都死掉了，那么大气中的氧气将在很短的时间内（从地质学的规模说来很短的时期内）消失掉，因为氧将完全被含氧不饱和的岩石所吸收。

所以，如果在一个行星上观察到分子氧，就可以认为它是证明了这个行星上存在着像地球上的植物那样能够进行光合作用的生物。

遗憾的是，在这方面最使人感兴趣的金星和火星这两个行星的观察资料说明那上头没有什么分子氧。在另外一方面说起来，当然，没有分子氧也不能就此证明没有生命，因为我们知道有许多嫌气性的生物，在它们的生命过程中是不需要氧的。所以，确定了在某个行星上有没有氧气，也不能提供事实，证明这个行星上存在或不存在生命。

空气中另外一个气体，氮气，维尔纳德斯基认为也是生物体生命活动——去氮作用——的结果。没有疑问，氮气也可以非生物原地产生，可以在去氢过程中发生的氨的无机氧化中生成。而去氢过程呢，在地球以及地球一类的行星上，在一定的时期，是应该发生了的。因此，在行星的大气里找到氮，比发现氧更不说明问题。

碳酸气更不好算数了。在行星形成和发展的过程中，就像现在在地球的大气中经常发生的那样，碳酸气是完全可以非生物原地形成的。

有机物，尤其是碳氢化合物及其最简单的氧的、氮的衍生物，就像前面已经说过的那样，也可以大规模地非生物原地产生，而它们的产生不一定就跟生物的出现有关。所以，例如说吧，在木星和土星的大气里发现有甲烷，但也不能就此证明这些行星里有生命存在。

当然，要是肯定了（就说分光镜的方法吧）在一些行星里有像吅[①]和核蛋白一类的典型的生物体的有机物，那就可以作为有生命存在的论证。但是现在的研究方法对此还无能为力。

有人想在火星上发现叶绿素，结果也落了空。但是也不能因此得出结论说火星上没有生命。因为按照齐霍夫的研究，地球上许多显然是含有叶绿素的植物，而在用分光光度计来观察的时候，也不表现相应的吸收。

用光谱学的方法研究行星所得到的像这种类型的其他资料，假如用不同的滤色镜照相，如研究偏振的程度、反射能力、热量状况及其他等，也都不能提供生命存在与否的确凿的证据。即使在最近的与地球有很多类似之处的行星，如金星或者火星，也是如此，这些行星和地球上广阔的表层总的物理性质是十分相似的。

由此可见，我们还没有十分可靠的方法可以使我们即便是在离我们最近

---

① “卟啉”的旧称。

的天体，太阳系的那些行星上，直接从某种特征来发现生命。当然对于围绕着我们银河系的其他恒星的行星说起来，更不用说了。在那些地方，从理论上说来，生命是应该在某个时候生成了的。

所以我们不得不用间接的方法来推论。这种方法是研究行星表面的化学的和物理学的条件，然后拿它来和生命所必需的条件相比较。当然，用这种迂回的方法只能确定这个或者那个天体上生命存在的可能性。

没有疑问，只有直接观察才能彻底解决这个问题。但是上面提到的方法至少可以告诉我们什么地方可能找到生命，什么地方则完全没有希望。

当代大部分对宇宙中的生命这个问题产生兴趣的研究者通常就是走的这条路，但是在这条路上，我们碰到比平常想象的多得多的困难。这些条件的静态的研究和机械的校正，在许多场合下会得出错误的结论。不能忘记，首先，行星表面的物理学的和化学的状况在行星的生成和发展过程中是有所改变的。其次（这是最重要的），生命在产生的时候及在后来的发展当中，经历了好些阶段，在这些阶段里，它所需要的物理学的和化学的条件可能是极其不同的。而且，现在的那些生命形态是一定的外界作用的结果，是生物与环境的极好的统一，这一点是米丘林学说所强调的。

但是不仅仅只是环境影响有机体，有机体在某种程度上也改变了它的居住环境。有的时候这种变化是以广泛的、宇宙的规模发生的，一个行星的整个生物界都改变了，而这可以用天文学观察的某种方法来加以肯定。在另外一种情况下，变化完全是地方性的，而在外部观察可以得出这样的印象，生物是生存在一种对生命说来是难以忍受的情况下的。

这种现象甚至在处在进化阶梯很低梯级的生物方面，如微生物那里也可以观察到。本书作者之一在他的实验中偶然观察到如下的情况。在昼夜温度不变（−5℃，−7℃）的冷藏室内收藏的糖用甜菜，其根部往往生长有霉菌以致根部表面像溃烂那样。直接在溃疡形成的地方用微热电偶测出的温度表明，这里大约是+15℃，尽管冷藏室和根部都是处在一样的低温。微生物自己制造了它们所必需的温度，靠在呼吸过程中糖氧化所放出的热量把它们所处的根部小孔局部地温热了。

从微生物学文献中，我们知道可以把微生物冷却到液体空气的温度，甚至更低些。同时它们的生物化学反应的速度接近于零，而它们转入休眠状态。可是小心地把它们温热了之后，它们重又具有积极生命活动的能力。对存活过来的孢子加以高温（100℃以上）也发现同样的现象，许多完全干枯了的有机体、植物种子等也有同样的情形。

在所有这些场合我们碰到的是适应性，使得生物可以经得住不利的外界条件而在这些条件改变时重又返回生活。这样就可能在温度、湿度等的很大波动下维持生命。可是在前面所描述过的场合原则上不同于这种生存方式：那儿没有生命活动的中断，反之正是由于有机体这一生命活动的结果，在很有限的居住空间创造了它们需要的条件。

在干草、泥煤、厩肥、堆肥等的所谓自热的情况下，也产生了同样的现象。曾经确定，在这些材料中发育的好热微生物本身就积极参加了创造变热部分的温度条件。同时这里的温度可能提高到50～70℃，而有时还高些。由此树立起来的情况是，大大促进好热生物的发育而招致其适宜温度较低的对手死亡。当储存的籽粒发生自热时，可以确定，微生物不仅创造了它们所需的适宜温度，并且依靠淀粉氧化时形成的水大大提高了生命所必需的水分。

需要指出，生物越有高度的组织，在进化发展中的地位越高，则它在很大程度上越能积极地从不利的外界条件中解放出来。它和外界的联系分化而增长，但是它本身建立起自己的内部环境，并用来极端扩大它在不同条件中居住的可能性。

这种情形在热血动物的例子也可以看到。它们的体细胞，特别是神经组织，甚至对温度的细微波动和对酸度、盐类成分、氧气供应等的变动都极端敏感。但是动物可以居住在很不利的外界条件中，如在极北的地区，因为它具有自己的内部环境，这里内部环境以惊人的准确性调节所有上面指出的因素。

在这方面的一个完全特殊的例子是人类，正因为在人类起源时物质在它的发展中已经超出了生物进化的范围，被提升到更高的阶段并获得了新的社会运动的形式。

在我们的时代，当实际拟订出制造人造地球卫星的技术设计的时候，未必还会有人怀疑人类在这卫星上居住原则上是可能的，因之，我们要说在有特别不适宜于生命的外界条件的月球上居住也是可能的。

但是对于下面的问题将有完全不同的答案：月球在它的宇宙进化过程中能否有生命起源而由于生命的发展产生了人类。现时关于月球的自然条件的一切知识，使我们不得不对这一问题给出否定的答案。

可是在我们面前的宇宙中生命的分布问题大约可以用类似的方式提出来。我们完全有根据不同意肯定有生活力的胚胎可能从一个天体不断地转移到另一天体的泛因子理论，我们认为生命在物质发展过程中常常在凡已创造了适当条件的地方重新发生。因此我们不能把我们的分析仅仅归结为简单比较某些物理条件和化学条件，这些条件是某一天体现在所有的，并且是居住在它上面的某种我们所熟悉的地球上的生物所要求的。

要获得所需的答案我们应当想象在天体的演化过程中该天体上生命怎样发生和发展，一如在我们地球上发生的那样，或者相反地，探究这发展怎样把天体引到另一条不可能形成生物的路上。这样提出的问题非常难以解答，因为我们对宇宙方面的知识，并且在某种程度上对生命起源方面的知识都非常贫乏。可是现在时机已经成熟，可以把一切在我们支配下的现有资料归结在一起，并且可以在这一方面做出哪怕是最初步的总结。

例如，维尔纳德斯基和他的学生们所做出的对于一切栖居在地球上的动植物体组成元素的分析，已经使我们能得出两个很重要的结论。第一，除了大体上宇宙所固有的元素，我们在生物中没有发现任何其他元素；第二，组成生物体的元素的定量对比是和整个天河中的相应对比截然不同的，甚至和在生物居住的环境中所发生的也略微有差别。在生物整个部分中按平均计氧约占总重的 70%，碳 18%，氢 10.5%。

这样，在生活有机体成分中在量方面占有优势的有水的元素，还有作为有机物质基础的碳。总计它们是生物总活重的 98%以上。其余的 1.5%～2.0%大体上是在生物成分中以千分之几计的氮、钙、钾和硅。还有以万分之几计的磷、镁、硫、氯、钠、铝和铁。一切这些元素连同氧、碳和氢是生活物质的 99.99%。门捷列夫周期表中其余很多的元素以十万分之几、百万分之几、千万分之几、万万分之几和更少的分量参加生活物质的构造。同时其中有许多不必一定参加任一有机体，而只是某一生物类型的特征。例如，钒集中在海洋动物的一个很特别的类型——海鞘纲的血中，在这里它起重要生理作用，类似铁或铜在其他生物所起的作用那样。

我们研究过的活体主要成分证明，水是最简单而同时在量方面占活体化学组成的主要地位。水在这里所起的重要作用不仅是作为代谢过程展开的介质，而且还作为直接参加很重要的生物学反应的化合物。

我们也相当熟悉形成另外一大批（所谓含灰）元素的化合物的生物学作用。其中一类参加构成原生质的蛋白质，另一类是生物催化剂酵素的成分，最后第三类创造了与原生质结构，以及在原生质中完成的生物化学过程程序有关的独特的物理化学条件。

可是不管水和含灰元素在生命基质成分中的作用是怎样巨大，毕竟其中的主要地位属于有机物质。它们是生物界的独特化合物。我们不但不知道有任何缺乏有机化合物的生物，并且没有有机化合物甚至在理论上我们也不可能想象为生命所特有的新陈代谢过程。

因此，我们应当认为，在发展过程中有机物质的形成是物质一般发展走上生命起源道路的第一阶段。碳氢化合物是这方面最简单的开始的化合物；无怪乎现时把有机化学通常看作碳氢化合物和它们的衍生物的化学。

还在比较不久以前，在科学文献中甚至把物质发展走上生命起源道路的第一阶段看作是不可理解不可进行的研究。问题是这样，在地球上在它存在的现时代，无机型碳转变为有机型碳差不多无例外地只有借助于生物学方法才能实现，主要是在光合过程中实现。绿色植物利用太阳光能靠碳的无机化合物（二氧化碳）合成植物生活和生长所必需的一切有机物质。动物从植物方面取得这些物质，或是直接吞食，或是以草食生物及其尸体和遗骸为食。对于绝大多数的大型生物和微生物，以及寄生物和腐生菌，也能确定同样的营养来源。只极有限的无色微生物群能够利用还原的硫、铁或氢化合物氧化（化能合成）的能量，独自从二氧化碳造成有机物质，但是我们在这里碰到的还是有机物质的生物原形成。

可见地球上现代生物界的一切有机物质，是用生物原方法也就是通过有机体形成的。这一方法的基础是，由于某一时期栖居在地球上的生物分化而形成石炭、石油、沥青和其他矿质有机物质。因此，许多自然科学家在不久以前还绝对不承认在自然条件中有机物质有偶发形成的可能。这对生命起源问题的解决造成了巨大的困难。

可是对于这一问题做了深入研究后指明，目前在地球上占优势的有机物质生物原形成方法只是地球存在的现时代的特征。这方法是由于在地球上某一时期发生的生物长期进化而造成的，但远在生物出现之前有机物质在这里是以偶发方法形成的。

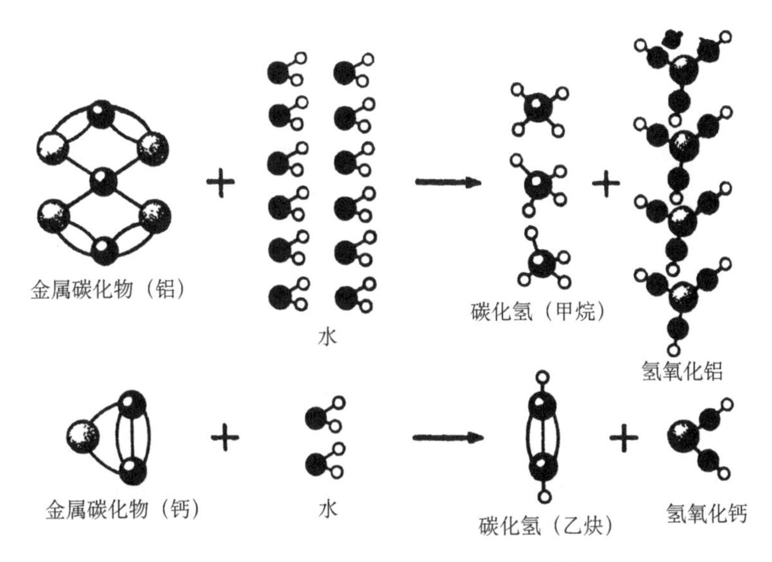

图 1　金属碳化物和水的相互作用下的碳化氢形成图

门捷列夫证明了在碳化物和水的相互作用下可能有这样的碳氢化合物形成。如已经知道的，在地壳的成分中许多年前已经有金属的碳化物，特别是镍碳铁矿成分中含有铁、镍和钴的碳化物。当时菲尔斯曼曾发表过这一假定，说这种碳化物是地球核心的主要部分。它们虽然是最深岩层之一，可是有时到地表而直接和水发生相互作用。B. 维尔纳德斯基曾指出，在地壳中这种过程在现代条件下是确实有可能的，而近来在地质学文献中有关于发现火成岩成分中含有偶发起源的碳化氢的报道是这一可能性的充分确证。

可见最简单的有机化合物——碳化氢——的偶发形成甚至现在还在地球上实现着，而毫无疑义在过去曾以广大规模发生过，特别是在地球的形成过程中。

尤里（Юри）根据他的渊博的物理化学研究所达成的信念是，当地球从原星构成时，气粉状云（据现代观念是充作形成行星的材料）的很大部分原生甲烷由于在地球型行星形成的区域中温度提高而气化。这时碳以铁镍熔合物状态保存。其后，当地球的构成已接近完成但仍处在还原阶段时，碳氢化合物重新形成，从地球内部游离到大气中。

当然，我们关于星体和行星方面的知识还很贫乏，但毕竟有根据断言，要发生我们所考察的物质发展走上生命起源道路的第一阶段——碳化氢在某一天体上的形成——所必需的主要条件是还原介质。而这是确实的，因为氢在整个银河系是主要的元素，我们在各种各样的天体上并在各种各样的极端物理条件下，到处都可以证实有碳化氢存在。我们在星体的大气中，特别是在我们太阳的温度几千度的大气中查出有碳和氢的化合物。在大行星的大气中有巨量的甲烷，那里的温度主要是很低的，但那里元素的对比保持着接近于从前原始气粉状云时的状况，氢占有显著的优势，因之清楚地表现出还原的特征。如我们在上面指出的，从陨石直接分析出碳化氢，在彗星的光谱中查出可作为它们的特征的条纹。毫无疑义，像在地球上所发生过的那样，碳化氢应当也曾在其他地球型行星上形成起来。

这样，我们把物质发展的某一阶段看作向地球上生物起源道路发展的重要阶段的，是宇宙间很普遍的，为大多数各种各样的天体所固有的过程。

这一道路的第二阶段是另一种情况。在地球上这一阶段是组成生物体的各种各样的复杂的有机化合物的形成过程，特别是有机化学进化之冠而同时无例外地在一切生物的生命中起特别重要作用的蛋白体的形成过程。当然，碳化氢的存在对于进行这一阶段来说是开始的和必需的条件，因为恰恰是碳氢化合物包含有特别广大的化学能力，以及有为形成生物界复杂的和高分子有机化合物所必需的大量储藏能。

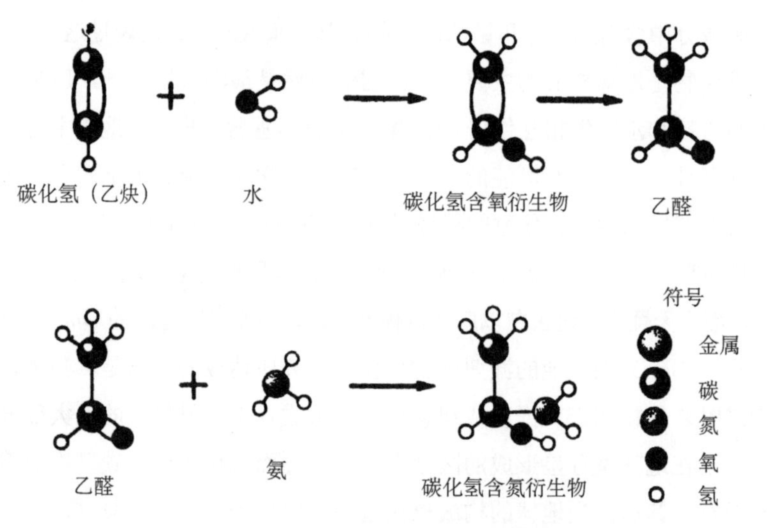

图2　碳化氢的水合和氮的加合图

可是碳化氢的这些隐伏潜能只能在行星存在的还原阶段转变到较为氧化的阶段时才能实现。在这一阶段地球已经丧失了它的原始氢。在大气表层由于光化的反应水蒸气分解为氧和氢。同时氢由于质量较轻不能为地球保持住而蒸发到星际空间，而氧则和岩石圈及大气中未饱和的物质化合。在这里的氨经氧化为分子氮，而甲烷和其他碳化氢经氧化为各种各样的有机氧化物：

醇、醛、酮、有机酸，一直到氧化的最后产物——二氧化碳。在碳化氢直接水合时，由于大批的水分子直接和碳化氧化合也能发生类似的过程。由于上述有机化合物和氨的相互作用，除了碳化氢的含氧衍生物之外还得出碳化氢的含氮衍生物。

这些化合物应当曾经由潮湿的大气转移到地球的水圈，而关于它们以后的变化我们可以根据现代化学研究来推测。

总合起来的有机化学资料证明，低分子碳化氢，以及它们的含氧和含氮衍生物处在潮湿大气中或在水溶液中时往往发生聚合和凝结，导致很复杂物质的形成，这些物质和在生物体成分中所发现的相似。同时由于原料有高能水准，这些过程有放热性质而在普通较低的温度下容易通过同质的溶液。

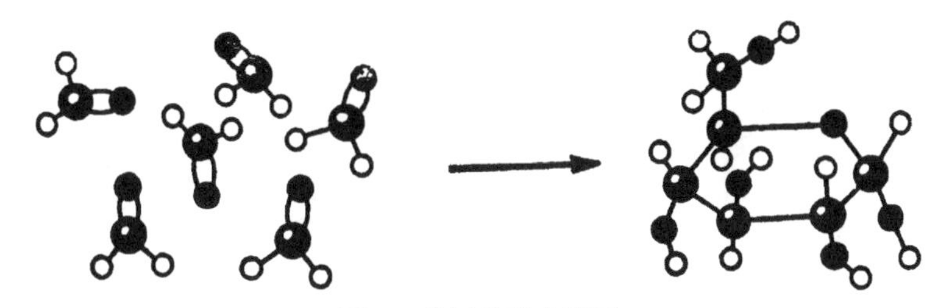

图 3　从甲醛形成糖图

根据 A. 布特列罗夫、Э. 菲舍尔、O. 列夫和 Г. 埃列尔的只以蓄有含少量石灰或白垩粉作为催化剂的甲醛水溶液而实现了糖的合成的研究，最容易证明在原始地球水圈中糖及其他碳水化合物的形成是有可能的。

近来发表了不少著作，论及类似的、从最简单的碳化合物和氮化合物合成为复杂的，但同时又是在生物中非常普遍的物质，如卟、核苷酸等。

可是我们特别关心的是，蛋白质在地球原始水外壳中的形成。要得出这一问题的答案，首先必须论证这里可能有氨基酸形成，因为氨基酸是基本环节，而蛋白质从这些环节构成；其次要确定这些环节怎样能够自己联合起来成为蛋白质分子基础的多肽链。

在合成氨基酸的方面现在有直接的实验资料。特别是要在这里指出缪勒的工作，他从奥巴林的观念和尤里的资料出发，以无声放电通过甲烷、氢、氨和水蒸气的混合物。几昼夜之后以纸的色层分析法显出溶液中的乙氨酸、丙氨酸和其他氨基酸。在苏联科学院生物化学研究所重复了这些实验，不但完全证实了缪勒的结果，并且证明了可能以一氧化碳部分地代替甲烷。显然，在所有这种合成中所获得的氨基酸和其他复合有机物质是葡萄酸盐的形式。

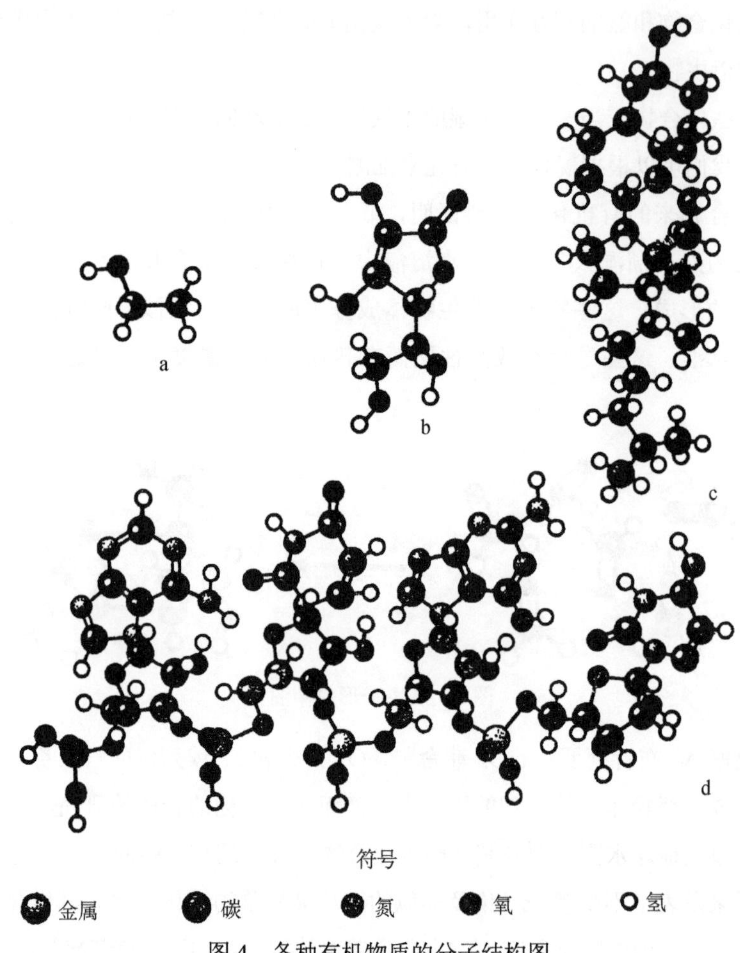

图4　各种有机物质的分子结构图

a）醇，b）维生素C，c）类脂肪物质（胆固醇），d）胞核酸

如已经知道的，许多有机物质能够以两个彼此相似的类型存在着。它们的分子是由同样的原子组成而甚至是由同样的原子群组成，但这些群在空间有各种各样的排列。如果类似化合物的一个类型的某基安排在右方，恰恰第二个类型的同一基安排在左方，而反过来也是一样。我们的一双手可以充作这样不对称分子的简易模型。如果我们假定它们是在自己面前一双向下的手掌，就看到尽管两手相似但左右个别部分的安排很有区别。如果右手大指指向左方，左手的同一指指向右方。这样，每一只手好像是另一只的镜影。

在有机物质的人工合成时，我们总是得到均等的两类型不对称分子混合物（葡萄酸盐）。这是十分自然的，因为某一类型——左或右的对映体——的形成在化学反应时，系于安排在对称面的左方或右方的两原子或基的哪一方为新原子群所代替。但是这些原子或基都处在完全同等力量的影响下。因此，哪一种对映体会形成起来的机会完全是一样的。实际上在人工合成中绝没有发现任何一种对映体有过剩现象，或所谓不对称现象。

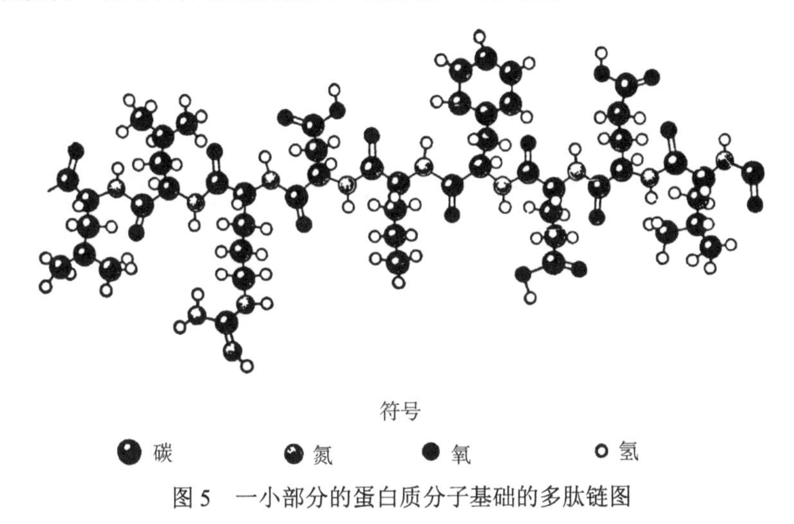

图 5　一小部分的蛋白质分子基础的多肽链图

反之，对于生物来说不对称现象是最有代表性的性状。我们在这里看到的总是某一种对映体的形成和集中。特别是自然蛋白质成分中所含的氨基酸也总是只有左类型。

关于除非利用生物就不可能有不对称合成的问题，在 20 世纪初成为很尖锐的一个问题，似乎是在解决生命问题路上的严重障碍。可是巴斯德业已指出，达到不对称的合成是有可能的，不但可以利用不对称物质，并且也可以利用某种天然不对称因素。其后在无机界中实际上发现了这一因素，这是圈状或椭圆状偏振光。用在光化反应时能够只得出一种旋光对映体。

在地球上在复合有机物质的合成时一定曾有光的参加。可是贝纳尔（Bernal）在他的《生命的物理基础》一书中还指出对于在自然条件下最初发生不对称现象的另一条更有前途得多的道路。这是在光方面有活性的石英晶体表面的反应，这种晶体在无机界的分布是很广大的。近来 A.捷连季耶夫（Терентьев）和他的同事们，使加氢和同分异构化等反应在石英表面受到催化作用而实现了许多有机物质的直接（绝对）不对称合成。

氨基酸聚合为多肽时必要克服的动力障碍，是蛋白质在最初地球水圈条件中的初级合成道路上的很大困难。蛋白质的基础是链，其个别环节是彼此间由所谓肽链联系起来的氨基酸颗粒。相当的计算显出，要氨基酸剩余部分形成肽链必须耗费很大量的能——平均计约 3000 卡 / 分子。因此，单只在氨基酸水溶液中事实上不能独自地发生反应，这和布特列罗夫的反应中从甲醛形成糖时所发生的相反。可是 K.林迭尔什特列姆-兰格（ЛиндерщтремЛанг）曾发表过的原理是，如果从氨基酸和其他肽合成为大肽，自由能的变动可能比 3000 卡少得多。这一点曾为 A. 多布里（Добри）和Ж. 弗鲁唐（Фрутон）以实验证实。后者根据自己的实验所得出的结论是，ΔF 的大小系于在反应中所参加的组分的性质，因之这一大小有很大的变动，有时降低到仅得 400 卡 / 分子。在大多数的情况肽合成的反应是吸能的，可是也有某些情况是放能的合成。弗鲁唐又再指出，为扩大肽的生产量起见这些反应是有前途的，在这些反应下所获得的产品从共同溶液中分离出来而转变为不可溶解的状态。例如以甘氨酰胺代替甘氨苯胺时所发生的就是这样的情况。同时肽的生产量达到 65%。弗鲁唐认为肽转化和酰胺转化是不用消耗大量能的反应，是延长多肽小链的一个主要方法。

近来在科学文献中引用了许多关于多肽合成所必需的能源和能量反应的配位方案的假说。为了举例起见，可以指出 Φ. 利姆潘根据谷胱甘肽合成的实验所做出的关于三磷酸腺核苷酸[①]参加磷转化反应的假说。不久以前日本科学家赤堀（C. Акабори）提出一个有趣的蛋白质的初期合成的假说。

布烈斯列尔（C. Бреслер）近年来所进行的研究对于我们特别有兴趣。布烈斯列尔估算在水溶液中建立肽链所消耗的自由能可以靠自由能因外部压力而减少来补偿，他进行了在几千标准大气压[②]条件下的合成实验。同时他在有适当的酵素在场的情况下合成了肽链而获得在某些方面和蛋白质相似的氨基酸的高分子聚合物。的确，近来出现了使布烈斯列尔的资料遭受到怀疑的著作，如塔尔瓦尔（Тальвар）和马什别夫（Машбеф）关于他们在类似的实验中失败的报道，但布烈斯列尔给他们的失败以似可置信的解释。这一争论当然会在将来的实验得到解决，但是如果将来得到证实，布烈斯列尔的合成方法对于我们所关心的问题会有特别意义。因为这些实验

① 三磷酸腺核苷酸是能量很丰富的化合物（巨能化合物）。

② 1 标准大气压=101325 帕斯卡。

指出在热力学方面蛋白质有可能在高压条件下合成，而高压条件甚至在地球外壳（例如在大洋深处）也容易建立起来。这样，我们关于所举出的物质发展第二阶段的知识中还存在许多空白点，虽然要填满这些空白点必须有大规模和复杂的实验工作，可是在地球上导向蛋白质和其他复合有机化合物初期合成的过程，其进展方向的一般性质对于我们来说现在已经相当清楚了。

在另一些行星上实现类似的过程所必需的是怎样的条件，而会妨碍实现的是什么？

第一个必要的条件是，如我已经认为的有原始的碳化氢的存在，这在许多天体上是保持了的。第二个条件——氧化阶段的形成——是另外一回事。要进入这一阶段，条件只有是，行星由于质量不大不能保持住自由氢，而在形成和发展过程中它的初期成分和原始气粉状云的成分相比较发生了巨大的变化。可是，例如差不多完全保持了原始氢的大行星上就不能发生这种情形。在这里碳化氢的进化走上另一条道路，不同于在地球上的那条道路。特别是在大行星上发生广泛的甲烷光化聚合反应，导向饱和和不饱和的高分子碳化氢的形成。例如在木星上的红斑点，有些天文学家认为是高分子聚合物——辉铜。但在这里却不能发生可作为生物的特征的碳化氢衍生物。只有地球型的行星满足了我们上述的第二个条件。

第三个条件可以说是必须有水的存在。作为水合反应的直接参与者，作为使上述碳化氢化合物和其衍生物的变化能够有地方进行的不可缺少的介质，水是必要的。在地球上所有这些过程曾在水圈中发生过；在地面有一些大的储水盆地的存在也帮助了许多灰分元素完成了迁移，这些元素为了许多化合物的形成以及作为大多数有机化学反应的催化之用是必要的，作为例子的有在糖合成过程中的钙或在氧化反应催化时的铁。

但是不可否认类似的过程除了有大量储水的地方，也有实现的可能。有些科学家[如威廉斯和霍洛德内（Н. Холодный）]甚至认为地球上的生命不是在海洋中而是在原生岩层的泥灰岩微粒表面上发生的。对于生物层元素迁移问题作了许多研究的波雷诺夫（Б. Полынов）也支持这一观点。

当然，为使我们上述的过程能在岩石微粒表面进行，这些微粒必要有水湿润过，这里的水或有水滴的形状或至少有表膜的形状。只有在这种条件下，仍然在水中的条件下才能进行复合有机物质的形成，特别是蛋白质的形成。但是在这些条件下必需的水量显然大大减少了。

我们所举出的科学家们提出了他们的假说，大体上是因为他们在泥灰岩微粒中看到了蛋白质和原始生物得到保护而免于宇宙辐射的破坏作用，主要是短波紫外线的破坏作用。的确是蛋白质大量吸收紫外线，特别是在2700～2800埃范围内的紫外线。在波长进一步降低时，蛋白质的吸收能力在2600～2400埃之间降低一些，然后又重新开始有强烈的增长。在吸收光的同时蛋白质由于深度的化学变化而发生变质。现在地球上有机体的蛋白质因大气中有臭氧幕保护而免于紫外线的作用。但蛋白质在海洋的水中形成起来时也由于水的上层吸收了紫外线而保存起来。在任何情况下当断定不同天体上的蛋白质形成时，必定要时时注意到短波辐射的破坏作用。

还需要略略提到温度条件的问题。我们所探讨的反应由于有放热的特性而能够在地球的现代平均条件上下相差几十度的相当广大温度范围内以大或小的速度实现。但是，在较高的温度下蛋白质能够发生而保存起来吗？同时蛋白质的热变质不应当发生吗？这一问题比我们通常所想象的复杂得多。通常认为蛋白质在60℃凝结成块，然而这种偏见是根据日常观察卵白的凝缩而造成的。实际上我们所知的大多数动植物的蛋白质在较低得多的温度甚至在室温下便发生凝缩。因此，如果我们想在实验室中获得不变质的蛋白质标本，不得不在冷室中进行工作。似乎不可能理解在地球条件中怎样能有生得的蛋白质存在，况且是存在于居住在有温度90℃的热源的热血生物，好热细菌和微生物中呢？这一奇怪的现象大概可以部分地解释为蛋白质在和某种物质化合为核酸和氯化血红素等化合物时大大增加了它的耐热性。然而这一问题即使是对于我们地球的条件来说还不能认为已经整个地解决了。

这样说来，物质发展走上生命起源道路的第二阶段比之第一阶段还要求更分化的条件。能满足这些条件的只有某些天体，特别是太阳系地球群的行星和其他星体的与之类似的行星。

有时偶然听说，随着最复合有机化合物的蛋白质的形成，随着高分子氨基酸聚合物的形成，生命起源过程可以认为是结束了。同时往往引用恩格斯的名言而忘记了这里所谈的不是简单的蛋白质而是新陈代谢产生的蛋白体，也就是依靠其周围外界的物质不断自我更新是其必要的生存条件的蛋白体。

我们在无机界无论什么地方也不会发现有这种自我更新和自我繁殖的过程。因此，新陈代谢正是使我们不得不看作物质运动特别类型的生命的有代表性的特点。

任何生物，即使是最简单的生物，只有一直生活着和存在着到连续不断的物质微粒和固有的能量不再接续经过它时为止。生物从周围环境吸收外来的异己物质，这些物质由于一系列生物化学反应的结果变成生物本身的物质，而成为类似生物体组成内先前所含的化合物。这是同化过程，但相反的过程——异化——和同化有密切的相互作用。生物的物质不是始终不变，多多少少很快就分解，其地位为重新同化的化合物所占有，而分解产物被排除到外界环境。这样，生物的物质由于许多密切、互相交错的分解和合成的反应而分解和重又发生。

一切现代生物化学资料的综合证明，在生物体中进行的个别反应是比较简单而相同的。这是大家熟悉的而容易在试管和烧瓶中复制的氧化、还原、水解、磷化、醇醛缩合、氨基转位等化学反应。

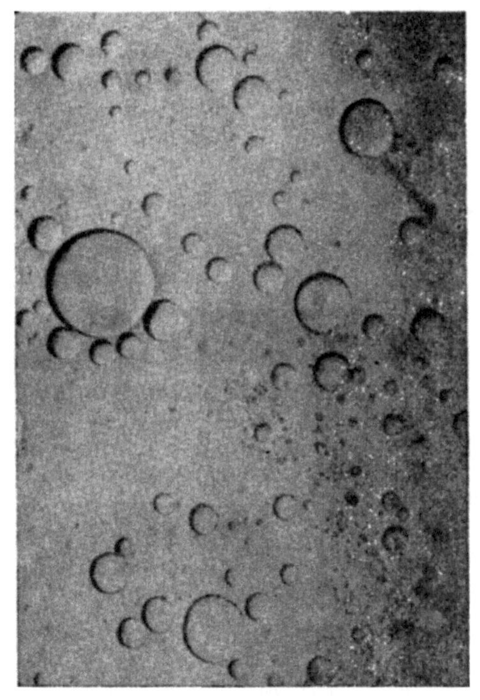

图 6　显微镜下放大 225 倍的比较简单的 2-组分团聚滴

这其中没有一个反应是有特殊生活力的。对于生物体来说，特殊的地方首先是，这些个别的反应在生物体中以一定方式及时组织起来，结合为统一的完全系统，好像个别的音阶结合为某一音乐作品，例如交响乐那样。只要错乱了音阶的次序就会得到不协调的、杂乱无章的声音。同样对于生物体的组织也重要的是，生物体中完成的反应不是偶然地杂乱地进行的，而是在作为新陈代谢上升和下降分枝的基础的严格确定而和谐的程序中进行的。这样的生活现象，如发酵、呼吸、光合、蛋白质合成等现象——这些氧化、还原、醇醛缩合等反应的长链，是在严格确定的有规律的程序中以十分准确的次序彼此交替着的。

然而特别重要的是，生物在原则上不同于一切无机界系统的是，生命固有的上述次序的共同倾向。在生物体中完成的数万数十万的化学反应，不仅调和地结合为统一的程序，并且整个程序有规律地成为整个生活系统整个地在给定外界环境条件中出奇地按照这些条件自行保存和自我繁殖的原因。

新陈代谢的起源，新陈代谢所产生的蛋白体的形成，实质上也就是最简单生物的形成，是我们地球上生命起源过程中第三个主要的阶段。

关于处在进化发展不同阶段的现代生物的新陈代谢的深刻研究，证明个别化学反应速度的密切一致性是可为代谢特征的诸现象的程序的基础。任一有机物质能在很多方面起反应并具有极其大和各种各样的化学能力，但是在有生命物质之外这些能力的实现是极端“迟钝的”——缓慢的。反之，在生物中有机物质的反应是以很大的，但在个别情况下不同的速度进行的，因而在猛烈进行着的生命过程的背景上也建立起反应的固定连续性和一致性的先决条件。这是由蛋白质的催化特性所致。为使生物体任一物质实际参加新陈代谢，它必须和蛋白质相互进行化学作用，一起形成某种灵活而不稳定的中间化合物。不然的话，它的化学潜能的实现将是缓慢到那样程度，使得该反应对于猛烈进行的生命过程毫无作用。

这样，在蛋白质（酵素）中有生命物质不仅有化学过程的强力催促剂，并也有这些过程赖以按照完全固定的路线进行的内部器官。由于发酵性蛋白质的非常敏锐专一性，每一种只能和一定的物质形成中间化合物，并且只在水解、氧化、缩合等严格一定的个别反应中受到催化。因此在实现某种生活过程，尤以整个新陈代谢说来，生物体中成百成千的各种各样的蛋白质酵素都参加了，并结合为复杂的而与之同时是统一的复合体。

由此可见，在走上生命起源的道路应当曾有类似的多分子蛋白质复合体形成，从蛋白质的共同溶液析离出个别系统——蛋白体。

大多数致力于生命起源问题的现代科学家认为系统的这样析离是必要的，主要在于它们的形成使蛋白质合成的结果巩固起来了，其次还在于这些系统至少促成相反的分解过程。

如瓦尔德所说的，蛋白质复合体的析离创造了一些条件，在这些条件下“分子间的各种聚集化与分子内的分解对立起来了”。我们觉得个别蛋白质系统的这样析离在另一方面有更大的意义，如以后将要证明的，在它的基础上创造了比在无机界的现象所支配的更高等级的新规律。

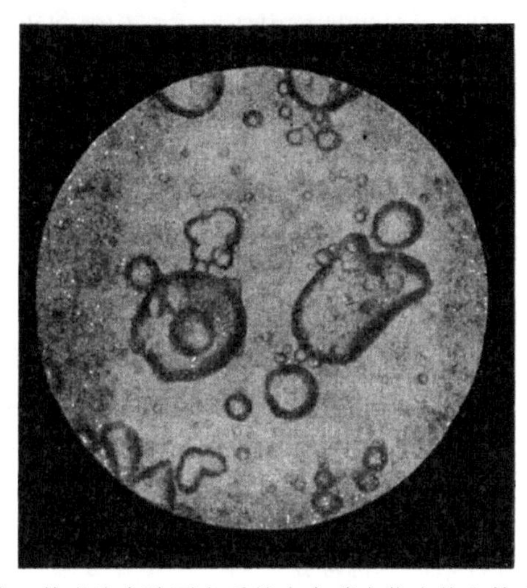

图 7　复合团聚滴。其成分内除蛋白质外含有碳水化合物和核酸（放大 320 倍）

低分子物质的稀溶液是十分稳定的系统，其物质的分裂程度和空间分布的平衡不会独自地破坏。反之，高分子蛋白质微粒有胶体溶液的形态，其特征是稳定性较低。在普通的日常条件下把两种或几种个别蛋白质混合我们就可以看到混合物是很混浊的。如果现在我们把它放在显微镜下观察，会看到在原来是空无一物的视野现出一种似有显明轮廓的小滴，漂浮在液体中。这里所发生的是这样的：原先在整个溶剂中均匀分布的蛋白质分子，开始自相团结成为一堆堆的分子团，当积成一大堆而包罗了许多百万分子时就分离为我们在显微镜下所看到的小滴——所谓团聚滴（出自拉丁文 Coacervatus，意为堆积、聚集）。所有原来在溶液中散处的蛋白质现在集中在这些滴中，而在环绕这些滴的液体中大体上看来不含有这些物质，只是水或不加入团聚体的低分子物质溶液。

尽管蛋白质团聚滴有液体的浓度，它具有某种的确是很简单的内部组织。它的特征是，有从周围溶液抓住（吸附）各种物质能力的表现。同时往往吸附现象复杂化而所吸附的物质开始和滴本身的物质主要是蛋白质发生化学相互作用。直接考察证明，在这种条件下，滴中能发生各种物质的分解、合成和重新形成过程。

在人工得出的团聚体中这些过程完成得比较缓慢，但如果在滴中加入无机或有机催化剂，速度可以大大提高。这样，该团聚体的一般组织，特别是它的成分和结构对于在其中完成的分解和合成过程的速度对比有很大的影响。与之同时很重要的是，这些速度对比对于我们得到的每一个团聚滴以后的情况不是无区别的。如果由于团聚滴的一定成分和结构而在团聚滴中的合成在一定的外界环境条件下进行得比分解快些，它是在规定的条件下的一个在动力方面稳定的形成，它不但能保持无机部分而且能扩大和增长。在相反的情况团聚滴失却稳定性，存在若干时后就分解而消失。

从直接研究在实验室条件下人工形成的团聚滴所发现的这些特性，使我们很快可以理解在走上原始生物形成的道路时所应当发生的新规律性。

在新陈代谢中使我们感到惊奇的是，活系统的组织和它的机能作用之间有特殊的一致性，以及代谢的各环节和它对在一定外界环境中整个系统的保存和自我繁殖的一般倾向有高度协调性。这一切实际上完全可以和我们在高等生物直接看到的器官结构合理性相比拟。但无论在哪一方面这一合理性只能根据相似的规律性才会发生，也就是只能根据个别系统和周围环境的相互作用，只能根据达尔文的自然选择原则才会发生。

在初期地球水圈水中发生的蛋白质或类蛋白质，迟早必定要形成复合团聚体。在实验室研究所确定的团聚滴的特性证明，有滴的形成就一定会使得这些个别系统有自然选择的形成。

在地球水圈中形成的团聚滴，不只有浸在水中的，也有曾处在各种有机物质和无机盐的溶液中的。这些物质和盐类为团聚滴所附着，以后和滴中的物质发生化学相互作用。合成过程发生起来了。但与之同时也发生了分解。两过程的个别速度系于每一个滴的内部组织。那些滴，具有某种动力稳定性而在一定外界环境下它们的合成过程速度比分解过程速度占优势的滴，能多多少少在一个长期存在着。在相反的情况这些滴必定归于消灭。这种滴的本身历史很快就中断，因此这些“组织不良”的滴已经在有机物质进一步进化进程中起不了什么作用。

反之，那些有合成比分解占优势的滴，不但应当保存起来，并且也扩大和增长。因之正是这些从动力稳定性和生长速度的观点看来具有最完备组织的滴经常扩大。但是整个说来滴不能不断地生长。它达到一定的大小就分为几个部分而形成“女儿”滴。这些个别部分最初是和各自生出的滴相似，但是彼此分开之后每一部分走上各部分自己的道路，在每一部分发生自己的变异，因而增加或减少它们以后在一定周围环境条件中生存的机会。

这样，有机物质数量增大的同时，随着在地球水圈中团聚滴数目的增长，滴的组织发生不断的质变。但是由于这一变异总是在自然选择作用的严格控制下完成，其路线是完全固定的。在滴组织中在外界环境作用下发生的任一变异，只有在它适合于提高该团聚体动力稳定性的条件，而与之同时也增大在其中完成的过程的速度才会为进一步的进化被保存起来。最初只是以团聚体所含某种无机催化剂（例如在自然界有广大分布的铁、铜、钙等盐类）增大速度。以后这些催化剂和各种物质，首先是蛋白质团聚体起相互作用，而能在很大和很特殊的程度上改变了活度。同时由于在团聚体的扩大过程中有自然选择作用，被保存起来的始终只有是为了树立复合蛋白体的动力稳定性，以及为了能量反应和合成反应的和谐结合，因之也为了系统在一定生存条件中的不断自我更新和自我保存所必需的最能充分实现加速反应的最完善复合催化剂——酵素的化合。结局也导向具有经过调节的新陈代谢的蛋白体的形成，也就是导向地球上生命的起源。

这样的过程能不能在其他行星上实现及实现的必要条件是什么？在很大的程度上这些条件是由于我们上面所举的有机物质发展第二阶段的实现而建立起来的。第一是有形成团聚体型个别胶体系统能力的高分子蛋白质或类蛋白质聚合物的存在。第二是有水的存在，水是介质，是在其中由于原先处在溶液中的蛋白质微粒结合的结果而发生团聚体的介质。当然，这一过程能在有大量水的情况下，例如在海洋中实现，也能在任一水塘中或者甚至在湿润了原生岩层泥灰岩的水中实现。

第三个条件是有巨量可以长期作为构成团聚体的物质的补充来源的各种各样有机化合物的存在，只有在补充的条件下团聚滴才能生长和增加。没有这一点谈不到什么选择，因之更谈不到滴的完善化。只有当这完善化已经达到相当高度时才能发生原始生物的其他更复杂的营养系统。

第四是在团聚体形成及其进一步进化所在的水溶液中除了有机物质，应当还有一切生物体必需的组成部分的无机盐类和含灰元素化合物。对于团聚体的起源和进化，无机物质的存在是必要的，因为它建立了必需的离子含量和平衡的条件，只有在这条件下才能实现胶体化学现象。从另一方面看来，无机物质以催化剂的资格参加了团聚滴中的合成和分解过程。为了使在某行星的水介质中造成必需的无机化合物混合体，必要有移置这些元素化合物的复杂而长期的迁移过程。

在行星的形成过程中其所含元素已经就经过选择。以后这些元素的化合物，在行星表面在它后来的生物层区域中有规律地进行了迁移，并以各种的比例和组合混合起来。在地球上这主要是在水循环的条件下发生的，在这方面水循环是一个特别有效的过程。但在其他行星上能以另外一些方法实现。同时完全不必恰恰是和作为地球生物层的特征的元素比例一样。甚至在地球条件下不同生物含有不同含灰元素，不但在量的方面就是在质的方面也有不同。同时在相似的反应中在某些生物体是以铁催化，另一些以铜催化，又一些以锰或甚至以钒催化。毫无疑义，在不同的天体上这些过程可能以彼此相差甚远的不同方法实现。

在行星的水中形成团聚滴的所谓酝酿时期是很长的，大概应当计有许多亿年。在这期间在元素迁移过程中应当有生物层的无机成分的形成，并应当有非常复杂的有机化学的进化，从碳化氢及其最简单衍生物到蛋白质和其他高分子有机化合物。但是由于自然选择作用的实现缓慢，从在发展过程中的原始团聚体有最简单的生物形成，其所必需的时间是极长的。物质发展第三阶段的长久时期完全可以和最简单生物转变为现代高等动植物所需要的时间相比拟。在此期间栖居环境和外界条件屡屡变迁，可是我们这里保存了在地球上某种比较狭小范围内我们现在大约也可以看到的那些。在其他行星上外界条件的这种变迁可能还超出这些范围，可是并不引起有机进化的中断。在这里必要特别着重指出，在生命起源过程中的决定因素是有机系统和外界环境的相互作用。环境构成生命。因之在“生命”的概念范围内我们可能有很不同的说法。这里蛋白质结构的性质，在系统中有效催化剂的成分，代谢反应的一贯性，以及在这条件下发生的能量和合成过程的性质等都可能有变动。重要的是，始终要系统在外界环境生存条件中的不断的自我恢复和自我繁殖同时得到保障。

因此，很难假定在其他行星上栖居的生物类型是和地球上的动植物很相似。在生命形成的过程中就应当发生了本质上的差别，而这些差别在生物进化过程中愈加增大。

在地球上最初产生的生物应当首先是只能以现成有机物质为营养的生物。一切现代生物的代谢的比较研究使我们确信这一点。我们所知道的生物毫无例外地恰恰都有这种营养方法的能力，这种能力是有生命物质组织的基础。这种营养不但给予原始生物以现成的建设材料，也使它们不需要依靠其他能量来源。它们基于最初偶发方法发生的有机化合物的分解而获得生命所需的一切能量。同时因为那时候地球大气中没有分子氧，有机物质的分解是由原始生物根据缺氧分解条件以发酵的方法实现的。

然而在生命的发展过程中在地球表面的偶发有机物质的储备应当已然逐渐枯竭。如我们在上面看到的，在我们地球上这些物质的主要部分是在地球仍然处在它存在的还原阶段还没有转变到氧化阶段时发生的。在地球的一生，这一时期已经过去了。在生物的生命活动过程中已具备的偶发有机物质逐渐转变为二氧化碳。由于碳化物和水的相互作用而发生的碳化氢新储备补充得相当缓慢。

生存条件的这一根本改变，在生物界发展的某一时期产生了代谢的新形式。有些生物适应于利用在还原的铁、硫和氮化合物氧化时所形成的能量。化能合成是这样发生的。但特别要提到首要地位的生物是，那种由于能吸收某种波长的光线而有可能利用光能以达成水的光解并以之从二氧化碳的碳合成有机物质的生物。研究了光合作用的本质，证明这一过程要求有很完备的组织，有许多光反应和热反应的很精密协调性，有一连串酵素的参加以及有结构复杂的构成。只能在高度的新陈代谢组织中才能发生光合作用。

光合作用的起源根本上改变了地球上生命的情况。极感缺乏有机物质的时期已成过去。一部分的生物开始自己制造它们所需要的有机化合物，另一部分利用现在已经由续生物原方式——在光合作用过程中——发生的物质而保持了原先的营养方式。在这基础上生物就区分为植物界和动物界。

在地球大气中原先不存在的自由气体氧，也是光合作用的很重要结果。这允许大多数生物使它们的能量代谢合理化，从嫌氧性生活转变为氧呼吸，这样就使得蕴藏在有机物质的能量得以全部利用。当然，这一转变只有在原先代谢系统有了新酵素和其他蛋白质的补充的条件下才有可能。这些附加的系统实际上可以在高等生物的原生质中看到，是在作为一切生物的能量代谢基础的原先嫌氧性生活的机构上的某些加造部分。但因为呼吸作用是在比较晚的生命发展阶段发生的，所以动植物界不同代表的加造部分有不同的特征。

和代谢组织的改变有密切关联的是有生命物质的结构和形态学都有改变。发生了细胞结构，然后形成了有组织和器官的复杂系统的多细胞生物，而最后发生了人类。

在其他天体上在这些天体固有的条件下发生的生命，其复杂化和发展是怎样实现了或在实现着的，当然我们说不出。但毫无疑义，这里在生物进化过程中构成的生物，应当和地球上的动植物有很重要的差别，因为环境构成生命。

第二章　太阳在宇宙间的位置

对于地球来说，一切天体中最有意义的是太阳。它是我们行星系的中心，是离我们最近的恒星。它支配着行星的运动，并供给它们一定的连续的辐射流。借着自己的巨大质量，太阳不仅把围绕它旋转的行星统一成为一个系统，而且借着它核内的原子能的流出，供给它们以连续辐射流。

如果没有原子能的释放，太阳不可能在它存在期间（约四十亿年）经常放出这样强的辐射。只要稍一计算，就很容易明白在这个时期内太阳放出了多少能量。太阳每秒钟辐射 4×10^{33} 尔格，而太阳的质量为 2×10^{33} 克。由此可知太阳的每克质量每秒钟放出 2 尔格能量。在太阳存在期间每克质量所付出的能量即 8 亿年所含的秒数，亦即 2.5×10^{16} 尔格。虽然付出了这样骇人听闻的能量，但太阳现在仍然是一个极热的物体，它的中心温度达 2000 万℃。太阳的能源只可能是：氢变为氦，同时放出原子能。类似的过程也发生在每个星球的内部。但它只能发生在具有充分大的质量的物体中。如果天体的质量不够大，如我们的地球，就不可能自动地释放原子能，因为它中央部分的温度不高和压力还小，不足以战胜原子间的力量，而使质子进入核内。

因此，恒星和行星的区别是：它们有着不同的质量。质量小的物体自身是冷的，内部不能产生原子核反应。如果物体的质量大到太阳质量的 1/20～1/25，内部的温度和压力就供给了条件：使核反应成为可能。这样的物体就成了恒星，自己能够放出辐射能。

因此，由于自己的放出原子能，恒星是发光的物体。所以当我们考察夜天空时，造成的印象是：宇宙主要是由恒星组成，在恒星的周围可能围绕着我们看不见的行星。事实上，宇宙有着更为复杂的结构。首先，恒星不是偶然地散布在无限的空间，而是形成或多或少的更为广阔的系统。例如，我们的星系——在天穹上形成众所周知的银河的巨大星团——这样的系统。

图 8　在阿拉木图山上的南银河

银河系的中心有一个“核”。这核是由许多星组成的，核内星的密集程度，比银河的其他区域都大。和整个银河系的质量相比，核的质量是微不足道的。

从核内向外伸出几个旋涡臂，臂内有特别亮和质量大的星、气体云和吸收大部分星光的尘埃物质。观测到的银河分为两支流，然后又合为一条，实际上这只是看来如此。它和尘埃介质的吸光有关，尘埃介质大都集中在银河面上。银河的体积是如此之大，以至每秒行 30 万千米的光从它的一个边缘走到另一边缘也要 10 万年。为了比较起见，可以提一下：光要走完太阳和地球之间的距离（1.5 亿千米）只需 8 分 22 秒。

在我们的银河系里约有 1500 亿颗星。它们彼此间的距离是离银河中心越远越大。所有恒星都是围绕着银河中心旋转的。例如，我们的太阳和中心的距离是 3 万光年，围绕它旋转一周约需 2.5 亿年。

图 9　球状星团

太阳绕银河中心旋转的周期叫作银河年或宇宙年。根据近代的研究，我们地球的年龄是 35 亿～40 亿年。整个的行星系，也可以认为有这样大的年龄。因此地球的年龄为 15～16 宇宙年。换句话说，太阳在地球和行星存在的期间内已绕银河中心走了 15～16 圈。

在我们的银河系内，许多恒星形成较密集的集团。参加这一或那一集团的星，常常是物理性质相近的星。首先应该提到的是所谓扁平子系和球状子系的那样广大的集团。苏联天文学家库卡金（Б. В. Кукаркин）和巴连那果（П. П. Паренаго）曾根据处在这些子系里的变星的特性，对这些子系作了详细的研究。扁平子系主要地处在银河的平面上，它是由运动速度较小的星组成的。（球状子系里的星具有特别大的各种不同的速度）此外，还有所谓银河星团和球状星团。银河星团大都处在靠近银河平面的中心区域。球状星团是由几十万颗星组成的，它在离银河中心相当远的距离上包围着银河。如果我们置身于这种球状星团内，那么全天才真是星光灿烂，因为这些星彼此靠近得多。在球状星团内，恒星绕着公共重心，以很长的周期沿椭圆轨道旋转。在这些星团内没有发现气体和尘埃物质的存在，但是它的成员星的物理性质却和银河系内其他区域的星的一样。

图 10　原星（克鲁格 60 号星从 1908 年到 1920 年的轨道运动）

从天体演化的观点来看，双星和聚星的密集系统有着特别的意义。通常这些系统都是绕着公共重心旋转。这样的系统为数很多，不过由于离我们很远，和子星之间的距离很近，其中有许多我们都难以察觉。由于两个子星的密近，很多双星在望远镜里都分辨不出来；只是在光谱观测的时候，两个子星运动的视线速度不一致，因而光谱线不同，才能被发现它的双重性；这样的双星叫作分光双星。在有些分光双星系的场合里，子星是那样的密近，以至在每个旋转周期里，伴星遮掩住主星，于是对于地球上的观测者便发生了这一整个系统的光变。这样的系统叫作食变星。

对于太阳极近区域的研究得出了很有趣的结果。例如，考察一下，在以太阳为中心，以 16 光年为半径（这相当于从太阳到地球间的距离的百万倍）的球体空间内的情况吧。在这个区域内，包括太阳共有 42 颗星。离我们最近的一个是南门二，它在天穹的南半球，真正亮度比太阳稍为亮一点，是一颗双星。天狼星也是一颗近邻星，肉眼看来它是最亮的星。天狼星有颗伴星，它属于特殊的一类星，即所谓白矮星。这类星的体积小，密度大。天狼伴星的质量约和太阳的相等，但密度却比太阳的大 3 万倍。南半球上另一比较亮的星——南河二，比太阳亮六倍，也是双星。在太阳附近的其余的星，大多数的实际亮度都比太阳暗。这些小的红色星大部分温度只有 2000～3000℃，辐射只有太阳的 1/100～1/1000。这些红色小星有不少也是双星，在以 16 光年为半径的球体空间内共有 11 个双星，而且有些是更为复杂的系统。这样的星是蛇夫座 70 号，天鹅座 61 号，克鲁格 60 号等。天鹅座 61 号星虽然是我们的近邻星，但它是暗于六等的星，肉眼难以看到。实际上它是由两颗星组成的，两个子星的光度约略相等，彼此很靠近。这颗星特别引起人们兴趣的是，不久以前何尔姆别克（Холмберг）和斯特恩德（Стрэнд）在它附近发现了一颗不大的暗伴星。暗伴星的发现是由于它的引力作用，使主星的运动有个不大的周期性的偏移。普尔科沃中央天文台的德依奇（А. Н. Дейч）更详细地研究了这个看不见的伴星。在蛇夫座 70 号星的近旁雷利（Рейли）和何尔姆别克也发现了这类的暗伴星。这些暗伴星的质量仅只太阳的 2%～3%，只比木星的质量大 10～20 倍。

应该指出，按照库卡金的按语，如果天鹅 61 的系统中实际上具有像木星和土星那样大小的两个行星，它们的联合作用也能引起像一个质量较重的天体所引起的效应。这样的天体在任何条件下也不可能是普通的恒星，因为在质量这样小的情况下，它的表面温度怎么也不大过几百度，这样的温度是不能自己发光的。单纯物理的研究，就可以证明，这样不很大的物体不可能是核能的源泉，也就是说，不可能是恒星，因为不然的话，它们将容易在空间消散。

依得利斯（Г. М. Идлнс）证明，恒星的最小质量，应大于 0.04～0.05 个太阳质量，不然，将会处于不稳定状态。

这样一来，在考察太阳附近的恒星时（把这个区域作为整个银河系里星的分布的典型代表），我们就会得出两条极其重要的结论。第一，大多数星都形成近距双星或聚星系；第二，在许多星的周围很可能有不大的暗物体（真行星）围绕着它旋转。这种暗物体，只能由于接受它自己的太阳的光，而略为发光。不言而喻，发现这样小的天体是有很大的困难的。甚至就是在最近的恒星近旁，用近代天文工具也只能发现质量最大的行星。可以指出，太阳系最大的行星——木星的质量也还不到太阳的 1/1047，它的引力所引起的周期性的太阳重力位移，在最近的恒星上，用我们现在的研究工具绝察觉不到。在离我们最近的恒星上，甚至用今天最强有力的望远镜也看不见木星；因为从南门二上看来，木星只是一个 26 等星，现在最强的仪器所能看到的暗星也比它亮几百倍。同时，由于木星和太阳的角距离太近，它完全淹没在太阳光中去了。尽管是如此困难，在几个最近的恒星附近还是发现了行星，就算这些行星比太阳系里的大得多吧，也是很重要的一件事实，它说明：在宇宙间很多恒星具有行星系统。

不久前柯伊伯（Kuiper）的详细研究证实银河系内双星和聚星大量存在的结论。在现今收集到的所有关于目视双星和分光双星的事实材料的基础上，柯伊伯得到结论：在银河系内双星和聚星至少占总星数的 80%。这就是说，任取 10 颗星，其中就会有 8 个参加双星或聚星系。在这里，是把三合星当作两组双星，四合星当作三组双星。更进一步，柯伊伯发现：在双星系中，伴星的质量和光度实质上与主星的质量和光度无关。因此，双星系中两子星的光度和质量应该完全分别对待。由此可以得出一个结论：像通常一样，双星不可能是由一个角动量很大的原始星分裂而成的。可以引导到这个结论的另一事实是，在一个星分裂为两个子星的场合，二子星间的距离不可能超过几十个天文单位（即太阳到地球的距离）。这种分裂的过程只能形成最密近的双星，这种双星的子星几乎彼此接触。但是，就是在这种场合里也不能完全得到解释。金斯（Jeans）早已从理论上证明：如果一颗星有不均匀的结构，它就不可能分裂成为两个子星。除此以外，从柯伊伯的研究得知，目视双星（子星间的距离很大）和分光（近距）双星实质上是天体的一种类型。所以它们有着同一的起源。

恒星常是形成或多或少的近距双星，只有不多的，才和太阳一样，是单身星——这一结论在考察宇宙间的生命问题时具有重大意义。问题在于，只是在有一个引力中心（即单身星）的场合，行星的轨道才能是简单的近于圆形的。处在双星或更复杂的密近系统中的行星，它应该围绕着公共重心划一高次复杂曲线。这和我们太阳系里的情况大有区别。地球和其他的大行星几乎沿着圆形轨道围绕着太阳运行，这就保障了落在它表面的太阳辐射流或多或少是固定的。但若太阳是个双星，行星的轨道就要变得复杂，行星离太阳的距离可以变化很大，落在它表面上的太阳辐射流不可避免地也有剧烈变化。斯特列姆林（Стремгрен）和他的同事曾就双星系中许多极复杂的行星轨道进行过计算，他假定伴星的质量是主星的 1/10，而行星的质量非常小，它的引力不足以影响主星和伴星的相互运动。这样一来，毫无疑问，为了行星上能有生命存在，特别重要的是，这些行星必须和单身星在一起，而绝对不能和聚星在一起。

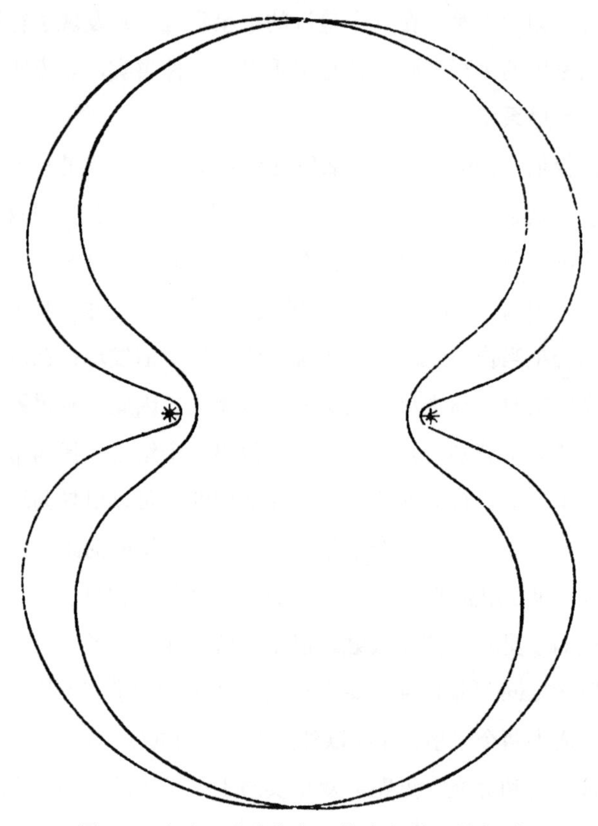

图 11 对于双重引力中心的小行星可能轨道

天文学已经指出，每个恒星的特点是它能释放原子能。在恒星中发生的原子反应，和质子能否进入重元素有关。这种反应在很大程度上取决于恒星中心的温度，也就是取决于气体原子的动能。处于平衡态的气体球的中心温度正比于质量而反比于半径。所以不可避免的是：质量较大的恒星，其单位质量的产能也多。当恒星的质量增加时，每克物质放出的能量急剧增加。例如，若恒星的质量比太阳的大 10 倍，它的总能量就比太阳大万倍。质量大的恒星有较高的表面温度，它可以达到几万摄氏度，例如在猎户座和其他天区就有许多这样的星。这些星的辐射是如此之大，以至在它的核心氢转变为氦所产生的能量不能够支持它生存到几十亿年。这些质量大的星只可能存在几百万年，而不是几十亿年。它们之中可能有些就是在几十万年以前诞生的。这样一来，从宇宙的观点看来，这些星完全是新形成的东西。

只有比较不大的星。例如太阳，具有适当的辐射，它才能不显著地减少质量地长期存在。这一点对于行星上面生命的起源和演化有着巨大意义，因为行星是围绕着这些恒星的。

还应该考虑到有一类处于不稳定态的星，它们在体积、温度和辐射方面都显得有变化。[①]如果我们的太阳是一个物理变星，它的辐射强度变化在平均值的两旁各 50%。那么地球表面的温度就常在 60℃范围内变化，这对生命的发展将会有一定的妨碍。所谓新星[②]是变星的特殊类型。由于某种还不完全明白的原因，这类星的亮度在几小时内突然增加约 10 万倍，而且由于内部爆发，外壳开始迅速膨胀，并且向空间抛射物质，在已爆发了的星的周围形成广阔的稀薄气体云。这种现象在银河系里一年能看见好几次。有时看到被气壳包围的矮星有为时甚短而不大显著的爆发，在几小时内它们的亮度增加 10～20 倍，不过这种现象在银河系内相当少见。

下述情况有着特别重大的意义，即每个恒星在以光和热的形式传播普通辐射的同时，还辐射质点微粒，亦即还有微粒辐射；因而恒星在演化过程中不断减少质量。这一具有数学上必然性的结论是在对照恒星结构的基本规律时得到的，而这些基本规律是根据近代的天体物理学确定的。同时这一结论也被马谢维奇（А. Г. Масевич）用恒星内部结构理论所作的详细计算所证实。质量大的恒星的不断减少质量和屡次的爆发都可以直接观测到。沙因（Т. А. Шайн）院士证明，有些巨星虽然不发生强烈爆发，但也是处在不稳定状态。这些星的外壳几乎完全被斥力所支持，这种斥力可能具有电磁性质，因而外壳好像是没有重量的。这些星不断地向星际空间输出物质。

---

① 广义地说，凡是视亮度有这样或那样变化的星都叫作变星。并不是所有变星的亮度变化都起源于它的真实光度的增减。有着一种所谓食变星，它是近组双星。围绕着主星旋转的伴星，有周期地掩滤住主星，用这种方式引起视亮度的变化，而真正的光度（辐射能量）是没有变化的。

由于内部物理原因，恒星的光度发生周期和非周期性的变化；这类恒星叫作物理变星。物理变星中特殊的一类是造父变星。每个造父变星的亮度变化都有准确的周期；不同造父变星的周期不同（从几小时到几星期）。就光度和体积来说，所有造父变星都是巨星和超巨星。早已确定：造父变星的光变周期越长，光度越大。

按照现代的观点，造父变星亮度变化的原因是这些星呈周期性的脉动。脉动是由内部的物理原因引起的。当发生脉动时星的体积和光度都在变化。（原编者按）

② 起初以为所有恒星在自己的演化过程中都应经过新星爆发阶段，太阳也不例外。不过恒星物理性质的研究证明这种假说是错误的，以新星形式爆发的只是某一类型的星，而且这种星的爆发可以呈周期地再现。太阳不属这一类，它是一个稳定星，它的物理状态不会有多少显著的变化。没有疑问，太阳的这种稳定状态还可以延续几十亿年。（原编者按）

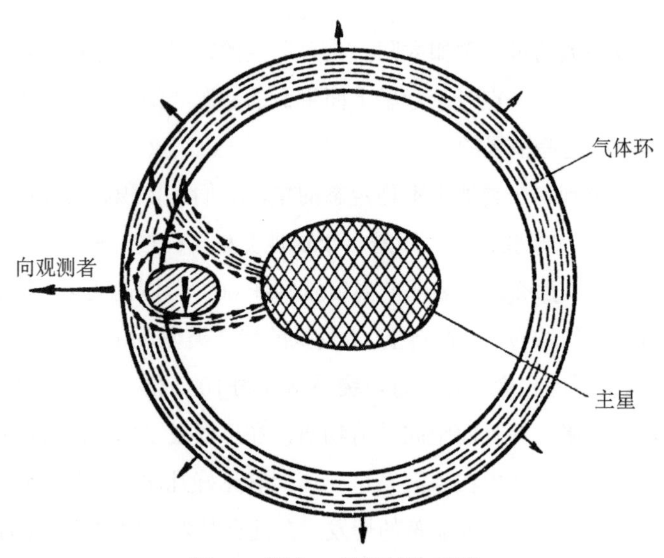

图 12　渐台二的抛射物质图

微粒辐射，即从恒星向星际空间不断的输出物质，这在带有近距伴星的星的场合，例如分光双星，特别容易观测到。有名的分光双星渐台二，有一个很近的伴星，每当旋转时，伴星局部地掩盖住主星。对渐台二光谱变化的分析表明：从主星不断地抛出强烈的气体流，这气体流一部分笼罩了伴星，一部分参加到环绕整个双星系的气体环中。类似的现象在质量大的分光双星的场合都能观测到。正如观测所证明的，它们都强烈地减少物质，把物质抛射到星际空间中去。质量大的星的这种现象，至少有一部分是以它们的绕轴迅速自转为条件的。自转速度在赤道上常常达到 300 千米/秒、400 千米/秒，甚至 500 千米/秒。当迅速自转时，离心力就会增加，因而在赤道面上（主要）就会有物质抛出。抛出来的物质主要地应该分布在赤道面上，在许多场合观测到的正是这样。

可以设想，微粒辐射是自然界的一种普遍现象，不过在质量大和温度高的恒星身上发生得猛烈，而在较暗的星却很不显著。例如，在太阳上，这个现象就特别微弱。太阳早已进入稳定状态，事实上在未来的十亿年内它的质量是不会有多大[①]变化的。此外，已经确定，一般说来，微粒辐射是和光辐射成正比而发生。在这个基础上可以纯理论地建立起恒星的光度、质量和温度的分布图，这就是实际上观测到的所谓光度—温度图，它确定了恒星的光度和光谱之间的关系。

① 多大这两字是译者加的，因为由于原子核反应，太阳的质量还是会减少一点点。——译者注

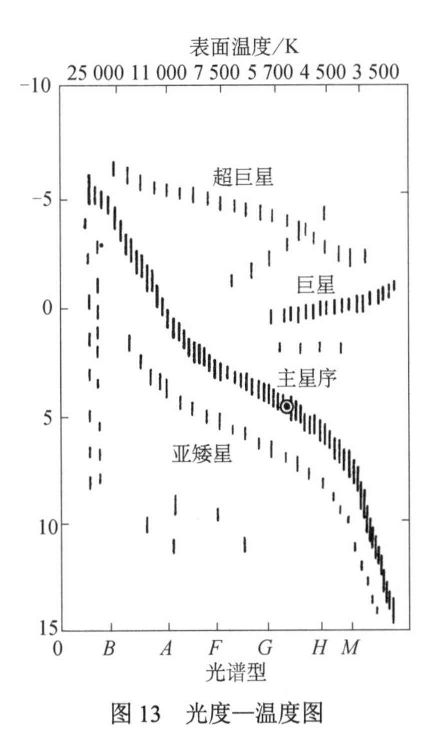

图 13　光度—温度图

光度—温度图近年来被巴连那果和伏隆佐夫－维里亚米诺夫（Б. А. Воронцов-Вельяминов）大大加以补充。我们银河系的大多数星在这个图上都处在一个固定的序列中，那就是主星序。参加主星序的有质量大的，因而也是较亮的，以高温和迅速自转出众的恒星。随着质量的减小，光度转弱，温度降低，自转变慢。这在研究同一星团内的恒星时更是一目了然，同一星团内的星实际上离我们同一距离。昴星团、毕星团和蜂巢星团等都是很好的例子。

观测到的恒星的物理性质之间的关系，可以根据微粒辐射现象，从理论上得到解释。每个恒星在自己的演化过程中，必须沿着主星序向质量减小和自转变慢的方向移动。在恒星的演化过程中，自转速度的变慢是和下述情况有联系的：当微粒辐射时，恒星不但减少质量，而且也损失动量矩，因而转动变慢。

必须指出，并不是说恒星刚形成时，它的质量都必定很大。恰恰相反，如研究个别银河星团所证明的，恒星刚开始时可以具有不同的质量。例如，在昴星团中，只有几个亮而热的星，却有几百个暗得多的星。虽然如此，但恒星的进一步演化总是向质量减小和温度降低的方向。

有了这些概念以后，再来研究已经很老的我们太阳的演化史，就会得到结论：它是在几十亿年以前形成的，原始质量比现在的大好几倍，曾经迅速地自转着。可以设想，行星差不多是和太阳同时形成的，在各种场合里，都差不多有同样的年龄：几十亿年。太阳和所有行星作为一个整体，共同按着一定条件进行演化。事实上，随着太阳质量的减少，它对行星的吸引力也减小。在这里，正如金斯所证明的：太阳质量和行星轨道半径的乘积应该是个常数。换句话说，在遥远的过去，太阳系的直径要比现在小，小的程度，正好是太阳大的程度。当考虑行星上的生命在很长的演化时期的条件时，这个情况也有很大的意义。不过，就我们的太阳系来说，过去十亿年中的这种变化是完全可以忽略的，因为在这个时期里，太阳的质量变化很小。

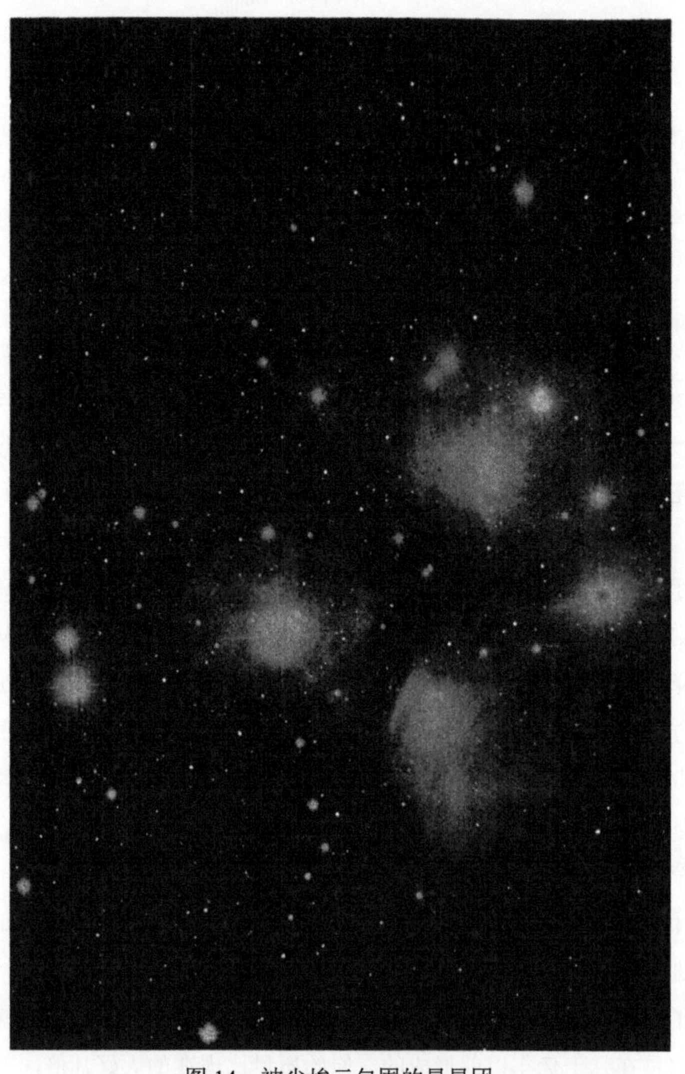

图 14　被尘埃云包围的昴星团

对于质量较大的星就要考虑到：它们的质量急剧发生变化，它们附近的行星轨道直径远不是常数。因此，在很大的程度上，行星上的温度条件是变化的。

事实上，质量变化的同时，恒星发出的辐射能的总通量 Q 也发生变化，而且它和质量的四次方成正比。此外，落在行星表面单位面积上的能量 E，和它跟恒星距离的平方成反比。

这样一来：$E \sim \frac{Q}{r^2}$，

但因上述：$Q \sim M^4$，$r \sim M^{-1}$，

于是得到：中央星对行星的加热程度，在每一给定时刻内，是和恒星质量的六次方成比例。在热平衡的条件下，行星表面的温度将和恒星质量的 3/2 次方成正比：

$$T \sim M^{3/2}$$

例如，若恒星的质量只变化 20%，行星的平均温度便要变化近 30%。如果太阳处在这种情况，那么地球的平均温度便要从 290k（绝对温度）降到 203k（绝对温度），即从+17℃降到−70℃。

这种温度变化对于地上生命的发展有着不良的影响，而且只要太阳质量有不很大的变化，这种影响就会出现。由此可见，任何行星上生命在长时期内的存在和发展，必须处在这样一个条件下，即该行星围绕的恒星必须有几十亿年已处在稳定状态。正好太阳是这一类星，而大多数质量大、温度高的亮星，却是在不久前才生成，在它们附近不可能有行星；就是有行星，也不可能产生和存在生命。

已经说过，在直径达十万光年的银河系内，约有 1500 亿颗恒星。这个数字看起来非常大，但和银河系的体积相比却很小。星和星之间的距离很大，和这些距离比起来，它们的体积是微不足道的。这是我们星系的一个特性。例如，太阳的直径是地球轨道直径的 1/200[①]，是太阳系中最远行星（冥王星）轨道直径的 1/7600，是到最近一个恒星（南门二）距离的 5200 万分之一。如

① 恒星的体积彼此相差很多。恒星质量的差别没有如此悬殊。有些星（例如御夫座 ε 星，仙王座 VV 星），按直径说，它们是太阳的几千倍；按体积说，是太阳的几十亿倍。但这些星的质量只超过太阳的几十倍，它们内部的物质非常稀薄，它的密度只有大气密度的几千分之一，甚至几百万分之一。

所谓白矮星恰和超巨星完全相反。它们的体积和太阳系中行星的体积差不多。例如天狼伴星比天王星和海王星小，而有些比地球还小。但白矮星的质量和太阳的差不多。故它们内部的物质密度有时超过地上重元素密度的几万倍。

果有一个星，它的直径是太阳的几百倍，甚至几千倍（就体积说已是几百万甚至几十亿倍），但就它和星际距离比起来，仍然是隐而不现。因此，即令恒星的速度分布是完全不规则的，一个恒星通过太阳附近，或偶尔穿过我们行星系的概率，那也是非常之小的。按照金斯的计算，在近代银河结构的条件下，10^{17}年内只有一次恒星通过太阳附近，而银河系的年龄，也就是太阳的年龄，是 10^{9}年左右。因此，自有银河系以来，平均每十亿颗星中，才有一颗发生过这样的事件。

约在 50 年以前，庞加莱（H. Poincare）认为可以把银河系比作稀薄气体云，在气体云中，单个分子演着恒星的角色。在一般的气体云中，分子间的相互作用，决定于著名的气体动力学的定律，首先是不同质量的分子间动能的均匀分布律。但我们的银河系是另一种结构。由于恒星彼此接近的机会几乎完全没有，不规则的力对于星的影响是微不足道地小。这样一来，银河系的实际结构甚至也不是近似地对应于均衡状态。在均衡状态里，马克思威的速度分布律才能适用。所以我们可以相信，行星系自诞生以来，没有遭受过由于另一颗星的接近而引起的灾变。若有另一颗星接近，那会引起行星轨道的强烈改变，甚至使行星和太阳完全脱离。

弗拉马里翁（Flammarion）在他的《宇宙的末日》（La Fin du Monde）一书中，研究了关于地球上的生命未来停止的各种可能原因。他提出地球和彗星碰冲、太阳变冷和太阳与其他的星碰冲等各种假说。

所有这些假说都没有任何根据。地球已经和彗星相遇过好几次，甚至通过彗星的尾巴，但是并没有任何可以感觉到的影响。太阳的变冷也是不可能的，因为它的辐射是由核反应——氢变氦来支持的。由于太阳上氢的丰富和辐射的微少，核反应将还可维持几十亿年。最后，如刚才所证明的，不仅碰冲，就是别的星和太阳接近的机会也简直是不可能的。不过，我们的行星系，也和其他恒星的行星系一样，在它存在的历史上通过稀薄的气体尘埃云应该不止一次了。气体尘埃云在星际空间是常遇见的。

1904 年，哈特曼（Hartmann）在高温星的光谱中发现有所谓不动的电离钙线。按性质来说，这种星是不会具有这类谱线的。能够说明这一点的，是当按都普勒原理确定恒星沿视线速度运动时，新发现的谱线不动。这样一来，就可确定，这些线不属于恒星，而属于星际气体。对星际气体的详细研究证明，其中最丰富的是氢，这是宇宙间分布最多的元素，但是难以发现。在太阳附近，每立方厘米的星际空间内有 2～3 个氢原子。自然界另一最多的元素是氦，按数量说，不到氢的十分之一。其他的元素更少。一般地在星际介质中，假若氢原子有 1000 个，那么氦原子有 100 个，氧、碳、氮和氖等原子总共有 10 个，铁、钾、钙、硅、镁等其他原子有 2～3 个。各种元素的数量比在宇宙间都是这样的。恒星大气和行星状星云化学成分的研究表明，在它们里边成分的比例也是这样的。

这样一来，宇宙间物质密度主要是氢来决定的。它是分布最广的元素，按数量说，远远超过其他元素的总和。虽然自有银河以来，依靠着氢原子的减少，形成很稳定的氦原子的过程是不可逆的，但这并不影响氢的优势。

因此应该指出下列有趣情况。正常组织的天体，即具有大的质量和各种元素按上述比例组成的天体，在适宜于生命存在的温度下，应该是由气体物质组成的。在有机生命所需要的温度下，处于固态且能形成行星表面的化学元素，只能含有微少的混合物。这方面的问题往后还要详细讨论。

图 15　“美洲”星云

气体尘埃云里的星际物质的密度完全微不足道。例如，在我们的太阳附近大概是 3×10^{-24} 克 / 厘米 ^{3}，即在 3 亿千米 ^{3} 中才有 1 克物质。但是整个银河系中这种物质的总质量和所有恒星的总质量相当。在这里，需要注意到星际物质在银河系中的分布是极不均匀的。由于大的速度而产生湍流运动，湍流运动又形成大的密度“落差”。这样或那样的观测直接证明，在银河系内有许多气体弥漫云，它们的广度有很大的不同。根据阿姆巴楚米扬（В. А. Амбарцумян）、高尔捷拉泽（Ш. Г. Гордедадэе）和巴连那果的近似测量，在 200 万个地球轨道半径（约 32 光年）的立方范围内，有一个这样的星云。如沙因院士和他的同事所证明了的，这种星云的质量常常超过太阳的好几倍。在这些星云中时常观测到恒星，它们或者是由星云物质产生的，或者和星云具有共同的起源。特别有趣的是著名的猎户座星云，它几乎可以被肉眼看到。和这个星云相联系的有：气体、尘埃和可能是星前性质的物体，所有这些物质的总质量至少是太阳质量的百万倍，而且远远超过处在星云中央的星团的质量，这个星团在很大的程度上是由不久以前从这些介质产生的恒星组成的。

虽然恒星形成的机制尚不完整和不明了，但在许多场合未必可以怀疑，恒星应该是由原始的弥漫介质产生的，而且固体尘埃质点的混合物有着重大意义。因为尘埃质点的温度比周围气体的温度低，所以它是星云冷却的强有力的工具；而且由于它的引收能力大，它又可以屏蔽周围恒星对星云的加热。这就促成星云的凝缩和把它转变为更密的凝块，然后从这些凝块又发展成恒星。

由于气体尘埃云所占的体积很大，恒星，包括我们太阳在内，在银河系内运动时，在它存在的期间内，可以多次通过云状介质。请问，我们是否会遇到这么一天？

有些外国学者，例如霍伊尔（F. Hoyle）、鲍齐（Бонди）、李特顿（R. A. Lyttleton）、马克・克里（МаК Кри）等人曾研究了通过星云的恒星是否从周围俘获物质？这时恒星的质量是否显著增加？是否用氢和其他元素丰富了恒星。他们假设这时恒星可以发生“返老还童”的现象——在光度——光谱图上恒星沿主星序向上位移。这些学者得到结论说，这种过程只能发生在恒星质量很大而和星云接近的速度又很小的时候。但是事实上，应该认为这种现象完全不可能。正如谷沙竞（Г. А. Гурэадян）所证明的，每个有充分光化性的恒星在自己的道路上有排斥力，这种排斥力是由氢原子的辐射造成的。沙夫洛诺夫（В. С. Сафронов）确定，表面温度在 8000℃以上的所有恒星，对于微小尘埃的排斥力大过吸引力。各种观测也证明了这一点，关于观测资料这里没有详细列出的必要。一般地说，不管在任何情况下，就算恒星和星云的个别分子或质点能够直接碰冲那也是不会有什么实际意义的。

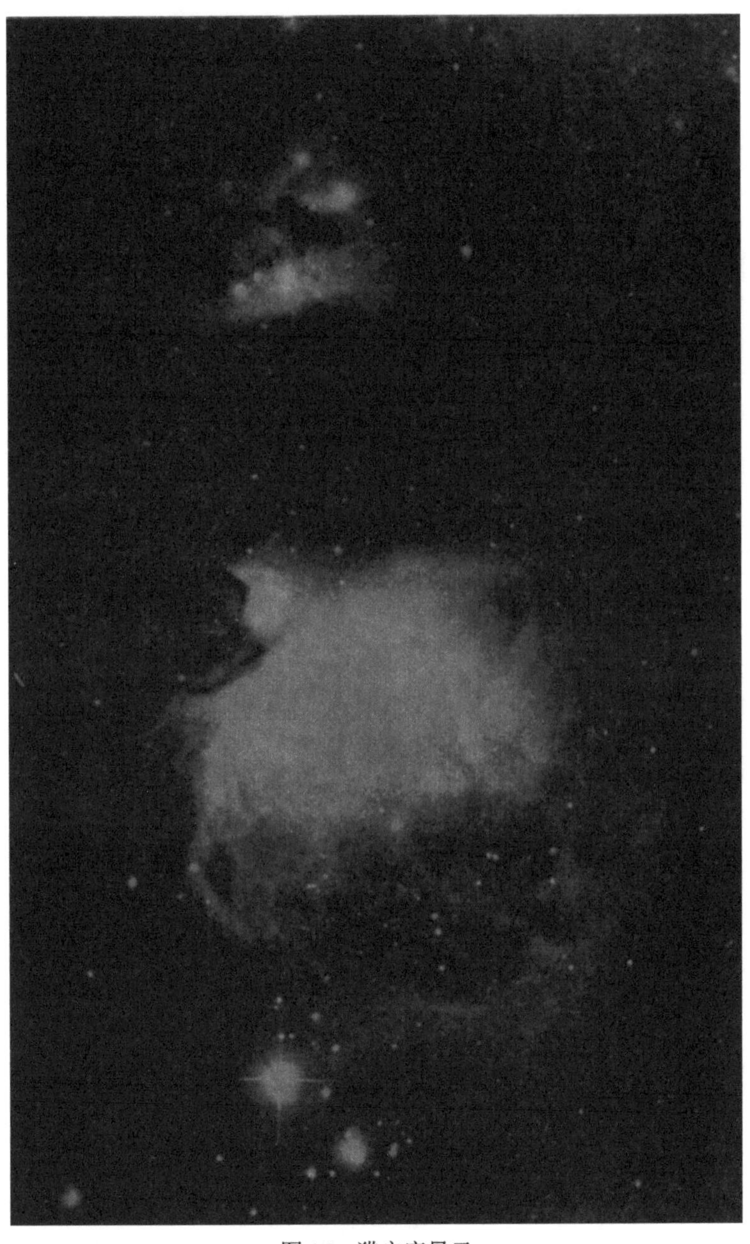

图 16　猎户座星云

所以就是那些坚持恒星可能“返老还童”的学者们，也认为这种情况只能以间接方式进行：恒星用自己的引力把通过它附近的质点的路径弯曲，然后迫使在它的后方凝缩，于是这些质点互相碰冲，损失动能，最后落在星上。

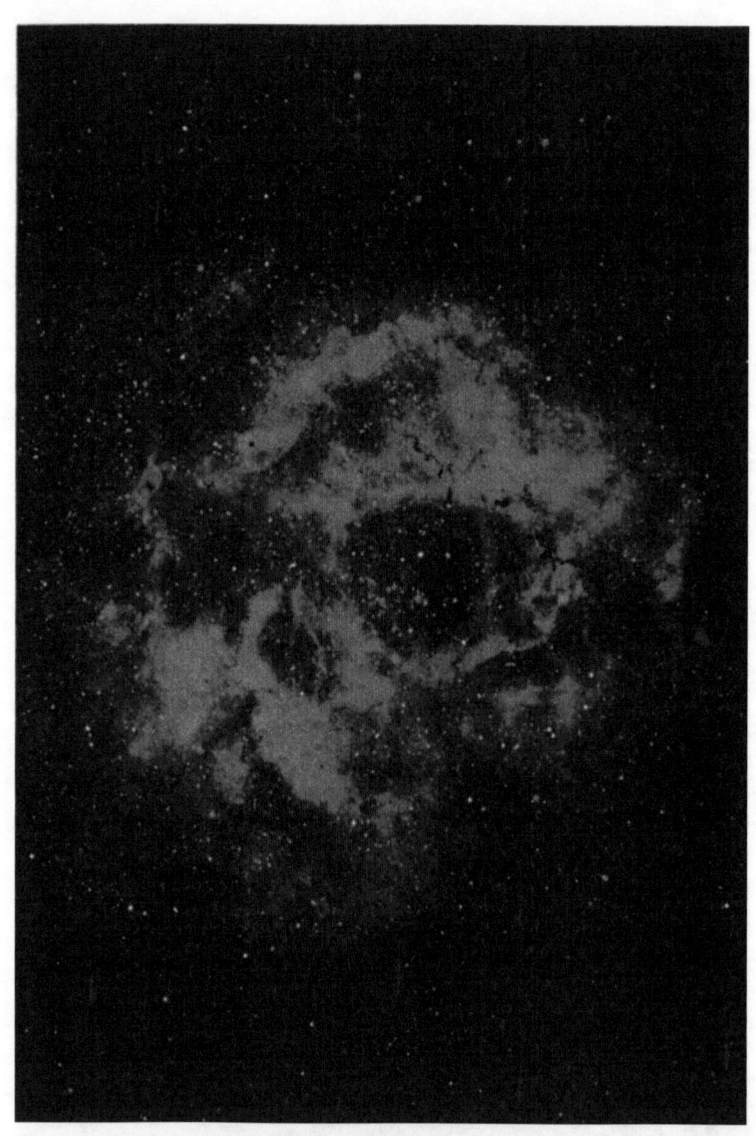

图 17　麒麟座星云

然而就是这一解释也只能适用于损失动能的非弹性碰冲的尘埃质点，这只有在进入星云的恒星的速度充分小的条件下才是可能的。但是原来和星云没有联系的局外的恒星，当它和星云接近时，由于星云的吸引，它必然要发生“加速度”。和这类似的情况是由宇宙落到地球上的各个质点都必然以大于 11.3 千米/秒的速度和地球相遇。11.3 千米/秒叫作地球引力的脱离速度。地球上的任何物体，要想离开地球而飞入行星际空间，速度就必须大于 11.3 千米/秒。

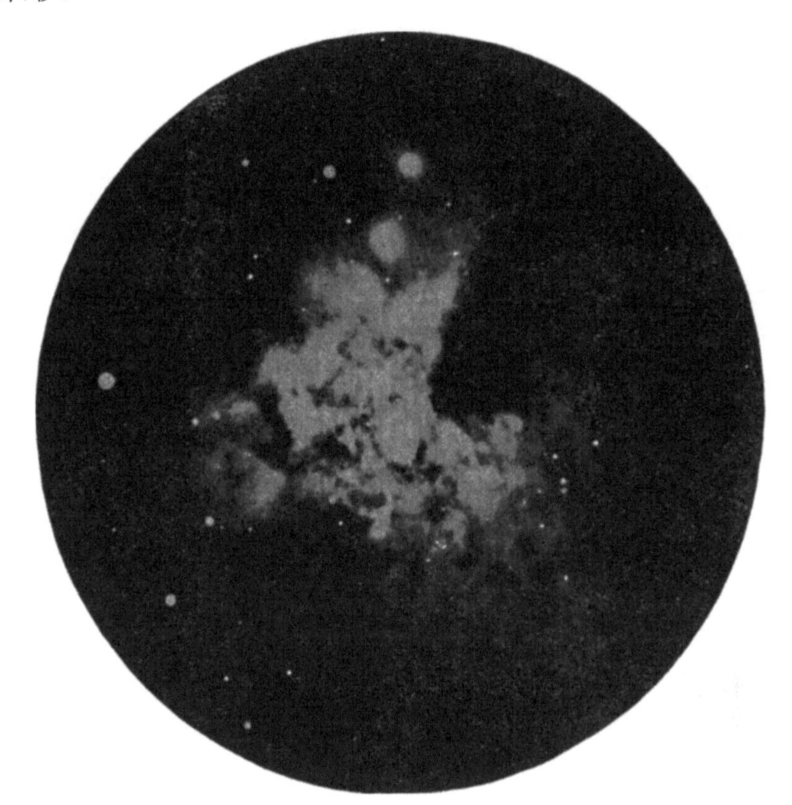

图 18 猎户座星云的中央部分

对于星云的速度很小的恒星，它应该和星云有演化上的联系。在这种场合里最可能的是：恒星在星云的核心发展，而不是由于偶然的通过而降落进去的。

另一方面，有这样一个问题：当我们的太阳或周围有行星系的任一恒星通过星云时，在行星上看来，恒星是否会发生辐射减弱（食）的现象，因为星云是吸收星光的。这种辐射减弱可以引起行星上生命条件的改变。有些学者会把地球上过去冰川期的来临和太阳偶然地通过星云相联系起来。

我们指出，在以往的地质时期内虽然不能确定太阳辐射强度有任何系统的变化，但地面上的温度却不止一次地变化过。例如按照布鲁克斯（Брукс）的意见，在寒武纪（纪 4 亿年前），在石炭纪的末期，在二叠纪，在上新世，特别是更新世——地球上都发生过冻结。另一方面，二叠纪的末尾，白垩纪，始新世的开头和中新世的特点是气候温和。在志留纪和泥盆纪，在石炭纪的大部时间，在三叠纪和侏罗纪以及以后，在始新世和渐新世——这些时候地上气候炎热。

这样一来，在地球的历史上，最近四亿年来它的气候相当剧烈地变化过，而且没有任何正常的周期。但是简单的计算证明，气候的这种变化不可能是由于太阳穿过星际云，因为星际云在地球轨道半径范围内的吸收是很小的。此外，冰川期的发生首先和地球大气中湿度凝聚的急剧增加和它以雨雪的形式下落有联系。例如，在火星上没有任何冰川期，这只因为那里有极少的水，没有东西可以结冰，虽然这个行星上的温度比地球低。

要注意到，地球变冷的周期和山脉形成，以及地壳移动的周期一致。而地壳移动经常和火山活动的加剧相联系。因此，可以认为，致使冰川期来临的最基本因子是火山灰尘到达地球大气中后，减弱了太阳的辐射，增加了形成降雨时所需要的凝聚核的数目。

于是多少可以判定，我们所知道的地球气候的强烈变化是决定于内部原因，主要是地壳构造的原因，绝不是太阳本身的变化或弥漫星云对太阳的作用。

气体尘埃云虽然对恒星本身或恒星周围的行星系没有什么作用，但它能够影响银河系内恒星速度分布的变化，例如星团的扩张。

类似的问题还可以提出气体尘埃云彼此碰冲的可能性。由于星际云和恒星不同，它占有比彼此间距离还大的体积，这种碰冲是不可避免的，奥尔特（Oort）研究过这个问题并且得出结论：当碰冲时物质变热，氢和其他的原子显著电离，尘埃质点蒸发，因而尘埃质点不能变成更大的物体。根据近代的资料，平均约 500 万到 1000 万年中有一次星际尘埃云的碰冲。

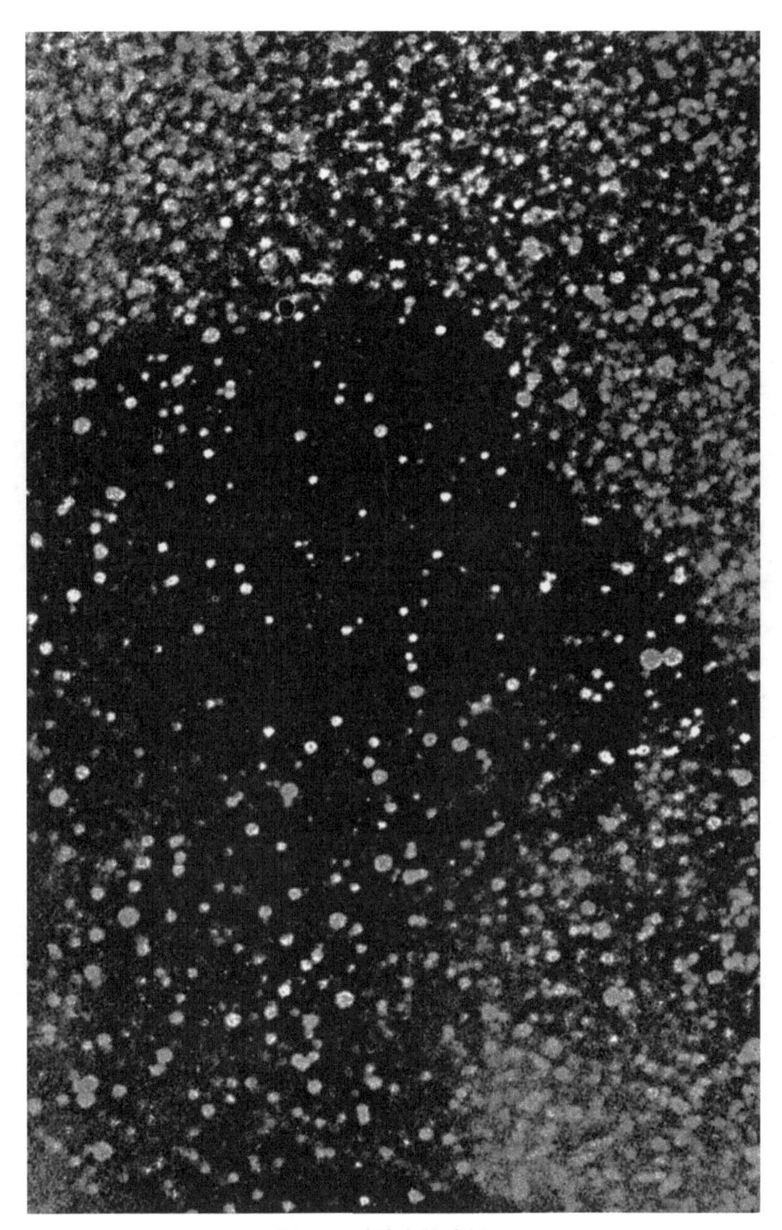

图 19　盾神座的暗星云

气体尘埃云的碰冲过程对于我们所研究的问题有着现实意义，如果它以更大的规模在邻近的星系间进行。

近代的研究工具允许我们探视远处在 5 亿光年之远的河外星云（星系）。在以 5 亿光年为半径的球体内有 1 亿多星系。这些星系基本上可以分为三类：椭圆的、旋涡的和不规则的。所有类型的星系在我们的银河附近都有。我们的银河属于旋涡星系。和它相距 200 万光年的仙女座大星云也是旋涡星系。仙女座大星云有两个伴星系，都是椭圆形的。我们的银河也有两个伴星系，都属于不规则型的。那就是著名的麦哲伦云，是麦哲伦作环球旅行时首先发现的。

图 20　仙女座大星云

仙女座大星云的结构和我们银河的结构几乎没有区别。它也是一个具有明亮的核的扁平组织。星云的各部分围绕着核心旋转着，旋转的速度和离中心的距离成比例，愈远愈大，平均是两亿年。在仙女座大星云的旋涡臂上也有众多的质大而温高的明星，所以这些臂比中心区域有较蓝的颜色。在仙女座大星云内也有许多星团，它们完全类似于银河系内的星团：也有规则的和不规则的变星、延伸的气体尘埃云，以及充满吸光的尘埃物质的暗而长的“空地”。仙女座大星云和银河系唯一的区别是：它的线长度比银河大一倍。

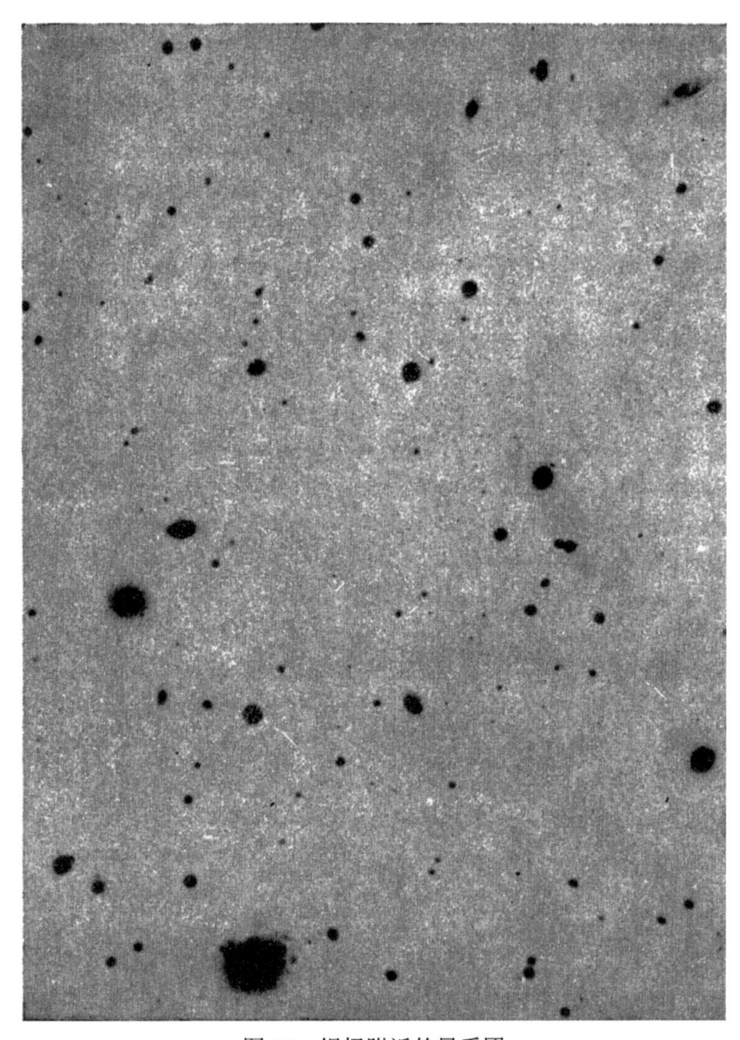

图 21 银极附近的星系团

星系在宇宙间的分布多半是成群的。我们的银河系也参加在一个小组中。参加这个小组的有 13 个成员，即 3 个旋涡星系、6 个不同扁度的椭圆星系和 4 个不规则星系。它们都是以不同比例由恒星和尘埃物质组成的。在近代望远镜所能达到的空间内有许多这样的和不少更大的星系团。所有这些星系团又都参加在更高一级的系统——总星系中。用最强的望远镜还不能看到总星系的边界。①已经说过，在星系内恒星之间的距离比恒星本身的直径要巨大得多。相反地，在总星系内，星系间的距离不比星系本身的直径大太

① 最近肯定，在总星系中不仅有“区域”星系团，而且有更大的组织，即所谓“超星系”。例如，有一个大的星系系统，它的中心是早已知道的室女座星系团。这个系统的直径有 1500 万到 2000 万光年。（原编者按）

多。例如，前面已经说过，银河系的直径约 10 万光年，这只是离仙女座大星云距离的 1/20；所以星系间的碰冲绝不是不可能的，何况它们还是向各方运动的。

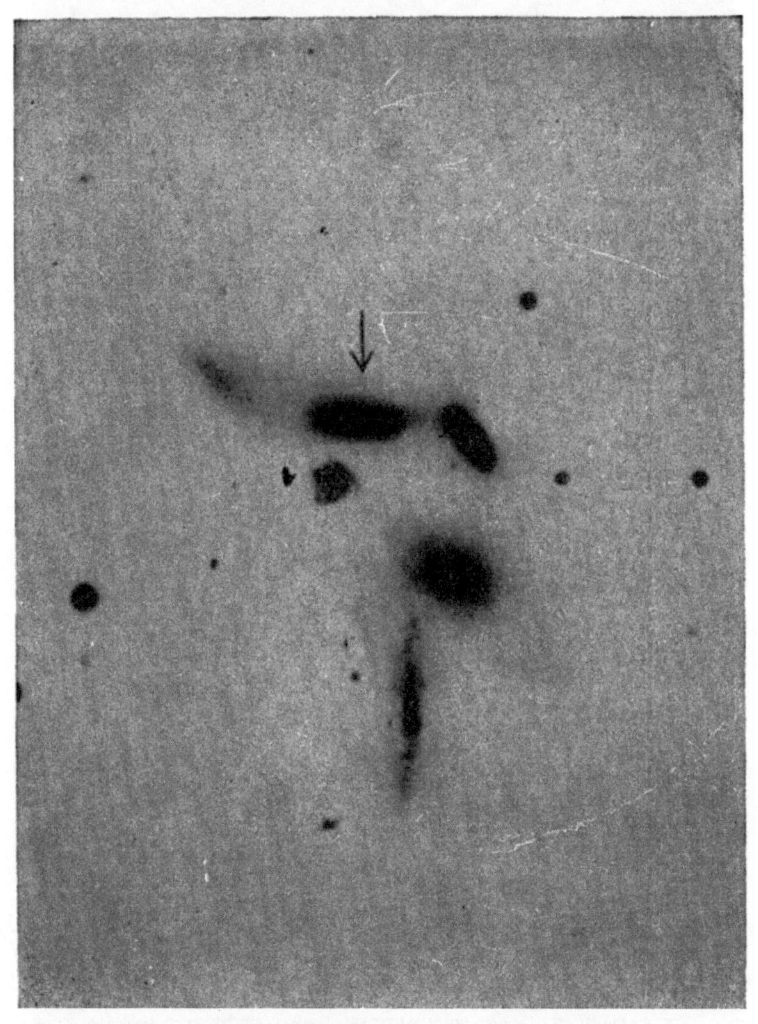

图 22 巨蛇座的密集星系团，团内具有中介物质

请问，当星系间碰冲时会发生些什么现象呢？因为恒星的大小和星际间的距离比起来极其微小，所以一个星系可以穿过另一星系，而对其中星的聚居没有一点影响。相反地，充满于星系空间内的气体尘埃介质，却可能完全被驱逐，这时发展成剧烈的无线电辐射，最后这种星系成了没有弥漫介质的星云。我们还难以判断，被驱逐到星系际空间的弥漫介质对于星系的进一步

发展有何影响。

似乎星系间彼此都或多或少有潮汐影响。从彼此接近的星系上向面对面的方向抛出光亮的物质舌，形成连接两个星系的光“桥”，兹威基（F.Zwicky）在巴罗马山天文台所拍的照片就是这样的一个例子。

这种“桥”可能是由星系中抛射出来的恒星组成的。

总之，星系际空间不是完全真空的。它充满着很稀薄的气体介质，在其中也能遇到和星系失去了联系的孤立的恒星。为了恒星离开自己星系的范围并不需要从邻近星系得到一定强的潮汐作用。任何一颗恒星，在获得充分大的速度以后，就可从自己星系的引力影响下解放出来而跑到星系际空间中去。在银极的方向兹威基找到了好多这样的星系外的恒星。在这个地方他发现了没有显著自行的浅蓝色的星。事实上它们是处在银河之外很远的巨星，大概离银河有 13 万光年。

如果我们的太阳和自己的行星离开了银河而跑到无限辽阔的宇宙中去，那么在行星上面也未必还有生命存在的条件。那时，天穹上将不是灿烂的星点，而是散布着一些显明的云状斑点——星系和星系团。显然，在这里宇宙线的强度显著减小，但方向要来得准确。其他的后果似乎再没有，因为除了太阳，我们和银河系的其他恒星关系很少。

第三章　太阳系结构和起源的基本特征

毫无疑问，生命只可能在固体的表面上——在行星上发生。这种行星被大气层包围，并且从和它从属的恒星得到光和热。然而，为太阳所控制的、我们所在的这个行星系统，是我们熟知的唯一的行星系。所以首先要详细地讨论一下太阳系的一般特性，并且企图证明，它们有着充分的一般性质。为此需要触及行星的起源问题，这个问题紧密地和太阳本身的起源相联系。

围绕着太阳公转的有 9 大行星，即水星（0.39）[①]、金星（0.72）、地球（1.0）、火星（1.52）、木星（5.20）、土星（9.54）、天王星（19.2）、海王星（30.1）、冥王星（38.0）。若行星只被太阳加热，那么可以证明：它的温度（T）和轨道半径（r）的平方根成反比，即

① 括号中的数字代表行星的轨道半径，设地球到太阳的距离为 1。

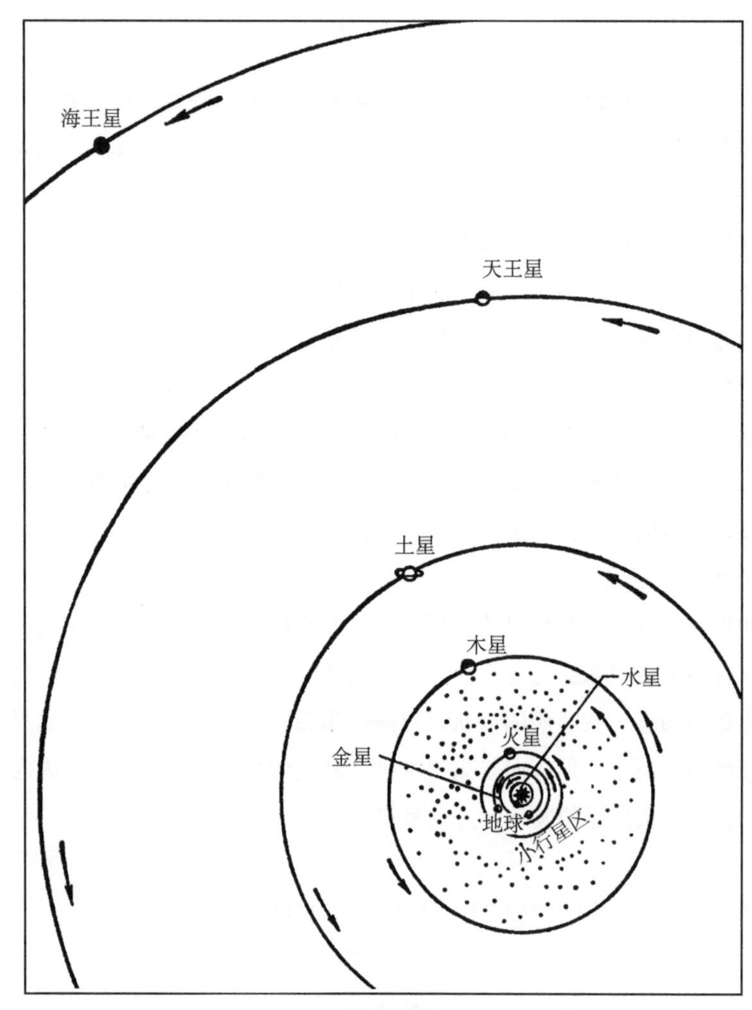

图 23

$$T = \frac{T_0}{\sqrt{r}}$$

式中，T_0 为地球的平均温度，约为绝对温度 290K。

按照这个公式，得到各行星的平均温度值如表 1 所示，这些数值也都被辐射观测证实。

表 1

行星	水星	金星	地球	火星	木星	土星	天王星	海王星	冥王星
绝对温度/K	464	342	290	235	127	94	66	53	47
摄氏温度/℃	+191	+69	+17	−38	−146	−179	−207	−220	−226

我们得出这一系列的平均温度，都是假设行星的其他物理条件完全一样，只是随行星离太阳的距离而变化。事实上，在每个行星上由于它的结构特征、自转速度和大气成分的不同，温度可以有很大程度的变化。例如，没有大气的水星，它的一面经常向着太阳，太阳下的那一点上，温度达到绝对温度670k，而在相反的一点，温度可低到 0℃。在没有大气和水的月亮上，中午时赤道上的极高温度升高到 100℃以上，而在漫长的夜里或月食时又降到−140℃。虽然如此，这里的表还是可以一般正确地代表行星的温度条件。

行星的轨道有着自己的规律性和稳定性。它们具有近乎圆形的轨道，并且几乎处在同一平面上。只有水星和火星在较为扁的椭圆轨道上公转，所以它们离太阳的距离对于平均距离有 20.6%和 9.3%的变化。

其余行星的轨道，特别是地球、金星和木星，是那样的近于圆形，以至在用图形表示时，彼此没有区别。因此，每个行星从太阳得到恒量的辐射流。观测到的行星气候的季节性变化，只和行星赤道对于它的轨道平面的倾角有关系，但是这些倾角并不特别大，如地球是 23°.5′，火星是 25°.2′，而木星只有 3°。所以木星的赤道几乎和它的轨道面相合，因而这个行星上简直没有季节性的温度变化。唯一的例外是天王星，它的赤道几乎和轨道面成直角，以致在它公转一周时，太阳通过它表面上任一点的天顶两次。可是天王星离太阳是那么远，使得这个情况不能影响它的表面温度。

和太阳的质量比起来，行星的质量都很小；而且行星的轨道间有很大的距离——这些情况都有巨大的意义。太阳的质量超过所有行星总质量的 800倍，它的引力保证了太阳系的稳定性。行星相互间的引力很小，只能够引起不显著的摄动，这种摄动有着周期性。天体力学的结果证明：行星的摄动不影响行星和太阳的距离，也不会破坏太阳系的完整性。所以行星轨道半径的比例可以认为是太阳系的特性，它从太阳系形成以来，一直保持不变。这个比例和行星的质量有关系。对于较大行星（木星、土星和天王星）约等于 2，对于较小行星（金星、地球和火星）约等于 1.5。这些特性应该在太阳系的起源理论中得到解释。

在木星和火星轨道之间有着一大块“空地”，它的存在显然是破坏了行星距离分配的一般规律。不过在 19 世纪和 20 世纪的研究结果表明，在这块“空地”里有大批小行星。在多数场合，小行星是不规则状的有棱角的碎片。例如，每 30 年接近地球一次，因而特别利于准确测定太阳系规模的爱神星，也和其他的许多小行星一样，形状像个磨石，或者说像一条黄瓜，长 10 千米，宽 5 千米，几个钟头以内围绕自己的轴旋转一周。可以观测到的最小的小行星，直径只有 1 千米。没有疑问，还有许多更小的。

可以认为，这些小天体是早先存在的一个行星破碎了的残迹。就是在现在，由于相互碰冲，这种碎裂还在继续发生。因此太阳系内充满了小的碎片和尘埃。

微小的尘埃质点在太阳的光场内遭受了显著的减速作用，并且在太阳的引力下逐渐落在太阳面上。这些质点有时以高速进入地球大气，于是以流星形式被观测到。

有时候可以落下相当大的流星。例如 1947 年 2 月 12 日，降落流星雨的总质量不少于 150 吨。当降落时许多大的碎片在西霍特·阿林斯基山区形成了约 110 个坑口。虽然流星进入大气的速度只 14 千米/秒，它的质量还是大部分逸散了，只有约 10%落到地面上。

图 24　西霍特·阿林斯基流星的降落所形成的坑口

流星的研究表明：它们有着复杂的化学结构，结构中各元素间有一定的比例。流星中所含的铁、镍、钴和其他元素的比例有时带点混合形式，但严格的一定比例，按照矿物学家和地球化学家一致的意见，只有在原始镕质中才能确定。应该考虑到，流星在太阳系内长期旅行的时间内，当它接近太阳时可能遭受到再蒸发，因此在许多场合里，它们的原始结构可能和现在的很不相同。这就使得对于流星矿物学特性的研究复杂化起来，不过可以认为，除了流星中所含的气体以外，它们的化学成分没有任何变化。

现在已经得到了令人信服的证据，说明流星是早已存在的行星的碎片。大概由于在和一个类似的物体碰冲时，遭受了严重的打击，这颗行星分裂为几块了。这个证实和流星“年龄”的确定有联系。一方面，年龄可以在流星中所含的稀有同位素 He_3 的基础上来确定，这东西是流星在行星际空间内长期旅行的时候，当宇宙线的铁原子核辐射时得到的。众所周知，这种同位素不可能由普通的放射性蜕变得到。另一方面，陨石的年龄可以根据铅的相对含量由放射性方法来确定。由第一个方法所确定的陨石年龄不超过三亿到四亿年。但在这种情况下所确定的年龄不是陨石物质存在的年龄，而是它在行星际空间旅行的时间。由第二种方法确定的陨石年龄是约 40 亿年；这个年龄是从它还在原始行星核心内存在时开始算起的。可能行星存在了一个时间，在 3 亿年以前发生了最后的一次大的碰冲，行星就分裂为流星了。

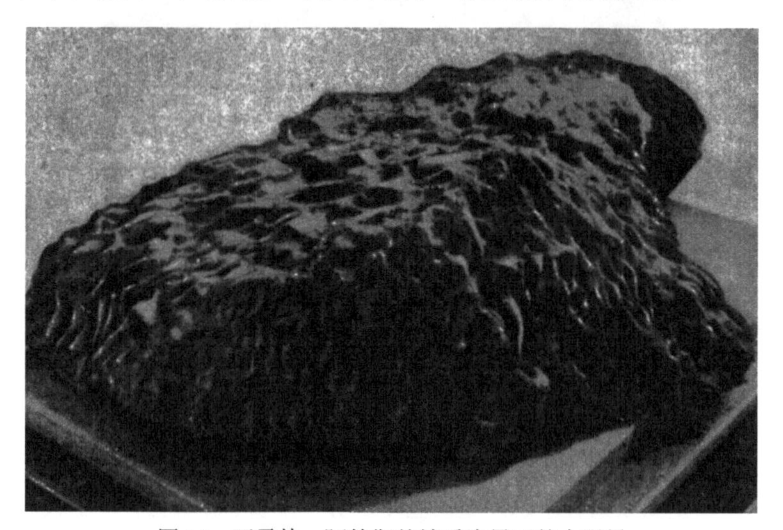

图 25　西霍特•阿林斯基铁质流星雨的大陨星

因此，当初发生于木星和火星之间的小行星可能为数不多，而且也可能比现在的小行星大得多。后来由于不断地被驱散而成为越来越小的碎片，一直到成为陨星和更小的宇宙尘。

现在我们再来看看太阳系的大行星的特性。大行星可以分为两类，两类的物理性质和化学性质有着极大的不同。水星、金星、地球和火星属于类地行星，它们都比较靠近太阳，质量不大（最大的是地球，其质量也不过太阳的三十三万分之一），自转较慢，密度较大（因为是由重元素组成的）。它们的大气层，按体积和质量来说，比行星本身小得多的大气层具有二次起源的性质；也就是说，在行星形成以后演化的过程中产生的。

外行星——木星、土星、天王星和海王星——完全是另一种性质。它们的质量很大（例如木星的质量是地球的318倍），自转很快（木星的自转周期为9时50分），有很大的动量矩。尽管内压很大，平均密度还是很小（例如，土星的密度只是水的0.7倍）。这是因为它们主要是由最轻的气体——氢和氦——组成的，只是在核心部分才有些重元素的混合物。

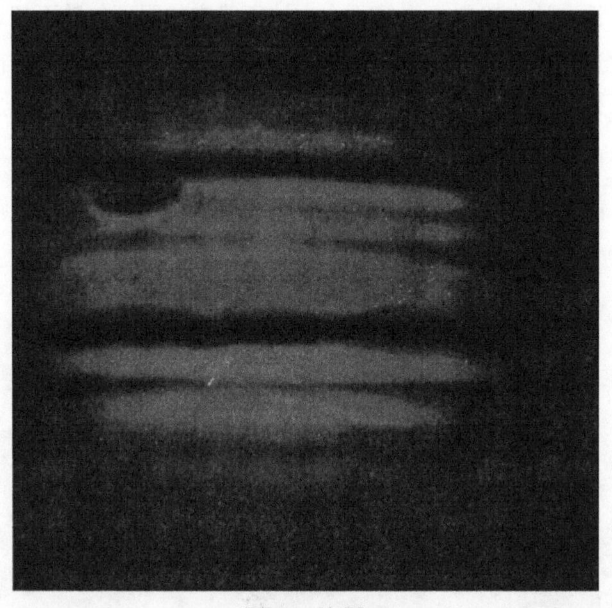

图26　木星

大行星的化学成分问题在太阳系演化的解说上有着重要的意义。木星和土星的质量是太阳系行星总质量的基本部分，所以它在极大程度上代表形成行星的原始物质的成分。不久以前，这个问题不可能解决，因为不知道在高压（几百万或几千万标准大气压）下，普通固体变成怎样。现在这个问题可以在实验和理论的基础上解决。现在已经了解到在几十万标准大气压下的固体性质和许多关于物质结构的知识。对于木星已经清楚了解它的自转、质量、体积和扁率，可以在它的表面上决定从中心到各个距离上的化学成分和密度分配。

从行星的几何图形（极处的扁率）和自转速度可以判断内部结构的不均匀性。行星的结构越均匀，它也就越扁：这是因为均匀是表示它的质量大部分集中在离中心远的外层，离心作用大。木星的扁率，也就是赤道半径超过极半径 1/16。若木星更均匀，它也就更扁。对于物质随压力变化的特性不必作任何特殊的假设，单在纯机械规律的基础上就可作出该行星结构的不均匀度。事实证明，就结构来说木星比类地行星的任何一个都扁。所以，在确定了木星的不均匀度以后，可以相当简单地求出它含氢的下限和上限。

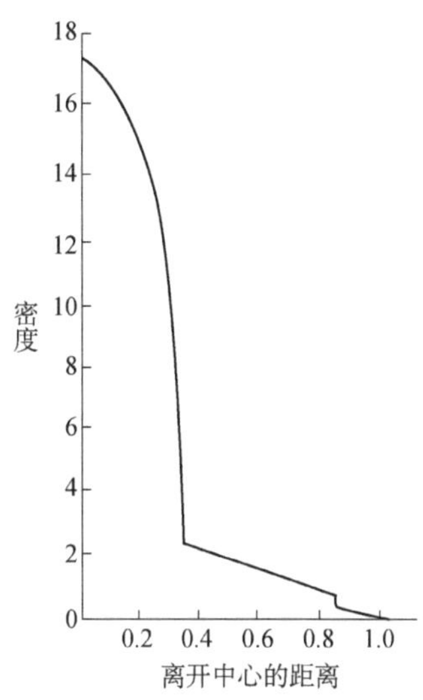

图 27 木星的内部结构

下限可以在一个值得怀疑的假设上得到。假设木星中心部分的物质完全不受压缩，也就是说，尽管内压很大，这个行星还是由匀层组成的。在这样的情况下，魏立特（Вильдт）证明，氢占木星总质量的三分之一。

上限可以在完全相反的假设下得到。设木星中的物质处在完全简并状态，即原子完全被解体，换句话说，就是核和电子分离开了。在这种情况下，理论上的研究表明，木星和土星基本上是由含少量重元素混合物的氢组成的。同类的其他行星——天王星和海王星——的质量较小，氢和氦含量的百分数也小。也证明了，无论如何，大行星不可能完全是由氢和其他气体的化合物（例如碳氢化合物）组成。

研究在各种不同压力下氢的物态方程，可以试图建立木星的纯氢模型。这种模型可以在它的不均匀性的观测程度上表示行星的半径和质量。详细的研究结果得到，木星的氢含量最可能是它总质量的 85%，其余的 15%是和其他重元素混合存在的氦。在这种情况下，在行星的外层（从中心算起的 0.86 半径以外，或从表面算起到 0.14 半径处）中氢分子占优势。

再往深处，由于压力加大（达 70 万标准大气压）氢的物态发生改变——转变为原子状态，即所谓金相，电子都“解放”了，不再和一定的原子核发生联系，这时密度就发生突变。在向金相过渡时，氢的密度突然增加 1 倍。再往深处密度不断增加，一直到离中心 0.29 半径处为止。此后又发生一次新的突变，中心部分就是由氢和其他重元素的混合物组成的了。

附带的可以就这些纯理论的计算指出，近来利用直接的观测能够根据平均分子量来确定木星大气的化学成分的概况。行星大气的平均分子量可根据行星大气在不同高度处的折射本领来求，而折射本领可由行星遮掩恒星来充分可信地确定。

当木星凌犯恒星时，恒星并不马上消失；因为星光首先进入行星的大气上层，这里大气的密度比较稀薄，其中的折射和它离行星表面的距离有关系。由于通过行星大气的光线的折射不一致，出来的方向也就不一致，因而光线有一定程度的分散，以致地球上的观测者看到星光的迅速减弱。星光随时间减弱的精确记录可以确定木星大气的折射本领，因而也就确定了相应的分子量。远在 1937 年英国天文学家皮克就用这种方法求得平均分子量约为 4，它表示氢（H_2）和甲烷（CH_4）的比例是 6∶1，木星上有甲烷，这在它的光谱中很明显地现出。

1952 年 11 月 20 日鲍姆（Баум）和科德（Код）根据木星遮掩明星白羊座 α 星，比较准确地求得木星大气的平均分子量约为 3.3。为了比较起见，不妨提一下地球大气的平均分子量，它几乎是木星的 10 倍，即约为 30，而地球大气是由 21%的氧和 79%的氮组成的。由此可见，木星的大气多是氢的混合物。例如，考虑到各种元素在宇宙间的相对分布，求得的分子量可用下列的各种元素原子含量的比率来代表：

氢分子	100 分子
氦	20 分子
其他的较重化合物	7 分子

属于较重化合物的有甲烷（CH_4）和氨（NH_3）。由于它们的分子联系微弱，在从太阳来的不多的辐射下，氨和甲烷就被激发，所以在从木星开始的所有大行星的光谱内，它们是很显著的。

大行星的光谱中有氢存在的直接观测证明，只是天王星和海王星有，而且是最近才得到的。

在天王星和海王星的光谱中，在波长 8270 埃处观测到谱带，这是柯伊伯确定的。赫茨别克（Герцберг）在实验里做了一系列的实验，实验时的温度是液态氮的温度，它接近于这些行星大气的温度。实验证明，8270 埃处的谱带是分子氢的特征。但是和这一谱带并存的，在 8166 埃处还有一氢分子的谱带；而这一谱带在天王星和海王星的光谱中却未发现。实验证明，第二个谱带必然是被减弱了；如果把某样中性气体掺入分子氢中（这种气体的原子和氢分子多次碰冲)，它就极其显著地被减弱。类似的效应顶好是氦混合物来作用，而且为了说明观测到的光谱特性，必须假定在天王星和海王星的大气内氦比氢分子多2倍。

由此可见，大行星的质量和其中轻气体（例如氢）的含量之间有着一定关系。

各种元素在类地行星中的含量就完全是另一回事。例如在地球上有在高温下凝聚为固态和液态的元素，有在高温下还参与稳固的化合物的氧。所有液化温度充分低，并且不会和金属结合成稳固化合物的元素，例如氢，在地球上比在其他恒星和太阳上要少得多。

此外，很重要的是：地球上散布很广的元素，在太阳上的分布也是一样。首先进行太阳系里各天体的大气成分的定量分析的罗素（Russell）早就注意到：液化温度高的所有元素，在地球上和太阳上分布极广。为了说明这个显明的关系，他拣了这一类型的14种元素，并按其丰富度分为3组。这3组对于地球和太阳的关系如下：

	地球	太阳
第一组（分布最广的元素）	铁	镁
	铝	铁
	镍	钾
	钙	钙
	钠	铝
	钾	
第二组（分布较少的元素）	钛	锰
	铬	镍
	锰	铬
	钴	钴
		钛
第三组（分布更少的元素）	铜	钒
	钒	铜
	锌	锌

事实上，我们看到，3组中的元素配备相似。陨星的化学分析表明：熔解温度高的元素的分布也是一样；陨星是落到地球上来的宇宙物质。这样的比较还可以对表内没有列的较稀少的元素进行，那时可以得到相似的结果。

在熔解温度高的元素相对丰富量方面，太阳和地球之间的这一令人注目的关系，可以认为是我们的太阳和周围行星有着共同起源的一目了然的证据。太阳和行星应该是从某种共同物质形成的，这种物质包含着各种元素，它是整个宇宙的一般特性。在液化温度低的元素分配方面，太阳和地球之间有着显著的区别——这一现象要用特殊的原因解释。

虽然氢是宇宙间分布最广的元素，在太阳和大行星上都很丰富，但地球上的含量却不多。地壳和海洋中氢的含量只占第八位；氧居第一，由于它的巨大的化学亲和力，它占地壳的51%以上。

更令人惊奇的是：就是分子量很大的惰性气体，例如氩、氖，氙、氪，在宇宙间也分布得很广，而在地球上却很少。地球大气中含量约1%的氩，具有放射性的起源：它是在地球长期存在的历史中，由放射性钙（其原子量为40）衰变而成的。绝不是由于放射而起源的氖，在宇宙间很丰富，但在地球上却微不足道。关于地球上这些惰性气体的含量可以从以下几方面来确定：①测量地球大气中它们的含量；②测量组成地壳的各种矿物中的含量；③最后，研究从泉水和钻井中分离出来的各种天然气体。为了确定这些气体在地球上和宇宙间的相对含量，最好是用硅的含量作为单位，它是构成地壳的基本元素之一，在宇宙空间里也有发现。为了把得到的材料精确化，可以利用在宇宙间确定了的元素分布和它们的原子量间的关系。例如，宇宙间氖的含量和地球上氖的含量之比约为 10^{10}。这表示：在宇宙间，准确些说，在现在观测到的区域，氖和硅的比例，是地球上比例的百亿倍。较重的惰性元素，氪的比是 10^6。

因为这些惰性气体不是由于地质构造运动而从地核分解出来的，并且不和其他的元素进行化合，所以它应该代表地球大气的本来面目。其他的元素——氮、氧、二氧化碳、水蒸气——这些构成现在大气壳的成分不能代表原始情况；因为比较懒惰的氮的大部分是由地质矿井中分解出来的，氧是由植物的光合作用分解成为自由态的，含量不多的二氧化碳完全是由加热过程（包括动物机体和火山爆发）产生的。我们指出：任何熔岩的冷却，任何火山的爆发，都必然向大气里输送巨量的水蒸气。所以地球大气的现代成分是在漫长的地质年代里复杂化了的产物；毫无疑问，它具有派生的性质，和原始地球的大气成分迥然不同。

说也奇怪，在地球的大气成分中，就是重元素，如氙和氪，也不能保持原始的含量；其实这些气体的相对含量在地球上和宇宙间约略一样。唯一可能的原因是：地球大气的散逸不是对每种气体单独发生，而是决定于唯一的氢——无比丰富的元素，它应该引起组成微量混合物的其他气体。就是在现在，由于不可避免的大气湍流，各种气体在大气中的分布完全和分子量没有关系。例如，实验已经证明，20 千米高处的重气体二氧化碳的相对含量，和在地面上的一样。虽然大气是由各种不同原子量的气体构成，但一直到了最高处大气成分的平均分子量还是一样的。同样可以认为，当氢从原始行星的凝块或已经形成的行星上强烈散逸时，它也带着其他气体一同往外跑，而且和其他的气体的原子量无关。如果同意这一点，那么就需要承认氢是决定行星最后化学成分的基本元素，因为起初它是特别丰富的。

已经证明：宇宙间里最丰富的氢元素，在我们地球上只占第八位。这一情况显然决定于作为质量比较小的物体的地球形成的条件。如果再注意一下质量只有地球九分之一的火星，也可以找到已经发现的规律的证据。众所周知，事实上在火星上完全没有发现有水的区域或任何具有活水的水道：在它那稀薄的大气层（主要成分是氮）中，水蒸气如此之少，以致只能形成一层薄霜。就是火星上的极区雪盖，也是由不超过几厘米的雪和冰组成的，虽然这个行星上的温度很低。所以十分显然，火星上氢的含量应该比地球上少得多；完全可能，这种情况决定于行星形成的初始条件。最后，质量为地球八十分之一的月亮上完全没有大气，其上氢的含量就是在壳层的化合物中也近于零。为了给这个结论找到完全的根据，对于月亮需要知道它是怎样形成的。因为月亮本身不是一个行星，它的岩石成分在一定程度上可能来自地球，这两个天体也许就是由一个浓密的凝块产生的。过去根据达尔文（著名生物学家达尔文的儿子）的潮汐学说，曾经认为月亮是由地球分出去的，它就是地球的太平洋部分。现在虽然已经没有人接受这个观点，但两个天体一道形成还是极其可能的。与此相似，可以设想太阳系里大卫星之一的提坦（土卫六）是从土星上分离出的甲烷大气。卫星的温度很低，它可以把这些大气一直保留到现在。

无论如何，这一情况是相当明显的：行星的氢含量，以及大气的密度和广度肯定地和它的质量有联系。质量小的行星在它形成的时候得到少量的氢。在质量为 2×10^{30} 克的木星上具有几乎正常的氢含量，只比宇宙间这一元素的平均含量略微少些。在质量为木星的 1/15～1/16 的天王星和海王星上，轻气体的含量，首先是氢的含量，已经显著减少。质量为木星 1/318 的地球上，氢只占据第八位，不过还有可能有和氧组成的丰富的化合物：海洋。在质量更小的火星上面，氢和它的化合物，首先是水，几乎已经没有了；虽然在它的大气里还有其他的气体。但是完全有可能是从放射性元素或者地质构造上的原因形成的。在质量为地球的 1/80 的月亮上，完全没有大气。行星的氢含量和它的质量之间的近似关系可以用图解（图 28）一目了然地表示出来。图中的纵坐标表示以克表示的质量的对数值。

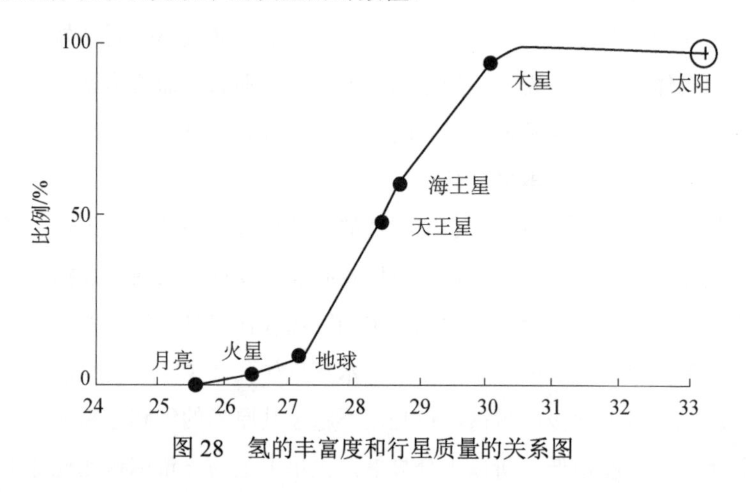

图 28 氢的丰富度和行星质量的关系图

要使生命的起源和发展成为可能，在其他条件适合的情况下，还要行星的质量值为 10^{27}～10^{28} 克（就太阳系来说）。适合于生物居住的行星的质量，应该处在氢含量曲线的下降部分，但不是在最下方。

把所有元素都统一在它的大气中的行星，对于生命也是不合适的，因为它的气体云壳过大，包含金属化合物的固体表面不能存在。例如，类似固体的表面可能在木星的深处形成，但是在那儿上层的压力足以把最稳定原子的电子层压坏，也能把任何复杂的组织物压碎，所以稳定的蛋白质化合物完全不能存在。质量过分小的行星也没有满足生命的条件，至少条件不够充分。

为了形成大的水化物，这些水化物是保证水在自然界中循环的要素，而水的循环又会引起各种元素在地面上的扩散，在行星上就必须有相当数量的氢。正因地球上有这种水的循环，在它那漫长的地质年代里，海水才被对于构成蛋白质分子必需的各种元素和它们的化合物丰富起来，从而在其中产生了生命。在没有水循环，或者水只能在一个极小的区域内循环的天体上，生命是不可能发生和发展的；而火星正好是属于这一类的天体。在它上面由于水的缺乏，元素的扩散速度，比起在地球上来要特别慢。

所以对于我们太阳系行星化学成分的研究引导到了这样一个结论：所有行星和太阳都可能是同一时期由同一物质产生的，但是质量不够充分的行星在大小不同的程度上损失了原来的轻气体。例如，地球完全损失了原来的大气和原始质量的一大部分。正因如此，现今地球的成分和宇宙里正常的化学成分有着这样大的不同。

可以提出这样的问题：在行星凝块形成的初期阶段温度条件怎样？在这一方面，木星不能作为例证，因为它已完全保持了原始状态元素的丰富度。更具有代表性的是像天王星这样的行星，它开始损失轻元素，但离原始状态相距还不太远。

地球在发展的初期，它的温度接近于太阳的温度，所以那时温度相当高，这和原始行星云怎样吸收太阳的辐射无关。毫无疑问，地球和类地行星，刚一开始就完全失去氢，以及仍保留在气体状态、没有和更耐熔的元素化合的其他元素。

这样一来，我们可以得到结论：氢的损失发生在行星形成的时期。这是一个相当快的过程，在行星作为一个天体形成的最初时期就结束了。我们没有任何理由认为在某一行星上这个过程发生得慢，氢和它的化合物的含量是逐步减少的。例如，没有根据认为：在遥远的过去火星上有更多的水，那时有比现在更适于生命的条件。同样，没有任何迹象可以表明：地球在它漫长的地质年代里，海洋中水的总含量有多少可以察觉的变化。相反地，地质学和古生物学的材料指出：在地球上随着地质活动的减少，海洋所占的总面积在变大。由于这个过程，在地质时期有些大陆不见了，例如连接亚澳的港得湾，还有不久以前的阿特兰基达岛，似乎它只留下了一个爱琴群岛。

完全可能，在最近几千亿年以内地上水的总质量一点也没有变化。但是各个行星拖住大气层的本领很不相同，因而现在也有轻的元素向空间弥散的可能。弥散的过程极慢，以后我们将详细地谈这个问题。

现在来看看太阳系里行星们的一些其他特性，并试图解决这样一个问题：这些特性有多少可以代表其他行星系的特性。我们看到：质量充分大的行星，其化学成分和中央星的化学成分一样。一般地说，恒星和行星的区别仅在于质量的不同，因而恒星在它的中心区域形成了充分大的密度和压力，这使得它能辐射原子能，而行星没有这种能力。只要把行星的质量增加到太阳的

1/20～1/25，它就不可避免地转变成自身发光的物体——恒星。有根据认为：行星在恒星附近形成的过程是自然界很普遍的现象。

很容易证明：为了从充分浓密的气体尘埃云形成单身星，甚至迅速自转的巨星，需要构成云的单独质点的动量矩来极其准确地递补。这种凝聚的必然结果最常见的应该是同时形成几个恒星，它们分担了原始动量矩的储量。此外，动量矩还部分地和介质有联系，这些介质也相当浓密，在不破坏重力平衡的条件下，它不能参加到恒星内部。所以在银河系内，通常形成的不是像太阳这样的单身星，而是聚星系。因而应该认为：在几十亿年以前，和其他恒星相似，由气体尘埃介质中的某一稠密区域形成了太阳。和其他的稠密区域比较，这一区域有着不大的动量矩储量，所以只形成了一个单身星——太阳。不过由于迅速的自转，原始稠密物的大部分不可能集中在一个物体内，而留在外面的东西将分布在这个物体的赤道面上。

这样一来，关于恒星形成过程的所有材料都表示：原始太阳被气体尘埃云包围，这种相当浓密的弥漫云呈扁平状，并且向中心密集。今天存在的行星就是由这种云形成的，它们并且保持了原来的动量矩。这种和原始太阳成分相同的气体尘埃云，被由于强烈的微粒辐射从太阳来的气流所补充，在早期阶段微粒辐射主要发生在太阳的赤道面内。

如果原始云的平均平面不很小，那么由于不可避免的区域密度“落差”，就应该产生区域性的凝块，这种凝块可以抵抗中央物体引力的分裂作用。如果留在原始凝块外面的云的密度不够多，那么在恒星形成以后它就不可避免地要弥散到空间去，只有个别的尘埃质点，由于辐射的减速，可以落到中央物体上。

所以原始气体尘埃云和在其中形成的凝块应该从一开始就有充分的密度。不怕太阳的引力来分解的这些凝块继续存在，并且在更为稀薄的周围介质内运动，同时吸收它的质点到自己身上来。

总而言之，这种凝聚形成的逐渐增加的过程可以有各种形式。我们已经看到，在凝聚时温度应该不高。原始星云的冷却可以从气体分子温度的降低得到；气体分子在和冷的尘埃不断碰冲时温度就会降低。后来，在云的凝块中低温又能保持，这是因为云在短波辐射方面具有大的吸收本领，但是继续放过低温辐射。然而它的温度并不是在任何状况下都不可能降低到离恒星很远的星际空间内尘埃物质的温度以下。这就决定了原始行星云温度的可能下限，根据近代的数值，是绝对温度 10～20K。在这样的温度时，甚至分子状态的氢和氦，都还可能停留在气态。

在有阻力的介质内运动和碰冲质点转动矩的平均化使得，从一开始凝块的轨道就和圆差不多。再者，由于原始云是扁形的，所以凝块几乎处在同一平面上，这个平面和太阳的赤道面相差无几。只要知道了行星质量的近似分配，从这些考虑出发就不难得出太阳系的一切基本特性。例如，可以指出行星距离的准确规律和解释：为什么行星绕轴自转的周期有今天观测到的不同。为了说明这一点，首先必须找出一套数学公式，说明行星能够抵抗太阳引力的分解作用，也能够抵抗附近行星附加的引力作用。换句话说，就是要从行星不互相混合的条件出发，求得行星的分布规律。

完全可能，首先形成遥远的行星，然后更大的行星在越来越近的距离上形成。自然，首先应该形成离太阳最远的冥王星——质量不大的行星。下一步形成的海王星应该满足以下条件：它不但经得住太阳的吸引，还要经得住已经存在的冥王星的吸引。因此，海王星只能在离头一个行星一定距离而充分“安全”的区域内形成，这样就决定了行星距离间的头一个间隔。再一个行星——天王星的形成只能在离海王星相当远的距离上，其余如此一个挨一个地形成。由此不难明白，为什么太阳系里质量大的行星（如最大的木星和土星）轨道之间的距离最大。

离太阳最近的水星和离太阳最远的冥王星是最小的大行星。不过需要指明，对于所有行星的距离规律，毫无例外地建筑在纯物理的讨论上，它假定原始行星，准确些说是行星凝块，有着共同的化学成分，即由相同的元素（主要是氢）构成。并且，质量很大的行星，例如离太阳很远的木星几乎完全保持了原始的化学成分，就是现在还大部分是氢，小部分是和重元素混合在一起的氦。离太阳较近但原始质量不大的行星不能够保持原来的化学成分，它只剩下了由重元素组成的原始行星的核。

于是在太阳系里所有行星同一化学成分的条件下，从质量的分配情况出发，可以得到行星离太阳的距离值如表 2。

表 2

行星	和太阳的距离（设地球的轨道半径为 1）	
	观测值	计算值
水星	0.39	0.43
金星	0.72	0.64

续表

行星	和太阳的距离（设地球的轨道半径为 1）	
	观测值	计算值
地球	1.00	0.98
火星	1.52	1.55
小行星	—	2.65
木星	5.2	5.2
土星	9.5	11
天王星	19.2	19.6
海王星	30	29
冥王星	39	40

由此可见，在知道了行星的质量以后，可以求出它离太阳的距离。如果行星的质量分配和今天的情况不同，那么它们在运动的共同平面上的分配也将是另一回事。

单纯从理论上来求行星的质量是不可能的。若说这样的计算能够进行，那所有恒星的所有行星系就都应该完全一样，这简直是荒谬的。只可以说出一个大概情形：平均说来，被太阳辐射略为加热的原始行星云可以为大行星的形成创造最有利的条件。

在知道了行星的质量和它离太阳的距离以后。要想知道它的转动周期，需要知道：形成了的行星的凝块不仅收集了原始星云范围以内的物质，而且收集了几乎整个轨道周围的物质；还要知道，由于质点的相互作用，特别是由于混合的缘故，围绕中心旋转的角速度，在很大的程度上都平均化了。因此就得到一个很简单的公式：形成了的行星的角动量和质量成正比，和离太阳距离的平方根成反比。

对于恒星也得到了极类似的结果。事实上，质量大的恒星动量也大，它们以最大的速度绕轴自转。对于太阳系来说，质量大的行星，自转得也快，这也是观测证实了的事实。

根据对太阳系普遍规律的分析而提出的太阳系起源观念，使得可以解释这些基本特性。这种观念于 1919 年首先出现在苏俄，不过当时由于缺乏精确的起码材料，只是不充分的研究形式。

从这个理论可以得出：行星的产生是自然界普遍存在的一种规律性的过程，它们是由和原始太阳紧密联系的物质形成的，绝没有任何外力的干预。现在完全可以肯定地说明：行星的诞生和恒星的形成有联系，而且是恒星和星系形成的总过程的一个方面。

太阳系起源的问题经常吸引着人类的先进智慧。关于星系和行星演化的第一个科学的假说，是德国哲学家康德于1755年提出的。他的出发点是由类似流星的固体质点组成的原始混沌状态的物质。这个学说头一次把天体看作有演化的过程，打破了以往认为它自被“创造”以来从未变化的传统看法；因而在当时来说，它具有伟大的进步意义，恩格斯给了它以崇高的评价。

著名的天文学家和数学家拉普拉斯在18世纪末提出更为局部的但比较详细研究过的太阳系起源于原始气体星云的假说，这种星云具有极大的中央凝块，并且不断地绕轴自转。由于不断的冷却和凝缩，最后分裂成为气体环；这些气体环后来又分裂成次级凝块——未来的行星。这个所谓星云假说在19世纪得到广泛的流行。现在确认：该学说的原始形式是没有根据的，而且不能解释在太阳系内所有观测到的规律。

代替星云假说的金斯学说又有20年的流行，在这期间没有任何关于太阳和恒星演化的学说提出；那时认为，在行星形成的时期，太阳就有和现在一样的特性，按照这个假说，行星是由太阳抛射出来的物质凝块形成的；由于过去某一恒星和太阳的接近，潮汐力的作用使得太阳有物质抛出。这假说不可避免地引到一种错误的结论：太阳系是宇宙间的特殊现象。此外，金斯的假说也不能解释太阳系的基本特性。

金斯的学说破产以后，又有许多意见提出，但往往都是机智的猜想和没有充分根据的假说。

近十年来在苏联所进行的工作，对于天体演化学的发展具有重大意义。施密特（О. Ю. Шмидт）院士在许多的研究工作中，发展了太阳俘获一部分尘埃云的思想，并且研究了尘埃云再转变为个别凝块——未来行星——的机制：由尘埃质点的相互碰冲和黏合而成。从这些假设出发，并对情况作了某些简化以后，他用数学的方法推导出许多基本规律，而这些规律又是在太阳系内观测到的。列别金斯基（А. И. Лебединский）和古列维奇（Л. Э. Гуревич）也研究了行星由弥漫介质形成的类似的问题。他们认为：原始太阳被相当浓密的气体尘埃云所包围，这种尘埃云具有极扁的圆盘形式。由于温度很低，在圆盘中发生了冷化，所有气体都沉淀到尘埃窝中，于是尘埃盘就分裂为几个大的物体，它们之间有一定的间隔，并且都沿着具有一定扁率的椭圆轨道运行。在这里也说出了在原始气体尘埃介质中质点直接相互作用的机制。

后来，克拉特（B. A. Крат）提出了原始弥漫云的性质，它主要的成分是气体；构成星云的只是它的很小一部分，其余的都分散到空间中去了。

现在已经没有人怀疑行星起源于包围太阳的某种相当浓密的气体尘埃介质，剩下的只是再详细了解太阳系起源的过程。至于气体尘埃云的起源问题，直到最近还没有一致的意见，尚待继续研究。不过由于不久前对于恒星（包括太阳）形成的过程所得到的知识，行星演化学也有了巩固的基础。行星形成的初始条件已经变得相当明显，不应该再是没有根据的猜想和科学的幻想的对象。

我们看到：完全形成了，而且已具有一般特性的恒星仍然处在气体物质的包围中。在银河系内个别区域发生的恒星形成的过程，一目了然地表明：形成了的太阳在它的初期是一个质量很大，而且迅速自转着的恒星，它被形成它的气体尘埃云所包围。这些剩下的介质由于它的迅速的自转，不可能再结合为一个中央体，只能形成现在的行星。

许多的凝块之中能够形成行星的只是那些受到摄动力最小的。这一简单原理的引入，使得可以求出行星的分布和与太阳距离的关系，并且可以解释卫星系的许多特性。

对于我们唯一了解的我们自己所在的行星系的各种规律的研究，使得我们相信：行星系的形成是宇宙间一种有规律的过程，而且它经常和恒星的形成相伴随。

不过质量大的行星为了生命能在它上面发展，不能在离太阳太近的轨道上运行。为了形成行星，轨道间的间隔应该充分的大，因而各行星从太阳所得到的辐射也大为不同。所以各行星的温度条件是很不相同的。一个行星系内行星的数目可以多到十个左右，但适宜于生命的产生和发展的却只是少数。

第四章　行星的和地球的大气结构和演化的一般见解

大家都明白，由于组成气体的分子独立的不规则的运动，任何气体都有占据尽可能大的容积的性能，所以地球和别的一些行星具有充分浓密的大气层，就是由于引力妨碍了它们向空间的扩散。再者，各种气体在一定温度下都具有或多或少的动能。温度越高，气体的扩散本领也越大，因为这时组成气体的分子运动速度大。在绝对零度下，气体分子失去任何运动而落在行星的表面。由于紊乱的相互弹性碰冲，各分子间的速度分配总在不断地改变；但是总的来说，某种气体分子的平均速度可用式（1）代表：

$$v_{\mathrm{m}} = \sqrt{\frac{3kT}{\mu}} \tag{1}$$

式中，T 为绝对温度；μ 为分子量，k 为玻尔兹曼常数。

根据式（1）可以算出，在 0℃或绝对温标 273K 时，各种气体分子的平均运动速度（米/秒）如下：

氢原子	氢分子	氮	氧	二氧化碳	水蒸气
H	H_2	N_2	O_2	CO_2	H_2O
2600	1839	493	461	392	708

麦克斯韦（Maxwell）证明：由于气体分子间不断碰冲，真实速度分配在上述平均速度的两方：有运动得快的，也有运动得慢的。具有速度 v 的分子的数量取决于式（2）：

$$N(v) = CN\mathrm{e}^{-\frac{-mv^2}{2kT}} v^2 \tag{2}$$

式中，C 为常数，由分子的质量和气体的温度来决定。这个公式也可以用图表示出来（见图 29）。

麦克斯韦的速度分配律只能在气体的密度相当大的情况下，在很短的时间内适用；在稀薄气体的条件下，就完全是另一回事，那时分子的碰冲很少发生。自由径的长度（即两次碰冲间的距离）已变得可以和气体所占的空间相比。在真实的行星大气中，局部碰冲的充足条件总是有的，因此各个分子的速度分配和它们的平均速度，是完全可以由介质的温度和气体的分子量来决定。

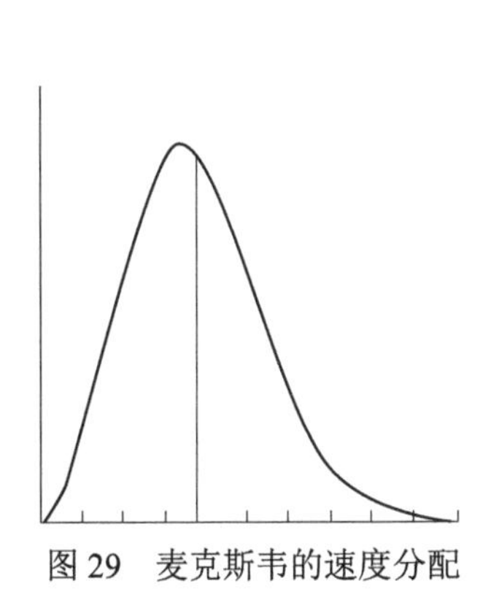

图 29　麦克斯韦的速度分配

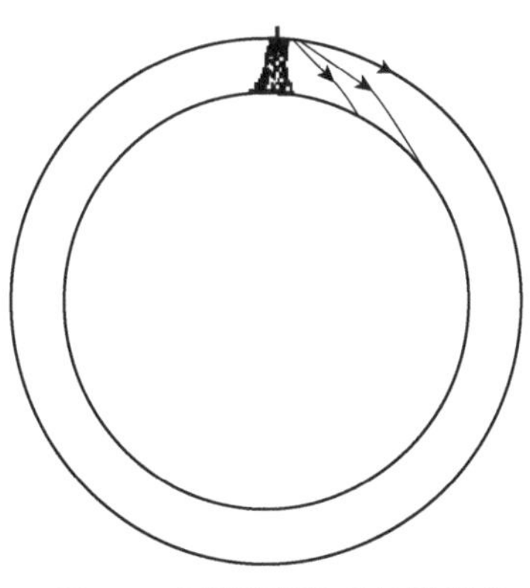

图 30　水平飞行物的轨道弯曲

如果某种分子的速度相当大，那么在某种条件下，它就能战胜行星引力的影响，而跑到行星际空间去，这叫作散逸过程。在某种程度上，这种过程可以连续进行，以至行星周围的大气层的质量逐渐减少。现在我们来更详细地考察一下，散逸是怎样发生的，和在行星存在的时期内导致什么样的结果。

首先，地球表面的物体都受有一种引力加速度，它的数值为9.8米/秒^2；所以自由落体在最初一秒钟向地心的加速度为4.9米/秒^2。如果沿水平方向抛出一个物体，那么它的轨道将沿地球表面的方向弯曲，并且可以算出，当运动速度达8千米/秒时，它的轨道就和地面成为平行。因此当抛射物体达到这样的速度时，若将大气的阻力忽略不计，它就不会再落至地面，而绕着地球沿圆形轨道旋转。当抛射能量1倍于此时，即速度为11.3千米/秒时，物体将完全和地球脱离关系而跑到无限远的地方去了。这就是所谓的脱离速度，它等于行星的抛物线速度，可以由一个简单的数学公式求出：

$$V_{\text{脱离}}=\sqrt{\frac{2GM}{R}}=11.3\sqrt{\frac{M}{R}}\text{千米 / 秒} \tag{3}$$

式中，M为行星的质量，R为行星的半径，设地球的质量和半径为1。

由此可见，若某一分子对地球运动的速度大于抛物线速度，并且在路上不遇到其他的障碍，如和别的分子的碰冲，那么它就不可避免地逃向宇宙空间。

气体向空间的这种遗漏，事实上只有在密度很小的最高的大气层内才能发生，因为那里自由径和行星本身的半径已可匹敌，分子在路上不一定再遇到其他的分子。我们相信，当离行星表面越升越高时，首先会在天顶的方向发现分子不能完全遮住天空，并且在它们之间逐渐出现空隙。这种空隙越到高空越大。对于地球大气来说，天顶附近的这种空隙，即所谓脱离圆锥体（конус ускольэания），最初出现在地面400～500千米的高处。所以只是在这里才开始具有气体向宇宙空间散逸的条件。为了散逸能够真正发生，即为了处在脱离圆锥体内的分子永远不再返回，还需要分子的速度大于抛物线速度，对于地球来说，即大于11.3千米/秒。从理论上来说，凡是满足于麦克斯韦速度分配的气体，都有一定数量的分子具有这样大的速度；不过这样的分子的相对含量将随着分子量的增加或温度的降低而迅速减少。

所以如果分子的平均速度比抛物线速度要小得多，那时由于参与脱离运动的只是所有分子中的很少部分，脱离的过程就会发生得很慢。在速度最大的分子逃出空间以后，麦克斯韦的速度分配受到破坏，需要一定的时间，使剩留下来的分子能借互相碰冲而得到恢复原来的分配。于是又得到同样分数的速度大的分子，它们又能逃入宇宙空间。若参加散逸过程的只是整个大气质量的很小部分，就可以认为，具有已经现成的麦克斯韦速度分配的所有新分子将不断地从下面进入稀薄的大气层内，从此并且可以算出这种过程的速度。

金斯所作的计算表明：某行星能够保有大气的时间和气体分子的平均速度极有关系。若脱离速度大于分子平均速度的 3 倍，则在 5 万年中大气就要完全散逸到空间中，从地质学上来说，这是一个很短的时间。若脱离速度大于分子平均速度的 $4\frac{1}{2}$，则大气可以保持 3000 万年。最后，若脱离速度大于分子平均速度的 4 倍，完全散逸就需要一个很长的时间，约 250 亿年，这就远远超过了地球和行星的年龄。根据这些计算，我们认为：大气完全保持的判据是分子的平均速度不能大于脱离速度的 0.2 倍。

任何气体分子的平均速度决定于行星的温度，而行星的温度，在其他条件一样时，只和它离太阳的远近有关系。一般地说，由于这个原因，分子的平均速度随离太阳距离的四次根而减少：

$$r^{-\frac{1}{4}} \tag{4}$$

式中，r 为行星的轨道半径。

因此，离太阳远的行星，比离太阳近的行星具有特别好的条件来保持自己的大气。可以认为，行星保持大气于自己身边的本领决定于式（5）：

$$v_{脱离}r^{-\frac{1}{4}} \tag{5}$$

于是对于太阳系内各行星得到表 3 数据：

表 3

行星	$v_{脱离}$（千米/秒）	$v_{脱离}r^{-\frac{1}{4}}$	卫星	$v_{脱离}$（千米/秒）	$v_{脱离}r^{-\frac{1}{4}}$
水星	3.8	3	月亮	2.4	2.4
金星	10.4	9.6	海卫	2.8	6.6
地球	11.3	11.3	土卫	2.8	5
火星	5.1	5.7	木卫一	2.4	3.7
木星	61	92	木卫二	2.1	3.1

续表

行星	$v_{脱离}$（千米/秒）	$v_{脱离}r^{-\frac{1}{4}}$	卫星	$v_{脱离}$（千米/秒）	$v_{脱离}r^{-\frac{1}{4}}$
土星	36.7	64	木卫三	2.9	4.4
天王星	21.6	45	木卫四	2.4	3.6
海王星	23.8	56			
冥王星	11	27			

已经指出，表 3 中所列的 $v_{脱离}r^{-\frac{1}{4}}$ 代表在热平衡的条件下行星保持大气的本领，而且使得可以在各行星和卫星间进行比较。

根据表 3 可以知道，在地球上现时的温度条件下，可以保持一切气体，就连最轻的气体——氢也能保持，因为氢分子的平均速度为 1.8 千米/秒，远远小于脱离速度的 20%。

与此相反，我们的月亮几乎完全失去了它的气体，只有分子量超过 60 的气体还能得以残存。因此，与火山活动有关系的二氧化硫在月亮上可能有，它的分子量是 64.1。等值厚度只有 1 毫米的这种气体在大气中虽然含量不多，可是能以 3000～3100 埃光谱区的吸收线显示出来。但是柯伊伯在月球光谱中仔细寻找这种吸收线时，并未得到任何结果。其他较轻的气体，更难以令人相信在月球上会有。

必须指出：大气向空间散逸的真正条件比上表所列的要复杂得多。首先，脱离层本身的温度，完全与行星表面的温度无关。对于地球来说，脱离层处在地面 400～500 千米的高度。在地球大气的各个高度上，它的温度在很大程度上取决于大气的化学成分以及各种气体分子和太阳辐射的高频量子的相互作用。大家知道，从约 100 千米的高空开始，地球大气中的氧是原子状态，而不是分子状态，并且处在很稀薄的空气中；因此和其他原子和分子相遇的机会比较稀少，可以在特殊条件下保持自己的激发状态。处在这样条件下的氧的激发原子，可以把自己的能量传递给向它飞来的任何原子；在这种情形下后者动能增加，这样就导致了大气温度的升高。在大气的高层这样子所引起的温度升高比在地面要厉害得多，这样就使大气散逸来得容易，大气散逸在这个高度恰恰可以发生。观测证明：地球大气的温度在约 80 千米的高度处达到极小，然后又随着高度增加，在很高的地方可以达到几百摄氏度。完全可能用它来解释这一事实：最轻的气体——氢和氦，在地球上根本不能保持自由状态。天然大气中氦的含量非常少，总共只有地面大气容积的五百万分之一，这比在漫长的地质年代里由于放射性元素不断放射而得到的氦还少得多。

上述事实使我们得出这样一个结论：太阳系里的最大行星在现时条件下可以保持住所有气体。地球失去了自由的氢和氦，不过似乎由于在高层有氧原子的存在，在它表面特有的温度条件下也可能保持这些气体。金星大概就处在这样一个状态。火星容易保持由氧分子和氮组成的大气，但是在它上面自由氢应该很快地散逸到空间，而且可以设想，氢的化合物，首先是和氧的化合物，在该行星上不会丰富。

一般地说，在水星上不可能有大气层。行星的所有卫星由于它们的质量太小，除了土卫一——土卫中的最大者外，都没有在自己的身旁保持大气层的条件。处在木星和火星轨道之间的众多的小行星更没有大气。

上述情况是根据行星的现时特性得到的，特别是对于地球，它们很好地决定着已有的大气保持的条件，并且指出：由一定气体组成的大气在地质年代里或者几乎完全保持，或者正在散逸中。实际上，我们可以看出：气体分子的平均速度只要增加不大一点，散逸的时间就要缩短几倍。

但是这些情况和以下的许多问题没有直接关系：行星形成时的初始条件怎样？它几时转变成完全的凝固体？当时它的表面温度怎样？还是像不久以前几乎所有地质学家所相信的那样，行星最初是个炽热的火流体？（这个学说现在也还有人相信）还是一个完全冷的东西，只是由于放射性元素的蜕变（在几十亿年前特别强烈）而渐渐变热呢？可否认为：现在大气中分子量大的惰性气体的含量是原始地球温度大的证据？这些惰性气体指的是氖、氩、氪、氙。上面所列的数据反对这个结论。惰性气体的几乎完全没有显然是因为氢的巨量遗漏，它是原始大气中所有其他元素的诱导者。

完全可能，地球的现状决定于它由原始凝块形成的条件。在凝块中氢和轻元素的遗漏在凝缩的早期就已开始。从行星起源于原始气体尘埃云的观点看来，谈不上原始地球的温度很高。相反地，正如我们在前面已经晓得的，只有在气体尘埃云温度极低的条件下，稳固的凝块才能形成。往后，随着凝块的变密，发生温度的增高。完全可能，这就决定了氢向空间的散逸，只是除了它和其他元素（主要是氧）已结合成稳固的化合物的以外。

因此留下来的基本上是较重和较耐热的元素，这些元素形成了现在的地球。地球内各种化合物主要决定于高压条件，在等价体积缩小的时候发生。例如，因为普通的铁分子以等价体积特别小而不同于铁氧化合物 Fe_2O_3，所以在地球的中心，尽管那里的温度很高，但还是能够形成有利于分子联系破坏的条件而把铁分离出来。在地球内部所存在的高压条件下，所有化学反应都要遵守这个原则。

根据泊尔生（Парсон）的计算，氧化铁的分解所需要的压力是 57 万千克/厘米 ^{2}，这相当于在 1400 千米深处的压力。当压力大到百万/厘米 ^{2}时，原子的电子壳层就要遭到破坏，所有物质都变成导体，具有“金属”的特性，同时比重增加——这些情形在地球的核心都会发生。质量小的行星中心的压力比较小，类似“金属”的浓密的核不会发生。

这样一来，从观测到的地球层理来看，没有根据认为一开始地球内部的温度就很高，发生过显著的对流作用，各种不同比重的物质发生过混合。相反地，这种层理可以用压力效应来解释。再者，地球内部的物质具有很大的能量，就是在现在，也还是处于不安的状态。在地球演化的历程中，曾经有许多次平地起高山，然后以风和水的活动而缓和下来。在欧洲可以数到的有四次大的造山运动：寒武纪前、志留纪里、石炭纪末和第三纪。在这四次大的造山运动之间还夹有五六次小的。根据霍耳姆斯（Холмс）的估计，在欧洲总共有 20 次造山运动，在美洲大概也有相同的数目。由于皱折的形成而产生的造山运动总伴以长期的剥蚀作用，冲坏和平衡。

总之，从可以根据地质材料追溯的地球存在的最初时期开始，地壳就处在运动和变化中：周期地有时变化剧烈，有时缓慢。这些变化的最初原因处在地球的什么深度？可以相信这个深度远较地壳为厚，而在地球的核心。这样说的主要根据是从天文学家对于昼夜长度的变化的观测而得到的。

根据杰弗里斯（Jeffreys）、德西特（de Sitter）、布朗（Brown）、克列敏斯（Клеменс）和其他学者的研究，知道地球的自转在逐渐变慢。这主要是因为太阳和月亮所产生的潮汐力。但变慢是不均匀的。由于自转速度的加快或变慢，变慢现象常常突然中断。昼夜长度的变化值只能以秒的千分数来表示，它需要的相对转动惯量的数量级是 10^{-9}。最大的相对转动惯量的变化发生在 1897 年，它是 4×10^{-8}。这样的突变发生得很快，以致全部变化只有几个月时间，2～3 年极大。从 1667 年以来，地球自转速度的这样突变可以数到七次，因而转动惯量也变了七次。这一重要现象需要解释。

若地球的全部质量都参加 1897 年的形变，它的半径只变化 13 厘米。相反地，若根据布朗的假设，变化只发生在地面 80 千米的厚度，而其他的部分保持不变；那么，整个球面上的径向变化可以到 5～6 米。但是，根本不能假设，这样的突变会在全地面同时发生。最为自然的假设是，突变是由于局部的形变，例如，它可能发生在某一洲。在这样的情况下，径向变化可以很大。若发生于某地表面 80 千米厚度，那么，局部的径向变化可达几百米。显然这还是观测不到的。从此可以得到必然的结论：地球的很多物质参加径向变化，这些变化的根源发生在几百千米的深度。深地震的根源也正好处在这个位置。

例如查瓦利茨基（А. Н. Эаварицкий）就在亚洲的堪察加附近发现地震的来源处在这样的深度。那里的矿床深度约 600 千米。在和地面成 30°的裂缝的同一平面上，是深 150 千米的火山的中心。地壳变化相似深度的根源也在地球上许多区域发现了。

这样一来，相似材料的完全符合表明：地球的基本质量完全不处在热平衡的条件下，如同被放射性的辐射壳所包围住的冷体那样。

相反地，似乎在它的深处也发生强烈的变化，因而反应在表面上并震动着整个行星。

因此，没有理由认为，原始地球是个完全冷的东西，虽然它不可能处在炽热状态。关于地球温度较高的这一概念也被地内放射性元素的分布证实。根据目前地震的资料，地球最深层的温度大概是 3000℃。

大家知道，最重的元素铀主要地聚集在酸性岩和玄武岩中，但这类岩比较缺乏。它常分布在花岗岩中，溶化于水溶液，因而常在一切沉积层中看到。随着浸沉在地球的内部，它的含量迅速减少。代表从很深处强烈爆发的古老熔岩包含少量的铀，而较年轻的熔岩包含的较多。陨星中的含量约为玄武岩中的百分之一。

自然可以认为，用某种方式形成的地球的内部放射性元素的分布起初是均匀的。在地球以后发展的过程中，这些放射性物质虽然原子量很大，但仍然要从地球的中心和中介部分向出分离，形成比较薄的一个表层，主要聚积在大陆上。这个分化的过程显然和铀参与其他元素化合物的能力有关系，同时也决定于地球深处和表面间物质的某种剧烈的循环。如果温度不高，循环就不会发生。在相反的情况下，若压力为几十万、几百万标准大气压，黏性也很巨大，要依靠地球的主要质量使铀如此完全地溶于表层，那是不可能的。顺便说一句：近代对于地磁性质的观点，也是从假设地球内部的液体核中有强烈的环流现象而出发的。

因此，似乎应该认为：地球是由充分冷的原始行星云组成，最初是一个由云中的凝块组成的东西。凝块在凝缩的过程中应该逐渐变热，这就促进了轻的气体（首先是氢）的遗失。氧却可大量保持，这是因为它有和氢和碳等组成化合物的巨大的亲和力。在固体壳层形成及其以后，在许多的强烈的火山爆发过程中，地球得到了大量的水分子、二氧化碳和其他的气体，它们都是由液体岩浆分出来的。这些分出来的气体形成围绕地球的二级气壳。这个壳层的质量不大，不到地球总质量的百万分之一。

在这个次级的大气层中已完全没有自由氧，但有臭氧。现在一致承认，地球大气中的自由氧是植物和水藻活动的结果，即光合作用的产物。在太阳辐射的作用下，在几百万年漫长的时间里分解成碳和氧。碳组成有机物质，以炭、煤和石油的形式埋葬在地下，而氧却进入到大气层。行星大气中自由氧的存在，是它上面有生物圈的直接而令人信服的证据。生物圈可以改变大气的成分，甚至可以改变行星表面的特性。

因此，我们发现地球大气已经走过了很长的一个演化过程。这个演化紧密地和生命的起源与演化有联系。地球所处的原始条件，对于更好地了解生命在地球和其他行星上的起源和发展有着巨大意义。

第五章　月球上的物理条件和生命的可能性

在望远镜发明并用它来研究天体以后不久，人们就明白了，月球的性质和地球截然不同，那里没有水，没有云，没有空气，没有生命存在所需要的一切条件。约在 250 年以前，冯得乃（Фонтенелль）在《诸世界谈》[①]一书中，对于月球的性质就曾这样写过：

“太阳不会在月亮上扬起烟灰，也不会扬起蒸汽。因为月亮已不过是一堆奇怪的岩石和大理石，其中不可能产生任何蒸汽。蒸汽的特性决定了它需要在有水的地方才能发生。月亮上没有水，所以那里不可能合成蒸汽。请问谁能是这些寸草不生的奇怪的岩石上和没有水的土地上的居民？”所以冯得乃就早已完全明白：月亮上既没有空气，也没有水。由此就完全合理地作出一个结论：那里不可能有任何生命形式，最低限度是没有高等有机物。不过人们希望每个天体上都居住有动物，甚至有理想动物的心情过于迫切，对于每个天体都要仔细地进行科学研究。月球上居住有某种形式的生物的概念一直

① 1740 年出版有康杰米尔（А. Д. Кантемир）的俄译本。

存在，就是现在，也还有人这样认为。

在18世纪初叶对月球进行了许多观测的著名天文学家什略特（Schröter）和赫歇尔（Herschel）都坚持月球上有生命。他们二位享有很大的科学威望。月球上的火山口起源于流星的理论的建立者，德国天文家古鲁古莎（Груттуйэен）于1882年宣布，他在离月面中心不远的西奴斯·米基（Синус Медии）边缘发现了城市。古鲁古莎甚至详细地描写了这个意想中的城市。稍后的研究者别尔（Бер）和梅得列尔（Медлер）就已证明：所有这些都不过是假想的玩意，虽然也能找到某些根据来假设月亮上有生命存在。别尔和梅得列尔首先确定：月亮上不可能有生命，至少是生命的高级形式。不过应该指出，在120年以前，广泛地认为月亮上有各种生命。

这种骗局的一个有趣的例子，是美国的一位记者举出来的，他将天文家约翰·赫歇尔（John Herschel）和他的同伴赴南非观测尚未完全了解的南方天空的事实，做了夸张的宣传。这位记者在《纽约太阳报》上发了一个惊人的消息：赫歇尔利用放大率很大的、焦距达20英尺的望远镜，发现了月面上有美妙的生命形式存在。猴子般的人，带着蝙蝠样的尾巴，而且还有更奇怪的建筑，好像个球形，沿着山坡滑行。——类似这样的描写刺激着轻信的读者的幻想。

登载这些消息的报纸的印数迅速地增长了好几倍。众多的居民被引入歧途。《纽约时报》《纽约客》等这些大报纸也都宣称：赫歇尔的发现开始了观测天文学的新时代。

当然，这些谎言在赫歇尔知道了以后，立刻就被他驳得体无完肤。但是，重要的是：这样的臆说正符合了人们的兴趣。

在彼得堡也出现过战地记者用俄文写的关于月球生物的书。在这书中以更浪漫的形式叙述了赫歇尔的“发现”。这本书的出版遭到了别林斯基的强烈反对，他认为这是对科学的侮辱。

虽然月亮上有理想动物存在的概念遭到了别尔和梅得列尔的反对，但有动物和植物存在的概念却一直保留到现在。19世纪末到20世纪初的著名天文家皮克林（Pickering）在月面亚平宁山脉末尾的爱拉托思芬环形山内发现了一些奇异的斑点。这些斑点显示出在每个朔望月里有规则性的变化和移动。他（1924年）认为这是昆虫的群集。按照他的意见，这些斑点在体积方面类似野牛的群集，它们从一个地方移向另一个地方，它们可以被百年以前的天文家在广阔的北美洲平原上看到。皮克林所享有的权威使得人们不能不注意他那古老的假说，但是不管怎样，现在却没有人把它记在心里了。

但是月面上的变化到现在还是使得观测者窘怅，并使他们去寻求解释这些现象的原因：它们似乎和植物的生长有联系。这些变化在爱其米奥、格里马、里奇奥里等环形山内被观测到或多或少呈规则地按月重复。例如，在爱其米奥环形山内有许多显著的斑点，它们比环形山底的普通色调显得更灰，它们随着太阳在地平线上的升起而扩大、缩小和消失。皮克林认为：所有这些现象都决定于植物的生长和死亡。

图 31 亚平宁山派

在另一个环形山中——雨海内的阿里斯基耳（Aristillus）地方，皮克林发现了两个被他叫作运河的平行带。它们的大小随着太阳在月面地平线上的升高而加大。不久以前莫尔（Myp）在著名的阿里斯大哈环形山内发现了一个类似的有趣现象。阿里斯大哈环形山是月面上最明亮的区域，就是在灰光中都能明显地看到的。

远在1868年费利普斯（Филлипс）就发现：当太阳在阿里斯大哈环形山口升起的时候，当山的围墙所造成的阴影缩到充分小时，可以在其中发现微暗的辐射带。这些辐射带逐渐变暗，而且愈来愈清晰。在大的望远镜中看到：这些带是由许多不大的小斑点组成的。正如莫尔所指出的，在大发展的时候，它们首先从中央向出延伸，一直达到环形山壁的内围；然后越过山壁而到周围地区。这样的变化在月面南部著名的“直墙”附近的小环形山毕尔特中也观测到了。1949年莫尔又在云海中布里杜斯东面的环形山中发现强度变化的带状物。按照莫尔的研究，可以指出这样的环形山有20～25个，而阿里斯大哈是其中最大和最易观测的。

1951年莫尔提出假设：这些现象和植物的生长有联系。他认为有许多深的裂口从环形山的中央向四方辐射延伸，从这些裂口中冒出许多不明性质的气体。夜晚这些气体消失了，白天则在强烈的阳光加热下而作用于土壤，并且使得植物得以生长。气体的绝大部分是从小山的中心区域喷出，这就是火山活动，同时也引起植物的传播。按照莫尔的意见，这些气体不是水蒸气，当然也不是氧气，可能是二氧化碳。他认为，这种月面上的植物和地上的完全不同。

不言而喻，所有这些讨论中完全没有考虑动物的特征和它发生与存在的条件。

这样一些发言人可以引为辩护的，可能只有对于生物学问题不了解这一点。

为了更进一步研究月亮上的生命问题，首先要考虑的是它的物理特性。肉眼就能方便地看到的许多暗斑，过去叫作海，事实上是一些具有透明性质的冻结了的熔岩区域。这些斑点的名称是伽利略的学生里乔利（Riccioli）给的，他首先把它们画在图上。新月以后的不久几天在月面上看到的孤立的椭圆形海——危海——之所以得到这样的名称，完全可能是由于随着月相的变化，在新月附近天气有强烈的改变。这些“海”，绝大多数集中在月面的北半部，形成一个连续的带，而个个都呈近似的圆形。若危海正处在月面的中心附近，那么它一定是个正圆形。对于巨大的平原——雨海——来说，也是同样的情形。雨海的南边是月面上最高的亚平宁山脉，西边是高加索山和阿尔卑斯山，北边是一系列的火山口和环形山，其中最著名的是柏拉图山和彩虹湾的险峻悬崖，只有东面是个开口，渐渐地延伸到风暴洋。

图 32　上弦后的月亮

静海也近乎圆形，晴朗海和其他的海如果不是由于其他的结构重叠在上面而变了形，在某种程度上也会是圆形。一般地说，圆形洼地是月面上分布最广的地形。在直径约上千千米的大海、环形山（即围以环形峭壁的平原）、火山口和洼地之间可以发现有形成上的连贯性。像格里马尔迪（Grimaldi）这样大的环形山在形式上和小山一点也没有区别。在小的火山口和洼地之间也没有任何区别。用中型望远镜在面向我们一边的月面上，就可数出四万个以上的这类组织。他们有些形成得早，有些形成得迟，形成以后也常常遭到破坏。绝大多数的山脉都是在平原的边缘，而且毫无例外地都具有断层的性质，也就是说，是由许多彼此互相垂直的山峰组成的。海的表面似乎在山和山脉形成以后已经硬化了，因为有些山局部下坠似乎消失在周围的平原中了。在月亮上山的断层性质方面，和地上的山根本不同，地球上的山脉常常是由极其紊乱的皱纹构成的。

除了容易看到的环形山和孤立的高峰以外，在亮度好的条件下，在月面上还可以看到长长的沟纹。这些沟纹往往和地形没有关系，有时甚至穿越过火山口。例如著名的吉吉奴斯沟纹就跨过火山口而在月面中央部分逞雄。不大的望远镜可以看到，在特里散开儿火山口附近的整个月面上形成了一个稠密的沟网。

当条件好的时候，在月面中央可以看到一些沟纹向同一方向延伸，普尔巴赫（Purbach）附近的直壁（The Straight Wall）尤其显著。所有这些表明：这些组织都是由内部原因引起的。

近几十年来地质学虽然得到了巨大的发展，但是没有一个新的解释月面地形的学说提出。现在激烈争论着的月面的火山口起源于流星撞击的学说，还是1824年古鲁古莎提出的。这个学说很快地被人忘记了，但后来又被英国天文家普鲁克多尔（Проктор）复活。普鲁克多尔本人虽然晚近放弃了这一学说，不过现在支持它的人还是很多。这个理论出过一本很大的书，书名叫“月面”（*The Face of the Moon*）。在这本书里列了许多有利于这个假说的事实。

图33 吉吉奴斯沟纹

没有疑问，个别的圆形火山口可能是由于大流星的坠落而形成的，就像在地面某些区域也有的那样。但是，它不可能形成月面上的环形山，尤其环形山中的中央小山。

可以用下述一些基本事实来反对流星理论。第一，月面上的火山口的分布显得很有规律。比较小的多半分布在大环形山的围壁的边缘。常常遇到成双的火山口。在许多场合里，许多小的火山口组成链带。但是流星的陨落或多或少总是一种偶然现象，由于它的陨落而形成的痕迹也不应该有某种系统性的分布。第二，有时在同一组织中可以发现各种不规则的成层现象，它们分属于不同时代。例如地质学家斯帕尔（Сперр）就研究了著名的哥白尼火山口的情形。第三，火山口里的中央小山在顶峰通常总有小的孔眼——喷火口。包杜茵（Бо лдуин）在中央山的顶峰上数到了15个这样的孔眼，并且计算出：若它们也是由于流星的陨落而形成，那么全月面上只要有15个这样的情况，似乎就和实情符合了。但魏尔金斯（Вилкинс）和莫尔利用欧洲最大的望远镜——墨东（Meudon）天文台的82厘米折射望远镜和克伯利天文台的62厘米折射望远镜，发现了许多这样的孔眼，现在知道的已经不下40个。考虑到这种东西的难以观测，可以确信：要比看到的多好几倍。中央山上的这些喷火口是正常现象，完全不是稀有的例外。更加明显的是：中央山上的孔眼总是恰好处在顶峰，从来没有在山坡上遇见。若是由于流星的陨落而形成，山坡上也应该有。

在更详细的研究月面结构时，可以发现许多地质和火山活动的痕迹。月面上的火山口有时分明地呈现出多边形，由许多折线构成，这些折线就是裂纹和断层线。这些多边形分布在月面中部中央子午线附近和北极区域。皮泽（Пюизе）详细地研究过这些多边形。可以拿托勒密环形山作为例子，这是一个广阔的、微呈波状的平原，它被岩石的阶层划成一个近似的正六角形。托勒密、阿尔方斯、阿尔沙赫、阿尔巴泰尼、赫歇尔等环形山所在的全部区域丰富地含有形状一定的断层直线和火山口。例如，沿托勒密北边缘进行的长条裂纹和阿尔巴泰尼直壁相切。这条裂纹是由许多的小火山口形成的一条长链。和火山口或环形山的轮廓相合的这些线是直壁上小火山口丰富的条件。若要作一简单的统计，这点就确信无疑。

仔细的观测表明：月面的结构处处决定于它的地质结构。例如，在横跨吉吉奴斯火山口的沟纹上，可以数到约15个微小的火山口。绝妙的是：这一区域里的山脉、沟谷和其他的细小结构的方向都和这条细沟的北部平行。在这个区域的西部，在离吉吉奴斯相当远的距离处，可以看到另一条细沟。它完全是一条直线，而且和吉吉奴斯细沟的南半部完全平行。类似的裂纹——沟纹——在月球上有好几百个，它们都和周围区域的地质构造有联系。把这些裂纹画在图上以后，可以显出它们的主要基地是在雨海区域。这些裂纹有些开口，有些以断线形式出现。在月球的南极区域可以观测到断层方向更复杂的组合。

从其他的一些地质构造表现可以看出：火山口的位置有时呈链状分布，有时成双排列，而且多数是沿南北方向的。成双的火山口彼此之间完全相似。例如，奥托利克（Autolycus）和阿利斯基耳，阿里斯大哈和赫罗多特（Herodotus），梅西尔（Messier）和梅西尔-A 等。成双的火山之所以如此，显然是在同一地质构造线上形成的。

图 34　托勒密、阿尔方斯和阿尔沙赫火山口

图 35　第谷环形山周围的山区

在月亮上遗留了许多过去火山活动的痕迹。在许多地方[例如挨拉托色尼（Eratosthenes）区域]，在环形山的外坡上和在几十千米以内的毗连区域都撒满了过去爆炸的碎末，这些碎末沉淀成或多或少有规则的辐射线。熔岩区域在月球上比较稀少。地质学家斯帕尔根据威尔逊山天文台的照片研究了月球以后，指出只有两个区域被暗的玄武岩的熔岩所遮盖，那就是：北极附近的冯得乃 A 区域和月面中央不大的两个火山口马尼吕斯（Manilius）和吉吉奴斯之间的区域。在月面上较常看到的具有运河特征的结构，它们呈辐射状地刻画在火山口围壁的外坡上。这些辐射线实际上是沟壕的加深。当太阳位置低的时候，它们很明显，但随着接近中午就消失了。令人得到一个印象：从前某个时期液体沿着火山口的斜坡顺流而下，开辟了这样的运河——谷地。能够引起这种作用的，在地球上唯一类似的东西，那就是水。这个原因也可以解释宽而弯的沟纹的起源。显然，这些沟纹和裂口与断层线毫无共同之点。这些沟纹从火山口出发，沿斜坡而前进，消失在周围平原上。例如，阿里斯大哈和赫罗多特区域的沟纹就是这样。

把月球上过去的火山活动和地球上的火山过程进行比较是很有意义的。巴甫洛夫（А. П. Павлов）院士研究了地球的历史上火山（вулканиэм）发展的特点，并且举出了下面的一个例子："哥伦比亚河和它的支流斯梅依河在漫长的流域上把冻结了的玄武岩的熔岩切开几百米深，这些熔岩覆盖在直径有150～300千米的、一望无际的大地上。在这块大地上看不到任何火山的痕迹，可见这些不是从火山口喷出，似乎是从地壳的裂缝中流出而淹没了整个区域，熔岩遮盖了本来的地形……。还有更美丽的古代的熔岩流露在叶鲁士冬（Иелостоун）河上游区域，在那里有著名的国家公园，这个公园所占的面积等于过去莫斯科省的第三区。在平均高度达2400米的士卡里斯山系（цепь Скалистых гор）的中间的这个微具丘岗的平原是一个巨大的熔岩堆。从前有个时候熔岩流进了这个群山之间的闭塞区域，形成了一个熔岩湖，淹没了500～600米的山基。这个湖的熔岩在有些地方邻近山区山间的空隙而流动"。[①]

在地球上的许多地方类似的玄武岩流也占据巨大的面积。例如，美国的西北部玄武岩的高原占据着15 000英里^2。在西印度也有这样的高原。在不列颠岛的北部有一大堆玄武岩可能在海底一直延伸到冰岛而占据着它。

在地球上的火山活动如此强烈，到现在一直还对水和风不断有着作用的情况下，可以认为月亮上的火山活动比较弱。考虑到月亮的重力小（仅是地球的1/6），灰容易从火山中喷出，再考虑到月球上没有大气，可以说这些喷出物遮盖不很大的面积。

拉依特（Wright）指出：从月亮的火山口喷出的物体的轨道，在同一初速度和抛射角的情况下，应该比地球上的长20～50倍。尽管如此，和哥白尼

① 巴甫洛夫 А П. 火山、地震、海洋、河流. 莫斯科，1948：30-31.

火山口相联系的、灰末遮盖的面积最大的一个区域，也只沿辐射方向伸长 600 千米，占面积 100 万千米 ^{2}。

但是在地球上，当 1883 年克拉卡塔奥（Кракатоу）岛上的火山喷火时，灰尘被抛射到 50 千米的高空，围绕着地球在空中浮游了好几个月。1815 年桐伯鲁（Томборо）火山爆发时，落下来的灰尘遮盖了约 200 万千米 ^{2} 的面积。

这样一来，月面形状的详细研究使得我们可以判断月面的形状和演化。极其可能，月面上海的形成是次级现象，它是由薄的月壳的局部熔化引起的，分泌出来的岩浆在某些场合下浸满附近区域。

许多人感到奇怪：月球上司空见惯的环状地形为什么地球上没有。这是因为，在风雨的作用下，原形迅速被破坏了的缘故。由于这样的破坏，整个山峰都逐渐消失，环形结构的火山组成物当然也逐渐消失。

现在地球上还只有两个火山活动区域：地中海区域和太平洋火山弧区域。所以在那不勒斯附近还保存有火山场地，它是由许多紧邻的火山坑组成的。查瓦利茨基利用航空摄影在堪察加也发现了许多火山坑，这些火山坑的围墙已被冲坏和破坏，但是在空中还是容易认出来。完全明白：在地球的古代火山区域中，类似的火山坑是早已破坏了。

月面上现在仍有很弱的火山活动。凡是在各种不同的照明情况下多年研究月亮的人，都会发现月面上有些不大的变化。例如，皮克林指出：在柏拉图环形山的底部，在挨拉托色尼区域，在阿里斯大哈区域等地方都有变化。这些变化有时候是一些小的地形显得变暗，好像上面盖了一层云雾一样，有时候随着照度和日射率的不同而有孤立的斑点出现。

可以举出一个千真万确的月亮上内部力量真正表现出来的例子，它出现在天文学家们的眼前，这就是林内火山口。这个火山口位于明朗海的区域内，多次地被洛尔曼（Лорман）、梅得列尔和施密特所观测、测量和绘在图上。例如，1841～1843 年所完成的图上，画了一个直径为 6 英里的很大的一个火山口。梅得列尔发现它很深，但没有中央山。

但 1866 年 10 月 16 日施密特又观测明朗海时，这个火山口不见了。代替这个深坑的只是一个带白色的斑点。许多观测者，在研究了这个特殊物体以后，相信从前的那个深的火山口实际上是已经消失了。在得到了施密特的通知以后不久，许多观测者只发现了一个比较小的直径为 6 英里的深坑。这个深坑后来似乎也消失了。因为道尔顿（Торнтон）用大望远镜观测的研究结果表明：现在只有带白色的斑点和具有小而深的中央火山口的高原。因此，在这里似乎有一个相当大和深的火山口消失了，这个事件发生在 1843 年和 1866 年之间。消失的原因似乎只能是火山活动的出现。完全可能，内部的岩浆填满了火山口，并且形成一个带有中央凹坑的高原。①

还可以举出其他相似的例子，不过可靠性小一点。什略特当时在危海的西边缘发现有一个相当大的、直径 23 英里的火山口，这个火山口具有窄的围墙和暗的底部，在任何明度下都可以看到。什略特曾选它作为定标点，足见当时是很容易看到的。到了 19 世纪中叶，这个火山口几乎完全消失了，剩下的只有一个不显著的两个山峰之间的凹地。于是梅得列尔就把这个火山口的名字——阿尔哈仁（Альхаэен）——移作另一个物体的名字，这个物体在原来的阿尔哈仁的南面。因此，现在的阿尔哈仁和什略特的毫无共同之处。似乎在这里也遇到了月面上地形的真实变化。

丰富海中的梅西尔双火山口也使人们发生很大的兴趣，其中有一个叫作皮克林火山口。这对双火山口引起人们兴趣的是：在它的东方伸出一条细沟，好像彗星的尾巴。两个火山口被中间一个不大的山峰分开。南尼尔（Найниджер）不久以前提出了一个奇怪的想法，他认为这对火山口是一条大隧道的两个孔口，而这条隧道是由某一陨星在山峰中打通的。对于梅西尔火山口可能有变化的猜想，只是根据别尔和梅得列尔一个不充分可靠的证据，即两个完全一样的火山口现在显然不同了。这个不一致，可能是由于同一朔望月中的照明条件不同。此外，按照克列因（Клейн）的意见，这个区域有时被云层遮盖，此时它掩蔽了火山口的个别详细结构。1950 年 8 月 20 日莫尔在一个火山口中发现了一个发亮的白斑，它过去是不显著的。总之月面的这一区域是很受注意的。

因此，我们可以假定：月亮上的某些地方现在还在发生火山形质的现象，这现象不仅引起月面结构颜色的变化，而且还会引起月面地形的变化。当然，要识别这些现象，需要谨慎行事。

着重指出，月面能够很猛地被太阳辐射加热，但也会很快地由于冷却而把热量再送到空间中去。

---

① 在卡西尼（Cassini）的图上（17 世纪末）也没有林内火山口。可见这个火山口从来都是不易看到的。

皮特（Pettit）和尼克耳松（Nicholson）利用灵敏的温差电偶，并对为了分离月面直接反射的更高频的太阳辐射作了必要的修订之后，得出月面赤道的温度，当太阳在其天顶时可以升高到 100℃以上，当太阳将落时是 14℃，夜晚时可以降到−150℃，已近于液态空气的温度。

这就是说，月面的传热本领很低，大概是地上石层，例如沙石和花岗石等的千分之一。逢月食时，当地影前进并遮住月面岩石时，它的温度 1 小时内就降低约 140℃。

1949 年皮丁顿（Пиддингтон）和米涅特（Миннет）在澳洲得到了一些有趣的结果。他们用直径 120 厘米的金属反射望远镜，把来自微被加热的月亮上的无线电辐射聚焦在无线电接收器上，并测量它的强度。这样所得到的温度比以往皮特和尼克耳松利用光线得到的温度要低得多。温度的极大不在中午，而在中午的 3 日以后。可以认为，月面有一不厚的外层，它对无线电辐射相当透明；因为观测者们测量到了处在一定深度层的温度，那儿的极大温度的出现迟于太阳在天顶的时刻。

因此，月面上覆盖着由火山灰和流星尘组成的一个薄层。它的厚度可能只有几厘米。在薄层之下是较坚固的岩石，它的温度变化很小。岩层的这样分布也证明了过去月面上有火山爆发。

现在再来看看月面上有没有稀薄的大气层，如果没有，任何生命都不可能存在。

理论上可以希望比较重的气体，例如氧分子和氮分子，在月亮演化的整个历史过程中，在月面温度充分低的条件下，可以保存下来。但是月面的极高温度可以超过 100℃。在解决月面上有无大气问题时，要考虑到月面上没有黄昏的存在、弯月形的角伸长等现象。不过单这些东西不能解决问题。月掩星延续时间的观测，也得不出任何肯定的结果，首先因为月边缘的轮廓是很不规则的。月掩星时可以测出月面大气的折射本领。利用月掩星时恒星的消失和再现之间的时间所测定的月面大气密度是完全矛盾的。

1942 年卡查赫苏维埃社会主义共和国科学院天文和物理研究所提出了一个最有效的方法。这个方法是从下一事实出发的：在明暗界线附近于上下弦时观测到的月面不亮部分上的稀薄大气，应该散射太阳光并且把它完全偏振化。此时月面上的黄昏地区应该完全没有偏振，也就是说，放出的光振动取某一适当的平面为方向，这平面穿过辐射方向。事实上，这个重叠在月亮暗面上的光背景是由微弱的所谓灰光构成的，灰光是月面反射的地光。而且，若散射光是在和光源构成一个小的角度下观测，它就总是非偏振的，不管偏振的性质如何。

因此，为了解决月面的大气问题，只要测定一下在上下弦附近时，明暗界线附近，即月面的中心附近有无偏振光的某种混合物。这种混合物只能在月面黄昏时发生。在优良的情况下，根据偏振量可以判断散射质点的总量，也就是月面大气的质量。这个方法具有高度的灵敏性，因为对观测者成直角的太阳照亮的月亮大气比夜晚照亮的地球大气要暗几百万倍。

卡查赫科学院天文和物理研究所的高山天文台所进行的光度测量表明，明暗界线范围外的月亮上没有显著的偏振。由此可以算出，单位面积上立体柱内月亮大气的质量最少有地上同体积的三百万分之至二百万分之一。在大气情况差的条件下，李普斯基（Ю. Н. Липский）用同样的方法进行的更系统的观测，得到月面大气的密度约是地上的万分之一。但不久以前，李欧在法国日中峰天文台（海拔约 3000 米）用偏振法作了测量，并未发现月亮上有大气存在。精确些说，月亮大气的极大密度最多只有地球大气的百万分之一。

然而有趣的是，在月亮上有临时性的云状混暗物，这种东西曾被许多的观测者记录到。1892 年月掩木星时皮克林观测到一个跨越木星面的暗带，它和木星上的暗带相交而平行于月边缘。如果这项观测是正确的，那它也只具有临时的性质，因为以后的观测者在相似的条件下，再也没有观测到这种现象。相似的一个东西于 1949 年 2 月 10 日被道尔顿在赫罗多特平原上看到了。他用自己的 45 厘米的望远镜，在良好的大气条件下，看到了带白色的蒸汽团。它遮盖了好几米范围的细微结构，此时周围区域却完全清晰而明朗易见。1949 年莫尔看到希卡尔德（Schickard）火山口全被带白色的云雾遮住了，使得该火山口的底部难以看见。多少可以判定，观测者们是把其余部分完全清晰，但火山口的底部的细微结构的看不到，归结于云状物的存在。根据这一特征，可以认为，许多火山口（例如柏拉图、德莫赫律斯等火山口）的底上有局部的云状物。莫尔描述了许多的这样的东西。

综上所述，似乎可以得到一个这样的最可能的结论：月亮上就是在现在也还从裂缝中和微弱的火山活动中向大气不断输送各种分子，虽然为数不多。过去月亮上有着强烈的火山活动，许多事实可以证明这一点。例如，月面上海的广阔区域，就是过去的岩浆区域；又如众多的火山口和环形山也是火山活动的产物。在遥远的古代，我们的卫星上存在着温度很高（几百摄氏度）的广大区域。由于这个缘故，当其表面形成时从核内分离出来的那些丰富的气体都消散到空中去了。连二氧化碳、氧和氮在月亮上都没有保留下来，因为那里的脱离速度只有 2.4 千米/秒。

现今在月亮上所能保留的只是原始大气的一些微弱痕迹，被自月亮上继续分解出来的微不足道的一些气体所补充。水在月面上不可能处在液态或固态，也不可能以能够被测量出的数量参加到气体壳中。在这样的情况下，严格地说，月亮上是不可能有任何生命存在的。

第六章　大行星

太阳系里的大行星——木星、土星、天王星和海王星——和类地行星有很大的不同。它们的质量大（以后管它们叫作大行星）、密度小、自转速度快、化学成分中轻的气体——氢和氦——比较丰富。若设水的密度为 1，它们的平均密度是 1.34、0.71、1.27、1.58，其中土星的密度特别小。只要一注意到它的温度低和质量大（地球的 80 倍），甚至不用计算也可确定：这个行星应该是气态的；如果其中有个固态核，由于处在上层大气的强大压力下，和整个行星的半径比起来，它的大小是完全微不足道的。众所周知，在正常大气压力下，固态氧的密度是 1.45，氮是 1.02，氨是 0.82，所有这些都超过了土星的密度。只有这个行星中含有大量的气态氢和氦，才能解释它的密度小这一现象。

对于木星也可以得出类似的结论，它的质量是地球的 318 倍。内部结构的详细研究表明：当其迅速自转时观测到的结构上的不均匀性，只能用巨大的氢含量和氦量来解释。较重的元素在这个行星中，如像在整个宇宙中一样，只能存在于微不足道的混合物中。木星中各种元素含量的比率和宇宙间天然含量的比率非常相近。这个结论完全被近年来用光谱方法对大行星的直接观测证实。

现在我们来详细地讨论一下：在大行星上可以直接看到些什么？它们的物理特性怎样？它们对于生命在其上发展有哪些有利的条件？

木星是大行星的一个典型代表，它处在离地球比较近的距离上，而且体积最大，就是用不大的望远镜也易于观测到。用放大 40 倍的望远镜所看到的木星。就有肉眼所见到的月亮那么大。

木星有比金星大得多的体积，但在亮度方面远逊于金星。这是因为，木星离太阳远，那儿所接收到的太阳光，在单位面积上只有金星处的 1/50；所以木星发着朦胧的红光，而金星是闪耀夺目的白光。

可以想象木星的温度很低，因为它从太阳上得到的热量很少。如果认为它是绝对黑体，不难算出：当温度为−150℃时，它从太阳上接收多少热量，就向空间放出多少热量。显得奇怪的是木星上面的东西都处于迅速运动状态中，当然，在说这话的时候，是把木星本身当作呆立不动的。从光亮的赤道带向两方延伸有宽阔的褐色暗带，它们的结构相当复杂。在该行星上的温带区域里有许多不太强的、在相当程度上有变化的带子，但在极区里漫延的却是均匀的浅灰色的背景，显示不出任何详细结构。在木星上的各个区域，主要是赤道附近，常常有光亮的孤立亮云。暗带有时候可以被分辨成许多暗状的小斑，而且常常改变其特别复杂的结构。木星上最奇特的东西，毫无疑问是红斑，它在 19 世纪 70 年代就很著名了。红斑有时候呈现为椭圆形的孤立红色亮云，悬浮在赤道和南温带之间。第一带的一部分在这里好像是被破坏了，四面八方被白色的云层所包围的红斑就处在这样的凹档里面。对红斑进一步的研究发现其中还有更为有趣的特性。

卡西尼测定：木星的自转周期只有 9 时 50 分，这就是说，木星赤道上每一点的速度是 10 千米/秒。如它的自转速度再快 2 倍，它就不可能成为独立的天体，因为它赤道上的重力就抵不过由于自转所产生的离心力。可见木星的稳定能力很小，比地球小得多，比太阳更小。别洛波尔斯基（A. A. Белопольскнй）院士收集了许多不同带上的斑点位置的观测资料，以毫无疑问的早先事实证明：木星的自转速度随它的纬度而有所不同。实质上可以分为两个主要周期：一个相应于赤道带，约为 9 时 50 分；另一个属于其他区域，等于 9 时 55 分。

赤道暗带恰巧处在这两个区域的分界线上，也就是说，在这些暗带里自转速度发生了迅速的改变。这样一来，次级性质的每一暗带划分了木星上不同自转速度的区域，虽然自转速度的差别只有几秒钟。英国天文爱好者威廉姆士根据许多的观测资料，对这一现象进行了详细的研究。

木星具有赤道加速度，即赤道上的自转速度比其他的区域大。在太阳系里，类似的现象，到现在为止，还只有太阳一个。但是它和木星还有所不同：太阳的自转速度从赤道向极区逐渐变化，而且变化的幅度很大：从 25 天到 30 天。

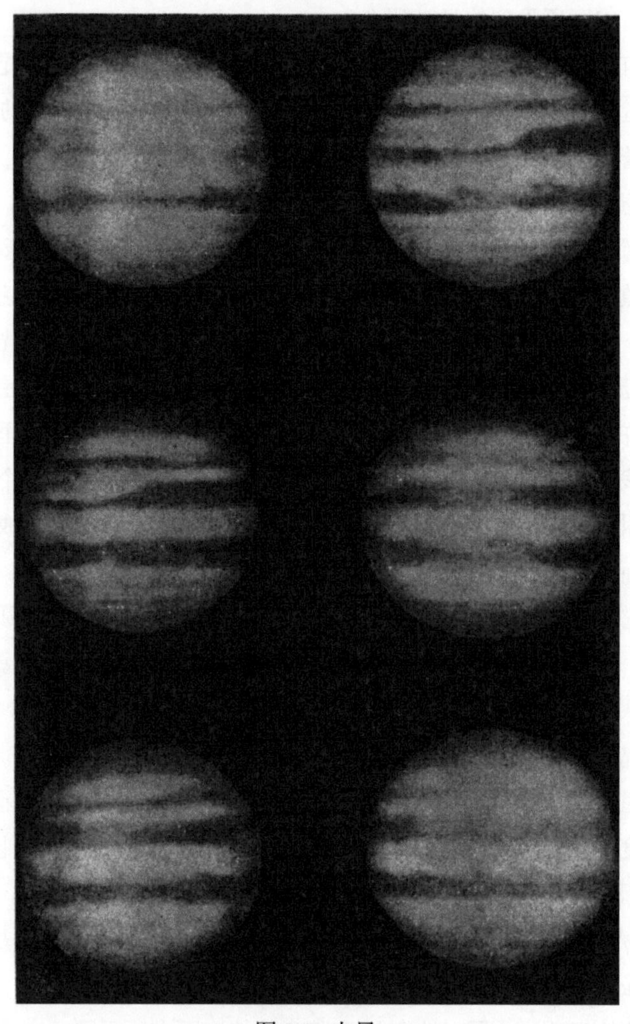

图 36 木星

木星的自转和它的红斑是异乎寻常的特性。红斑在木星表面上的运动不是恒速的。1899 年时，红斑比任何东西都慢，以至落在其余组成物的后面，这些东西都是绕轴自转的。那个时期它是木星上唯一不动的物体。伽利略大概还不知道有红斑存在，因为他所拥有的望远镜很不完善，连土星的光环都没能发现。卡西尼于 1664 年第一次地发现了红斑。从此开始，它屡现屡隐，但形状和对于赤道的位置没有显著的改变。近几百年来观测到它的有：什略特、古鲁古莎、道士（Dayec）、劳泽（Лоэе）、卡尔达茨（И. Е. Кор тацци）

和布列季欣（Ф. А. Бредихин）等。1870年红斑变得非常鲜明，和周围形成强烈的对比。从1882年开始，它的强度逐渐减弱，现在它的颜色极弱，就是用大的望远镜也难看见。但在南赤道带依旧保留有凹档，红斑就处在这个凹档内并和它一起运动。许多的观测证明：红斑对它周围的云和带状物有某种影响。南赤道带和南温带之间，即红斑所在的区域，以有比较大的自转速度而和其他区域不同。因此在这一区域里所形成的云必然和红斑接触。可以设想：如果红斑的位置较低，那么由于它的自转慢和形状的稳定性，木星大气中高空飞行的云将在红斑上空飞过。但是，这个事实并未有过。向红斑接近的云，常常分为两叉：一支向北，一支向南。云彩从两旁绕过红斑，但一越过它后，又合而为一。这个现象之所以发生，似乎是因为红斑是斥力的中心，而且斥力比色彩的强度还大得多。

当红斑的色彩减弱时，从它发出的斥力迅速减弱。一开始，红斑的中心先被均匀的带白色的云层遮掩，然后是边缘部分，最后完全看不见了。但是在原位置上的凹档依然在暗赤道带，而且参与整体运动。

谈起木星，不能不说到另一个美妙的现象，虽然它不是经常有的。那就是云纱，或者像法国观测者们所说的“南部大干扰”。在南赤道带和南温带之间的空间上覆盖着或多或少均匀的灰层，它的范围沿经度有90°之广。比红斑运动得快的云纱，大约每两年就和红斑接触一次。但是就是在现在，就是红斑看不见的时候，也可以相信，云纱从来没有遮盖过它。当云纱赶上红斑时，观测到的是：处在红斑两旁的带子急剧扩张而变得更为清晰。可以认为，在红斑的斥力影响下，云纱的暗物质绕过红斑而从侧翼通过。过了一个时期以后，云纱的西边又在红斑的另一方出现，此时红斑被云纱的灰背景衬托得非常明显。没有问题，这两个组成物是互有影响的。处在红斑的远方的云纱或多或少地有着均匀性的结构。当它通过红斑时，具有不规则的轮廓，而周围地带急剧变暗，形成许多小的黑斑。这些小黑斑有时孤立存在，有时聚集成链状，它们和云纱的光亮地方混淆在一起。在这里每一次都观测到斑点和云纱的角速度的显著变化。

还可以提出许多学者的观测，他们观看和描述了木星上有显著干扰的许多别的现象、迅速变化的特殊的组成物的出现、大的云块突然分裂为许多小斑点……

这些迅速而显著的变化所需要的能量是从哪里来的呢？大气能量的主要

来源是得自太阳的热量。但木星所能得到的太阳热量很小。由此可以得出结论：木星上的能源是它的内部能量，即木星尚未完全变冷，还有充分高的温度。在这样的温度下，只是在它的外层才能形成水汽云。木星的大质量似乎证实了这一结论的正确性。但是卡布林茨（Кобленц）于 1914 年和 1922 年直接测量了木星的温度以后，这一结论又被否定了。卡布林茨的结果表明：来自木星上的辐射是太阳辐射的反射。决定于自身温度的木星本身的热量几乎是没有。根据卡布林茨的测定，木星的温度接近于−140℃，以后的测量所得结果也是如此。

实质上，这样的结果是出乎意料的。若木星的大气含有足量的水蒸气，那么用光谱方法必然可以发现它。因而光谱仪在这里有决定性意义。但是在木星的光谱中没有一条属于水分子的吸收线；尽管自 19 世纪 70 年代开始，对木星的光谱已做了仔细研究，也曾发现了大量的起源不明的吸收线和吸收带。

这样一来，关于木星视表面物理状态的问题就集中在阐明它的光谱中吸收带的性质。这样的谱带也在其他的大行星——土星、天王星、海王星——的光谱中发现有；而且它们的宽度和强度随着行星和太阳的距离而变：行星离太阳愈远，吸收带愈宽愈强。

1932 年美国学者亚当斯（Adams）和金格姆（Денгем）在实验的基础上确认，这些吸收带是低温下的碳氢化合物（甲烷）和氮氢化合物（氨）的光谱。随着温度的降低，氮氢化合物渐渐变成液态，吸收带也渐渐变弱。金格姆根据木星大气中氨吸收线的强度，得出结论：尚未凝固的氨量等于零摄氏度 1 标准大气压下 8 米厚的一层。

在土星上，在天王星上，由凝结了的氨所组成的云层比木星上更薄；在海王星上实际上已不存在，因为在该行星的低温下，氨已在它的深层变成固态。因此由甲烷（CH_4）组成的大气对于观测者来说，是比较容易观测的，它在光谱中显示出强的吸收带。由此可见，大行星的光谱中甲烷带的强度随着它离太阳的距离增加而变强，观测到的正是如此。

阿捷耳（Адел）和史拉依非尔（Слайфер）在把实验室的甲烷光谱和大行星光谱比较的基础上，证明了：40 个标准大气压下高 13 米的甲烷气体柱所形成的吸收带，其强度介于木星和土星的光谱之间。他又证明了：一个标准大气压下 40 千米高的甲烷层能够形成海王星光谱中的甲烷吸收带。为了比较方便，不妨指出地球大气的等值高度只有 8 千米。但是不容怀疑，尽管海王星上的甲烷层是无比之厚，然处在深层的对从外面进去的太阳辐射已不能起显著的吸收作用，因而也不会给出相应的分光效应。

可以设想：大行星的大气中除了甲烷和氨以外，还有其他的碳氢化合物，例如乙烷（C_2H_6）、乙烯（C_2H_4）、乙炔（C_2H_2）等。但是寻找属于这些化合物的吸收线和带的工作都失败了。大行星光谱的全部特征完全表明它只有氨和甲烷。行星离太阳越远，它的温度越低，氨带的强度越弱，甲烷带的强度越强。

必须承认：木星、土星、天王星和海王星的物理特性是它们质量大（因而氢也特别多）的必然结果。

图 37 从对土星环的不同角度看土星

应该指出：在M型和N型比较冷的星的大气中出现的各种分子化合物，多半是氧化金属。若该星中碳也丰富，那么就出现很强的一氧化碳，这正是N型红色星的特征。在更低的温度不可避免地出现二氧化碳，它在恒星阶段已经组成，对于行星来说则是原始气体。

在这样天体的大气中，首先熔点高的元素开始凝结，这主要是金属——钾、钠、镁、铝等：然后它们被氧化，形成矿石，其成分就像地上的原始火山岩。在高温下，和铁化合在一起的氧可以被氢还原，所以铁不是氧化物，并且由于它的密度大，大部分都沉积到较深层去了。当温度降到700～800℃时，最活泼的气体氧就和氢结合成水蒸气。因为与其他气体相比，常常有多余的氢，所以氧全和氢结合在一起了。温度再继续降低时，若行星还含有富余的氢，那它就和碳与氮化合而成甲烷（CH_4）与氨（NH_3）了。

因为当甲烷形成时，气体的体积缩小，所以在其他的条件相同时，大的压力（即大的质量）可以促进甲烷的形成。当温度降低时，甲烷的数量就增加。在600℃时，二氧化碳和甲烷有相同的数量；在300℃时，几乎所有的碳都和氢化合了。总而言之，可以有各种不同的碳氢化合物，但是在高压下都要转化成甲烷。因此在低温下，常有甲烷的凝结；这也就说明了为什么甲烷在大行星的大气中占据着特殊的地位。此外，氮氢之间也发生形成氨的反应，这反应伴以少许能量的释放，所以它发生得较弱。在氢尚有富余、正常大气压、温度200～300℃时，自由的氮和氨同一数量。在温度更低时，氨的相对含量逐渐增加。在更冷时，水逐渐凝结而从大气中落下。这时氮的大部分都已转化成氨，而这个过程只能在有适当的触媒剂，例如铁的存在下，才能发生。事实上，因为含有金属氧化物的固态岩层被冰层所覆盖，所以能够促进上述反应的触媒机可能是电荷。电荷的存在极有可能，因为在大行星的大气中观测到了强烈的运动，这在前面已经说过了。在木星的温度下，氨凝结成了白云，形成被观测到的表面。

这样就解释了太阳系内大行星的物理特性，特别是它们大气和地球大气的严格不同。同样的解释可以应用到任何质量充分大的行星上。这样的行星具有广延的大气层，这大气层基本上由氢和它的化合物（主要是甲烷）组成，而没有氧化物，更没有处在自由状态的氧。在这些行星的低温条件下，以冰的形式出现的氢氧化合物，应该集中在行星的较深处，因而不可能观测到，更不用说矿石化合物了，它们是在高温下形成的，并且只能处在更深层。不过可以怀疑在大行星的中心，有由较重的耐火物质构成的核。总之，在木星的核内，由于重力大，压力增加得很快，而外层氢壳又是那样之大，以致可以怀疑该行星有一个固体核。

必须指出，在观测到的木星表面（由凝聚的氨组成的云层）上方，只有比较稀薄的大气。这个结论和观测资料很相一致。

木星云层上方的大气的散射本领只有地球大气的十分之一，这一点也能得到解释。不过这行星视表面大气层的密度似乎很不大，就这样的密度来说，散射本领又相当大。因此，申伯楷（Э. Шенберг）提出了一个假说：木星大气中有微小的尘埃飘浮，它使得散射本领加大了。尘埃的存在是在木星表面除了甲烷和氨以外，还有其他的化合物存在的间接证据，不过它们不能在光谱的吸收线中显露出来。木星各个组成部分的颜色的多种多样性也证明了这一点，木星的颜色从白的微黄的到红的和浅棕色的都有。魏立特指出，在木星和土星的甲烷中可能有金属钠的溶液，因为这种溶液有明亮的颜色。大家明白，随着温度的降低，这种溶液的颜色变弱而固化成灰色晶体。这一说法和这些行星大气散射本领的增加相一致，也和比木星温度更低的土星具有更浅的灰色相一致。众所周知，在地球的大气中，钠原子在充分高的空中强烈地发光，并产生出夜天光的光谱中的发射线。虽然钠元素在星际空间里有，但是也未必不可以设想：它是由于较低层大气的湍流混搅而升上到上层大气中的，广阔的海洋上的水波流动形成低层的大气湍流。也就是说，用这种方式可以形成许多的地球大气的悬空微尘（аэрозоль），这些东西一直升上到极高层。没有疑问，在木星的大气中，也从下层向上层输送了各种的化合物和元素；在该行星上观测到的混搅外层的巨大湍流，尤其在平行于赤道的暗带区域特别强烈，完全证明了这个怀疑的正确性。

为了阐明暗带的性质，实质上必须注意到它们的形成。在这方面研究起来最方便的是北赤道带，它有时候完全消失，有时候很宽很强。不同的观测者不止一次地研究过这条带的结构特性。劳伍（Лау）、甘斯基（Ганскнй）和巴纳德（Barnard）等发现其中有许许多多的暗粒，它们的角直径很小。劳伍在描写1906年暗带形成的过程时说：首先出现了不规则的、在许多地方是断断续续的黑点串。从这些小点中开始抛射出微红的物质，一直遮满了到纬度22°的这一地带。同时黑点转化成大而断了的结节，它们迅速向东移动，形成不均匀的带有结节的带子。在这一过程结束时，带与带之间的整个区域被棕红色或灰红色物质所掩盖。最后出现了宽广的暗带，向极方向逐渐变弱。

可见毫无疑问地可以得出如下结论。①木星的暗斑和暗带完全不是光亮组织的单纯间隔物。十分明显，在木星上有着两种不同的东西，一种是氨的凝聚物，组成行星视表面的亮云；一种是完全另一种性质的暗带。②木星暗带的组织明显地表明，它们是由于湍流发生的，湍流使得较深处的凝聚物升上到表层。如果根据盖里姆高里茨（Гельмгольц）的意见：行星大气的总循环不仅以各个纬度的温度为条件，也以自转为条件，那么就可把木星的赤道带和地球上的信风带相提并论，尽管在木星上气流的这一带所占宽度比较小些。

自然，特别强的湍流运动发生在不同速度的气流交界处。也就是说在这些地方发生凝聚物的混搅：上层的物质消失，深层的其他东西显露出来，深层的东西较热而且颜色不同。这样子形成的带子，应该取和赤道平行的方向，而且可以是由湍流的许多个别的单元和结节构成，这些小的单元和结节比较迅速地变化。

总之，木星和其他大行星的外形表明：它们外层的成分中不仅有组成云层的氨化物，而且有其他元素的化合物。关于这些元素，现在还难说明什么肯定的意见。由于质量很大和丰富的氢含量，大行星和类地行星形成惊人的对照。如果大行星的表层中温度不特别低，就是在这种情况下，大气中没有水蒸气和液态的水，也还是不可能有我们所想象的任何生命。何况在大行星的深层不可能有生命。如果在深层的温度不特别高，巨大的压力也会迅速破坏分子结构，连中性原子都不能存在。已经指出，木星质量的绝大部分是由氢原子组成的，一部分是由其他元素组成的。这些元素在木星的深层都已失去了自己的电子壳层。在这样的条件下，大行星内完全不可能有复杂而稳定的蛋白质化合物存在。

第七章　我们的近邻——火星和金星

分析太阳系里生命存在的可能性时，要特别注意到的自然是我们的近邻——火星和金星。火星在比地球稍远的距离（轨道半径为二亿二千八百万千米）上围绕着太阳运转，它的公转周期是 687 天。金星离太阳的位置比地球近，轨道半径是一亿零八百万千米，公转周期为 225 天。这两个行星都有大气层，并且可能有处于液态的水。所以初看起来，在它们上面完全可能有这种或那种形式的生命。

首先叙述一下火星的性质。对这个行星的观测开始于17世纪的末叶，第一个进行系统观测的是惠更斯（Huygens）。

18世纪末到19世纪初，德国天文爱好者什略特在不大的城市里灵达尔对火星进行了一系列很有价值的观测。什略特具有当时最好的望远镜，它的口径有23厘米，光学性质特好，就是在今天，这种望远镜也还是上乘的。什略特仔细地记录了火星表面上详细结构的轮廓，特别是它的暗斑——海，后来把它们叫作司基阿巴里（Schiaparelli）。什略特自己认为这些暗斑是云，并且企图研究它的能动性，以便由此确定火星大气中的风力。

观测者的熟练和无数次的观测使得关于火星的材料有很高的精确性。把什略特所画的图和现今所得的图和照片相比，并且对照出许多相同的微细结构，可以很精确地测定火星的自转周期，并可进一步地确定周期的稳定性；事实证明，火星上的暗状物多少是不变的。总的说来，在火星上观测到的细微结构通常是属于固态表面的；云状物很少遇到，而且只是暂时的东西。对于暗斑（海），肯定的看法是：它们大致上没有变化，性质上可能是较低和较潮湿的区域。这个意见相当正确。不过约150年以前，什略特所作的观测已经证明：火星上海的位置和轮廓有时也能发生巨大的变化。例如，他所发现的一个呈锐角三角形的大暗斑，在1798～1800年曾给它绘了16幅图（经度225°，纬度15°），但是现在不见了，这个区域处在现在的暗海（Mare Cimmerium）的边缘，在过去约20年中都是火星上最显著的目标之一。

什略特以后，19世纪的头十年当中只进行过一些零星的观测，没有得出任何新的东西。火星观测的新时代无疑地开始于司基阿巴里的工作。在米兰的良好气候下，他用21厘米的望远镜系统地长期地观测了火星。1887年当他为编制火星表面图而进行系统的观测时，耐心地等待着大气闪烁的中断和象的稳定的少有时刻的到来，忽然发现了一条细长的直线延伸在微黄的沙漠上，并且把两个邻近的海连接起来。以后的继续观测，他又发现了许多这样的有规则轮廓的细暗线，它们不变地把火星表面上孤立暗斑联系起来。有时候这些线纹彼此相交，并且在交点处呈现出一个略带圆形的暗斑，好像一个“绿洲”。过了几个月以后，司基阿巴里用印刷品把他发现的这些暗线公布了，并且把它命名作运河。这样一来，就激起了热烈的讨论和对火星研究的广泛兴趣。他认证了：①暗斑具有各种不同的颜色，在各种组合中从棕色到绿色都有；②赤道带上的海比近极区的海要暗些；③这些海不能像以前（如弗拉马里翁）那样，认为是水的表面。火星上的大陆或沙漠，虽然比海的颜色均匀，但也有种种不同，从微黄色一直到红色都有。后来，司基阿巴里又发现了许多运河——狭窄而明晰的线条，它们在某一时期是成双的，两条线纹之间的距离有时有几百千米。九年中间没有一个人能证实运河的存在，尽管他们所用的仪器比司基阿巴里的望远镜强大得多。一直到了 1886 年，才被英国的天文爱好者威廉姆士用 15 厘米的望远镜的观测证实。接着法国皮罗金（Перротен）和托伦（Толлон）在尼兹天文台用 75 厘米的折光望远镜又都看到了。

此后许多的人发现了运河，虽然它们的明晰程度各有不同。在各种情况下运河的存在是毫无疑问的，但它的性质却是一个谜。容易了解，火星上的运河发现以后，成了它上面有高度发展的生物存在的不可怀疑的证据，这些生物为了进行灌溉——把水引向干旱的沙漠而建造了运河。

必须记住：当时拉普拉斯的演化学说广泛流行，这个学说认为，火星是一个比地球老的行星，所以火星上的动物比地球上的人类发展到更高阶段的说法似乎是真实的。司基阿巴里关于运河这样写道：“它那奇怪的样子，它那完全几何状的图案，使得有些人认为，它是火星上居住的有文化的动物建造的。但是我认为这种说法不值一驳，它是完全没有可能的。”

显然，司基阿巴里和其他学者的这些发现，引起了众多天文学家的巨大兴趣，鼓舞着他们系统地去观测火星。对火星特别感兴趣的美国外交官罗威尔（Lowell）很快地就和司基阿巴里通讯，他后来并且在美国阿利桑拿州佛拉斯他夫市附近建立了一个天文台，专为观测火星之用。这个天文台装备有 60 厘米的折光望远镜。多年来罗威尔和他的同事们进行的目视和照相观测，为火星的研究事业提供了许多宝贵资料。罗威尔不仅完全证实了司基阿巴里所发现的运河，而且又发现了新的。他发现，运河除了跨越沙漠和海洋以外，而且还在海中相交成圆形“绿洲”。这样的一些运河可以在罗威尔天文台拍得的照片上看到。齐霍夫（Г. А. Тихов）于 1909 年逢火星大冲时，在普尔科沃天文台用 75 厘米的折射望远镜拍的照片上，也发现了个别的运河。罗威尔研究了火星上的季节变化以后，得出以下结论：紧靠极冠的海中雪开始融化以后，开始变暗和转变颜色，而且变暗的区域逐渐向赤道扩张，甚至可以越过赤道而漫延到另一半球。

罗威尔的观测证实了运河系统的规则的几何形状，同时也使得他坚信：这些运河是火星上的工程师们建造的，它是火星上居民有高度技术水平的确凿的证据。按照罗威尔的意见，火星上的运河是预备把融化了的极冠的水汲引向赤道带的人工建筑物。他甚至计算了似乎是火星上工程师建造的落差系统的功率，得出它至少是涅加尔瀑布所能产生的功率的 4000 倍。罗威尔的所有这些意见都写在他的书《生物居住的火星》（*Mars as the Abode of Life*）与《火星及其运河》（*Mars and Its Canals*）中。广大的天文爱好者被火星上有理想生物存在的主张引导得悠然神往，不止一次地提出各种方法企图和火星上的居民联系。

火星上的运河虽然在约 80 年以前已经发现了，而且在 36 次冲的时间内观测过；但直到今天关于它的性质还没有一个统一的意见，尽管早已没有人怀疑它是某种真实的组成物。解决这个问题的最大困难是：就是最有经验的观测者，用同一的仪器常常得不到一致的观测结果。正如蒙德的著名试验所证明的，像运河这样的物体，它们几乎处在视觉的边缘，只有在大气平静的稀少时刻才能看到，事实上可能是复杂而不规则的细微结构，甚至完全是孤立的。照片只能记录下最宽的运河。没有疑问，不管是谁，不管什么时候，都没有拍照下最小的运河来：因为空气的微小振动就可搅乱它的象。所以关于火星运河性质的问题的解决在很大程度上取决于望远镜的分辨本领、观测条件、观测者的经验和处理观测资料的能力。

为了研究火星和它的运河，著名的观测者和独创光学精密仪器的设计师李欧做了不少的工作。李欧和他的同事们用自己设计的仪器进行行星观测，当然也包括火星在内。不久以前他们在法国日中峰高山天文台（海拔约 3000 米），用 60 厘米的望远镜能够把行星表面的细微结构放大 300 倍。但司基阿巴里和别的观测者所用的 20 厘米望远镜，在最好的条件下也只能放大 100 倍。诚然，这些放大率都是在大气理想的平静时才能做到。事实上，大气条件常常阻碍了明晰的象的得到。除了使星象变形的普通折射以外，还有一种变形的现象，它和大气的平静状态有关系，而且所用仪器越大，这种变形越甚。所以在望远镜的尺寸增加时，由于大气的振动，它的有效分辨本领不仅可能不增加，甚至还会减小。行星观测的成功首先决定于优良观测地的选择，它要在视线方向的大气层有合理的配置，即没有空气的湍流移动，没有因为土壤的不均匀加热和区域地形的微小结构所产生的区域气流……不言而喻，也应该消除由于温度的变化，在望远镜镜筒中所产生的空气对流现象。这样一来，行星的观测需要非常留神，但这些清规戒律对于恒星和星云的观测是不必要的。还要注意到，当行星靠近地平线时，不能很好地观测它，因为在这种条件下加大了星象的闪烁。此外，为了使行星的视面积足够大，需要在它离地球最近的时候观测。

图 38　罗威尔火星图

就火星来说，离地最近发生在冲的时候，每隔约 26 个月一次。但是因为火星的轨道是个椭圆，每次冲的时期它和地球的距离不一样：在 3500 万～6200 万英里内变化。最方便的大冲每 15 年发生一次，这时候火星总是处在南半球，并且是在夏天。例如，1954 年 7 月 2 日大冲，火星跟地球的距离是 1941 年以来最近的一次，它的视直径达可能最大直径的约 70%。1956 年 9 月又是一次大冲，视直径是可能最大直径的 97%。下一次的大冲将发生在 1971 年。每次冲的前后两三个月内火星最容易观测。不幸的是，大冲时火星总是处在南半球的上空，对北半球的天文台来说，它的地平位置很低。例如处在北纬 60°的普尔科沃天文台，1909 年大冲时，火星的地平高度只有 26°。为了最顺利地研究火星，天文台的台址最好选择南半球，而行星的天顶距不要大于 30°。

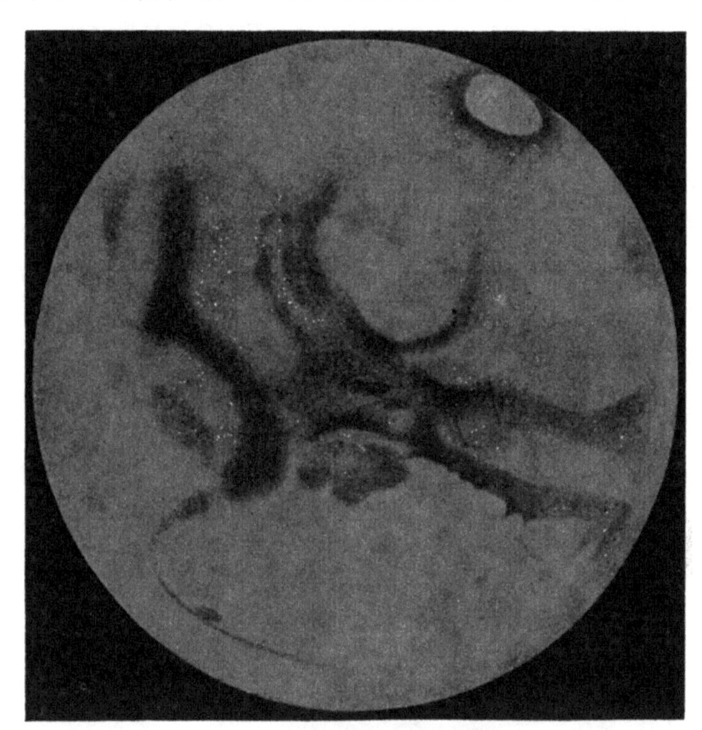

图 39　安东尼亚迪火星图

60 厘米的望远镜在特别良好的条件下能将行星放大 300 倍。这就是说，在火星离地球最近的时候，望远镜也只能把它“移近”到 17 万千米处，而且这还是极少有的情形。在一般的好气候条件下，从望远镜里看去，火星好像是肉眼看见的 30 万千米以外的东西。在这样的情况下，在行星上能够分辨出来的微小结构，其方圆总在 100 千米以上。完全明白，因为象的性质日日夜夜、时时刻刻在不断地变化，观测者不能不根据自己的经验和技巧猜想火星上有这种或那种的微小结构存在，同时不可避免地要以充分明晰和固定的形式临摹或写生，然后把它们绘在图上。例如，确信有规则的几何状运河存在的罗威尔就是这样得到他的结论的。罗威尔的火星图上涂着许多细线状的运河，但这图完全不是某一固定观测时刻的火星面目，而是由许多零星的草图结合起来的，每个草图只包含不多的微小结构。另一方面，安东尼亚迪（Antoniadi）也是一位高度忠实的观测者和绘画教授，但他任职墨东天文台用大望远镜工作时，从来没有看见火星上有几何状的运河网，可是他却比罗威尔详细得多地研究了个别的细微结构，特别是火星海中的结构。显然，为了阐明火星的真面目，必须提高望远镜的分辨本领。李欧和他的同事们在这方面达到了一定程度，他们对火星的目视观测，无可争辩是最好的。

他们在日中峰高山天文台所得到的结果可以叙述如下。通常以均匀面积所表示的暗海，事实上有着极为复杂的结果。其中常有许多的小斑点，它们分布不规则，颜色各种各样，每次冲的时候，位置和形状都不一样，这种变化归根结底是和它们所处的海的变化有关系的。除了相当准确和有规律的季节变化，还可以指出长期性的变化：有时慢慢地逐渐发生，有时突然变化，迅速改变位置。

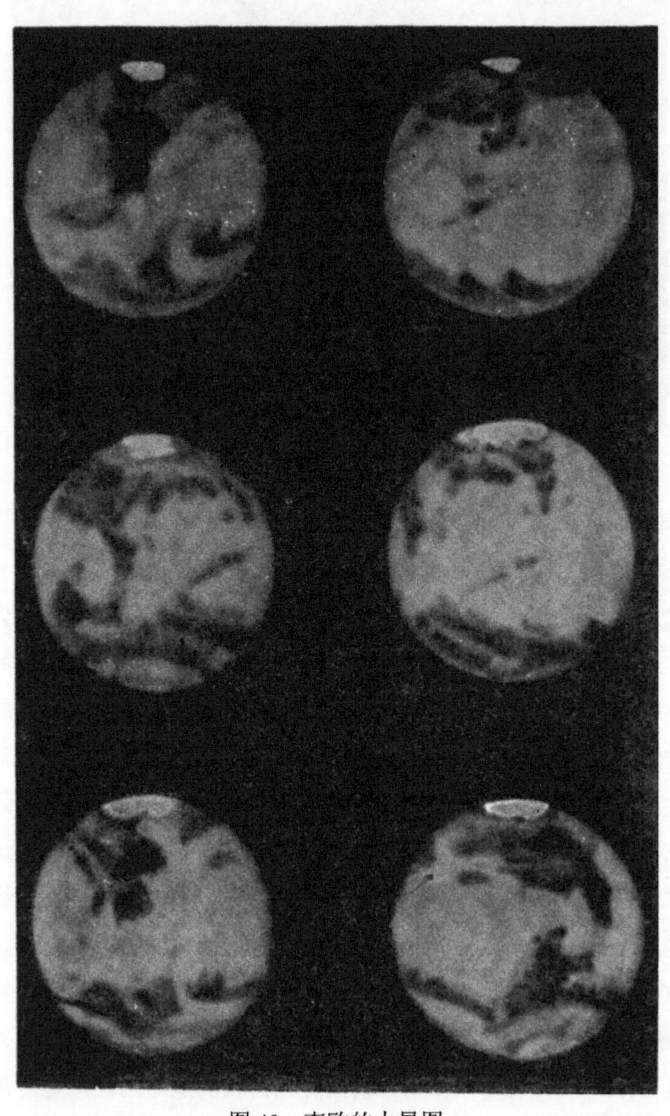

图 40　李欧的火星图

多里福斯(A. Dolfus)根据自己于1941～1952年在日中峰天文台的观测，举出了许多火星上变化的例子。例如，他发表了表示从 1943 年以来特里威姆·沙罗基士区域显著变化的图系。1943年时从叫作特里威姆的暗斑中露出的两个亮而细的平行线条，几乎沿子午线方向延伸了约 500 公里以后，以不大的加粗而结束。1946 年时这个东西还可以看到，不过很模糊了，自 1948 年起完全不见了，但别的细微的结构却几乎没有任何变化。著名的“太阳湖”是更大规模变化的例子。在司基阿巴里时代，它是一个十分显著的圆形物，并且由此而得到了这个名称。但在20世纪初安东尼亚迪和后来的所有观测者都把它画成许多不规则的平行延伸的斑点的集合体。根据多里福斯和其他观测者的证据，火星上的暗斑是稳定的呢，还是有显著的变化，这可在比较每隔十年或更长的时间得到的图形或照片时看出。

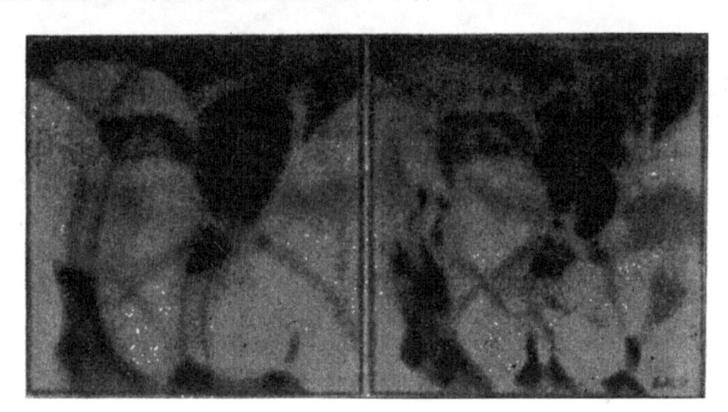

图41　多里福斯的火星运河图（左：普通照相，右：良好照相）

关于运河的性质现在完全可以肯定地相信，它不是连续的几何状的东西。一般地讲，运河可以分为三种类型：一种是带着冲坏了边缘的带宽的微暗带；另一种是规则的线状窄带，但形状有些不固定；再一种是固有运河——形状奇特，黑色的，偶尔出现，平常不见。已经肯定，在特别好的相片上，这些运河的形状都消失了。代替它们的是微细结构的集合体，这些微细结构具有各种不同的颜色，形状和分布都不规则，很像暗海中的那些微细结构。利用很好的照片，经过特别放大，可以将微细结构作单个研究。如果在同一晚上，相片变坏，那么微细结构的地方又出现规则状的连续宽带，而且其中大的也可拍在照片上。这个结论被巴拉巴舍夫(Н. П. Барабашев)证实了，他于1920～1950年在哈尔科夫天文台对火星做了系统的观测。所以带状和线状运河的象只是微小和不规则结构的错觉结合。对于罗威尔所绘的极细的细状运河，现在认为纯粹是一种主观现象，这现象是在视觉范围边缘工作时眼睛所固有的。这从罗威尔的图上也可看出一点，例如，他所绘的运河比他用望远镜分辨出的运河小很多。

所以应该认为，所谓运河是由微细结构组成的，这些微细结构和组成海的微细结构一样；它们系统性的分布可能与火星上土壤的某种结构特性有联系。

火星上的地形怎样？提出这样一个问题是很有趣的。没有看到火星上任何显著的地形变化，没有任何有利于火星上有高山存在的证据。考虑火星上地形的不平坦性时，首先可以根据极区雪的融化速度来研究。这种东西的观测是极有益处的。

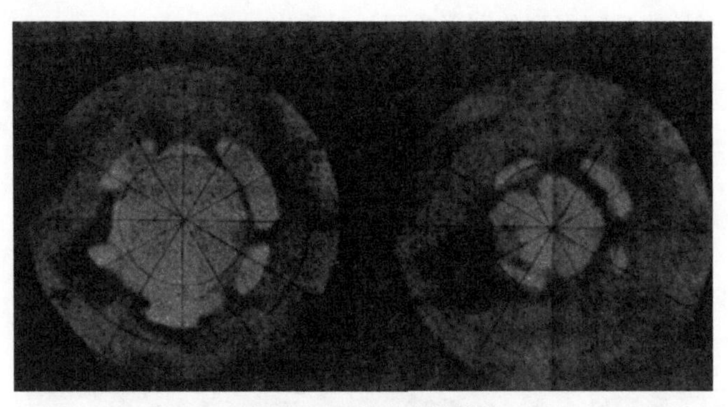

图 42　火星极冠融雪图

当极处的雪迅速融化和极冠面积减小时，可以看到个别的锯齿形的轮廓，增长着的小岛的形成，并且这些东西每次都在同一地方发生。有时候雪已经融了的个别区域又重新变白，这显然是由于夜晚的降霜。图 42 是根据多里福斯的观测所绘的极冠季节性变化图。显然，极冠地方区域性的临时增长的小岛比周围地平要高得多。在注意到火星大气中温度梯度以后，可以约略地估计小岛的高度。按照赫斯（Hess）的意见，火星上每升高 1 千米，温度约差 4℃。因此可以得到火星北极区有海拔 1 千米的高原。完全可能，这样的高原在该行星上别的区域也有。这一情况使得几何状规则的运河网的存在更有可能性。罗威尔关于运河网是为了把极区的水汲引到各个纬度区甚至赤道带的灌溉系统的假说，就是在当时，人也不信，因为极冠中的含水量完全微不足道。

火星上住着有理智的居民的思想在 19 世纪末和 20 世纪初的广泛流传，

主要是由于弗拉马里翁、司基阿巴里和罗威尔的宣传，现在是没有任何人承认了。火星上有生命（如植物）存在的假说却没有引起任何反对的意见。火星上有植物存在的主要证据是海的色变和形变。

例如，安东尼亚迪在发现了太阳湖的巨大变化以后于 1924～1926 年写道："某种深绿色的本体遮盖了广大的微红区域。"多年专门研究火星的这位观测者的证据，有很大的可靠性。安东尼亚迪认为，他亲眼看见了火星上植物的成长。这个见解也被许许多多的研究者证实了。在苏联，由于齐霍夫的著作[《火星》（*Планета Марс*）、《论火星上的植物》（*О Растительности на Марсе*）]，这一观点也得到广泛的流传。

齐霍夫于 1909 年开始研究火星，那时他用普尔科沃的 75 厘米折射望远镜，在光谱线的不同区域得到了这个行星的照片。1918～1920 年，齐霍夫用普尔科沃的 38 厘米折射望远镜，继续用目视方法研究火星，发现了随火星上季节变化的色变。他是火星上有生命存在的主要宣传者之一。齐霍夫的观点被许多作者在演讲里、小册子中和通俗读物里无数次地叙述。

必须指出，火星上有居民存在的思想在国外也不约而同地得到广泛的传播。例如，斯潘塞·琼斯（Spencer Jones）在《其他世界上的生命》（1946 年译成俄文出版）一书里，这样写道："在火星上……我们实际上已遇到了植物覆盖层存在的肯定性的证据。我支持这个意见：我们在火星上将看到濒于死亡的生命世界。现在可能还继续存在的植物形式，将来不可避免地要灭亡，时期也许不会久远……"在最后一句话中，以一种悲观情调估计了火星的物理条件对生命存在的不利影响，关于火星物理条件的严酷性以后将逐步说明。

近 30 年来为了研究火星，采用了完全客观的物理研究方法——热电的、测光的和偏振的，而在从前仅仅是用目视的方法，只是在少有的情况下，才用照片得到一些基本的微细结构。苏联巴拉巴舍夫和沙罗诺夫的系统观测具有重要意义。

一般说来，尽管有很多人希望在火星上看到像地球上现有的生物，但是对于火星上物理条件的正确认识，已使这愿望逐渐失去其原有的力量。不过现在仍旧有很多天文学家，其中有唯心主义的天文学家，也有唯物主义的天文学家，相信火星上有生命存在。在这方面，现代的唯心主义者与以前的唯心主义者并没有什么不同。例如，英国天文学家斯马特（Smart）在其所著《地球起源》（*The Origin of the Earth*，该书于 1951 年在英国出版）中，谈了"宇宙的目的”和“神性的创造者”以后，叙述到火星时，他说这个行星上的生命正在死灭。在这方面，唯心主义者斯马特与站在唯物主义立场上的斯潘塞·琼斯也没有任何差别，两个人都认为火星上存着某种多少具有原始形态的生命。有名的唯心论者金斯，虽然对火星上有生命存在的思想抱怀疑的态度，但是他也认为生命可能广泛地存在于宇宙间。在其所著《宇宙的运行》（俄译本于1933年出版）中，他写道：“其他星球的体系中，也可能有存在生物的行星。”

这样看来，单凭科学家们对其他天体有无生命存在的问题的态度，是不能判别他们哲学见解的性质的，也不能引起任何思想斗争。尽管有些研究者对火星上有无生命存在的问题，产生过争论，但是这个局部问题的思想意义是越来越小了。

尽管如此，关于火星上有高等生物存在的无稽之谈，甚至到现在还能引起轰动一时的谣传。关于通古斯陨石的故事就是一个很好的例子，有些记者硬说这个陨石是在着陆时遇难的星际（火星的）飞船。

现在我们简短地来谈谈现代科学所查明的火星上物理条件的问题。近来渥库勒（Vaucouleurs）在其1951年出版的著述中已综合一切现有资料，作了一个总的汇报。

火星周围，环绕着一个相当稀薄但很明显的气圈。气圈底下部分，位于紫色层（高5～25千米），没于蓝色、紫色和紫外光谱区。这一气层的性质，尚未查明，也许是由最小的碳酸结晶体，更确切些说，是由冰晶体构成的。这个气层不是完全均匀的，有时也形成一定的空隙。

火星的大气中浮游着两种云彩：下层云彩呈黄色，这显然是火星上刮风时掀起的沙土扩散幕。许多研究者根据观察结果，证明这个扩散幕有时能相当长久地遮盖着火星表面的细部；上层云彩（18～25千米）呈紫色，透过红色光看不见，但是在蓝色光，特别是紫色光中看得很清楚。因此在紫色光和紫外光中，火星的形体与普通眼见的形体完全不同，更不要说在红色光谱中了。上层云彩的性质现在几乎已无人怀疑。从它们的性质看，它们与离地球80千米处的夜光云完全相同，也就是与离地面温度最低处的夜光云性质完全相同。赫瓦斯契科夫（И. А. Хвостиков）曾经指出夜光云是由极细的冰晶体构成，根据地球大气中压力和温度的分布，可以决定在这种高度上有夜光云存在。这种夜光云莫说在火星上，就是在地球上也不能降雨下雪。

根据用各种滤光器进行单纯光度测定工作的结果，能够确定火星上的气压以至于整个大气的总质量。在苏联做这个工作的科学家有沙罗诺夫和塞丁斯卡娅（Н. Н. Сытинская），以及巴拉巴舍夫、西木金（Б. Е. Семейкин）和契木申科（Тимошенко）。先将大气中的尘土与混合气体分开，然后估计这种决定气压的纯净气体的作用。行星视表面各点的极化程度的决定方法也是可以采用的，因为这个方法曾为李欧和他的学生多里福斯研究出来，并采用过。

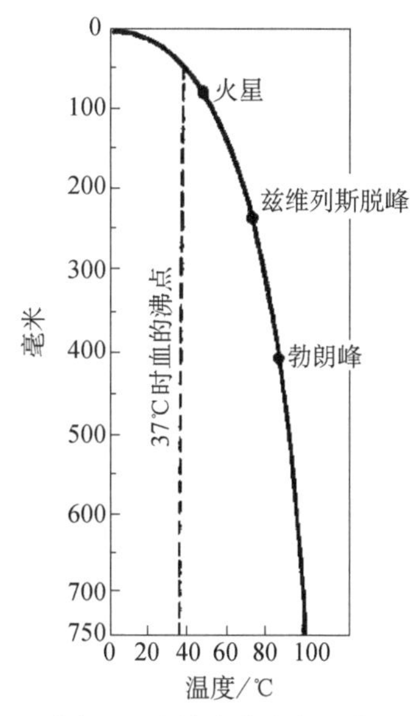

图 43　和地上高山相比的沸水温度

最后，赫斯指出，如果重力已知，那么火星表面的气压可以根据云层凝聚的高度（如从安东尼亚迪火星图的观察得知）和火星表面的温度[例如，卡布林茨和兰坡兰德（Лампланд）的观测]决定。由几十种不同的决定，大体上可以得出火星地面的气压的平均数值为 65 毫米水银柱或 87 百帕（为了直接和地球上的条件作比较，计算时设火星上水银柱所受的重力与地球重力相等）。在这种气压下，沸水的温度为 43℃。因此尽管火星表面的温度经常很低，但是火星上的水仍能保持液态。

根据已知重力，可知火星大气压力，每升高 40 千米就会减少 9/10。地球和火星在大气中的压力在 28 千米的高处始能相等。高度更大时，火星上气压要比地球上的气压更大些。

火星上大气循环情况，正如观察所证明的，很像地球上的循环情况。由云彩移动所决定的风速和风向只知道部分情况，还不充分。

非常重要的是火星大气的化学成分的问题。过去所能直接发现的是，火星大气中存在着比地球大气中大 1 倍的碳酸气。氧气完全看不到。现代强大的摄谱仪能够有把握地将火星上的氧线与地面上的氧线分开。在现代科学技术完善的条件下，即使火星上氧气的含量为地球上氧气的含量的千分之一，这些线条也能发现的。然而就是这样也不能看到火星上有丝毫氧气的形迹。火星上几乎没有氧是很可能的，因为这种最活泼的气体在大气中不能这样少。无论如何，火星上的氧要少于地球上的氧的 0.1%。观察的精密程度增加时，这个最高限度还会降低的。

火星大气中的水蒸气也是极少的，以至于用分光镜也完全不能看到。其他气体组成物也不能发现。

究竟火星大气主要是由什么构成的呢？在判断这件事时，当然要从以下两点出发，第一要从自然界各种元素的共同丰富性出发，第二要从地球大气的组成出发。显然，最轻的气体（氢与氦）在宇宙中是很多的，但是在火星上事实上是没有这种气体，因为就是在地球上这种气体几乎也没有游离存在的。氖在自然界也极普遍，但是在火星上不可能有，因为这种惰性气体无疑是初生的，甚至在地球的大气中也很少遇见。原子量为 40 是氩，在地球大气中的含量略小于百分之一，乃是放射性蜕变的产物。蜕变过程的快慢大约和每个行星的质量成比例。可以认为，如果行星的其他条件都相等，其表面单位面积上的氩气存在量应当大致与行星的半径成比例。因此火星上的氩气也应当很少。

火星大气中的主要气体似乎应当是氮。这种气体宇宙中很普遍，地球大气中也存在得很多。地球上的氮是由各种地壳构造过程中分化出来的，一部分与其他元素化合了，一部分成了游离的氮分子。例如费尔斯曼（A. E. Ферсман）指出，在带泥的死火山和堪察加火山的冷却喷烟洞中，氮有很高的含量。在高温的条件下，氮可以纯洁地分化出来，例如由下达吉尔纯橄榄岩块的钻井分化的气体中，N_2 占 57%，堪察加地方阿瓦卡火山的喷烟洞中，氮占全部分化气体的 24%，美国犹太州的钻井中，在压力为 50 标准大气压时，氮气的昼夜产量超过 50 万米^3（含量约为 1.1%）。气流中含氮量最大的（100%与少量混杂气体）要算恩巴・球留斯和阿尔泰的别洛库里赫等地。此外，在苏联还有许多处带氮的泉水，特别是在中部和北部。若干细菌，如去氮细菌能自土壤向大气分化出自由状态的氮。大气中的氮气正如维尔纳德茨基（B. И.Вернадцкий）院士所推测的，可能由生物产生一部分，又如实际上所能观察到的，也可能由地壳构造产生另一部分。由于氮是一种比较不活泼的气体，因而进入大气之后，可以不定期限地存在着；如果没有需要氮气的微生物，这种情况尤其明显。由此可知，火星大气中氮的含量不小于 98%，其余 2%为氩、二氧化碳和不多的一些补充性混合物。

渥库勒指出，这种大气很能吸收波长极短的紫外辐射。由于氮光化分离的结果，所有波长小于 0.17 微米的波都被吸收了，二氧化碳又吸收 0.2 微米的波，而火星的紫色大气层又完全可能吸收波长为 0.35～0.4 微米的辐射。

和地球相比，云在火星上是极稀有的现象，但汇总起来，在火星的整个表面上，还是常常能观测到。例如，巴拉巴舍夫几乎每次都观测到一两块云状物，但下雨或下雪的时候很少。白云主要形成于火星上的明暗交界处，也就是说，是在边缘形成，那儿的温度较低，凝聚的条件较好。

许多观测者所描写的火山爆发时所喷出的气体和微尘，也就是灰暗的云，却极少观测到。1909 年和 1911 年火星大冲时，安东尼亚迪在墨东天文台经常观测他认为是火山爆发的哲非卡里恩·里柔区域，这一区域被灰色覆盖层掩遮。佐伯恒夫描写了在 1950～1952 年日本东方天文协会火星分部的会员们在不同时间内观测到的许多奇异的灰色云。这些云有时候蔓延而占据了直径约 1000 千米的空间，按照佐伯恒夫的说法，它们可以在火星表面升高到 100～200 千米。当这些云在边缘附近时，和一般水平相比，它们有一定的增高，在图上可以很好地分辨出来。它们的形成似乎和行星表面的温度分布无关。如果能够肯定，它们的出现和火星表面一些固定的细微结构有联系，那么关于火星上有火山活动的假说就可得到较大的观测根据。总之，在几百千米的高度上形成比较密集并且是由相当大的质点组成的云状物，这似乎是不可能的。另一方面，在没有水的地球（假设）上和月球（真实）上，如果过去火山现象出现得很频繁，而现在较少；那就没有任何根据来否定火星上也有这种现象，因为火星的性质介于地球和月亮之间。

火星上的气候可概述如下。这个行星表面的温度要比地球表面的温度低些，低 30～40℃。在赤道上，土壤的平均温度为−10～−20℃，两极则为−60℃。白天温度的变化超过 50～60℃，午后 1 时许可达最高温度。南极年温变化约 120℃，北极约 100℃，中间地带为 50℃，赤道上约为 30℃。

必须指出，白天暗斑地区的温度要比明亮地区高 10～15℃左右。白天赤道地区的最高温度也有所不同，火星沙漠为+10℃，所谓的海上为+20～25℃。火星表面的气温比土壤的温度低得多，经常在 0℃以下。白天温差不小于 30～40℃，大概晚间平缓些。因此，火星上应当有强烈的对流，并且有随着高度增加而温度骤降的现象。根据概略的估计，在 15 千米的高处，温度已降至−100℃。

第一层（黄色）云和极地雾吸收了表面的光线，其温度不超过−70℃或−80℃，这与高 15～20 千米火星大气的温度大致相符。第二层云与我们地球的夜光云相似，其气温更低。

火星上的极冠，主要是由温度低的霜构成。极冠的厚度不详，但不会很厚，大约只有零点几毫米，这是根据它们的融化速度判定的。极冠中央常年不融化的那一部分，大概是由冰块构成，但其厚度也不会超过几厘米。

根据现代分光镜的判断，火星大气中的全部水分，比我们地球高山之上2千米处冬季时的水分0.001还要少。让我们就来计算一下这种水分含量。粗略的计算指出，如果温度为−10℃时，相对湿度为50%，相当于山地条件，则其绝对湿度仅等于1毫米。由此，根据已知公式，1厘米^{2}地球表面之上空气柱中全部大气的水分含量，只是厚2～4毫米的水层（1米^{3}为2～4千克）。火星大气中的水分含量小于此数的千分之一，也就是水层的厚度小于$2\times10^{-4}\sim4\times10^{-4}$厘米。

由此可见，火星空气是非常干燥的，比我们地球上最寒冷的沙漠里的空气还要干燥得多。但是随着温度的下降，饱和状态时的绝对湿度会迅速减少（下降65℃时，可减少到千分之一），因此，温度在−70℃左右时，也就是火星上的冬季时，这些极少量的水蒸气能够凝聚成所观察到的稀薄的云层。

水蒸气分布不匀时，这种凝聚过程更容易发生。值得注意的是，大气循环通常受到一定半球的限制，也就是说，每个半球上的空气循环是单独进行的。大家知道，火星上完全没有露天的水池，甚至最细的水流也没有。由于火星上没有活水，不能不使我们想到，当雪，或更正确地说是霜，融化时，所有的水蒸气都直接进入大气中，然后又由水汽凝聚成微云。这样，如果不注意到在火星极地面积也很小，雪几乎不融化，就会得出结论说，火星上总的水量未必要比火星大气中所含水量多若干倍。由以上所得到的水蒸气的含量，可知全都火星大气的水汽含量为2.88×10^5吨。

这个含量，还不到地球上生物体中含水量的百万分之一或千万分之一。在这样一些条件下，火星雪层很薄也是毋须申叙的事实。所观察到的冬季所形成的白色覆盖物，应当由霜构成，霜花铺盖在这个行星的表面上，稍一见热，便迅速消逝。

火星上的季节变化情况如下。冬末春初，极冠之上便有稀薄的云雾，这种云雾大概是由浮游在大气中的细小冰晶体构成。它的稳定性不大，随着春季的过去而消逝。春季，极冠的周围有一道宽约数千米的暗边围着，这大概是霜层融化的结果。往后，我们可以看到阴影以每昼夜约45千米的速度由极冠向赤道方向扩展。阴影波浪越过赤道，并且沿着同样方向往另一半球继续蔓延，夏至时可达 40°的纬度处。按照渥库勒的说法，这种情景是千真万确的，毋庸再加以讨论。这样看来，由北纬 60°左右到南纬 40°，也就是在跨越两个半球的 100°的纬度间隔中，阴影扩展的全部过程是与由赤道（春分）到回归线（夏至）在火星上空太阳的显著的运动有关的。当太阳越过赤道，重新返回到另一半球时，这个阴影的波浪开始作反向的移动，现象作对称形式地出现。

很明显，这种变化不可能是气单纯对流的结果，因为对流只分别受到每个半球的限制，但是这种变化可能是由于某种湿气沿着行星表面扩展的结果。渥库勒想把这个现象解释为大气的扩散。他还叙述了类似于这种阴影的另一种现象，在同一时间，以同一方式扩展，但是速度较前面说的那种小一半，每天约 20 千米。这些现象的性质现在还未能明了。然而，应当指出，巴拉巴舍夫虽然对火星的研究很有经验，但是他没有提到这种季节变化。

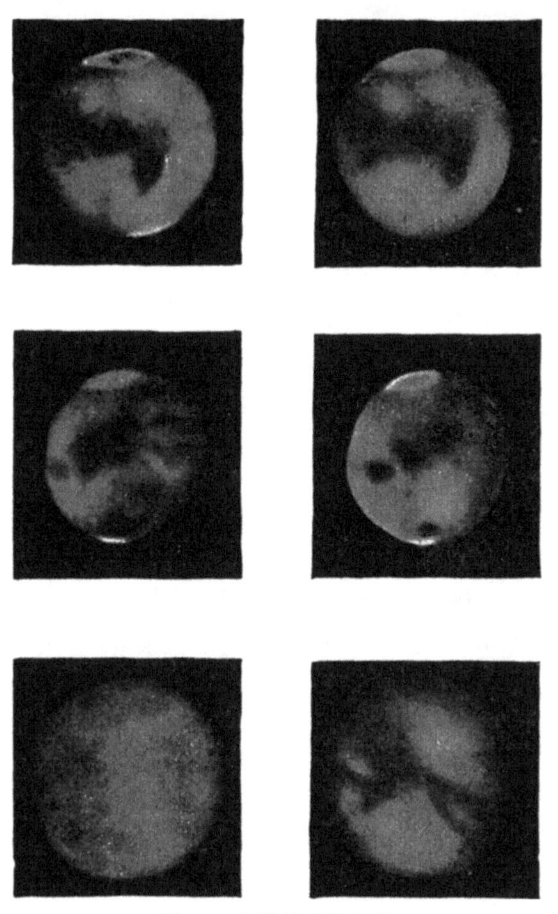

图 44　火星的季节变化

根据我们现代关于火星上物理条件的知识，可以和火星的气候相比拟的是，我们地球的高 18～20 千米的高原地带，温度降低到 30～40℃，在其大气中剧烈减少水蒸气的含量，并且排除全部的氧气。极地的干燥高原的沙漠，气压很低，但是没有氧气——这就是火星上的气候条件。那里是没有任何露天的水池或水流的。所有专家毫无例外地都承认这点，因为这是根据确凿的资料得出的结论。植物赖以为生的水量，在 1 厘米^{2}火星表面的大气中，不超过百分之几克。难道可以认为，在表面和大气极端缺水的条件下，火星还会像我们地球上的沙漠那样，有许多地下水吗？显然，这种结论是没有任何根据的，因为地球上的地下水，也就是地表水，只不过是渗入地下，直到一定的不透水的地层而已。

如果将火星的水量与地球上的水量进行比较，我们就可以得到以下的对比关系：设将地球上的海水包围整个地表均匀地铺展开来，水层的厚度将是好几千米；设将火星上的全部水量也均匀地铺展在其表面上，那么水层的厚度就不会是几千米，不会是几米，甚至也不是几厘米，而仅只是十分之几毫米。

现在，我们可根据与地球的比较，来对火星上有生命存在和产生的几种共同的意见表示意见。我们看到，尽管地球上生物繁聚的区域不断衍生繁殖出许多生物，尽管地球上新生命形式的适应与发展已有几百年的历史，但生物对其生存条件的依赖性是显然的。热带的温度和更重要的湿度比地球其他地方都要大，因此生物也最多。随着向两极的移动，或与之类似的，随着向离地面高处发展，生物便愈加贫乏，并且愈加局限于原始形态。以地球上的气候而论，山麓有花园、森林、耕地；向上，在 2～2.5 千米内只有针叶树，在湿度更低之处，甚至连针叶树也没有。例如，扎依里斯克地方的阿拉达乌山山麓的南坡比较干燥，不生树木，而在高度同样，但比较湿润的北坡却是森林茂密；在较此更高的阿尔卑斯草地，仅有草本植物生长，再高之处为杂乱石堆，草类罕见。这个地区之上则开始终年积雪。一直延伸到整个对流层。在对流层里发生湿气的转移和云的形成。

设若我们地球上的高山，远远高出对流层范围之外，也就是高出含有多量水蒸气的大气层之外，那么到相当高度连常年积雪也没有了，剩下的只是干燥多石的沙漠，白天酷热，而夜间酷冷。这种条件下的气温总是极低的，甚至就在白天，空气的温度也要比土壤的温度低得很多。正如上面所指过的，这种假设的沙漠，耸立在18～20千米的高处，但是温度还比地球低几十摄氏度，没有一点氧气，根据现代的资料，这就与火星表面的情况很相似了。以我们地球而论，在这样高山地区上，究竟能有什么样的生物存在呢？在这样一些条件下，能够发生新陈代谢的现象吗？假如绕过终年积雪的地区，进入这干燥而严寒的沙漠之后，反而看到了不到这种高度就早已消逝了的草类、树木和一般的高等植物，那就真是怪事了。很明显，即使在我们的地球上，生命适应环境地生长与变化已经有好几百万年，在上述的条件下，只能有最原始、最低级的形式。这个问题可留待生物学家去解决。

对于火星上有无生命存在问题，也可以用另一种观点去看待。为了使生命能够存在，必须使它从开始就发生在这个行星上。现在根据物理生物学的资料，可以认为胚种论（胚种由一个行星移植到另一个行星上去的理论）的假定是完全破产了。哈洛得内（П. Г. Холодный）非常明白地指出，种类繁多的生物是不可能像胚种论者所说的那样，由其他行星移植来的微生物发展起来的。因而，如果生命正以某种形态生长在现代的火星上，那么生命过去就生长在这个行星上了。然而，根据现在火星上的条件，不可能生长生物是很明显的道理。

事实上，蛋白质分子乃是生命的基础，它主要由氢、碳、氧、氮四元素，以及磷、硫与其他几种按定比掺入的元素构成。为了使这些元素化合起来，并构成蛋白质的分子，就不仅要求在这个天体上的一定场所有这些元素存在，而且要求这些元素容易迁移，容易相遇，进行各种可能的配合而至化合起来。在十分干燥的沙漠上，这种情况是不可能出现的。必须具备溶解各种无机化合物的水的环境。因此生命的产生有赖于水池的存在。这些水池可大可小，但应保证旺盛的新陈代谢，例如水面宽广的水流，也能保证这点。所以非常明显，若是火星上过去有生命存在，而且一直存在到今天，那么这个行星过去的条件必定与现在的条件根本不同，也就是过去火星上要有浓厚的大气，露天的水池和比现在高的温度。

必须指出，单纯提高湿度和一般的水量，对于露天水池的形成还是不够的。火星上的温度平均要比地球上的温度低 30～40℃，同样的水池也会成了冻结的冰场。这种冰场永不融化，就像地球高山上的终年不化的冰雪那样。很多人认为，只要将地球上的平均温度降 8～10℃，新的冰河时期就到来了，地面大部地区重新会被厚实的冰层封锁起来。火星表面是没有什么冰区的，因为那里没有水，没有什么可以冻结的。火星大气中的少量水蒸气形成了霜花，随即因为大气中水蒸气的饱和点与火星上的低温相应，又重新蒸发。

因此，为了假定火星上有生命产生的可能，则首先必须认定火星上在过去不仅有更多的水，而且要有更高的温度，其次要认定这个行星的演化，是在极为干燥和寒冷的条件下进行的。但是，这样的过程，不仅在地球上不会发生，而且没有任何根据能够认为在火星上会发生。

现在我们可以来研究有无直接的证据证明火星上有生物存在。行星上首先要有生物圈，然后才有生物的出现。众所周知，维尔纳德茨基首先注意到，我们地球上的生物是以庞大的规模出现的，由整个地壳下 3 千米处到离地表 10 千米处都有生物存在。这个发生生命过程的外壳名之为生物圈。根据维尔纳德茨基的看法，生物所改造的地壳，已是地壳外层重量的 90%。

现在地球的大气在颇大的程度上也是由生物创造的。生物对于许多元素的移动与集累是积极参加了的，如 C、O、N、Ca、K、Si、P、S、Fe、Mg、Mn、Cu、Zn、Na 等。有机体向大气发散着各种气体，如 O_2、CO_2、N_2、H_2O、NH_3、CH_4、H_2 等。其中，细菌能破坏有机物体，发散出 H_2O、CO_2、N_2、H_2S、NH_3、H_2、CH_4 等等。生物化学能的应力是很大的。

贝尔格（Л. С. Берг）举了这样一个例子：在实验室中将高岭土加热至 1000℃以上，即可使之分解为游离的铝矾土和氧化硅。而硅藻（有机物）在常温下也能分解同样的东西。在无机物的地壳中，水和二氧化碳是永远不会分解为构成元素的，这只是在岩浆的高温中才有分解的可能。生物在常温中也能大量分解这些东西。

细菌的作用是很奇特的。硅酸铝是一种非常稳定的化合物，按照维尔纳德茨基的看法，它构成了地壳的大半，是能耐硫酸的作用的。但是硅酸铝能被一些特殊的细菌分解。硅酸盐细菌甚至能破坏花岗岩，制成适于植物生长的一般土壤。

除了这种化学能，生物还有在有利条件下迅速繁殖的奇特能力。例如，霍乱菌只要一昼夜就能生出 6.4×10^{18} 个，相当于 61～62 世代。甚至最简单的藻类如硅藻在一昼夜中能产生 5 个世代。根据 В. И. 维尔纳德茨基的意见，如果没有阻碍繁殖的条件，生物也许能在很短的时间中充满全球：霍乱菌只要 1.25 昼夜，硅藻 16.8 昼夜，绿色的浮游生物平均 168～183 昼夜，苍蝇 366

昼夜，鸡 15～18 年。

维尔纳德茨基算出地球生物圈中活质的全部重量约 10^{14}～10^{15} 吨，占地壳重量的 10^{-4}。大气和水中游离氧气的重量与活质的重量相较，约为 1.5×10^{15} 吨。

游离的氧是绿色植物界的产物。这是大家都知道的道理，无须证明。有趣的是，地球大气中的游离氧与其他气体不同，它保持着动态平衡：它不断地被氧化作用消耗掉，同时又不断地被绿色植物的活动产生。如果没有后一现象，则在几年内，大气中的氧将消耗净尽。贝尔格指出，每年通过活质的游离氧约等于空气中的全部氧含量，也就是大约 10^{15} 吨的样子。除了绿色植物制造氧气外，太阳的紫外线和放射物质都能将水分解出氧来。然而，这些过程是十分不显著的。不应当认为，分解氧的主要作用是高等的带有叶绿素的植物，海洋中的浮游生物在这方面也起着巨大的作用。浮游生物的厚度平均为 100 米，并且占有几百万千米 ^{2} 的面积。在这个表层中有很多绿色植物，制造着大气氧的一部分。

构成生物圈的活质的巨大宇宙作用，是受物质和周围环境进行交换的过程所制约的；与之相伴而发生的，是最强大的化学反应以及迅速的增加，也就是有生命物质的数量增加，最后是生物圈的存在时期至少要有十亿年。在这段时期中，活质创造了土壤和各种局部矿石堆与沉积堆之后，便改造了地球的表层，并且创造了以氮和氧为主的次生的新大气。应当指出，生物不仅创造了游离的氧，而且也保持了它，没有生物，氧是不能保存的，因为它的化学性质非常活泼。这样看来，游离氧是地球现时有生物圈存在的标志。

氮的问题比较复杂。这种气体比较不活泼，因此看来可以在大气中保存很长的时期。同时大气中的氮只能是次生的，应当在地球形成之后以某种方式产生。这显然是因为，从地球大气中的气体，也就是从原子量各不相同的惰性气体中，只留下了一些痕迹，虽然它们是自然界中存在得极广泛的元素。维尔纳德茨基院士认为，大气中的全部氮气具有生物起源的性质。如果这个说法是正确的，那么大气中氮的存在就能表明，这个行星上过去至少是有生物存在的，尽管是能够固定氮气的固氮细菌，或是能够从无机化合物——硝酸盐和亚硝酸盐分解出这种气体的去氮细菌。

然而现代地球化学的资料肯定地指出，游离的氮分子与氧不同，它是由很深的地质构造作用直接分解出来的，因为这种深度之处的温度，没有生物参加，也能使氮化物分解。从另一方面看，关于生物所起作用的意见，具有特别重要的性质，而这对于地球大气形成中真实意义的估价便造成困难。

因此，根据以上所述，应当得出这样的结论，就是行星大气中的游离氧气的存在，乃是行星有无生物圈存在的唯一的无可争辩的判据。而氮分子的存在不能作为这样的准则。火星上看不到游离的氧，因此必须承认，火星上没有生物圈。这个行星上的生物和现在地球上的生物不一样，它们从来没有像地球生物这样大规模地出现过。

如果认为火星上没有生物圈，那么生物也许还能从单独很小的一些发源地出现。正如上面指出过的，最普遍的意见，火星的“海”及其带季节性的光变和色变，证明它是生长植物的地区。齐霍夫甚至认为这些植物可能还是高等的阔叶树或针叶树，它们能够适应这个行星的寒冷的气候条件，在最靠近红外线的光谱部分，已失去了强烈反射太阳辐射线的能力。哈萨克苏维埃社会主义共和国科学院天文植物学部的研究结果肯定了这些意见，然而这些研究工作只是根据地球上生长绿色植物的各种条件作出的。齐霍夫写到他所推测的火星植物：“火星上的植物可能是什么样的植物呢？首先这应当是贴近土壤的低等藻类植物。这主要应当是草类和开放蓝绿色花朵的散开的灌木……略与火星植物近似的是我们地球高山和极地的植物，如杜松、野樱果、乌饭树、苔藓、地衣等其他北部和高山地带的植物。”

我们已在前面指出过，火星上植物的存在已为我们苏联及国外许多研究者所确认，或者至少认为是很可信的。

然而，现在让我们来看看，用来证明这一论断的究竟是些什么样的实际证据。用滤光器（间或用摄谱仪），通过各种光谱的光线可以研究出火星各个细部的反射能力的分布情况。这是人们在研究火星时惯用的方法，也是用得很广泛的方法。

大家知道，绿色植物在光谱领域中的最大反射能力是不大的，通常大约是560纳米（叶绿素的最大反射能力），但是红外线很明显。用滤光器摄制的绿色树叶（用只能容红外线通过的滤光器），看起来好像盖了一层雪，在天空的十分阴暗的底色上是很显目的。这种特点在春天新的绿色植物表现得极突出，秋季则略为和缓，这从克里诺夫（E. Л. Кринов）在各种不同条件下获得的分光光度曲线可以清楚地看出。

火星上唯一能够找到植物的区域，即这个行星上的暗斑（海或绿洲）的光谱特点究竟是怎样的呢？众所周知，火星海在分光光度的特性方面完全不像地球上的植物。分光光度计上的绿色极限，实际上是不能确定的。如果绿色极限存在，则火星上阴暗区域之间的对照极小，这就会与观察的结果相反。分光光度计上的红外线也是不存在的，因此火星海在红外线中与沙漠形成了很强烈的对照。

然而，哈萨克苏维埃社会主义共和国（阿拉木图）科学院天文植物学部的多年工作，明显地指出上述的分光光度的特点并不是绿色植物必备的特点，在严寒的季节中，植物不再生长，它们的光谱反射能力大大地改变了，与矿物近似。低等植物，例如地衣，只是在最低的程度上具有上述性能。从另一方面看，有些无机物也具有红外线。由此可见，分光光度计的方法不是最有效的。用它不能断定火星海是植物所占的地区。

事实上，证明火星上有植物存在的最有力的证据仍是火星海的带季节性的色变，以及占火星海大部分的淡绿色和淡蓝色。但是在这里我们进入了很不可靠的单凭主观臆测的境地，并且立刻遇到这种不愉快的情况，似乎各个有经验的观测者，通过同样望远镜的观测，得出了完全不同的结论。关于这种矛盾，我们可以举出许多例子。

巴拉巴舍夫在其最近写的，关于火星上暗斑形状和亮度变化的总结性的文章，叙述了火星海变形的许多特殊情况，最后得出了这样的结论。

（1）随着太阳的接近地平线，在绝大多数情况下，海变成红色。

（2）火星海与白色屏相较多数呈淡红色。所看到的蓝色系海与更红的沙漠对照时所产生的纯主观感觉的结果。

（3）在有些情况下，阴暗区域系沙漠的潮湿地段。

（4）相对的变暗与色变同行星相应地区有植物存在的假设并无矛盾。

可见，根据火星上的色变，不能说明火星上一定有植物存在，除非这种变化的其他原因我们还不知道。同时巴拉巴舍夫在同一篇文章中也举了矿物——齐硫磷铝锶矿的铁矾土的例子，这种铁矾土受潮之后即显著变蓝。我们可以看到，数量上的分光光度的观测，至少可以考虑和分析火星大气的不良影响，而单纯质量上的色彩估价当然是完全无用的。

为了解决火星海的实质，其中有无植物以决定其观测性质的问题，我们现在采用另外一些较可靠的判据。可以肯定地说，火星海的土壤温度要比沙漠的温度高 10～15℃。与此相应的是海的颜色较暗。谁都懂得，较暗的无机物在很大程度上是能吸收落于其上的太阳辐射线的，而且应当相应地加热到更高的温度。这时全部过程只是吸收与加热。可以认定，火星海的加热机制与沙漠加热机制相同，也就是简单地吸收太阳的辐射热并且很快就反射出去。为了证明这点，可以进行以下的简单的计算。

设沙漠与海的反射能力 A_1 与 A_2 为 0.3 与 0.15。在这种情况下，按照已知的玻尔兹曼定理，海的温度 T_2 可根据沙漠的温度 T_1 求出，其计算式如下：$T_1=T_2\left(\frac{1-A_1}{1-A_2}\right)^{\frac{1}{4}}$，结果正像所观察的那样，温度要高 15℃。如果海的性质是由植物决定的，就会得出完全不同的结果。植物，不论是一种什么样的植物，究竟与普通的矿物不同。它所吸收的太阳辐射热用到复杂的光合作用中去了，而这个过程的特征是强度极大。因此生长了植物的土壤表面，在照射条件相同时，绝不会像矿物的极明亮的表面那样反射出强烈的光线。炎热的沙漠中的绿洲、长在路边的被太阳晒热的草类，温度总是低些。植物的本质，在于将获自太阳的能量用到各种生命现象中去，绝不是用到简单的加热上面。同时阴暗的火星斑点无疑也服从物理学对于没有显著的选择性能的无机物确定的加热和辐射的一般的规律。因此它们的性质不能判定有植物存在。

在上面的简单计算中我们应用了玻尔兹曼公式，但这绝不是说，火星表面具有绝对黑体的特性。实质上我们只引用了一个直接能观测到的直接通量。所作的计算表明，在大量吸收能量的同时，被加热的表面以同一比率放出热量，这与是沙漠还是海洋无关。如果观测到的海的特性是由植物决定的，情形就完全是另一回事。

火星表面的反射法则，是判断火星海性质的另一个准则。肯定地说，火星表面的反射情况是相当准确地符合着朗伯（Lambert）定理的。换句话说，火星的反光和平坦的无光表面的反光一样。根据沙罗诺夫的意见，这一判断被火星的光亮因子接近于 1 所证实。完全平滑的球体，虽然与观察者相距甚远，但经太阳充分照射后，会使它的中心更明亮，而边缘部分较阴暗。看看火星上的情况，就可以相信这个法则是适用于火星的，不仅适用于火星的沙漠，而且也适用于火星海。随着海向边缘移动（由于火星的自转现象），其明亮程度亦显著降低。

这样看来，火星沙漠的反射法则与火星海的反射法则相同。火星海的光亮因子也是很近于 1 的。大家知道，不透明的无光泽的物质反射情况，由其表面的性质及光波波长决定。表面如果有最小的细微结构存在，例如有裂缝等等，就会完全改变反光的性质。

按照奥洛娃的判断，各种植物的特点与此相反，它的特点是光亮因子很小，甚至是负数，在这方面显然与普通的无光表面相反。这似乎也是所有植物的通性，它是由于植物要从周围空气摄取养料，因而尽量将其接触面扩大。任何乔木或灌木的总叶面（通过叶面摄取二氧化碳气体）要比这一树木所占平整地面大几千倍。显然，植物意图充分利用周围环境的这一事实，也是它与无机物构成的普通无光表面光亮因子截然不同的原因。总之，我们苏联近来的著作认为，火星海的日光反射性能和关于火星海是长满植物的地面的论断根本抵触。

可以用来判断火星暗斑性质的，还有一个判据，那就是按照极化的程度将火星海与沙漠作比较。进行这种观测工作的首先是墨东地方李欧和后一期他的学生多里福斯。众所周知，极化性质是与反射面的情况密切相关的。显然无可争辩的观测结果证明，海的极化与明亮地区（沙漠）的极化完全一样。只是在极地雪水的窄狭的暗边中，能看到暂时性的极化变化。暗斑所占有的其他一切地区，一年四季与显然无生命存在的沙漠没有任何区别。此外，多里福斯指出，我们地球上生长植物地区的极化是与火星上暗斑的极化情况全然不同。这样看来，一切确实可靠和客观的判据都与以下这种假设相反：假设火星海的反射性质是由于某种植物的存在。

火星海实质上究竟是什么？为什么它比沙漠显得更绿？为什么它有季节性和长期性的变化？为什么一直到现在还没有被沙子和灰尘所掩盖，而可能还继续存在几百年？

不久前麦克劳林（McLaughlin）得到证据在火星上不可能有任何植物，提出解释火星表面基本特性的火山假说。他认为，就是在现在，火星上也还发生相当强烈的火山活动，而且集中在地质断面和裂纹区域的火山。不断抛射出现在淀积在火星表面上的灰云。他认为可以相信，火星海基本轮廓的配置遵循它那大气中风的方向，而火星海是由被风吹散了的火山灰沉积成的。同一火山的再度活动引起新灰的沉积，并赖以保持火星海和它的具有不同变化的细微结构的存在。按照他的意见，海的绿色是火山灰的化学成分和火星大气相互作用的必然结果。玄武岩和中性长石的灰中含有多量的铁磁性的硅酸盐，在自由氧很丰富的地球上，这些硅酸盐的风化引起氧化铁和氢氧化物的形成，它们呈现红色、黄色和褐色。相反地，在没有氧的火星上，略带潮湿的二氧化碳作用在这类矿物上时，却形成亚氯酸盐和绿帘石。这种再生矿物在地球上只能形成于充分深的地方，那里自由氧已没有了。在火星上却在表面形成，它们以绿色著称。这样一来，火星上被火山灰的沉积物所占据的区域，即海的区域，不可避免地要得到绿的颜色。海的季节性变化是由于风的方向、湿度和温度的变化。运河的系统性的方向也和火山灰以一定的方向抛射有关。

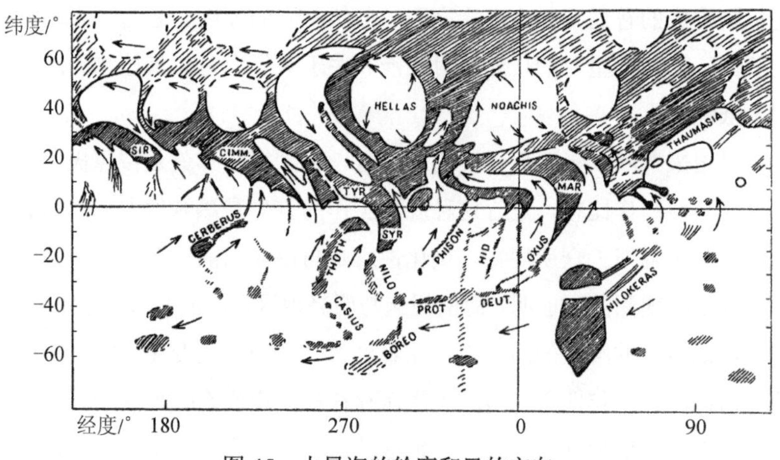

图 45　火星海的轮廓和风的方向

这样一来，火山理论能更好地符合观测资料，这些资料是：火星上没有氧、海比沙漠温度高、海和沙漠在光的反射和偏振性质方面完全相似等。不过这个理论认为，火星上现在有强烈的火山活动，而海的结构特性相应于多数风的方向。后一种情形是极有可能的，但不可能完全肯定。火星上风的方向不可能根据它的大气中云的运动来研究，因为那里云状物很稀少。不过明显的是，该行星上的大气总循环应该和地球上一样，那里也应该有偏离于自转方向的信风带。根据等温线分布的详细研究，可以知道在气流的总循环中有区域改正。在火星表面的某些区域已经确知反循环的存在，它破坏大气循环的总规律，并给海的轮廓带来各种不同的特性。

在未来的火星大冲时期，毫无疑问地将要进行温度测量，测量云的温度，测量表面许多点的温度，以便准确地确定自由大气中不同高度处的热学条件。同时也要测定温度极大的昼夜和季节落后值，它能说明火面土壤的传导率和温度变化的幅度。还需要在云和大气的循环方面做许多工作，特别是寻求足以令人信服的材料，说明火星上有强烈的火山活动。所有这些工作再加上对火星表面细微结构和外形的研究，就可判断火星海的性质和系统的季节性变化的原因。

尽管资料不充分，现在也可以得出结论：没有任何直接证据能够表明火星上有生命。暗斑既不是从前人所设想的海，也不是现在许多人想的植物占据的绿洲。不过就是火星上现在没有生物圈，不可能在大的范围内出现生命，地球上的任何观测也发现不了它，但不能否定这种可能，即保持有过去遗留下来的某些动物，哪怕是最原始的，因为火星上的条件，过去可能比现在有利于生命得多。似乎可以大胆地相信火星上完全没有生命，而且没有根据幻想火星上过去有更有利的条件。从这个行星的质量特别小来判断，可以设想，在它刚形成的时候，周围所能保持住的轻的气体比地球的要少得多。所以在火星上从来也没有真正的海或水所占的广阔的空间。那里从来也没有发生过水的循环过程，在水的循环过程中，水池逐渐被许多化学元素以溶解的形式所丰富，而这种溶解过程对于特别高级的动物的形成是必需的。

在地球上为了原始生命形式的形成，地质上的准备一直延续了最初的几十亿年。可以断定，生命本身在地球上的存在不超过十亿年，而最原始的昆虫的历史不超过 3 亿～4 亿年。所以生命的高级形式在大陆上和坚固的土壤上的发展也只有地球生命的十分之一的时间。对于生命的起源和发展来说，火星上的条件比地球上残酷得多。可以相信，火星上不可能有动物和植物的任何高级形式，不过可能有低级形式的生命，虽然它发生的规模不大。

也许金星上生命存在的条件，比火星上有利。这个行星在体积和质量方面，都比其他的行星与地球相似，而且处在离太阳较近的位置上，单位面积上所得到的光和热约比地球上多 1 倍。所以一开始就可以认为：金星上应当有生命，那里由于无机物的发展结果所形成的有利的物理条件，随时随地都可发生生命。不过我们的任务在于，不能满足于一般的确信，而要去发现完全能够肯定说明该行星上生命存在的证据。必须指出，从地球观测金星的条件，比观测火星要坏得多。这个原因十分明显，因为金星是内行星。它比地球离太阳近，只能在黄昏或黎明时在离太阳 40°的范围以内看到，而且它有相的变化：从全圆、一勾弯一直到消失（和月亮的圆缺变化一样）。

当金星圆面全被太阳照亮时，它恰恰处在离地球最远的距离上（轨道上上合的位置），远到 1.7 天文单位（约二亿五千万千米），这比火星离地最近时要远约 4 倍。另一方面，当金星最近地球时，它却以不被照亮的一面向着我们。所以就是在相当好的条件下，当金星处在离太阳比较大的角距离时，同一时间也只能观测不大的一部分面积。当金星和太阳下合（即同一经度）时，金星不是偏高，就是偏低，只是在少有的时期才通过太阳表面的上方，而把自己投影在日面上，这叫作金星凌日。愿意指出，当金星向太阳接近时，镰刀形的角不断伸长，最后封闭成一个圆环，很容易拍照。这可用金星大气里的朦胧现象来说明。1761 年罗蒙诺索夫观测金星凌日时发现了金星上有大气存在。

观测这次金星凌日的主要目的是根据伽利略所提出的方法来确定太阳的视差和太阳系的规模。这次金星凌日从彼得堡到东西伯利亚都可以看到，彼得堡科学院组织了以罗蒙诺索夫为首的观测队。在许多的观测者中间只有罗蒙诺索夫发现了金星上大气的存在。当金星圆面几乎紧接太阳时，罗蒙诺索夫发现在它周围有一光圈，由此他正确地指出金星周围有相当浓密的大气存在，它散射太阳光并引起微明现象。后来的观测完全证实了这些，并且作了测微和照相的测量。

图 46　太阳和金星的红外光谱：a 太阳的光谱，b 金星的光谱，c 金星的扩充光谱

用现在的观测仪器很容易看出，金星表面不仅仅是被太阳照亮，而且自己还微微发光，好像月亮的灰光。这个现象与地球的夜天光相似。它是在地球大气的高层（电离层）发生的。不过金星大气的辉光，比地球的强得多。这完全可能是由于金星离太阳较近。1953 年克里米亚天体物理观测台得到许多代表金星大气辉光的光谱图。卡莎廖夫（Н. А. Козырёв）利用装在该台的 125 厘米反射望远镜上的石英光谱仪，发现了一系列的氮的发射带，其中最强的是 3914A 和 4278A，它们是电离氮的光谱，和极光的光谱性质一样。这

样一来，金星的夜天光似乎和地球的极光相似，但辐射能比地球普通夜天光的大很多。有趣的是，虽然有氮和其他的某些气体存在，但是根据尚不了解的光谱带来判断，金星上似乎完全没有氧。而在地球夜天光的光谱中，在激发能特别小的情况下，氧是很强的发射线。根据卡莎廖夫的材料，金星的不被照亮表面在光谱的紫色区域的显著吸收，和 4372A 与 4120A 两条鲜明的分子带，这两件事实显示：在金星的大气中，有某种原子的分子起着和地上水蒸气那样的作用。但金星上没有发现水蒸气。卡莎廖夫从他所发现的发射带的强度，算出金星上夜天光的亮度比地上的约大 50 倍，而不及满月夜光的 1/5。

最容易研究的金星光谱，它是由被照亮的表面形成的，在这表面上出现太阳辐射的吸收线。太阳光线一直深入到这个云层内，然后再由它反射到宇宙空间去。在光谱的可见区内，看到与太阳相同的吸收线。1932 年亚当斯和金格姆在威尔逊山天文台利用 250 厘米的反射望远镜，在金星光谱的红外区中发现了三条强的吸收带，属于二氧化碳气体，这类光谱带在太阳光谱中没有。阿捷耳和史拉依费尔所进行的理论计算和直接实验，使得有可能根据这些吸收带的强度决定金星大气中二氧化碳的强度。为了比较起见，他们利用了通过 47 个标准大气压下 45 米厚的二氧化碳层的光线。在这种情况下所得到的光谱，完全相当于在金星上发现的吸收带，只是强度弱得多。

这些研究证明：金星视表面上二氧化碳的含量，相当于零摄氏度 1 标准大气压下约 3 千米厚的这种气体的等值层。为了比较起见，可以提一下：地球上二氧化碳层只有 8.4 米厚。这样说明了，似乎很像地球的金星的大气中，含有巨量的二氧化碳。而且没有发现任何微小的迹象能够表明有水蒸气或自由状态的氧。不过必须指出，这些物质含量的定量的光谱分析并不很准确。一般说来，不同元素在吸收光谱中以不同强度出现。例如，完全微不足道，几乎完全捉摸不到的钠混合物，观测者利用实验室设备发现了它的存在，太阳的吸收光谱中也发现了清晰的这种谱线。同样，在太阳的光谱中，发现了差不多同样强度的电离钙，虽然含量与氢相较是无比之小。利用近代的光谱仪应该能够在金星和火星上发现氧，哪怕含量比地球大气中的千分之一还少。在普通的太阳光谱中，水蒸气产生许多吸收线和吸收带。在金星上这些吸收带完全没有发现；要有的话，利用多普勒原理可以方便地从地球形成的带中分辨出来。

然而需要指出，金星的整个观测并不是观测它的表面本身，而只是云层上方的大气层，它完全掩遮了表面本身。事实上，当观测金星时，在望远镜里不能不经受一种失望的感觉，因为在它的表面上几乎完全没有某种细微结构。仅仅偶尔可以发现某种云状斑点，它们大部分处在明暗界线的中央区域，长期地保持着自己的位置。就是利用红外光对这个行星进行照相，除了目视观测所已发现的以外，再也发现不了什么新东西。这件事实表明：遮盖金星的云层是完全不透明的。因而，它或者是由比较大的尘埃质点组成，或者是特别厚。

另一方面，利用紫外光所得的照片，常常在金星上发现有亮云，特别是在明暗界线处。这些亮云显得相当显著的凸起，它们完全可能是地球上卷云一类的东西，处在金星大气的高层。当没有这些亮云时，金星大气中剩下的是延伸而浓密的浅黄色云，不大反射太阳光谱中的紫外线。

由于我们从来没有观测到金星的真正表面，所以不可能完全可靠地确定它的自转周期。现在许多学者根据暗斑位置变化极慢的现象，认为金星自转得非常慢，很可能和水星一样，常以同一面向着太阳。

别洛波尔斯基（A. A. Белопольский）利用分光方法和多普勒原理，企图由确定相对两边缘反射来的光中吸引线的视线位移来详细研究金星的可能自转周期。但是他没有发现到显著的谱线位移，于是得出结论：金星上一昼夜相当于地上几星期。这就是对于金星自转现在所能说的全部情况。

从白天和夜晚部分之间的温差数量可以求出金星上昼夜长短的一些间接数据。如果金星老是以同一面向着太阳，则面向太阳和背向太阳两面的温度差别应该很大，不小于150～200℃。事实上，辐射的直接测量表明：昼夜两方的温度几乎完全一样，约为−30℃（皮特和尼考耳松测量）。阿捷耳和赫茨别克根据二氧化碳在红外区吸引带的结构，得出金星被照亮部分的温度等于+30℃，不过这只能代表吸收层介质本身的温度，而不代表作为加热物体的行星本身的辐射强度。没有疑问，金星不可能是老以一面对着太阳，但它的自转周期，按照别洛波尔斯基，应不小于几个星期。

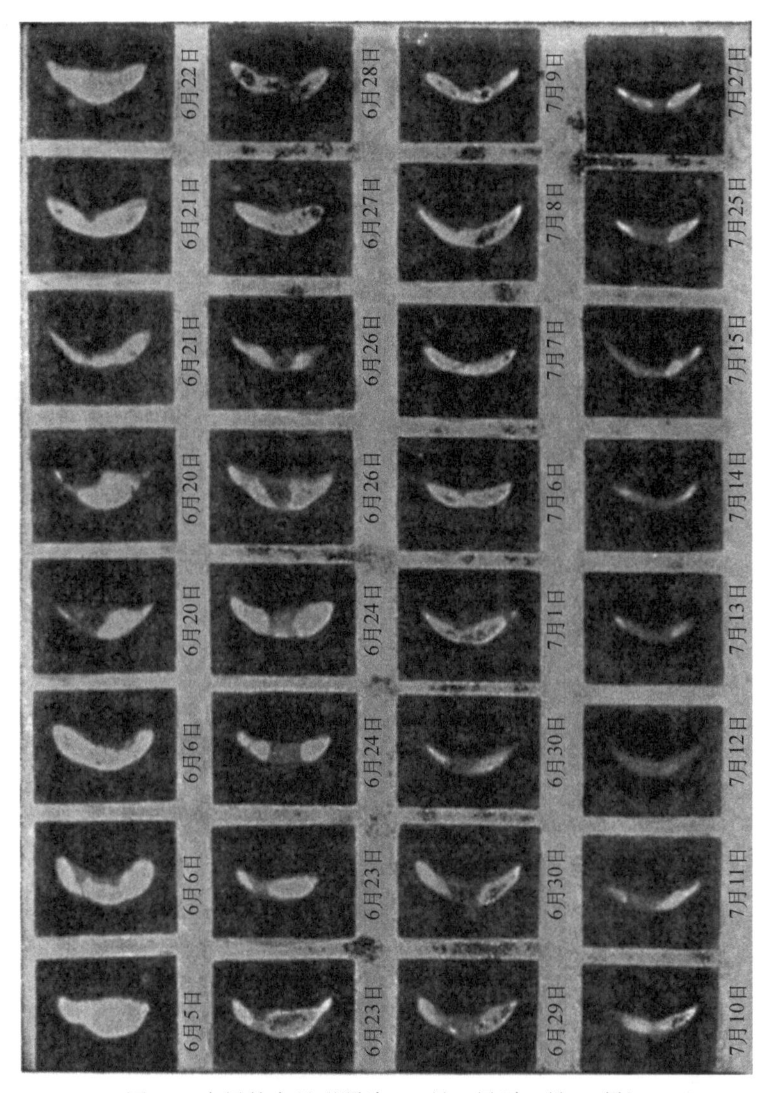

图 47 金星的弯月形照片（6 月 5 日至 7 月 27 日）

为了研究金星上生命存在的可能性问题，需要知道它的大气的化学成分以及表面的状况和温度。没有疑问，金星的大气中有氮、大量的二氧化碳和在蓝色区强烈吸光的某些气体，但没有发现氧，也没有发现水蒸气。金星大气的蒙尘表现在它所产生的散光和纯气体严格不同。这一点被许多的研究者证实了，例如哈尔科夫天文台的巴拉巴舍夫和他的同事们、索波列夫（B. B. Соболев）和申伯楷。带有已知数量 аэрозоль 混合物的气体介质，比较多地向前（即向光线来的方向）散射光线，而且这种不对称性随着散射质点的加大而增大。在纯气体介质中，光的散射服从瑞利定律，即和 $1+\cos^2\Theta$ 成比例，Θ 是射入和散射出去的方向夹角。根据索波列夫的工作，金星大气的散射指示量比地球大气的更加向前延长。这件事实表明金星大气中有比较大的散射质点存在，也就是说，就是在金星大气的云层上方也有显著的蒙尘。巴拉巴舍夫也得到了同样的结论。

这些事实怎样解释？没有疑问，在金星上就是有水蒸气存在的话，云层上方也只能有很少。这还不能是否定它上面有水存在的决定性证据。在高层大气的低温下，水蒸气的压力可能很小，以至现今的观测精确度还发现不了它。再问一句，金星上云层的性质怎样？魏立特认为，在含水量很少的情况下，二氧化碳可能和水蒸气化合成有毒的气体——甲醛（CH_2O），而分离出氧。这一假说和事实不大符合，因为在金星光谱中既未发现甲醛的吸收带，也没有发现氧的吸收带。甲醛的吸收带从 3600A 开始，处在光谱的紫外区。孟泽尔（Menzel）和惠普尔（Whipple）认为，金星上的云层可能还是由水蒸气组成的。这个假说倒和先前李欧的研究符合。李欧发现，金星光的偏振曲线极像由小水珠组成的云的偏振。这种云中光的吸收不可能由光谱线的特性发现。

很难以说，金星上的云层有多么厚。这种微黄色的云可能不很厚，而且也可能略微透露出处在它下方的垫底表面。有利于这个假说的有两个事实。第一，按照米拿爱尔特（Минаэрт）利用申伯楷和巴拉巴舍夫的观测所进行的研究，如果只认为在和地球同一方向的自转有显著的速度，则金星上的云层在早、午、晚有着不同的结构。只有这个假说才能解释这些观测者们所察明的金星面上的亮度分布。如果云层中的这些变化系统地发生，云层就不可能很厚。第二，金星的云层表现出镜面反射的某些特征，这个只能用垫底表面来叙述。正如巴拉巴舍夫所发现的，红色和黄色光区的亮度极大相应于行星的这些区域，在这些区域里，光线的入射角几乎和反射角完全相等，而且入射线和反射线遵照镜面反射定律，处在法线的两旁。

弥漫云层的本身不会产生这种效应。但是应该设想：金星被辽阔的水面覆盖，就像地球上的海洋一样。在这种情况下，被镜子般的表面反射了的太阳光，不可避免地产生明亮的光泽；从地球上看来这些光泽呈亮点形式。处在上方的云层对太阳光局部透明，因而它的存在引起光泽的显著减弱，这种光泽对地上的观测者来说，转变成增加了亮度的弥漫斑点。还可以提一下：

据孟泽尔和惠普尔的意见，金星上二氧化碳的众多含量和它上面大陆的存在是互相排斥的，因为作用于固态矿物的水的存在，不可避免地应引起碳酸盐的固化，即把大气中的二氧化碳气变成固体的碳酸盐。

和二氧化碳气相联系的这一反应在地球上大规模发生，并且把碳以煤、炭、石油、石灰石和各种碳酸盐等形式作为矿产储藏起来，而且碳的这种藏量远远超过大气中的含量。地上这种过程的发生主要是由于几百万年来植物的活动；但在一定程度上，特别是在高温下，湿润大陆固体表面的水的存在也能使这种过程发生。

如果埋藏在地中的矿质碳再全部释放到大气中成为碳气，那么地球大气中的碳含量完全可和金星上的相比。因而似乎必须这样想，由于某种原因，碳的长期固化过程在金星上没有进行。这个情况似乎反驳了金星上植物的存在，因而也就是动物的存在。孟泽尔和惠普尔认为碳所以没有固化的原因是金星全被海洋覆盖。这一假说也解释了金星上自由氧的缺乏和巨量二氧化碳气的存在，自由氧是由于植物的长期光合作用形成的。

似乎必须做出结论：观测资料断然反对金星上生命的存在，特别是高级生命形式的存在。

第八章　生命在宇宙间的分布

物质是沿着不同的途径进行着不断的演化，并且，产生物质运动的形态也会是极其多样化的。当宇宙中的某一处形成了适宜的条件时，作为这种形态之一的生命就产生了。

然而，完全不是所有的天体上都会有生命出现的。正相反，无论在具有惊人高温的恒星表面上，还是在酷冷的气体尘埃云内，都不可能有生命的起源和演化。这种起源和演化的过程只可能在行星的表面上，只可能当行星形成和演化过程中具备了必要的化合物和前面所指出的物理条件时，才能发生和实现。

宇宙间怎样实现这些条件？有多少机会？

首先，为了有可能生存有机生命，行星必须要从它所属恒星处得到某种定量的辐射。行星的轨道应该是近似于圆形的，因而恒星就必须不是双星或聚星，因为围绕着双星或聚星不可能有规则和简单的轨道。此外，恒星必须发射某种定量的辐射，它不能是有大光变幅的变星，爆发新星等等。

此外，行星轨道半径要局限在很近的范围内。只有这样，行星表面上才能保证获得所需的温度。在我们太阳系所有行星中，只有金星、地球和火星才能满足这一条件。其他行星上都是不能居住的。还有，行星的质量更不可过大或过小。例如，若行星的质量相当于太阳质量的1/100，则其本身温度就嫌过高；这样的行星和恒星没有太大的区别。

行星质量相当于太阳质量的1/1000的情况下，行星本身的温度已完全微不足道了，但行星尚能将一些基本气体保持在行星周围，这种基本气体即是对于宇宙间元素分布有代表性的氢、氨、甲烷。这样的行星具有一层带有各种凝聚物的宽厚大气层，太阳辐射也将照射不到它的固态核心。我们太阳系内，处于这种状态的有木星、土星和其他几个外行星。

木星所得到的太阳热量只及地球的1/30，木星上的温度是−140℃左右。如果这颗行星离太阳相当近的话，由于它的含氢量大的大气，也不可能有生命出现。

若行星的质量太小，事实上是不能持有大气的，也不可能有任何液态的水。例如，月亮就是这种情况，在它上面观察不到水和风的最微弱的活动痕迹，没有大气，因而也没有生命。

应该指出，行星的年龄，以及有行星围绕着公转的恒星的年龄，为了完成含碳的元素必要的迁移、形成复杂的有机物，特别是形成蛋白质和实现团聚滴自然淘汰的长期过程，行星的年龄也就是围绕着公转的恒星的年龄应该充分大。地球已生存了约40亿年。在其存在的头几十亿年时，地球表面上的保温状况，水量多寡，都和今天有些区别。看来，当时没有生命。

因而，行星需要有漫长的生存期，才能在许多必要条件的互相配合下，有了含有许多元素的水溶液围绕着行星表面以后，有机生命方能产生和不断地发展。在年轻恒星的周围，在年轻行星的表面，无论是现在才形成的，还是形成了已经几千万年或几亿年，都不可能有生命存在。

现在我们举个例子，定量地估计一下，在某一任选的恒星附近空间的一个假想的行星上，可能有生命存在的概率。我们的出发点是设想宇宙内每一颗恒星都必然是一个行星系的中心。因为我们决不会认为所获得的结果仅是欲求的概率的一个可能有的极大值。

前面已经指出了，生命可能存在的第一个重要条件是行星轨道为近似于圆形的。只有在这样的轨道的情况下，行星才能在整个轨道上从它的恒星处获得约为等量的光和热。由此可见，所有的双星系和聚星系都不在话下，因为围绕着双星或聚星的行星轨道必然是极端复杂的。因此，只有在单身星附近才有可能有可居住的行星。

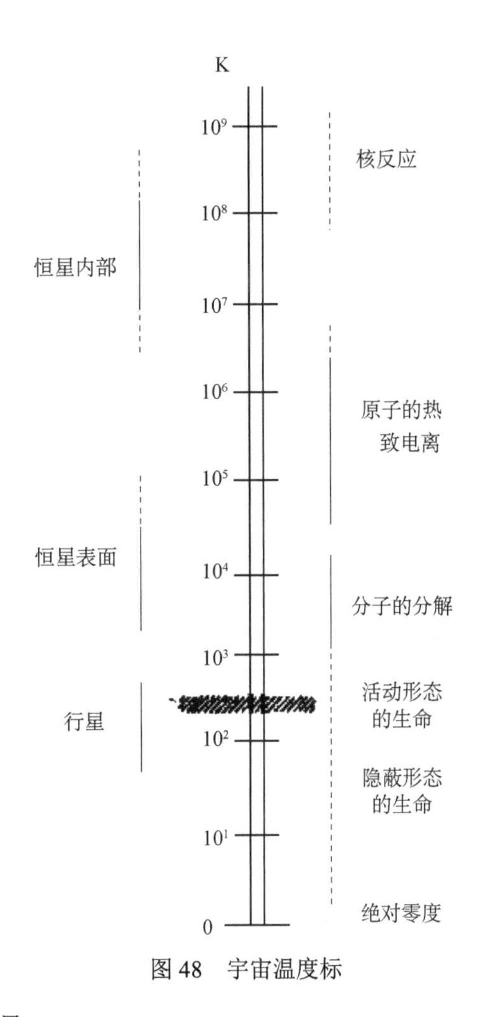

图 48　宇宙温度标

然而，在上述这类恒星周围的行星轨道也必须是近于圆形的。例如，就是偏心率不大，只有1/4，在围绕着恒星公转一周时，行星表面上单位面积所得的照度就变化到3倍。我们顾及约有80%恒星由双星系和聚星系组成，并且远远不是所有的轨道都可能是圆形的，可以近似地估计出轨道形状适合于生命生存的概率约等于0.1。从剩下的单身星的数目中，还必须毋庸置疑地去掉所有巨大的，激烈活动的，和比较年轻的恒星。

生命的产生和以后的演化需要有以几十亿年或几亿年计算的漫长岁月。在整个这个阶段的期间内；行星必须从它的太阳那里获得近似于恒定的能量。但是，所有相当巨大的恒星都由于微粒辐射而迅速消耗质量，从而减弱维持行星系的引力。这种恒星随着质量的变化，光度也相当迅速地减弱。由于这些原因，行星所得到的恒星照度的变化和恒星本身质量的六次方成正比。

在恒星质量长期减少过程中，若只减少了10%的质量，行星所受的平均照度则要几乎减少一半。只有在完全稳定的和相当年老的，类似于我们太阳的恒星的周围，才能在若干百万年的漫长期间，保证获得没有显著变化的光和热。然而，即便在这类恒星的周围，行星还应历经一段十分长久的先决预备阶段，通过物质循环的长期过程，以保证达到含有极为众多元素的行星表面物质的适当的和相当完备的收缩作用。所以，在形成了之后不久的地球上，当尚不具备这种适当的物质时，也不可能有生命即刻出现。

我们要顾及，在今日正在形成着的恒星中，有许多是具备完全正常的体积的，但只能逐渐才达到稳定状态；此外，我们还得看到，所有的巨大恒星都得除过，可以设想，足够稳定，又相当年老的恒星，不超过全部单身星总数的 10%。可见，连这一因素的概率也不大。

其次，我们还得认真地看到，根据行星形成的机构而言，若要使行星具备正常的质量，又要有适宜于生命发展的条件，行星轨道之间的间隙必须相当大。从我们太阳系的实例即可很好地看出，在行星的总数之中，只有极不多的几个，例如一个或两个，是进入有利于保存生命的距离范围之内。其余的行星都必然不是离中央天体太近，就是离得太远。根据行星总数，很难确定这段范围的上限。可能，进入必要的，适宜的距离范围之内的数字不超过 10%。看来，甚至这个行星距离因素的概率也约为同样的数值。

我们已经说过，为了有生命生存，行星应该有既不太大，又不太小的适宜质量。如果这不是一个最不严格的条件，也可以认为是最有伸缩性的条件之一。事实上，行星的形成和围绕着形成着的恒星的原始气体尘埃物质的状态有关系，行星可以形成为从具有恒星般质量的天体，一直到形成小行星般质量的天体。

所有质量大于 10^{29} 克的大物体，都能保持住其周围的，宇宙间所固有的，正常丰富度的全部元素。正因如此，对于生命是不适当的。所有小于 10^{25} 克的小物体，在适应于生命的正常温度条件下，又不足以保持任何围绕着它的气层。行星所需要的质量是应该在所有可能有的行星质量的一段十分窄狭的范围界限之内，它符合于远久之前已经历了的轻气体选择过程，实际上即是行星耗损原始大气过程；它又适应于完全有可能保持住行星的派生大气。特别是氢在行星质量中所占的数量，应该使之有可能形成足够大量的水，而大量的水才能保证自然界的水循环。同时，行星适当的质量也要保障供应大气壳层所需要的化学成分。

行星在形成时，获得必要质量的概率究竟有多大？换言之，所有可能有的行星中，有几分之几具备了必要质量？这很难说。我们可以设想，恐难超过全部可能有的行星总数的 1%。

如果我们承认，所有决定生命存在可能性的全部因素是彼此独立无关的。那么，决定这些因素协同作用的最终概率，等于各个概率的乘积。

因此，我们可以算出，在我们银河系内，任选的一个恒星的周围，有生命存在的概率约等于十万分之一，甚或百万分之一。这就是说，在我任选恒星的一百万次中，只有一次可能发现有处在某一演化阶段的生命的行星。

可见，我们和唯心主义正相反。唯心主义宣称精神先于物质，硬信宇宙的目的是创造能思维的生物。而我们的结论是，物质在演化过程中，沿着多种多样的途径，并且远远不是经常地，更不是处处地，由于这种演化，就必然会出现作为物质的可能有的、复杂的、完整的运动形态之一的生命。恰恰相反，在无数的天体上没有生命，这些天体其中的许多是过去不曾，将来也不会在演化过程中出现生命；因为它们的演化和我们这个行星比较起来，是沿着完全别样的途径。

不过我们完全并不因而认为只有地球才是唯一有生命居住的天地。在我们总星系内有几万万个恒星系，每一个单独的恒星系可能由几十万万个，甚至几千万万个恒星组成。在我们银河系内约有 1500 万万个恒星；很可能有几十万个行星上，都会有生命出现和演化。在整个无限的宇宙间，也应该有无限多的可居住的行星。

〔А. И. 奥巴林、В. Г. 费申科夫：《宇宙间的生命》，
席泽宗、应幼梅、关泽光、李竞译，
北京：科学出版社，1959 年〕

记全苏科学技术史大会

苏联科学院科学技术史研究所和苏联科学技术史协会，于 1959 年 5 月 27 日到 6 月 1 日在莫斯科联合召开了全苏科学技术史大会。出席会议的有 500 多位科学家。应邀到会的有中国、波兰、德意志民主共和国、罗马尼亚、保加利亚等国的代表团。

在大会上，科学技术史研究所所长费谷罗夫斯基根据苏共第二十一次代表大会精神，总结了自 1949 年苏联科学院大会制订科学史研究规划以后十年来的工作。他说："科学技术史研究所十年来出版了 180 种著作，全苏发表的科学史论文有好几万篇，其中许多质量是很高的。"他指出，今后的任务是首先研究苏联建国 40 年以来（特别是第二次世界大战后）的科学技术史、研究 20 世纪的重大发现和发明史、研究各个历史时期和科学发展有关的中心问题、研究祖国科学技术发展史，并相应地对世界科学技术史进行研究。司瓦雷金教授做了题为"共产主义物质技术基础的建立和科学技术史的任务"的报告，指出共产主义社会物质技术基础建立的问题有着巨大的理论意义，党号召从各方面进行研究，科学技术史工作者应该以马克思列宁主义的观点，分析社会主义社会和共产主义社会物质技术基础的特点，从而阐明科学技术应如何发展才能最有力地为共产主义社会的物质技术基础的建成创造客观条件。考里曼教授做了题为“科学技术史在思想战线上的作用”的报告。他说：“作为历史科学的组成部分，科学技术史也是思想斗争的场所。”尽管资产阶级科学史家们否定这门科学的思想性，然而在他们的著作中却充满着形形色色的唯心主义观点，有的更是明目张胆地企图否定马克思主义，并为资本主义辩护。因此，苏联和各社会主义国家的学者们有义务积极地支持资本主义国家的进步学者，并对那些反动学者的观点经常不断地予以批判。费得洛夫报告了“科学技术史研究所的七年计划”。接着在大会上发言的二十几位代表都尖锐地批评了过去工作中的缺点和对这四个报告提出意见。

学术报告分数学、物理学和力学、化学、生物学、地学、天文学、医学、技术科学等大组进行。在地学组中又分地质、地理和测绘制图三组，在技术科学中又分机器制造、采矿、冶金、航空、交通、建筑和力能学等七组。每组参加的人数从 20 到 50，总共宣读了论文两百多篇，对每篇论文都进行了热烈的讨论。会议的最后一天又举行大会，由伊万银科、康斯麦得米扬斯基和列别金斯基分别作了题为“元粒子学说的历史”“米歇耳斯基和齐奥尔科夫斯基的工作与近代火箭动力学”“生物物理学史的基本方向”等三个报告，引起到会的人们的浓厚兴趣。而从这三个报告的安排上，也可以看到苏联科学史界的“厚今薄古”的精神。最后，经过充分争辩以后，会议在通过了关于大力发展科学技术史的事项十七条后宣告闭幕。

出席这次会议的各兄弟国家代表都在大会上报告了本国的科学史研究情况，并到分组宣读论文。我们参加了数学和天文学两组。我们在组内宣读有关中国数学史和中国天文学史的论文时，受到与会者的极大欢迎。另外在地理、采矿等组也有苏联朋友宣读了有关中国科学史的论文。苏联和各兄弟国家的代表们都迫切地要求了解我国科学技术史。我们今后必须在这方面多做一些研究工作和宣传工作。

通过这次会议，我们深深感到，苏联在科学技术史研究方面的成就是很大的，而这次会议又对开展今后的工作起了促进作用。我们必须向苏联和其他兄弟国家学习，一定要鼓足干劲，努力满足全世界的朋友们对我们的殷切期望。

〔《科学史集刊》，1960 年第 3 期，作者：李俨、席泽宗〕

先进的苏联科学技术史工作

早在 24 年以前，一位英国学者在访问了苏联科学界以后，得到这样一种印象："苏联的一般学者对科学史都感到极大的兴趣而攻之弥勤。按照马克思主义哲学，任何时代的文明皆建筑于当代的生产制度之上。这一原理以一种特殊的意义赋予科学史的探讨，而使之具有独特的重要性；是以苏联的科学史研究最为活跃，苏联科学院为科学史的研究设有专门机构。"（见克罗守著《苏联科学》，包玉珂译，1937 年，商务印书馆出版，第 503 页）。这位学者看到的是 1934～1935 年的情形，那时苏联科学院在列宁格勒设有科学技术史研究所，所内分数学物理学史组、生物农学史组、技术科学史组和科学院史组，总共有研究人员 24 人。若是今天克罗守再到苏联，那他定要大吃一惊。原先他所参观的科学技术史研究所现在变成了分所，分所内有四五十人在工作，分所附属的罗蒙诺索夫纪念馆自 1949 年开馆以来，参观的人数在 50 万以上。原来的科学院史组已于 1938 年独立成科学院史委员会，农学史也分出去另成立机构了。苏联科学院于 1945 年又在莫斯科成立了科学技术史研究所（列宁格勒是它的分所），现在所内分数理、化学、生物、地学、采矿、机械和力能学等七组，全所共 150 余人，其中有博士 23 名，副博士 54 名。

但是，在苏联进行科学技术史研究的专业机构，并不只是科学技术史研究所，不过它是核心。在苏联科学院的许多学部内都设有科学史委员会，如化学部的化学史委员会曾经召开过两次全国性的学术会议；天文学委员会的天文史委员会，自 1955 年开始出版《天文学史研究》，每年一巨册，已出四期。在苏联科学院的许多所内也有本门科学史的研究，许多分院和加盟共和国科学院也有科学史机构。在许多高等学校内，也有科学史教研室，如莫斯科大学的数学史教研室已有 20 多年的历史，经常举行学术讨论，它所负责编辑的《数学史研究》，自 1948 年，每年一巨册，现已出版 11 期。

专业队伍和群众研究相结合，这在苏联的科学技术史工作方面，表现得十分明显。苏联科学技术史研究于 1957 年发起组织苏联科学技术史协会，一开始，申请入会的就有 900 多人，其中 45 名院士，45 名通讯院士，265 名博士，325 名副博士，足见苏联科学家们对科学史工作的热心。协会现已有会员 1500 多人，分 13 个学部进行活动，各地分支机构正在建立中。它相当于我国的学会，是团结在科学技术史研究所周围的群众性学术团体，所长也就是会长。

从发表的论文数量也可以看出工作发展的速度。1917～1947 年 30 年中发表在各种刊物和论文集里的科学技术史论文约 8500 篇，而 1948～1950 年三年中就有 6400 多篇。明年将出版 1951～1960 年的论文目录，据估计有 35000 篇之多。这样庞大的数字显示了苏联科学技术史力量的强大。

在这样大发展的基础上，在苏共第二十一次代表大会通过的建设共产主义的宏伟的七年计划的鼓舞下，苏联科学技术史研究所和苏联科学技术史协会于 1959 年 5 月 27 日到 6 月 1 日在莫斯科联合召开了全苏科学技术史大会。出席会议的有来自苏联各大城市和加盟共和国的 500 多位科学家，应邀到会的还有中国、波兰、德意志民主共和国、保加利亚、罗马尼亚等国的代表团。苏联科学技术史研究所所长费谷罗夫斯基在会上总结了过去的工作，指出过去 40 多年中根本改变了苏联在科学史方面的落后面貌，纠正了西方资产阶级学者对过去俄国科学家成就的抹杀态度，出版了很多具有高科学水平的书籍，取得了辉煌成就。成绩是主要的，但也还有一些缺点。例如，对苏维埃时期的科学技术史注意得不够；各个科学史单位和个人之间的联系和协调还不够，因而像祖国科学思想史、祖国科学史这样一些综合性的重要著作一直还没有写出来；有些著作比较枯燥，有些著作脱离现实。

因而他认为，过去 40 多年的时间，只能说是苏联科学技术史工作的萌芽时期，所做到的只是积累材料和准备干部；列宁所交付的“要继承黑格尔和马克思的事业，就应当辩证地研究人类思想、科学和技术的历史”（见列宁《哲学笔记》，人民出版社 1957 年中译本第 127 页），这一任务还远没有完成。他指出今后任务有如下几项。

（1）首先应该研究苏联建国 40 年以来（特别是第二次世界大战以后）的科学技术史，研究 20 世纪重大发现和发明史，研究祖国的科学技术史。他说如果能写出和平利用原子能史、生产自动化史等这些著作，那是非常有益的。

（2）必须利用马克思列宁主义的观点，研究各个历史时期和科学发展有关的中心问题，如科学和社会制度的关系，科学和技术在科学发展过程中的相互影响，一些重大发现和发明的社会经济背景和历史条件等。

（3）为了正确地评估本国科学技术史的世界地位和认识人类知识发展的规律，就必须相应地对世界科学技术史做广泛而深入的研究。

为了完成上述任务，他指出，除加强组织和改进领导工作外，科学技术史工作者本身必须精通现代科学，而且要把兴趣扩大些，要懂得一些哲学和历史，还要有一定的文学修养。他认为一本好的科学史著作，除观点正确，资料丰富，具有现实意义外，还应有相当的艺术气息，使人人看了都产生兴趣。

在费谷罗夫斯基报告以后，司瓦雷金教授做了题为“共产主义物质技术基础的建立和科学技术史的任务”的报告，考里曼教授做了题为“科学技术史在思想战线上的作用”的报告。前者指出，科学技术史工作者应该以马克思列宁主义的观点，分析社会主义社会和共产主义社会物质技术基础的特点，从而阐明科学技术应如何发展才能最有力地为共产主义社会的物质技术基础建成创造客观条件。后者指出，科学技术史也是思想斗争的场所，尽管资产阶级的科学史家们否定这门科学的思想性，然而在他们的著作中往往出现形形色色的唯心主义观点，有的更是企图否定马克思主义和为资本主义辩护，因此苏联和社会主义国家的学者们有义务积极地支持资本主义国家的进步学者，并对那些反动学者的观点经常不断地予以批判；当然，自己国内具有唯心主义倾向的科学技术史著作，也应该随时予以批评。

大会讨论了费得洛夫提出的“科学技术史研究所七年计划”和这几个报告。在大会发言的有20多位代表，他们从各方面尖锐地批评了过去工作中的缺点，并提出许多改进意见。最后一天，经过充分争辩以后，通过了关于大力发展科学技术史的事项17条，大会宣告闭幕。

出席这次会议的各兄弟国家代表除在大会介绍了本国的科学技术史研究情况以外，并到分组宣读论文。学术论文除《元粒子学说的历史》（伊万银科报告）、《米歇耳斯基和齐奥尔科夫斯基的工作与近代火箭动力学》（康斯麦得米扬斯基报告）、《生物物理学史的基本方向》（列别金斯基报告）等三篇在大会宣读外，其余200多篇分别在数学、物理学和力学、化学、天文学、生物学、地学、综合技术、机器制造、采矿、冶金、航空、交通、建筑、力能学和医学等15组宣读。每组出席的有20～50人，我们参加了数学组和天文学组。论文中有许多题目是非常引人入胜的，如《技术科学中对立面的统一和斗争》《自然地理学发展过程中的普遍性和特殊性》和《从近代生理学的观点来讨论生理学史的一些问题》。苏联科学家们用马克思列宁主义的观点来分析科学遗产和结合近代科学成就研究科学史的方法，很值得我们学习。

苏联能在短短的40多年中，迅速地改变了1917年以前在科学技术史领域中的落后面貌，一跃而走在世界最前列，这跟苏联党和政府的重视与关怀是分不开的。伟大的十月社会主义革命以后，苏联科学院立即成立了科学史委员会。1929年11月苏共中央全体会议通过将技术史列为高等工业学校的必修课，为了适应这一形势，苏联科学院将科学史委员会于1932年改组为科学技术史研究所。1942年科学院主席团作出了一系列关于发展科学史的决定。1944年11月22日苏联人民委员会决议，一俟战争结束，立即在莫斯科成立科学史研究所。1949年1月5日到11日苏联科学院在列宁格勒举行大会，在瓦维洛夫院长主持下专门讨论科学史工作。会议的决议中一开头就说：“苏联科学院全体大会遵循联共（布）党中央委员会关于思想问题的决议和斯大林同志关于研究马克思列宁主义的历史科学的意义这一指示，着重指出迫切需要坚决地改进和扩充科学技术史的工作……像目前这样的落后现象是不能容忍的。”（见《苏联科学院通报》1949年第2期第126页，这一期通报的全部篇幅是登载这次会议内容的）接着，瓦维洛夫又写了一篇《为建立祖国科学技术史而奋斗》。文中说：“我们每一个人为了有所作为，为了掌握自然和改造自然，都需要科学史，正如需要科学本身一样。我们坚决相信，科学和科学史都是社会主义社会发展中不可缺少的环节。”（见《青年技术》，1949年第3期第8页）1953年苏联部长会议决定扩充莫斯科的科学史研究所为科学技术史研究所，并决定该所由苏联科学院主席团直接领导。

对这一时期的回顾，是很有意义的，苏联的今天就是我们的明天。我国科学技术史的研究目前虽然还处在初创阶段，力量十分薄弱，但中华人民共和国成立后十年来也取得了一定成绩，我们相信在党和政府的重视和领导下，在苏联的帮助下，经过我们一番努力以后，也会迎头赶上的。

〔《科学通报》，1959年第14期〕

《淮南子·天文训》述略

《淮南子》是淮南王刘安组织许多学者集体编写的一部著作。刘安的生年不详，卒于公元前 122 年。这本书写成于公元前 140 年左右。全书内容相当广泛，共分 21 卷，《天文训》是它的第三篇，毛泽东《渔家傲》词的按语“关于共工头触不周山的故事”引用的就是这一篇的第二段。在这一段以前，还有一段讲天体的起源，在这一段以后讲到关于五星、二十八宿和历法等各方面的知识，是研究我国上古天文学的一把钥匙。

天体的起源和演化的问题，自古以来就是人们关心的问题，也是现代科学还没有解决的问题。秦以前的诸子，他们在谈到自然界的时候，偶尔也涉及这个问题，但都没有完整的概念。第一次说得比较清楚而有系统的是《淮南子·天文训》。它说：天地在形成以前，是一团混沌状态的气体。气有轻重，轻清者上升而为天，重浊者凝结而为地，天先成而地后定。天地的精气合而为阴阳。阳气积久生火，火的精气变成太阳；阴气积久生水，水的精气变成月亮；太阳和月亮过剩的精气变成星星。《天文训》中这一朴素的天体起源理论，经东汉天文学家张衡的肯定，曾流传了 1000 多年。

由于地球的自转，看来好像是日月星辰都在以北极为中心环绕着地球转。一个地方的北极地平高度，等于它的地理纬度。在黄河流域，现今的陇海路沿线一带不到35度，故看来天极向北方倾斜。我国地势西北高、东南低，河流多向东南流。为了解释这两种现象，《天文训》引用了共工与颛顼争为帝的神话：共工“怒而触不周之山，天柱折，地维绝，天倾西北，故日月星辰移焉；地不满东南，故水潦尘埃归焉”。这虽然不是用自然界本身的发展来说明自然界，但作为一个神话，充分体现了人们改造自然、改造客观世界的英雄气概。共工这一光辉的形象，永远活在中国人民的心里。

我国人民所熟悉的二十四节气，作为一个完整系统，其全部名称也是首先见于《天文训》。它说：“[斗]日行一度，十五日为一节，以生二十四时之变。”接着就依据北斗斗柄所指的方向，从冬至起，到大雪止，列出了二十四节气的名称。在这里，值得注意的是雨水在惊蛰之前，清明在谷雨之前，这个次序和现行的夏历一致，却和《吕氏春秋》（成书于公元前3世纪）、《礼记·月令》不同，和本书的《时则训》也不同，而后三者的内容是一致的。于是从刘歆（？～23）开始，便有许多人依据这些文献来断定《天文训》的这一段是错了。其实不然。按照《吕氏春秋》的说法：“孟春之月，蛰虫始振”“季春之月，时雨将降”，则在现在阳历的2月20日前后冬眠的昆虫就开始蠢动，4月5日前后田里所需的雨就将降下，这在黄河流域未免早了一些，因此，在制定二十四节气时，把它做适当的调整，是合情合理的。正因为它比较合理，所以尽管有人反对，但到现在还一直在使用。

那么同一书中为什么又自相矛盾呢？这是因为《天文训》这一段写的是当时的实际情形，而《时则训》是收集古代遗留下来的材料，也可以说是从《吕氏春秋》抄来的。这种杂取众说，不加批判，不能自相统一的例子，就是在《天文训》同一篇中也还有不少。就拿清明来说吧，这和同一篇中谈到“八风”时说的冬至后135日“清明风至”就又有矛盾，在此则清明相当于立夏。还有，若根据二十四节气一段，则一年为365天；若根据“八风”一段，则一年为360天。在这里，又一次反映了两段材料的来源不同。

这种杂取众说、择而不精的做法，是该书的一个缺点。但从我们搜集科学史资料的角度来看，却又是优点，它给我们提供了丰富的材料。例如，“朞（期）三百有六旬有六日，以闰月定四时成岁”，《尚书·尧典》中关于历法的这一句话，在其以后的文献里都再没有反映，最终在《天文训》里找到了。

它说："日冬至子、午，夏至卯、酉；冬至加三日则夏至之日也；岁迁六日，终而复始。"按照干支纪日法（即用甲子、乙丑……纪日），60 日为一个周期，若要明年夏至日的支名比今年冬至日的推后 3 天，明年冬至日的支名（子、丑、寅、卯……）比今年的推后 6 天，则必须一年的日数为 366 天，因为 60 除 183 所得的余数是 3，60 除（2×183）的余数是 6。但是 366 日比一个回归年的长度（365.2422 日）要大 0.7578 日，两年就要多出 1 天半，4 年就得减 3 天，这是很不方便的；倒不如反过来，取一年为 365 日，每 4 年加一闰日，该年成为 366 日，这样平均每年为 $365\frac{1}{4}$ 日，与回归年长度也比较接近。现行的阳历基本上就是这种形式。

一年为 $365\frac{1}{4}$ 日，这个数据大概在公元前 500 年左右，我国的天文学家们就已经知道了。因为日的奇零部分为 1/4，所以后来采用这种回归年长度制定的历法就叫作"四分历"。从战国到汉武帝元封七年（公元前 104 年）以前，我国实行的都是"四分历"，《天文训》中详细地记录了这种历法：

$$1\text{ 回归年}=365\frac{1}{4}\text{ 日}$$

$$12\text{ 朔望月}=12\times 29\frac{499}{940}\text{ 日}=354\frac{348}{940}\text{ 日}$$

$$\text{岁余}=365\frac{1}{4}-354\frac{348}{940}=10\frac{827}{940}\text{ 日}$$

$$19\times 10\frac{827}{940}\text{ 日}=206\frac{673}{946}\text{ 日}\approx 7\text{ 朔望月}$$

$$19\times 12+7=235\text{ 朔望月}\approx 19\text{ 回归年}=6939.75\text{ 日}$$

即在 19 年之后，节气又和今年发生在同一日子，但不在同一时刻，若再将此数以 4 乘之，即得：

$$4\times 19\text{ 年}=76\text{ 年}=4\times 6939.75\text{ 日}=27759\text{ 日}$$

则在 76 年以后，节气不但和今年发生在同一日子，而且在同一时刻。但 27759 非 60 所能整除，若用干支纪日，则在 76 年以后日名不同，为了日名相同，得再乘 20：

$$20\times 76\text{ 年}=1520\text{ 年}=20\times 27759\text{ 日}=555180\text{ 日}$$

即在 1520 年以后，节气不但和今年发生在同日同时，而且日名也相同。《天文训》里把 76 年的周期叫作"一纪"，把 1520 年的周期叫作"一终"。接着在另一处又说了这样一段话："太阴元始，建于甲寅，一终（1520 年）而建甲戌，二终（3040 年）而建甲午，三终（4560 年）而复得甲寅之元。"我们知道，1520 不能被 60 整除，这就是说，若用干支纪年，则 1520 年后的岁名不一样，若用 4560 年为一个更大的周期，则不但那时节气和今年的发生在同日同时，而且岁名、日名也一样。因此，这就给我们提供了一个重要证据：至少在西汉初年时已有了干支纪年的方法，这比一般所公认的东汉元和二年（85 年）复行"四分历"时才用干支纪年要早二百多年！但不能就此而得出结论说：《淮南子》就是只主张用干支纪年的，因为久已留传下来的摄提格、单阏、执除、大荒落……赤奋若这一套岁名，在《天文训》里也还是有详细的叙述，并未抛弃。值得注意的是：在这里出现了阏逢、旃蒙、柔兆等十个岁阳之名。把岁阳和岁名相配，如阏逢摄提格等，也可以得到 60 年的周期。这样一来，我国纪年法的演变大概是：先用十二个岁名，然后再用岁阳和岁名相配，最后又用十干和十二支的相配代替了岁阳和岁名的相配。在《淮南子》时代，大概就是由第二种向第三种过渡的时候。

一年等于 $365\frac{1}{4}$ 日，这个数据是用立竿验影的办法得来的。在平地上立一个标杆（古人叫作"表"），则杆子的影子在一天里面，中午时最短；在一年里面，夏至时最短，冬至时最长。为了便于测量每天中午时的影长，古人又在地上和表相连的地方，沿南北方向平摆一把尺子，叫作土圭。圭和表合起来叫作圭表，它是最早的天文仪器，在《周礼》中就有 4 处提到它，不过只是笼统地说："以土圭之法，测土深，正日景（即影），以求地中……日至之景，尺有五寸，谓之地中"（《地官・司徒》）和"土圭以致四时"（《春官・典瑞》）等，既没有说在什么地方观测，也没有说用的表有多高，更没有说到其他节气的影长。《天文训》则说明了八尺高的表冬至日中午的影长为一丈三尺，夏至日中午的影长为一尺五寸。由这两个数据我们可以求得观测地点的纬度为 34°48′，这和陇海路沿线一带的纬度很相一致，可能就是在洛阳观测的结果。由这两个数据，还可以算出当时的黄赤交角为 23°54′，用近代天文学推算得为 23°44′，相差亦只 10′。由此可见，《天文训》中的数据是实测记录。与此相较，《周髀算经》中说的"冬至日晷（即日影）丈三尺五寸，夏至日晷尺六寸"，就显得误差太大了。

汉代学者都众口一词地说表高八尺，独有《天文训》中记载了一种十尺高的表，这是很值得注意的一条资料："欲知天之高，树表高一丈，正南北相去千里，同日度其阴，北表二尺，南表尺九寸，是南千里阴短寸，南二万里则无影，是直日下也。"这也许只是一种理想，并未实行。若真要实行，就会发现日影并不是千里差一寸。

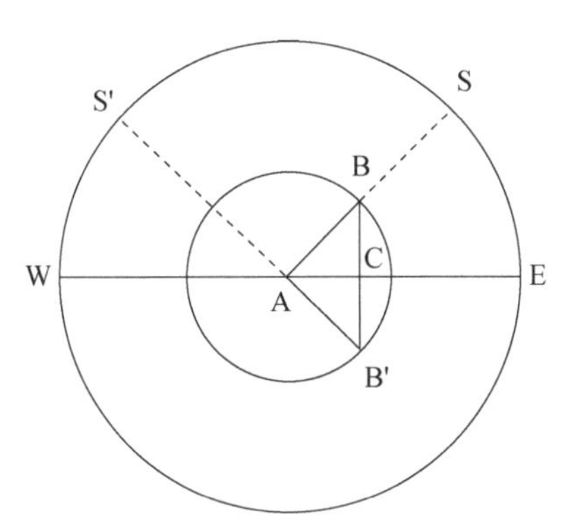

此外，《天文训》中还提出了一个利用标杆来测定方向的新方法：先立一个固定标杆 A，再把另一标杆 B 在它的东方十步远的地方移来移去，早上的时候从西（A 处）往东北、东或东南（如 B 处）看，依季节而定，下午的时候从东（如 B′处）往西北、西或西南看，两次观测均要使两个标杆 A、B 和日面中心 S、S′重合，这样，在两次日影等长的时候，东方活动标杆两次位置的连线 BB′就是正南北，而它的中点 C 和 A 的连线就是正东西。

圭表是最古老、最简单而又科学的仪器，用它可以定方向、测时间、求回归年的长度、量天体的高度，等等。但是它只能进行地平坐标的测量，而《天文训》中却列出了二十八宿的赤道广度（即各距星间的赤经差）："角十二，亢九……张、翼各十八，轸十七。"各宿的广度都是整数，只有箕为$11\frac{1}{4}$度，二十八宿总共为$365\frac{1}{4}$度。这个$\frac{1}{4}$的奇零部分，在"三统历"中没有提到，从后汉"四分历"起移到了斗宿的名下。除此以外，这些数字没有改变地一直被应用到唐朝开元十一年（723 年），才由一行重新进行了测量。

这些数字的取得，可以有三种办法。一种是在同一天晚上，观测各距星通过子午线的时刻差，再把时刻差换算成度数。第二种办法是连续在每一天晚上的同一时间（例如晚上九点钟）进行观测，这样则各距星通过子午线的日数差，即赤经的度数差。第三种办法是在浑仪上直接测量两距星间所张的角度。第一种办法汉朝人根本没有想到过，元朝的赵友钦才在他的《革象新书》里提出，因此在这里不必讨论。第二种办法似乎有可能，因为我国在上古就很注意南中星的观测，早在《尚书·尧典》中就提到了；但一考虑到这种观测所需的时间之多和精确度之低，就很难说用的是这一种办法了。第三种办法则比较简单，但必须使用具有赤道环的浑仪。因此，这又给我们提供了一条线索，证明在落下闳等人于元封七年（公元前 104 年）进行改历以前就已经有了浑仪和对二十八宿的观测结果，他们不过只是总结了这些新的成就。而浑仪的发明在我国天文学的发展上具有极其重要的意义，有了它，许多测量工作才能进行，浑天说也应运而生。

人们最早认识的太阳系里的五大行星，我国在秦以前把它们叫作辰星、太白、荧惑、岁星、镇星。除了岁星以外，文献中记载的都很少，只有《甘氏星经》和《石氏星经》中可能全都谈到，不过这些书都失传了。在现存文献中，把五星作为一个系统来叙述，并且转换成现在还通用的名字，这是《天文训》的功劳。它说：“何谓五星？”东方木也，其神为岁星；南方火也，其神为荧惑；中央土也，其神为镇星；西方金也，其神为太白；北方水也，其神为辰星。到了《汉书·律历志》就直接叫作木星、火星、土星、金星、水星了。《天文训》里给出木星和土星的恒星周期为 12 年和 28 年，金星的会合周期为 635 日；根据现今天文学的实测，这些数据应为 11.82 年、29.46 年和 583.92 日。

木星的恒星周期（11.86 年）和太阳黑子活动的平均周期（11.4 年）很相近。这使我们联想到一件事情：现在很多人在讨论黑子活动和地球上的旱涝关系，而《天文训》里又说：“岁星之所居，五谷丰昌，其对为冲，岁乃有殃……故三岁而一饥，六岁而一衰，十二岁而一康。”并列有以十二年为周期的旱涝情况。《天文训》的这一说法是从甘氏的《岁星经》中继承下来的。其实，在秦以前，不只甘氏有此说法，《史记·货殖列传》引越国的计然亦有类似的说法。为什么那时人们非常注意这一关系呢？若单从星占术出发，那为什么不用土星呢？“岁镇行一宿，二十八岁而周天”，用土星也一样的方便。可能是已经觉察到了一个地方的旱涝情况大致上有 12 年的周期变化，因为不知道太阳黑子的活动周期，就把它归结为和木星的周期有联系了。事实上，这里的情况很复杂，到现在也还没有定论。

《天文训》中除了上述这些天文学资料，还有关于物理学的知识。利用凹面镜把太阳光聚在焦点上，可以得到很高的温度，用来燃烧东西，《天文训》

首先记载了这一事实。我国古书中记载五声以数相求者，以《管子·地员》（成书于公元前4世纪）为最早，记载十二律以数相求者，以《吕氏春秋》为最古。但《吕氏春秋》只列出“黄钟（今C音）生林钟（G音），林钟生太簇（D音）……”并说，“三分所生，益之一分，以上生；三分所生，去其一分，以下生”，但没有列出各种律管的具体数字。《天文训》则列出了各律管的整数或近似整数值，即：若取黄钟律管的长度为81，则林钟为54，太簇为72……并把三分损益法说得更清楚：“下生者倍，以三除之；上生者四，以三除之。”意即 $81\times\frac{2}{3}=54$，$54\times\frac{4}{3}=72$……但因 $81=1\times3^4$，这样只有五个律管的长度为整数。为了十二个律管的长度全为整数，《天文训》又说，“置一而十一三之，为积分十七万七千一百四十七，黄钟大数立焉”，即若以 $1\times3^{11}=177\,147$ 为黄钟之数，则十二律管的长度皆为整数。《史记》《汉书》都采用了这个数据，并演算出其他十一律管的长度。

以黄钟律管的长度为标准，当作九寸，“十寸而为尺，十尺而为丈”“四丈而为匹”——《天文训》是这样给出了长度单位的换算的。关于重量的单位是：“十二粟而当一分，十二分而当一铢，十二铢而当半两……二十四铢为一两，十六两为一斤……三十斤为一钧……四钧为一石。”关于时间的单位，《天文训》里可就没有这样清楚的概念了，它只是说：“日出于旸谷，浴于咸池，拂于扶桑，是谓晨明；登于扶桑，爰始将行，是谓朏明；至于曲阿，是谓旦明；至于会泉，是谓蚤食……”后来的人都根据这一段话，认为当时是根据太阳在地平圈上的位置，把一昼夜15等分或16等分，但是这一说法有问题。若根据这一说法，则晚上10点半叫作黄昏，午夜12时叫作定昏，这未免太名不副实了。我们的看法是这十几个名词都是指白天的时间，而不包括黑夜；除了“至于昆吾，是谓正中”恒为中午12时外，其余的名称都不和现在的固定钟点相对应，而是随着季节和地点而变化的。以北纬35°的地方来说，假定黄昏即为民用昏影终的时刻，则在春分时为下午6时37分，夏至时为7时47分，秋分时为6时23分，冬至时为5时21分。

《天文训》在不到7500字的一篇文章里，给我们遗留下来这样多的知识，不能说不算宝贵。而更重要的是把天文知识作为一个独立的部门，并把乐律和计量标准当作它的附庸，专立一章来叙述，这是第一次，它影响到后来的《史记》《汉书》，以及其他的各史。它们都把天文、律历当作组成部分。正因为二十四史中差不多都有天文志和律历志，我国的丰富的观测记录和多彩的历法知识才得保存下来。当然，二十四史中有天文、律历的原因还有其他方面，但把《淮南子·天文训》的影响作为一个方面，总是可以的吧！

（本文写作期间，承蒙叶企孙教授和钱宝琮教授指导，特此致谢。）

〔《科学通报》，1962年6月号〕

试论王锡阐的天文工作

一

王锡阐，字寅旭号晓庵，又字昭冥（肇敏）号余不，别号天同一生，江苏吴江人。生于明崇祯元年六月二十三日（1628 年 7 月 23 日），卒于清康熙二十一年九月十八日（1682 年 10 月 18 日），享年五十有五。当他十七岁时，逢明政权覆灭。从忠君爱国思想出发，他屡次求死，投河遇救而不死，绝食七日又不死，父母强恃之，不得已乃复食，遂弃制举业，专力于学，尤嗜天文历数[1]。夜晚遇天色晴朗，即登上屋顶，仰观天象，竟夕不寐。久之，对于中西学说，皆能条其原委，考其得失，著有《晓庵新法》和《五星行度解》等书[2, 3]。锡阐的著作，皆用篆体字书写，人多不能识[4-6]，加以他所研究的学问太专门，从其学者，未几皆厌倦罢去。而自己又无子女，家中无人照料，故其手稿于死后颇多遗失[7]。后经潘耒、徐善、沈眉寿、俞锺岳等人搜集整理，现存者尚有 50 余种（包括信件、诗等），其中属于天文方面的有如下几种。

（1）《历说》五篇，可能写于1659年；

（2）《晓庵新法》六卷并序，成书于1663年秋，版本较多，以《丛书集成》中据守山阁丛书排印本较好，亦易得到；

（3）《历表》分上、中、下三册，包括太阳盈缩立成等二十四个表；

（4）《历策》一篇，约写于1668年3月之后；

（5）《五星行度解》，成书于1673年秋之前，《丛书集成》中有据守山阁丛书排印本，《中西算学丛书初编》中亦有；

（6）《日月左右旋问答》，1673年秋；

（7）《推步交朔序》，1681年8月29日写；

（8）《测日小记序》，1681年9月12日写；

（9）《大统历法启蒙》；

——以上九种均见光绪十四年（1888年）刊印的《木犀轩丛书》。

（10）《贻青州薛贻甫书》，1668年；

（11）《答四明万充宗》，1672年10月5日；

（12）《答朱长孺书》，1673年9月11日；

（13）《答嘉兴徐圃臣》，1681年；

——以上四种均见道光元年（1821年）俞锺岳校刊的《晓庵先生文集》（杭州浙江图书馆抄本）卷2和光绪十九年（1893年）李木斋辑的《王晓闇先生遗书补编》（北京大学图书馆藏抄本）。

此外，王氏天文著作现仅存篇名者如下。

（14）《西历启蒙》，当与《大统历法启蒙》类似，为概括西法之书；

（15）《丁未历稿》，是他推算的公元1667年的年历；

（16）《三辰晷志》，王曾创一晷，可兼测日、月、星，这是他为这个仪器写的说明书。

——以上三种潘耒（1646～1708）在《晓庵遗书序》内均曾提到过，但现已不见。

又，现在上海图书馆藏有《西洋新法历书表》廿六卷，共十六册（抄本），题晓庵氏著，但此书是否为王锡阐所著，尚不敢肯定，因前人从未提到过。故本文讨论他的天文工作，仍以前13种文献为依据。

对于王锡阐的这些天文工作，清代的学者们作了很高的评价。例如，顾炎武（1613～1682）说："学究天人，确乎不拔，吾不如王寅旭。"[8]潘耒说：

“吾邑有耿介特立之士，曰王寅旭，自立新法，用以测日月食，不爽秒忽。神解默悟，不由师传，盖古落下闳、张衡、僧一行之俦也。”[5]梅文鼎（1633～1721）说：“历学至今日大盛，而其能知西法复自成家者，独北海薛仪甫、嘉禾王寅旭二家为盛，薛书受于西师穆尼阁（Nicolas Smogolenski，波兰人，1646 年来华，1656 年卒），王书则从《(崇祯）历书》悟入，得于精思，似为胜之。”[9]又谓：“近世历学以吴江（王）为最，识解在青州（薛）以上，惜乎不能早知其人，与之极论此事，稼堂（即潘耒）屡相期订，欲尽致王书，嘱余为之图注，以发其义类，而皆成虚约，生平之一憾事也。”[10]梅文鼎的这项愿望，虽然也有人想去尝试，如罗士琳（1774～1853）[11]，然未能如愿以偿。今天，在党的领导下，对于人类社会所创造的一切物质文化财富，我们都要批判地继承，王锡阐在天文学上的贡献，当然亦不能例外。作者对于王锡阐的天文工作尚未全部搞透，本文只是初步探讨，不当之处，请读者批评。

二

清初，传教士汤若望（Adam Schall von Bell，日耳曼人，1619 年来华，1666 年卒）等人把持了钦天监，气焰非常嚣张，对中国天文学大肆攻击。虽有杨光先（1597～1669）等人与之辩论[12]，然皆因天文修养太差，显得软弱无力。独有王锡阐在肯定西洋方法的同时，又指出它的缺点。

第一，西历对日月食的算法确比中法高明，但也不是完全准确。王锡阐正确地指出，“推步之难，莫过交食，新法于此特为加详，有功历学甚巨”，如“以交纬定入交之浅深，以两经定食分之多寡，以实行定亏复之迟速，以升度定方位之偏近，以地度东西定加时之早晚，皆前此历家所未喻也”“然究极玄微，不能无漏，在今已见差端，将来讵可致诘”，例如“戊戌仲夏朔（1658 年 6 月 1 日）日食，初亏差天半分，复明先天一刻；己亥季春望（1659 年 5 月 7 日）月食，带食分秒，所失尤多”[13]“癸卯七月望（1663 年 8 月 19 日）月食当既(10.49)不既，丙午五月望(1666 年 6 月 17 日)月当食四分之一(2.38)，是夕微云掩月，总朦胧难分，而终宵候验，似无亏损”[14]“壬子二月辛卯望(1672 年 3 月 13 日)，食时先天二刻，食分差天七十余秒（0.70）”[15]。

第二，发生误差的原因很多，有些也非王锡阐当时所能指出。例如，《新法历书》取太阳的视差为 3′，实际上只有 8″.8，这就不是王锡阐所能知道的。

然王锡阐所指出的几点，却非常中肯。例如，他正确地指出，按小轮体系计算月球运动时，除了在定朔、定望时刻，都应加改正数，但《新法历书》在推算日月食时不用这些改正数，好像日、月食就一定发生在定朔、定望。事实上只有月食食甚才发生在定望（今按：也不一定会），距望久者不下数刻，至于日食，不仅初亏、复圆二限不在定期，即食甚之时，除非在黄平象限，否则皆不与定朔合[13]。

第三，西法以为月亮在近地点时，视直径大，故月食食分小；月在远地点时，视直径小，故食分大。①王指出这个论点是错误的。他说："视径大小，仅从人目，食分大小，当据实径。太阴实径，不因高卑有殊。地影实径，实因远近损益，最卑之地影大，月入影深，食分不得反小；最高之地影小，月入影浅，食分不得反大。"[13]设地球位于离太阳的平均距离处，则可以算出：当月亮在近地点处，地球本影的直径为月球直径的 2.72 倍；在远地点处为 2.42 倍；王锡阐的论断是正确的。

第四，《新法历书》成于众手，西士各有师承，学有新旧，托勒密、哥白尼、第谷、开普勒的数据同时采用，前后矛盾，相互抵触之处颇多，王锡阐例举了许多："月离二、三均数，历指与历表不合"[14]"日行惟一，而日缠表与五纬表差至五十五秒；月转惟一，而月离表与交日食表差至二十三分；日差惟一，而日缠与月离各具一表"[16]……这些数字的混乱，也降低了计算的精确性。

第五，汤若望推算戊戌岁四月戊辰（1658 年 5 月 3 日）、七月丙午（8 月 9 日）和十一月丁巳（12 月 18 日）水星皆先过日，又历数时，而后顺（上）合；五月己丑（6 月 7 日）水星先在日后，亦历数时而后退（下）合。这个结果更是违反了内行星的上合是星在日后，顺行而追及日；下合是星在日前，逆行而与日相遇的天文常识。王锡阐正确地指出："夫星在日前，顺行益远；星在日后，退行益离，安得再合？天行有渐差而无潜差，岂容一日之内，骤进骤退，曾无定率如是乎！"[17]

第六，回归年（"节岁"）的长度，从"统天历"（1199 年颁）、"授时历"（1281 年颁）和西法看来，都在逐年缩短，不知"亿万年后将渐消至尽，抑消极复长耶"。又，节岁之外，别有"星岁"（恒星年），节岁与星岁之较即岁差，西法认为恒星年不变，而回归年渐短，照理岁差常数应该逐年增大，而

① 参阅《古今图书集成·历法典》第 61 卷。

西法以 51 秒为岁差常数，岂非自相矛盾？[18]在这里，王锡阐问得相当深刻，当时的传教士们未必能准确回答。从近代天文学看来，岁差常数确实是在逐渐增大，不过情况很复杂，并不简单地等于回归年的缩短数，而是要小得多。

第七，从冬至起到冬至止，把一回归年的天数 24 等分，这样所得到的节气叫作平气。从冬至之日太阳所在的位置起，规定太阳视行每 15°算作一个节气，这样所得到的节气，叫作定气。由于太阳视行速度的不均匀性，“日均则度有长短，度平则日有多寡”，平气和定气之间可有一二日之差。我国自“大衍历”（729 年颁）以来在颁行的历书中用平气，在计算日行度数和交会时刻等时用定气。这两种制度并行，并无不合理之处。传教士们却抓住这点大肆攻击，而且只攻一点不计其余，好像中国人根本不知道定气，谓“中历节气，差至二日”。王锡阐对此进行了坚决的反击，他说：“二日之异，乃分（春秋分）至（冬夏至）殊科（制度不同），非不知日行之朓朒（快慢）而致误也。”[19]若真要用度数相等，那定气也只是日行经度相等，因为 $\sin\delta_\odot = \sin\varepsilon\sin\lambda_\odot$，以黄经 $\lambda_\odot$求赤纬 $\delta_\odot$时绝非平行，二分左右黄经每变一度，赤纬变化几及其半，二至左右黄经每变一度，赤纬变化仅以秒计。故若但论时日，则平气已定，若主天度，则应兼论赤纬，而且赤纬的变化更重要，因为四时寒暑的变化是由太阳赤纬的变化引起的。[20]

第八，西洋分一日为 24 小时，一小时为 60 分钟；中国当时分一日为十二辰，又分为一百刻，每刻分为一百分。西洋分圆周为 360°，中国分圆周为 $365\frac{1}{4}$ 度。王锡阐指出：这些都是人为的划分，并非自然界所固有，无所谓谁是谁非，也不影响到测算的精确度，西洋人在这一点上硬要说中国的不对，是一种派系斗争，是毫无道理的。[19]

王锡阐对传教士们的这些质问和辩论，虽然在有些地方也有欠缺之处。例如，若用定气，则至少在二分二至时太阳的赤纬能够达到最小和最大，用平气则只能在冬至时，太阳的赤纬最大（指绝对值而言）。再如，中国古代分一日为十二辰，又分为一百刻，一百不能为十二所整除，辰与刻之间的配合很是麻烦，不如西洋分法方便。又如，分圆周为 360°比分为 $365\frac{1}{4}$ 度便于刻度。西法的这些优点是应该承认的，而王锡阐没有承认。但是，从总的方面来看，从当时斗争的形势来看，王锡阐这样做还是可以的。

三

但是，王锡阐不是一位守旧学者，他对“授时历”“大统历”的批评也很严厉。他说：“守敬治历，首创测日，余取其表影反复布算，发现其自相牴牾者不止一事，余所创改，多非密率，在当日已有失食失推之咎。况乎遗籍散亡，法意无征，兼之年远数盈，违天渐远，安可因循不变耶？”[19]那么该怎么办呢？他认为徐光启的道路是正确的，即先翻译西法，然后与中法比较研究，最后再定出一套新的方法。可惜徐光启死后，“继其事者仅能终翻译之绪，未遑及会通之法，至矜其师说，齮龁异己，廷议纷纷”[21]。而他自己呢？又不愿与清政府合作，出来参与此事，于是就自己一个人在家里来会通中西之术，著《晓庵新法》六卷。

第一卷讲天文计算中所需要的基础数学知识，主要为以割圆之法求三角函数。在这里值得注意的一点是，王锡阐提出了把圆周 384 等分，叫作爻限。这个分法比西洋 360°的分法及我国 $365\frac{1}{4}$ 度的分法都有优越之处，它的 $\frac{1}{4}$ 等于 96 爻，96 爻的三等分为 32 爻，而 $32=2^5$，即可以平分下去，一直到 1 爻为止，这对刻度的精确度大有好处。

第二卷以崇祯元年（1628 年）为历元，以南京为里差之元（即经纬度的起点），列出了一系列基本天文数据，如：

$$\begin{cases}\text{岁周（回归年）}=365.242\,186\,06\text{日}\\ \text{周天（恒星年）}=365.256\,559\,32\text{日}\\ \text{历周（近点年）}=365.254\,868\,08\text{日}\end{cases}$$

$$\text{黄经岁差}\quad \psi=0^{\circ}.014\,373\,26/\text{年}$$

$$\left.\begin{cases}\text{内外准分（}\sin\varepsilon\text{）}=0.399\,149\\ \text{内外次准（}\cos\varepsilon\text{）}=0.916\,886\end{cases}\right\}\rightarrow\text{黄赤交角}\,\varepsilon=23^{\circ}31'30''$$

$$\begin{cases}\text{月周（朔望月）}=29.530\,591\,97\text{日}\\ \text{转周（近点月）}=27.554\,613\,77\text{日}\\ \text{交周（交点月）}=27.212\,222\,03\text{日}\end{cases}$$

在这里王锡阐曾经注意到刻（h）余之分（m）秒（s）与度余之分（′）秒（″）在中文易于相混，建议把 m 叫作息，s 叫作瞬。这一点我们现在也还值得考虑采纳。

第三卷用中西法结合求朔、弦、望和节气发生的时刻，以及日、月、五星的位置。在求定朔、弦、望时用前泛时和后泛时两均数之较为比例，这比西法用两个子夜 0 时的实行度更为准确。

第四卷讨论昼夜长短、晨昏蒙影、月亮和内行星的盈亏现象，以及行星和月亮的视直径等，所用的方法有许多已和现在球面天文学中的完全一样，只是没有用公式表示出来，例如求月亮的视直径 d 的方法，实际上即用下列关系式：

$$\sin d = \frac{\sin \pi}{\sin \pi_0} \sin d_0 \tag{1}$$

式中，π 和 π_0 为月之赤道地平视差和平均赤道地平视差；d_0 为月在平均距离处之视直径。王锡阐把 $\frac{\sin \pi}{\sin \pi_0}$ 叫作远近定分，他在第二卷中给出 $\sin d_0 = 0.009\,307$，叫作视径中准。

对于晨昏蒙影，他也取太阳到地平线下 18°时为晨光始和昏影终，他把时角 t 叫作距中度，而

$$\cos t = \frac{\cos 108° - \sin\phi \sin\delta_{\odot}}{\cos\phi \cos\delta_{\odot}} = \frac{-0.309\,017 - \sin\phi \sin\delta_{\odot}}{\cos\phi \cos\delta_{\odot}} \tag{2}$$

其中，0.309 017 叫作昏明准分，也作为一个常数列在第二卷里了。

第五卷讨论气差（大概即我们今天说的时差）和视差，并讨论月体的光魄定向（即日心和月心连线的方向）。这个月体光魄定向的算法和第六卷里计算日、月食亏、复方位的算法是一样的，它为王氏所首创，并为以后清政府编的《历象考成》（1722 年）所采用，现介绍如下。

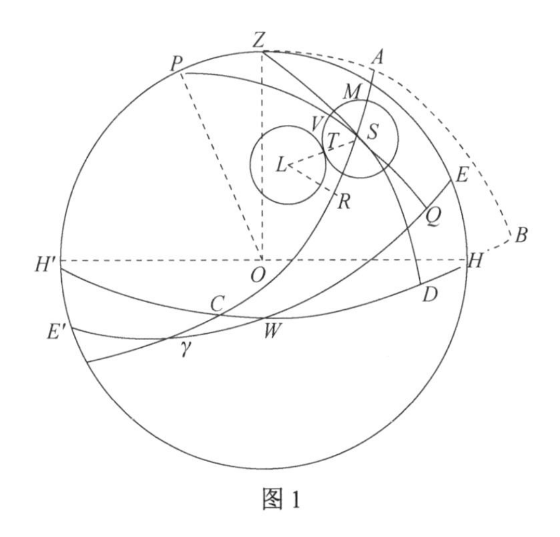

图 1

在图 1 中，O 为地心，L 为月心，S 为日心，γ 为春分点，$H'WH$ 为地平圈，$E'\gamma E$ 为赤道，γCMA 为黄道，P 为北极，Z 为天顶，ZAB 为平分地平线上黄道

半圆的地平经圈，它与黄道的交点 A 叫作“黄道中限”。从北极 P 过日心 S 向赤道 $E'\gamma E$ 作垂圈 PSQ，则 $\gamma Q=\alpha_\odot$，为太阳之赤经。从天顶 Z 过日心 S 向地平圈 $H'WH$ 作垂圈 ZSD，则 SD 为太阳的地平高度。又 $\gamma S=\lambda_\odot$，为太阳的黄经；$LR=\beta_☾$，为月亮的黄纬；$ST=\gamma_\odot$，为太阳的视半径；$LT=\gamma_☾$，为月亮的视半径。现在要求的是日食初亏方位角 VST，角度的量度是从日面北点 V 起向西为正。

第一步，求初亏时刻的恒星时 θ，$\theta=t+\alpha_\odot$。

第二步，利用 rt$\triangle ME\gamma$ 求与 θ 相应的黄经 $\widehat{\gamma M}$（“午位黄道度”）和“午位黄道高” $\widehat{MH}$：

$$\begin{cases}\tan\widehat{\gamma M}=\tan\theta\sec\varepsilon & (3)\\ \tan\widehat{ME}=\sin\theta\tan\varepsilon & (4)\\ \cos\sphericalangle M=\cos\theta\sin\varepsilon & (5)\\ \widehat{ME}+(90^\circ-\phi)=90^\circ-\left(\phi-\widehat{ME}\right)=\widehat{MH}=\text{午位黄道高} & (6)\end{cases}$$

第三步，利用 rt$\triangle MHC$，求“黄道中限高” $\widehat{AB}$，即 $\sphericalangle C$，和“黄道中限度” $\widehat{\gamma A}$：

$$\begin{cases}\cos\sphericalangle C=\sin\sphericalangle M\cos\widehat{MH} & (7)\\ \tan\widehat{CM}=\dfrac{\tan\widehat{MH}}{\cos\sphericalangle M} & (8)\\ \widehat{\gamma A}=\widehat{\gamma M}+\widehat{MA}=\widehat{\gamma M}+\left(90^\circ-\widehat{CM}\right) & (9)\\ \widehat{SA}=\widehat{\gamma A}-\lambda_\odot & (10)\end{cases}$$

第四步，利用 rt$\triangle SDC$ 求黄道高度 $\widehat{SD}$ 和“黄道高度交分” $\sphericalangle CSD$：

$$\begin{cases}\sin\widehat{SD}=\sin\left(90^\circ-\widehat{SA}\right)\sin\sphericalangle C=\cos\widehat{SA}\sin\sphericalangle C & (11)\\ \sin\sphericalangle CSD=\cos\sphericalangle C/\cos\widehat{SD} & (12)\end{cases}$$

第五步，利用$\triangle SZM$ 求 $\sphericalangle SZM$：

$$\begin{cases}\cos\sphericalangle SZM=\dfrac{\cos\left(\widehat{\gamma M}-\lambda_\odot\right)-\sin\widehat{SD}\sin\widehat{MH}}{\cos\widehat{SD}\cos\widehat{MH}} & (13)^*\\ 180^\circ-\sphericalangle SZM=\text{泛向} & (14)^*\\ \text{泛向}-\sphericalangle CSD=\text{次向} & (15)\end{cases}$$

---

* 按这（13）和（14）式是错误的。在这里不应该用$\triangle SZM$ 求 $\sphericalangle SZM$，而是应该用$\triangle PSZ$ 求 $\angle PSZ$，$180^\circ-\sphericalangle PZS=\sphericalangle PSD$ 为泛向，即通过日面中心 S 的赤经和高弧的交角。

第六步，利用 rt△LRS 求差较分 ∢LSR：

$$\sin\sphericalangle LSR=\frac{\sin\widehat{LR}}{\sin\widehat{LS}}=\frac{\sin\beta_{☾}}{\sin\left(\gamma_{\odot}+\gamma_{☾}\right)} \quad (16)$$

$$次向-\sphericalangle LSR=定向，即\angle VST \quad (17)$$

第六卷讨论日月食计算，为全书的目的所在，除对初亏和复圆的方位角的计算有所创见，已如上述外，又在求交食各限的时刻时，加上了月亮次均的改正数，纠正了《崇祯历书》的错误。

在第六卷中除有日、月食计算方法以外，还有金星凌日和五星凌犯的计算法。这些方法的叙述在中国书中还是第一次，其计算方法和计算日月食完全一样，只有个别细节不同，这里不再详述。现在要讨论的是王锡阐是不是预告了崇祯四年十一月十四日（1631 年 12 月 6 日）的金星凌日，作者的回答是：没有。理由有三：①1631 年王锡阐才三岁，肯定不会计算凌日；②《晓庵新法》根据作者的序言，成书于“昭阳单阏菊花开日”，即 1663 年秋，亦在此后 32 年；③书中也只是泛泛叙述，并未计算任何一次凌日现象。认为王锡阐是世界上第一个计算金星凌日的人是朱文鑫，由于他在《历法通志》（第 235 页）和《天文学小史》（下编第 156 页）中的叙述，这个错误一直流传到今天，应该予以纠正。

那么，王锡阐又是怎样想到计算金星凌日呢？这可能是受了阳玛诺（Emmanuel Diaz，葡人）的《天问略》（1615 年出版）和罗雅谷（Jacobus Rho，意人）《五纬历指》（1634 年出版）的影响。《天问略》中有这样一段话：“问：日食若因月天在日天之下，则水星、金星天亦在日天之下，而不见掩其光，何也？曰：水星、金星虽正过日轮之下而有与日同度时，然金星大于水星，而日大于金星一百倍，二星之体比日体甚小，岂能掩其光而使人不见日也。吾国历家遇金、水二星与日同度，恒见日轮中有黑点，以星体不能全掩日体故也。”《五纬历指》卷一中亦有相似的一段：“问：金、水二星既在日下，何不能食日？曰：太阳之光大于金、水之光甚远，其在日体不过一点，是岂目力所及。如用远镜如法映照，乃得见之。”

另一方面，从王锡阐的著作中也可看出他是受了这些著作的影响。他在《晓庵新法》第六卷中说：“太白体全入日内，为日中黑子。太白食日不成黑子者，日光盛大，人目难见，今姑具其理。辰星以退（下）合定时，求晨昏定径，得数甚微，虽入日体，人目难见，如欲定之，悉依太白食日诸法。”用“黑子”一词和《天问略》中一样。再者，他在《五星行度解》中说：“日中常有黑子，未详其故，因疑水星本天之内，尚有多星。星各有本天，层迭包裹，近日而止。但诸星天周愈小，去日愈近，故常伏不见，唯退合时，星在日下，星体着日中如黑子耳。与日食同理，但月视径大，故能食日，星视径小，只成黑子。”这与《五纬历指》中所说的“太阳四周有多小星，用远镜隐映受之，每见黑子”，其理论也是一样的。

虽然如此，但是西洋传教士毕竟没有说出内行星凌日的计算方法，既没有介绍预告 1631 年和 1639 年金星凌日的《卢多耳福星行表》（Rudolphine Table，Kepler 著，1627 年出版，北堂藏书号 1902）①，也没有介绍预告 1639 年金星凌日的 *Tabulae coelestium motuum perpetuae*（Lansberg 著，1632 年出版，北堂藏书号 1964）。在这种情况下，王锡阐独立地提出了一种方法，虽说不是世界第一，但也是难能可贵的。

四

由于地球的自转，看来好像天体都在东升西落，每日绕地一周。由于地球的公转，看来好像太阳每天在众星间移动一度。由于月亮围绕地球的运动，看来月亮每天在天空移动十三度多。为了解释这三种运动，我国在很早就出现了两种不同的学说：一派主张日月星都是环绕着大地由东向西移动，恒星的速度最快，太阳其次，月亮又其次，即所谓左旋说。一派主张恒星由东向西（左旋），而日、月由西向东（右旋），即所谓右旋说。前一种学说的文字记载最早见于刘向《五纪论》中所引“夏历”的主张[24]，后一种学说的文字记载，最早见于《晋书·天文志》所引周髀家说。自汉以来，在宋以前，右旋说占绝对的优势，左旋说除了刘向提过，在其他的文献中很难找到。到了宋代，情况发生了变化，理学家朱熹（1130～1200）、蔡沈（1167～1230）等都大力提倡左旋说[25]。由于朱熹哲学思想对后来的影响很大，左旋说也得到了发展，许多哲学家都承认它。但天文家仍坚持右旋说。故王锡阐说：“至宋而历分两途，有儒家之历，有历家之历。儒者不知历数，而援虚理以立说；术士不知历理，而为定法以验天。”[19]在这里，王锡阐批判那些哲学家们，不懂历法计算而空谈天体运行理论，即没有实践的理论，是空洞的理

① 这本书于 1646 年即到穆尼阁手中，但他后来只向薛凤祚介绍了其中的对数知识[22, 23]。

论；另一方面，历法家们又不探讨天体运行理论，以致“天经地纬，缠离违合之原，概未有得”[19]。①

王锡阐是理论与实践相结合的一位平民天文学家。他除了致力于历法的改进，对天体的运行理论也十分注意。他的《日月左右旋问答》虽然“乃门人所记，未及删润为文”[26]，但仍不愧为一篇讨论左旋、右旋论的好文章。通过三个人（王锡阐、王锡伦和沈令望）的对话，一步比一步深入地申明了右旋论的正确性。在讨论中，锡阐和令望是右旋论者，锡伦是左旋论者，但为了把问题说得透彻，锡阐有时候也站在左旋论的立场说话。例如，令望举出日食总是由西边缘开始，月食总是由东边缘开始，来证明日月都是由西向东运行（右旋）。王锡阐就说：“先儒又言日迟于天而疾于月，闇虚（地影）在日之冲，迟疾与日正等。日（由东往西）行逐及于月，故初亏于西。闇虚逐及于月而侵月，故初亏于东。日西行而过月，故复明于东。闇虚离月而西去，故复明于西。是犹月行越星与星行越月之见耳，未足为右旋之左证也。”

在《日月左右旋问答》中，王锡阐共列举了以下几点理由证明太阳确是沿黄道向右移动和月亮也是沿白道向右移动的。

（1）用“大统历”推算月亮纬度，所得误差很大，并非由于右旋论之错，而在于当时人们不知道黄、白二道各有南北二极，这极又各有变化，像黄赤交角的变化、月亮轨道近地点的移动和二均差等，都没有考虑。

（2）日、月运动速度的不均匀，同是由于离地远近的不同，离地远则运行得慢，离地近则运行得快，故极快极慢必须在一个周期内变化。按照右旋论，太阳一岁一周，月亮一转（近点月）一周；按照左旋论，则皆为一日一周。一日之内，太阳和月亮的运动速度不呈周期变化，可见左旋说是错误的。

（3）日行黄道，而黄道与赤道斜交，若每天左旋一周，则太阳冬天将出于东南而没于西北，夏天出于东北而没于西南，这与事实相违，不能成立，故太阳每天只能沿黄道右移一度。

（4）置黄赤二道，用球面三角学，以太阳每日右行黄道经度求其赤纬变化，所得结果，丝毫不差。

（5）天体浑圆，从南北二极作垂直于赤道的大圆，形如割瓜，远赤道则度分狭，近赤道则度分广。黄道交于赤道，度无广狭，而以斜直为广狭，冬夏距远势直，由黄道经度求赤道经度需加约十分之一，春秋距近势斜，由黄

① 近代的朱文鑫把这段话作了错误的理解，以为是“宋代太史局中，有儒家之历，有历家之历，儒者侈谈玄理，术士拘泥成数，不免有门户之见，起纷争之端，嗣世缵绪，必更历纪，较诸唐代，尤为频数”（《历法通志》第23和172页）。陈遵妫先生在《中国古代天文学简史》（第47页）中也沿袭了这一错误。

道经度求赤道经度需减约十分之一，故即令太阳在黄道上做匀速运动，一年里面真太阳日的长短也有四次变化，这与观测事实符合。若谓太阳每日即行黄道一周，这个现象也无法解释了。

至于行星的运动，情况则比较复杂，看起来有顺行、有逆行，有快、有慢，有留。为了解释这些现象，王锡阐采用了《五纬历指》中所介绍的新图，即第谷体系："地球居中心，其心为日、月恒星三天之心。又以日为心，作两小圈为金星、水星两天。又一大圈稍截太阳之圈，为火星天。其外又作两大圈为木星之天、土星之天。"《五纬历指》中虽然介绍了这一"新"说，但也同时采用了托勒密旧说，加以《崇祯历书》非出于一人之手，分析不清，前后矛盾。王锡阐则抛弃了《崇祯历书》中的混乱现象，只利用它的新图，来建立学说。在《五星行度解》中，他主张五星皆绕日而行，同时又为日天所挈而东。土、木、火三星在自己的轨道上左旋，金、水二星在自己的轨道上右旋，各有自己的平均行度。太阳在自己的轨道上环绕地球运行，这轨道在恒星天上的投影即黄道。从这一理论出发，他推导出下列一组公式：

$$\begin{cases}\tan\phi=\dfrac{r\sin\theta}{1\pm r\cos\theta} & (18)^{*}\\ \omega=\lambda\pm\phi & (19)\\ \omega=\phi-\lambda & (20)\end{cases}$$

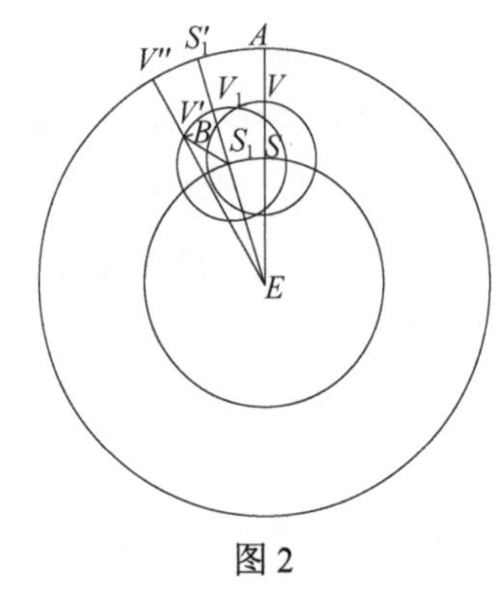

图 2

其中，ϕ为从地球上看来行星离日度数；r为以日地距离为单位的行星轨道半径；θ为行星在自己轨道上距冲合时的度数，即每日行星轨道平均角速度和地球轨道平均角速度之差乘以天数；ω为从地球上看来行星在天空沿黄经方向所运行的度数，λ为太阳运行的度数。在（18）式中，当上合时取"+"号，下合或冲时取"−"号。但在外行星的场合，$r\cos\theta$常大于1，所得的ϕ常为负值，故外行星冲日后的离日度数为$180°-\phi$。求出ϕ以后，

---

* 以金星上合为例，按照王锡阐的想法，推导（18）式如下。在图 2 中 E 为地球，$\odot AS'_1V''$为黄道。设金星顺（上）合日 S 于 V 处，投影在黄道为 A 点，$\overline{AVSE}$ 为原界。经过时间 t 后，太阳行至 S_1 处，此时原界亦移至 $\overline{S'_1V_1S_1E}$，故以 S_1 为中心，SV 为半径作圆，交 ES'_1 于 V_1，V_1 即金星的原点，但此时金星已右旋$\angle V_1S_1V'=\theta$ 角而至 V'处。连 EV'并延长之交黄道于 V''处，求$\angle S'_1EV'=\phi$ 角。自 V'向 $\overline{ES'_1}$ 作垂线 $V'B$，则在$\triangle V'BS_1$ 内，$S_1B=S_1V'\cos\theta=r\cos\theta$，$V'B=r\sin\theta$；在$\triangle V'BE$ 内，$\tan\phi=\dfrac{V'B}{EB}=\dfrac{V'B}{ES_1+S_1B}$ 但 $ES_1=ES=$日地距离$=1$，$\therefore\tan\phi=\dfrac{r\sin\theta}{1+r\cos\theta}$。

在上合以后的场合，代入（19）式；若系下合或冲以后，则代入（20）式，即可得到视行度。

除了计算位置，在《五星行度解》中还讨论了日月离地和五星离日有远近变化的缘故。他说："历周最高卑之原，盖因宗动天（借西历名）总挈诸曜为斡旋之主，其气与七政相摄，如磁之于针，某星至某处，则向之而升，离某处，则达之而降。"这已经是讨论引力的先声，而在时间上和牛顿是同时。在欧洲，在牛顿以前，开普勒在其《哥白尼天文学概要》（*Epitome Astronomiae Copernicanae*，三卷，1618～1621 年出版）也提出过相似的理论，企图用磁力来解释行星（包括地球）绕日在椭圆形轨道上运行的原因。当然，王锡阐的工作不能与开普勒和牛顿的工作相比，但这一落后情况，不应由王锡阐负责，而要责怪传教士，他们囊中携有哥白尼的《天体运行论》（北堂藏书号 1385）、伽利略的《两个体系对话集》（北堂藏书号 1656）和开普勒的《哥白尼天文学概要》（北堂藏书号 1897），但就是秘而不传。可以想象，如果王锡阐接触到了这些伟大著作，那他在天文学上贡献，将要大得多！同时，也应指出：王锡阐采用第谷体系而抛弃托勒密体系，正说明了中国的先进知识分子们对新学说的欢迎。那些说传教士们不传哥白尼学说是害怕中国人反对的说法是不能成立的[27, 28]。

五

王锡阐在天文学上能有这样深的造诣是与他的唯物主义思想和严谨治学精神分不开的。他反对王阳明（1472～1529）的主观唯心主义，他说："阳明良知二字不过借名，其重只在不学、不虑"，这种思想害人不浅，故他与张履祥（1611～1674）一道，力倡"修己教人，皆以居敬穷理，躬行实践为主"[29]。他坚决反对把天文学和占星术联系在一起，当乡里有人以水旱之占问他时，他说：关于此事，我肚里漆黑一团，一无所知[30]。但一当有人问他天文知识时，则手画口淡，如指黑白，滔滔不绝[31]。他对历史上许多天文家的迷信行为进行了谴责："步食或不尽验，食时或失辰刻，则其为术或者可商求，苟能虚衷殚思，未必不复更胜，奈何一行、守敬之徒，乃有惟德动天之谀，日度失行之解，使近世畴人草泽，咸以二语蔀其明、域其进耶！"他又说："每见天文家言日月乱行，当有何事应，五星违次，当主何征，余窃笑之，此皆推步之舛，而即傅以征应，则殃庆祯异，唯历师之所为矣。”[32]

与王锡阐的这种反对占星术的态度相反，西洋的传教士们则大肆宣传星占学。穆尼阁的《天步真原》，它的开头第一句就是：“历数所以统天，而人之命与运亦天也。故言天而不及人，则理不备；言人而不本于天，则术不真。”这本书大事宣扬迷信。而近代的有些西方学者却置这些事实于一旁，强说中国天文学主要是占星术，只是西方传教士来了以后才把它变成科学[28]，这真是离开事实太远了！

王锡阐非常注意观测工作。他从青年时代起，每逢晴朗的夜晚，就爬上屋顶观测天象，直到天明。他说：“人明于理而不习于测，犹未之明也；器精于制而不善于用，犹未之精也。”他的观测经验是：“人习矣，器精矣，一器而使两人测之，所见必殊，则其心目不能一也。一人而用两器测之，所见必殊，则其工巧不能齐也。心目一矣，工巧齐矣，而所见犹殊，则以所测之时，瞬息必有迟早也。”[33]这真是经验之谈，不是行家是不能知道的。

他注重观测，但又不局限于观测。观测是为了检验理论和改正理论。他在计算 1681 年 9 月 12 日的日食时曾说：“每遇交会，必以所步所测，课校疏密，疾病寒暑无间，于兹三十年所。（今）年齿渐迈，气血早衰，聪明不及于前时，而黾黾孳孳，几有一得，不自知其智力之不逮也。”[30]这几句话显明地刻画出了一个学者的严肃态度和老当益壮的精神。1681 年是他去世的前一年，已经是疾病缠身，然仍能如此地坚持工作，足证他平时对自己是如何严格要求和处理问题用多么严密的方法。

许多人往往认为观测工作很简单。王锡阐则认为：“虽谓之易也可，然语其大概。而余之课食分也，较疏密于半分之内，半刻半分之差，要非躁率之人、粗疏之器所可得也。”[33]当他发现观测结果与计算所得不一致时，一定要找出原因，而一致时，犹恐有偶合之缘，他的经验是：“测愈久则数愈密，思愈精则理愈出。”[16]

王锡阐十分谦虚，他曾对自己的工作评价说：“人智浅末，学之愈久，而愈知其不及；入之弥深，而弥知其难穷。纵使确能度越前人，犹不足以言知天也。况乎智出前人之下，因前人之法而附益者乎。”[33]他在《晓庵新法•序》

里说："以吾法为标的而弹射，则吾学明矣。"不把自己的创见当作真理的终结而强加于人，只当作寻求真理的尝试而请大家讨论，这种谦虚态度，是永远值得我们学习的。

时间过去 280 年了，王锡阐的天文工作只有历史意义了，但是他的这种谦虚态度和严谨治学精神，却是我们每一个科学工作者所应具有的，我们应该继承它，并且，予以新的发扬。

参 考 文 献

[1] 王济. 王晓庵先生墓志//凌淦. 松陵文录，卷 16，1874.

[2] 王藻，钱林. 文献征存录，卷 3.

[3] 阮元. 畴人传，卷 34-35.

[4] 顾炎武. 亭林诗集，卷 4. 太原寄高士王锡阐.

[5] 潘耒. 遂初堂集，卷 6. 晓庵遗书序.

[6] 吕留良. 真腊凝寒集. 次韵酬王寅旭.

[7] 郭琇，屈运隆. 吴江县志，卷 13，1685.

[8] 顾炎武. 亭林文集，卷 6. 广师说.

[9] 梅文鼎. 绩学堂文钞，卷 5. 锡山友人历算书跋.

[10] 梅文鼎. 勿庵历算书目. 王寅旭书补注.

[11] 董恩绶. 大统历法启蒙及补遗序. 北京大学图书馆藏抄本.

[12] 杨光先. 不得已集.

[13] 王锡阐. 历说，第四.

[14] 王锡阐. 贻青州薛仪甫书.

[15] 王锡阐. 答四明万充宗.

[16] 王锡阐. 历策.

[17] 王锡阐. 历说，第五.

[18] 王锡阐. 历说，第二.

[19] 王锡阐. 晓庵新法・序.

[20] 王锡阐. 历说，第三.

[21] 王锡阐. 历说，第一.

[22] Szczesniak B. Note on Kepler's Tabulae Rudolphinae in the library of Pei-t'ang in Pekin. Isis，1949，40：344.

[23] 李俨. 中算史论丛. 第三集. 明清之际西算输入中国年表. 北京：科学出版社，1955.

[24] 沈约. 宋书，卷 23. 天文志.

[25] 参阅古今图书集成・乾象典，卷 5.

[26] 王锡阐. 答朱长孺书.

［27］魏特. 汤若望传. 杨丙辰译. 上海：商务印书馆，1949：149.
［28］Szczesniak B. Notes on the penetration of the Copernican theory into China（Seventeenth-Nineteenth Centuries）. Journal of the Royal Asiatic Society of Great Britain and Ireland，1945：30.
［29］张履祥. 杨园先生全集. 周镐序，卷 34.
［30］纽琇（觚賸）. 天同一生传//王锡阐. 王晓闇先生遗书补编. 北京大学图书馆藏抄本.
［31］潘柽章. 松陵文献. 隐逸传.
［32］王锡阐. 推步交朔 • 序.
［33］王锡阐. 测日小记 • 序.

〔《科学史集刊》，1963 年第 6 期，本文曾在中国天文学会 1962 年年会上宣读〕

纪念伽利略诞辰 400 周年

1964 年是近代科学的奠基者之一——卓越的物理学家和天文学家伽利略诞辰 400 周年。伽利略于 1564 年 2 月 15 日生在意大利比萨城一个没落的贵族家里。17 岁时他父亲送他到比萨大学学医，但是他并不愿意做医生。他在大学时以对数学和物理实验的擅长，以及善于和教师辩论而著名。他的关于摆的等时性的发现，就是在这一时期完成的。这三大特点便是他后来一生事业的引路线。因为经济困难. 伽利略于 1585 年没有得到学位便离开大学，回家住了 4 年。专心研究古代希腊人的科学著作，发明了用以测定合金成分的流体静力学天秤，写出了一篇《关于固体重心》的论文。这些成就引起了意大利学术界的注意，人们称他为“当代的阿基米德”，母校比萨大学也因此而请他担任数学教授，这时伽利略只有 25 岁。从此以后他的生活主要可以分为三个时期：在比萨大学任教 3 年（1589～1591 年）；在帕多瓦大学任教 18 年（1592～1610 年）；自 1610 年起至 1642 年去世为止，充当托斯卡那地区大公爵所供养的哲学数学研究教授，中间曾去罗马受审，被拘禁在那里。他的力学工作主要完成于前两个时期。他在天文学上的发现和对哥白尼理论的维护则完成于第三时期。1633 年被宗教法庭定罪以后，又回到早年的力学研究上，而终其一生。[1]

伽利略（1564～1642）

（选自《中国大百科全书・天文学》）

一、打开通向宇宙的天窗

如果有人要问：自 1543 年哥白尼的《天体运行论》出版到 1687 年牛顿的《自然哲学的数学原理》出版，在这期间在天文学上最有意义的是哪一年？可以说是 1610 年。这一年在布拉格出版了开普勒（1571～1630）的《新天文学》，其中包含他发现的行星运行的头两个定律；在威尼斯出版了伽利略的《星际使者》，其中叙述了他把望远镜指向天空以后所得到的新发现。这两本书殊途同归，它们用不同的方法为哥白尼的日心地动说提供了证据[2]。

望远镜虽然不是伽利略发明的，但是他首先找出望远镜的原理，将它的倍数放大，并且对向太阳和夜晚的星空。1609 年 5 月当他听到荷兰有人把两个透镜片配合在一起能把远距离的物体看清楚的消息以后，他就集中精力探索其中的道理，并且根据自己研究出来的原理，很快地制出了第一架天文望远镜，并且不断改进；他终于成为当时欧洲最好的光学家和光学仪器制造家[3]。

伽利略利用他亲手制造的望远镜，打开了人类通向宇宙的第一扇天窗，揭开了天体的许多秘密，使长期以来占统治地位的“上天世界”说遭到进一步的破产。他发现我们所见恒星的数目是随着望远镜的倍数的增大而增加的，银河是由无数的单个恒星组成的。他发现了月面上凹凸不平的现象：有的地方是平原千里，有的地方是高山耸峙。他又发现金星和月亮一样，有圆缺的变化。他还发现在木星的周围有四个小星（卫星）绕着它旋转，如同月亮绕着地球旋转一样[4]。他还发现太阳上有黑子[5]。太阳黑子的记载在我国有悠久的历史，但我国古书上只是一种观测记录，没有说明黑子的成因和在太阳上的变动情形。在欧洲还有些与伽利略同时代的天文学家也发现了黑子并讲了些道理，但都没有伽利略正确。他认为黑子是日面上的东西，黑子的位移并不是黑子在动，而是由于太阳在自转，并且得出太阳的自转周期为 28 天（实际上是 27.35 天）。

这一系列的发现轰动了当时的欧洲。但是，“历史上新的正确的东西，在开始的时候常常得不到多数人承认，只能在斗争中曲折地发展”[6]。当伽利略一再邀请亚里士多德学派的那些教授、学者，叫他们亲眼用望远镜看看月面上的山脉和木星的卫星时，他们不但拒绝看，反而诬蔑伽利略，说他是骗子，说他看天用的望远镜是“魔鬼的发明”。佛罗伦萨的天文学家西塞（Sizzi）竟然这样说：“人有七窍，天有七政（日、月、水星、金星、火星、木星、土星），金有七种（金、银、铜、铁、锡、铅、汞），虹有七彩，可见七是最完美的系统。行星只能有七个，哪里能有个木星的卫星存在？再者，木星的卫星既然是我们的肉眼看不见的，对于地球也没有任何影响，因此，也就是不存在的。还有，一礼拜分成七天，这里又有个七，那还不说，每一天又都用一个行星的名字来叫，如日曜日（星期日）、月曜日（星期一）等。假如像伽利略那样，要增加行星的数目，那么这个完美的系统岂不垮台了吗？况且，亚里士多德的书上从来就没有讲过这些东西。并且又是和亚氏所说的完全相反。再如月面上有山，日面上有斑，这全是假的，因为亚里士多德说：天体是最完美的东西。”[7]无怪乎伽利略在 1610 年 8 月 19 日给开普勒的信中气愤地说：“对于这些人来说，真理用不着到自然界中去寻找，而是从比较古人著作中得到。”[8]

二、为真理而斗争

伽利略从观察天象中逐渐积累了很多事实，使他成为哥白尼学说的坚决支持者、捍卫者和宣传者。他在《星际使者》[4]和《关于太阳黑子的通讯》[5]中，都力主哥白尼的日心地动说。由于伽利略的文笔生动，词锋犀利，理由正确，使得哥白尼学说的拥护者越来越多。害怕真理的宗教法庭终于在1616年3月5日采取了断然手段，决定把“广泛传播着、并且得到很多人承认的”哥白尼的著作列为禁书，并且警告伽利略必须放弃哥白尼学说，不得为它辩护，否则将受监禁处分。

大家知道，罗马教皇在13世纪建立起来的宗教法庭，在镇压异端的名义下，残酷地迫害进步人士，数以万计。1600年宗教法庭把宣传哥白尼学说的布鲁诺用火烧死在罗马的百花广场上的时候，伽利略正在帕多瓦大学教书，他对这件事当然会有深刻的印象。但是，作为一个科学家，又不能在强权面前背弃真理。于是在法庭判决以后，他用了很长的时间写了一部大书：《关于（托勒密和哥白尼）两种宇宙体系的对话》[9]。书中有三个人对两种宇宙体系进行了四天的谈话，双方陈述理由，就物体坠落究竟是到达宇宙的固定中心，还是到达运动着的地球中心，地球的自转、地球的公转和海水的潮汐现象等进行辩论。

在这部巨著中，通过三人辩论的形式，伽利略充分地发挥了有利于哥白尼学说和不利于托勒密学说的论据，并且在字里行间对守旧派进行了尽情地嘲弄。但是为了能够出版，却在序言中故意写了一句“哥白尼学说是违背《圣经》的”。

1623年命令禁止哥白尼学说的教皇逝世，新教皇乌尔班八世即位。乌尔班八世被人们认为是一位“好学重才”的学者，并且是伽利略的朋友。伽利略以为新教皇不会禁止哥白尼学说，于是在1632年出版了自己的著作。然而，教会终归是教会，教会并不会因为教皇的更换而改变它的本性。伽利略不切实际的幻想遭到了悲惨的破灭。新教皇把年近古稀的伽利略拘押到罗马。宗教法庭对他威胁利诱，严刑拷问，最后于1633年6月22日判决：《对话》一书禁止流行，把伽利略关进监狱，同时要他每星期把七首忏悔诗读完一遍，为期三年。按照宗教法庭准备的仪式，伽利略跪下宣了誓，签了字，表示放弃哥白尼学说。但他签完字站起来的时候，仍然喃喃自语地说：“可是，地球仍然在转着！”

“可是，地球仍然在转着”，伟大的共产主义战士季米特洛夫于 1933 年 12 月 16 日在希特勒的法西斯法庭上说：“伽利略的这个科学的论断后来成了全人类的财产。”[10]

三、开辟物理学的新领域

伽利略被判刑以后，由于年老多病，过了不久就被保释，居家受监视。他可以住在家里，但是不准他和任何人讨论地球的运动，也不准他出版任何著作。在这样的情况下，伽利略又回到他早年的力学工作上，于 1636 年完成了他的另一部名著——《关于两门新科学（力学和弹性学）的对话和数学证明》[11]。这书仍然是以三人谈话方式进行。和亚里士多德不同，他首先把常见的机械运动分成匀速运动和匀加速运动，并且假定做匀加速运动的物体，某一瞬时的速度和它由静止开始到此一时刻所经历的时间成比例。接着他又在这个假定的基础上，用几何学的方法推导出一个重要的结果：做匀加速运动的物体所经过的距离和它所经历的时间的平方成比例。

为了验证他的这一理论，伽利略在斜面上做了实验。他在一块长约 11 米的木板上刻了光滑的槽子，又在槽子上铺了光滑的羊皮纸，然后把板从一端抬起，令小球自由地从顶上滚到底，并且把滚下所需的时间记下。接着再做同样的实验，但小球滚到一定距离（例如全长的四分之一）处后，立刻就让它在紧接着的光滑的水平槽上运动，记下小球到达转折点的时刻，并测量它在水平槽内运动的速度，这速度就是到达转折点的速度。用不同的长度和不同的倾角，伽利略做了大约一百次实验，结果发现：在斜面上小球的速度和所经历的时间成比例，小球所经过的距离和时间的平方成正比。于是他的假说成了定律。物体在斜面上运动服从这个定律，垂直下落时也服从这个定律。因为当斜面的倾角等于 90 度时，斜面就成了垂直面，物体就变成垂直降落，所不同的只是在这个情况下加速度最大。

在这里必须指出：广为流传的、在最近许多人写的纪念伽利略的文章[12]中都提到的比萨斜塔实验，实际上并无其事。这个实验是在伽利略之前由比利时的工程师西蒙・斯蒂文（Simon Stevin，1548～1620）和他的朋友格劳秀斯（Grotius）做的[13]，没有任何证据可以说明伽利略在比萨斜塔上重复过这一实验[14]。伽利略没有在比萨斜塔上表演，这一点也不减小他的光辉。他做的斜面实验，解决了自由落体运动的规律，而这是前人没有做到的。

斜面实验还带来了另一个重要的结果。伽利略发现：一个球体滚下一个斜面之后，还可以滚上另一个斜面到它出发点的高度，只是摩擦力要小到可以忽略的程度，与斜面的倾斜度无关。不管把第二个斜面伸长到何种长度，只要它的高度不超过第一个斜面的高度，小球总可以到达它的终点。如果第二个斜面是水平的，此球将以均匀的速度继续不断地在它上面跑，直到摩擦力或其他相反的力把它停住。这个事实表明：和前人的想法相反，不是运动而是运动的开始、停止或改变速度，需要外面的力量。这个情况叫作物质的惯性，它后来被牛顿概括为关于运动三定律的第一个，即惯性定律：物体在不受外力作用时，静者恒静，动者恒沿直线做匀速运动。把惯性定律和开普勒的行星运动三定律结合起来，就引导到牛顿关于万有引力定律的发现[15]。

凡是惯性定律能够成立的坐标系统，叫作惯性系。伽利略发现：固定于地面上的坐标系统都是惯性系；对于一个惯性系做匀速直线运动的坐标系也是惯性系；在不同的惯性系中做相同的力学实验，所得结果完全一样。因此，如果不观察外界情况，单独在一个惯性系内做力学实验，是不能发现这个系统本身的运动的。这叫作相对性原理。20世纪初叶，爱因斯坦又推广了这一原理，指出在惯性系内所进行的任何实验，包括电学的、光学的，也都不能证明系统本身在运动，从而奠定了他的狭义相对论的基础。

伽利略关于相对性原理的发现，在当时来说，意义也是非常大的。它驳倒了反对地球自转学说的一个最强的论证。这个论证是：如果地球在自转，那么张弓向上射箭，箭就要落在射手立足点的西方，因为箭在空中往返之际，立足点已从西向东移动了一段距离；这个现象既然不存在，地球就是没有自转的。根据相对性原理，这并不能证明地球没有自转，因为我们在运动着的船上垂直向上掷一东西，东西并不会掉在后面。

此外，伽利略还纠正了人们一向认为一个物体不能同时受一个以上的力的影响的错误看法，证明了由于沿水平方向的匀速直线运动和垂直下降的匀加速运动的结合，炮弹应该走抛物线轨道。同时，他又发现了运动的独立性原理：同时参与几个运动的物体，它的瞬时位置可以用各个运动所引起的分位移按矢量的加法求出。

伽利略以这些巨大成就为动力学奠定了基础。他在静力学上也有很大的贡献：他给平衡下了比较普遍的定义；他证明了与亚里士多德的想法相反，固体在液体中的漂浮与它们的形状无关，而决定于它们的相对比重。他又是材料力学的创始人：他用拉伸实验来研究材料的强度；他在一根杆子的一端挂上重物来研究杆子折断时的抵抗力；他对横梁、空心梁进行了研究，得出了一些很有价值的结果[16]。

对于伽利略在力学上的这些贡献，著名的数学家拉格朗日（J. L.Lagrange，1736～1813）在他的《解析力学》第一卷（1789 年出版）中做了很高的评价。他说："伽利略是动力学的奠基者，他的一系列的发现为力学的进展开辟了广阔的道路。如果说伽利略的天文发现只要有一个望远镜和耐心的观测毅力就行了，那么他在力学上的成就，就非有非凡的天才不可，因为这是在我们所见的日常现象中找规律，而对这些现象的真正解释，以前的所有学者都忽略了。" [17]

四、了解自然的巨人

拉格朗日的话有道理，但是不全面。伽利略的发现固然需要一定的天才，而更重要的是他所处的时代。这个时代，欧洲刚从黑暗的中世纪觉醒，文艺复兴中的人文主义运动还没有休止，新兴的资产阶级走上了政治舞台，城市工商业在迅速发展。一句话，生产力正在突破封建主义生产关系的束缚，蓬勃地向前发展，它所要求的科学已不是那种教条式的、专以注解古书为限的"科学"，而是一种能够了解自然、掌握客观规律、变革世界的科学。恩格斯在《自然辩证法》里以无比兴奋的心情说："这是世界所经历的最伟大的一次革命。自然科学也就在这一革命中诞生和形成起来，它是彻头彻尾地革命的。"这个时代需要巨人，也产生了巨人[18]。

伽利略就是这些巨人中的一个，他的才能是多方面的。他对数学、筑城学和兵工学都很有研究。他发明的比例规，可以方便地用来计算数目的平方根和立方根。他是音乐家、画家、艺术的爱好者和出色的文学家。他给意大利的科学散文奠定了基础。他最善于用对话方式来描绘和揭发他思想上的敌人。他那二十大本的全集，绝大部分是用意大利人民的语言写成的，充满着民族的表达方式和成语，而不像当时其他的科学家那样，用古老的拉丁文发表自己的著作[19]。

然而，他给人类所留下的最宝贵的遗产还是他对科学实验的提倡和所得的实验结果。自 11 世纪起，亚里士多德的著作传到欧洲，物理学已开始成为一门学科。不过那时所讨论的都是运动的现象，如把运动分成天上的运动和地上的运动、圆运动和直线运动等。到了 13 世纪，有许多学者觉得实验方法是进行新发现的武器，如罗吉尔·培根（Roger Bacon，1214～1293）就很重视实验，他主张一切知识都需要有实验做根据。14 世纪时，奥康（Gillaume D′ Occam，1300～1350）用实验证明了亚里士多德所说的一切运动都有推动者的说法是错误的，指出物体已经开始运动，就永远运动。布里丹（Jean Buridan，1300～1358）由实验分析得到力的大小与速度和重量有关，并指出物体下落时有加速现象。伽利略的成就就是在这种学风的熏陶下和这些人成就的基础上完成的[20]。

伽利略超越前人的地方在于：他善于利用各种不同的实验，测量出大量数据，从而用数学方法归纳出一般的规律，然后再拿到自然界中去检验。他虽然没有写过一本关于方法论的著作，但是他的《关于两门新科学的对话和数学证明》却是一个典范，我们读这本书，可以学到做科学实验的方法。这本书今天仍有一读的价值。

时间已经过去 300 多年了，但是伽利略为真理而斗争的光辉形象，为探索自然而进行的严肃的科学实验，却永远活在全世界人民的心里。

参考文献

[1] Armitage A. The World of Copernicus. London，1947：140-141.
李珩. 近代天文学奠基人哥白尼. 北京：商务印书馆，1963：122-123.
[2] Идельсон Н И. Галилей в истории астрономии. Галилео Галнлей（Сборник посвященивый 300 летней годовщине со дня его смерти）. АН СССР，1943：68-141.
[3] Вавилов С И. Галилей в истории оптики. Галилео Галилей. АНСССР，1943：5-56.
[4] Galilei G. The Starry Messenger（1610）. Discoveries and Opinions of Galileo. trans. Drake S. New York，1957：21-58.
[5] Galilei G. Letters on Sunspots（1613）. Discoveries and Opinions of Galileo，1957：87-144.
[6] 毛泽东. 关于正确处理人民内部矛盾的问题. 北京：人民出版社，1964：25.
[7] Sizzi. Dianoia Astronomica. Venice，1611.
[8] Fahie J J. Galileo，His Life and Work. London，1903：102.

[9] Galilei G. Dialogue Concerning the Two Chief World Systems—Ptolemaic & Copernican. trans. Drake S，foreword Einstein A. California：University of California Press，1953.
[10] 斯捷拉·布拉戈也娃. 季米特洛夫传. 泽湘译. 北京：世界知识出版社，1958：113.
[11] Galilei G. Dialogues Concerning Two New Sciences. trans. Crew H，de Salvio A. New York，1914.
[12] 陈遵妫. 纪念伽利略诞生四百周年. 人民日报，1964-02-25.
李迪. 伽利略在天文学上的贡献. 天文爱好者，1964（2）.
李珩，王锦光. 近代实验科学的创始人伽利略. 科学画报，1964（2）.
拾风. 伽利略的勇敢. 文汇报，1964-03-01.
林万和. 伽利略的生平及其对科学的贡献. 物理通报，1964（3）.
[13] Stevin S. Beghinselen der Weeghconst，1586.
Steichen M. Memorire sur la Vie et les Travaux de Simon Stevin. Bruxelles，1846：25.
[14] Cooper L. Aristotle，Galileo，and the Tower of Pisa. London：Cornell University Press，1935.
[15] 席泽宗. 万有引力定律是怎样发现的. 文汇报，1961-10-8.
乐夫. 万有引力定律建立的历史. 物理通报，1963（3）.
[16] 铁木生可. 材料力学史. 常振檝译. 上海：上海科技出版社，1961：10-14.
[17] Баев К А. Соэдатели Новой Астрономии. Москва，1955：119-120.
[18] 恩格斯. 自然辩证法. 北京：人民出版社，1955：158，5.
[19] 瓦维洛夫. 伽利略. 任华译. 北京：人民出版社，1954.
[20] 何兆清. 科学思想概论. 上海：商务印书馆，1945.

〔《科学史集刊》，1964 年第 7 期，本文主要内容曾以“伟大的科学家伽利略”为题在 1964 年 4 月 12 日《文汇报》发表〕

朝鲜朴燕岩《热河日记》中的天文学思想

《热河日记》是18世纪朝鲜著名的文学作品之一，是朝鲜有名的作家和思想家朴趾源的代表作，是中朝友好关系史上的一个纪念碑。

朴趾源（1737～1805），字仲美，因为他隐居在黄海道金川燕岩峡，故号燕岩。1780年曾到中国来。回国后，仍住燕岩峡，从事著述，写在中国的见闻记，于1783年完成了《热河日记》26卷。在《热河日记》中作者以散文笔记的形式，记述了他从鸭绿江边直到今河北承德，数千里途中所看到的当时中国的政治、经济、文化、风俗、制度、历史、古迹和人情等，同时也提出了与朝鲜人民的生活迫切有关的许多问题，并力图提出解决方案。例如，他在《车制》一文中说："灌田曰龙尾车、龙骨车、恒升车、玉衡车；救火有虹吸鹤饮之制；战车有炮车、冲车、火车。俱载《泰西奇器图》、康熙帝所造《耕织图》，其文则《天工开物》《农政全书》，有心人可取而细考焉，则吾东生民之贫瘁欲死，庶几有瘳耳。今以吾所见救火之制，将归谕我东。"难能可贵的是他不单纯介绍车制，而且指出朝鲜不大使用车辆的原因，是统治阶级的无为无能所致，因而这部巨著也反映了当时朝鲜的政治、经济、文化状态，以及朝鲜人民的愿望与思想动态。正因为如此，害怕人民真实呼声的反动统治阶级便把《热河日记》看作不纯正的书籍，而禁其传布。直到 1916 年才由朝鲜诗人金泽荣在上海编纂刊行，而燕岩全集直到 1932 年才在汉城(今首尔)出版。

《热河日记》共 20 万字，其中有描写知识分子参加农民起义企图建立没有剥削没有压迫的平等社会的《许生传》，有论述美学思想的《滦河泛舟记》，有讨论古代音乐的《忘羊录》，有探讨讽刺文学理论的《十可笑》，内容非常丰富，值得从各方面进行研究。本文只准备探讨一下它在天文学上的贡献。

1780 年阴历八月十三日的晚上，当朴燕岩和奇丰额（丽川）在热河明伦堂赏月于栏杆下的时候，燕岩说："地之本体，团团挂空，无有四方，无有顶点；亦于其所旋如楔子，日初对处为朝暾乎？地球益转与初对处渐违渐远，为中、为昃、为昼夜乎？譬诸窗眼，漏纳阳光如小豆子，窗下置磨对光射处，以墨识之于转磨，墨守其阳不迁徙乎？抑相遆迁不相顾乎？及磨一周，复当其处，阳墨才会，瞥然复别。地球一周，而为一日，亦若是乎？又于灯前，试观纺车，纺车转处，面面受明，非彼灯光绕此纺车；地球晦明，亦若是乎？"奇丽川听了以后，大笑说："奇论！奇论！"其实，他在前一天与鹄汀（王民皞）笔谈时已经详论此事："西人既定地为球，而不言球转，是知地之能圆而不知圆者之必转也。故鄙人妄意以为地一转为一日，月一匝地为一朔，日一匝地为一岁。看彼猫睛亦验地转，猫睛有十二时之变，则其一变之顷，地已行七千余里。"由此可见，朴燕岩已经认识到地球在自转，自转的速度是"每时"（等于我们现在的 2 小时）7 000 余里（按当时认为地球的周长是 9 万里，应合"每时"行 7500 里，他取的是约数）。他所持的理由今天看来不足为取，因为圆和转并没有必然的联系，而且圆球体因为自转要变扁。但是在当时来说也只有这个理由能说服人。哥白尼在他的《天体运行论》第四章里也是用同样的理由来论证地球的自转的："对于一个球体来说，自转是自然的，而且正是由于这个行动，才把它的形状表现出来。"

朴燕岩的这一思想是从哪里来的？是受哥白尼的影响吗？不是。王民皞、奇丰额、朴燕岩都异口同声地说：西人始言地圆而不言地转，那些传教士并没有把哥白尼的先进学说带到东方来。燕岩的观点是朝鲜的学者们自发地产生的，他说："吾东近世有先辈金锡文为三大丸（日、月、地）浮空之说，敝友洪大容又创地转之论。”洪大容（1731～1783）字德保，号湛轩，是朴燕岩最亲密的朋友，他两人上承50年以前的李星湖（1682～1763），下启30年之后的丁茶山（1762～1836），在朝鲜哲学史上形成了实学的中介时期。在李星湖所著的《星湖僿说》天地篇中，曾经详细地介绍了自1631年以来由北京传到朝鲜的汤若望等人带来的西洋天文学知识，说到日、地、月同为球形，日大于地，地大于月。在这本书里，李星湖只是对过去天动地静的说法表示怀疑，而以船绕着山转时见山转未觉得船动的理由，推测可能是天静地动，此外，他就别无其他具体的说明。如果在传教士介绍的天文书或天文图中对地转说有所说明，则在李星湖的著作中不可能没有反映。

当燕岩与王民皞谈话时，“金歿已百年”，可见金锡文是17世纪人，与洪大容没有见过面，他们二人之间没有师生传授关系。洪大容虽然于乾隆三十一年（1766年）来过北京，并和传教士刘松龄（Augustinus Von Hallerstein）和鲍友管（Antonius Gogeisl）接触过，但从他的《燕记》中可以看出所谈纯属宗教事，与此无关。还有，如果洪大容接触到哥白尼学说，他就不会只简单地说地球自转，而不谈它的公转。

公元2世纪时，希腊天文学家托勒密反对地球自转的主要理由之一是：如果地球在自转，那么由于离心力的作用，地面上的物体都要被甩出去，甚至地球本身也要碎裂。在不知道万有引力定律的情况下，哥白尼在他的《天体运行论》第一卷第八章里对这个问题做了如下的反驳：假若地球的旋转会使地球分裂成许多碎片，那么这种情况对于天球来说就尤为严重；要知道天的球形体比之地球离开中心要远得多，因而它的离心力也要大得多。令人惊奇的是朴燕岩在他的《热河日记》中对这个问题的回答几乎和哥白尼的回答完全一致。他说：“彼其惑者，谓地转时，凡载地者莫不颠倒、倾覆、坠落，如其坠落，归何地乎？信若是也，则彼丽空星辰河汉随气转者，何不颠倒坠落乎？”他并且进一步认为，地如果不动，那才是不可以理解的：“若使太空安厝此地小动、不转，块然悬空，则乃腐水死土，立见其朽烂溃散，亦安能久久停住许多负载，振河汉而不泄哉！”

朴燕岩不但主张地球自转，而且和布鲁诺一样，主张天、地、万物（包括人在内）都是由同一物质——尘埃组成的，在一定地方，只要发展到一定阶段就会产生人类社会。他在《热河日记》中说：“以吾等尘界想彼月世，则亦当有物积聚凝成，如今大地一点微尘之积也。尘尘相依，尘凝为土，尘粗为沙，尘坚为石，尘津为水，尘煖为火，尘结为金，尘荣为木，尘动为风，尘蒸气郁，乃化诸虫。今夫吾人者，乃诸虫之一种族也。……环此大地，定不知几处鳞皇，几位毛帝，则以地料月，其有世界，理或无怪。”

“若月中有一世界，自月而望地”，那又是怎样的呢？燕岩说：“今夫地外环海，譬则大玻璃镜也。若自月中世界望此地光，亦当有弦、望、晦、朔。其面面对日处，大水大土，相涵相映，受照反射，递写明影，如彼月光遍此大地，其未几受日处，自当黯然如弦前初月留挂虚魄；其土肤厚处，当如月中暗影扶疏。”燕岩的这一论证，完全正确。将来我们乘火箭到月球上，从那里来看地球时，情形将是这样的。

在《热河日记》中燕岩更进一步提出：日、月、地在宇宙间并不占任何特殊地位。“自满天星宿，视此三丸，其罗点太空，自不免琐琐小星”，而人们却妄自尊大地把列宿分配九州。于是他说：“今吾人坐在一团水土之际，眼界不旷，情景有限，则乃复妄把列宿分配九州。今夫九州之在四海之内者，何异黑子点面，所谓大泽礨空者是也。星纪分野之说，岂非惑哉！”接着他又将天文学和星占学严加区分，痛斥“处士加足，客星犯帝座”之类的牵强附会，对历来的分野说和星占术作了坚决的批判。

燕岩的这些独到见解，得到和他笔谈的中国学者王民皞和郝志成等的屡屡称赞，在纸上打圈加点，说是“奇论快论，发前人所未发”。燕岩与鹄汀相处六日，而“每谈常苦日短”，八月十二日的一次笔谈，从早上五更点灯谈起，一直谈到下午六点，共约十四小时，易纸凡三十张，吃饭时也边吃边谈，充分体现了中朝两位学者间的亲密友谊。与此相反，当燕岩要求给他介绍一个西洋传教士相识时，鹄汀说：“此等原系监中奉敕，道不同不相为谋！”

为了寻求真理，燕岩从热河回到北京以后，又直接去访问了天主堂，和传教士们谈了话。谈后他所得的结论是：基督教是妖邪悖说，他们所说的上帝创造世界的故事和关于天堂地狱的说教都是荒唐无稽的“佛家之糟粕”。在宗教和科学之间，燕岩能有这样敏锐的判断能力，这在当时来说是很不容易的。

从燕岩的所有谈话来看，从现有的历史资料来判断，燕岩的确没有受到哥白尼和布鲁诺等人学说的影响。在这种情况下，他能达到如此高的水平，不能不引为朝鲜人民的骄傲，同时也为东方科学史写下了光辉的一页。

参考文献

崔益翰等. 朝鲜封建末期先进学者. 平壤：新朝鲜社，1955.
洪以燮. 朝鲜科学史. 东京，1944.
金河明. 朴燕岩的《热河日记》. 平壤：新朝鲜社，1960（119）.
金河明. 燕岩朴趾源. 陈文琴译. 北京：商务印书馆，1963.
朴燕岩. 燕岩集. 汉城，1932.
山口正之. 近世朝鲜における西学思想の东渐とその发展//小田先生颂寿纪念朝鲜论集. 汉城，1934.
山口正之. 清朝における在支欧人と朝鲜使臣. 史学杂志，1933（7）：44.
藤塚邻. 李朝の学人と乾隆文化. 朝鲜“支那”文化の研究. 东京，1929.
田村专之助. 李朝学者の地球回转说について. 科学史研究，1954（30）；东洋人の科学と技术. 东京，1958.
Copernicus N. De Revolutionibus. trans. Dobson J F，Brodetsky S. Occasional Notes of the Royal Astronomical Society，1947（10）.

〔《科学史集刊》，1965 年第 8 期〕

日心地动说在中国

——纪念哥白尼诞生五百周年

“正确的东西总是在同错误的东西作斗争的过程中发展起来的。真的、善的、美的东西总是在同假的、恶的、丑的东西相比较而存在，相斗争而发展的。”“哥白尼关于太阳系的学说、达尔文的进化论，都曾经被看作是错误的东西，都曾经经历艰苦的斗争。”毛主席在《关于正确处理人民内部矛盾的问题》这部伟大哲学著作中是这样深刻地概括了真理发展的规律，也概括了哥白尼关于太阳系的学说发展的历史，从 1543 年《天体运行论》出版（图 1、图 2），到 1846 年海王星发现，这 300 多年中间，在欧洲，哥白尼学说经历了时间的考验，冲破重重阻挠，逐步取得了胜利，这个斗争过程已是尽人皆知，在这里，我们只就日心地动说在中国所经历的艰苦斗争并取得胜利的过程，作一叙述，以此来纪念伟大的波兰天文学家哥白尼诞生 500 周年。

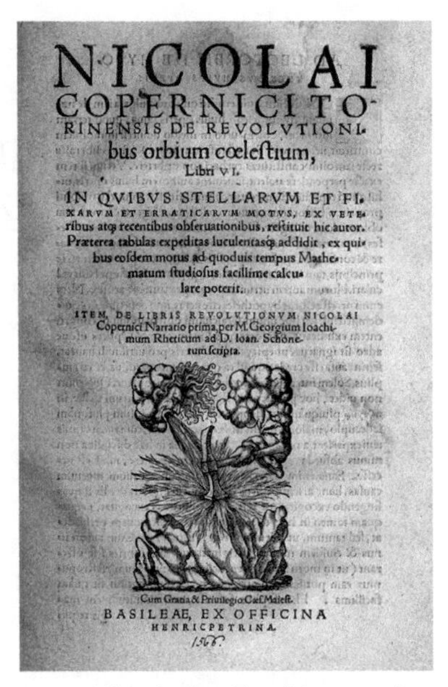
NICOLAI
COPERNICI TO-
RINENSIS DE REVOLVTIONI-
bus orbium cœlestium,
Libri VI.
IN QVIBVS STELLARVM ET FI-
XARVM ET ERRATICARVM MOTVS, EX VETE-
ribus atq; recentibus obseruationibus, restituit hic autor.
Præterea tabulas expeditas luculentasq; addidit, ex qui-
bus eosdem motus ad quoduis tempus Mathe-
matum studiosus facillime calcu-
lare poterit.
ITEM, DE LIBRIS REVOLVTIONVM NICOLAI
Copernici Narratio prima, per M. Georgium Ioachi-
mum Rheticum ad D. Ioan. Schöne-
rum scripta.
Cum Gratia & Priuilegio Cæs. Maiest.
BASILEAE, EX OFFICINA
HENRICPETRINA.

图 1　《天体运行论》第二版（1566 年）
（北京图书馆藏）

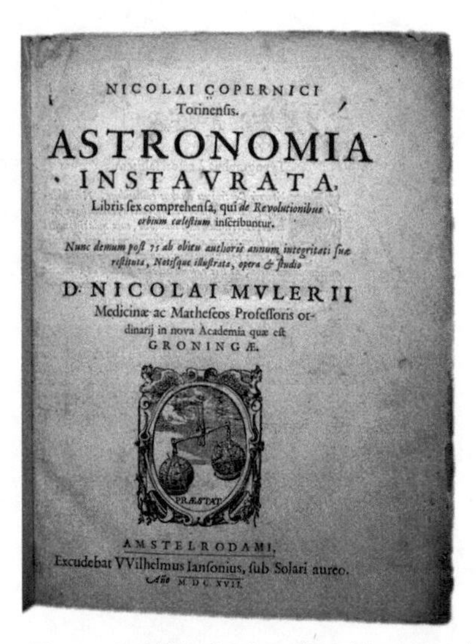
NICOLAI COPERNICI
Torinensis.
ASTRONOMIA
INSTAVRATA,
Libris sex comprehensa, qui de Revolutionibus
orbium cælestium inscribuntur.
Nunc demum post 75 ab obitu authoris annum integritati suæ
restituta, Notisque illustrata, opera & studio
D. NICOLAI MVLERII
Medicinæ ac Matheseos Professoris or-
dinarij in nova Academia quæ est
GRONINGÆ.

AMSTELRODAMI,
Excudebat VVilhelmus Iansonius, sub Solari aureo.
Año M D C XVII.

图 2　《天体运行论》第三版（1617 年）
（北京图书馆藏）

一、中国在哥白尼以前关于地动的思想

天动，还是地动？是太阳围绕着地球转，还是地球围绕着太阳转？这是托勒密学说和哥白尼学说斗争的焦点。但是这场斗争不是从他们两个人开始的。哥白尼在他的不朽著作，近代科学的独立宣言《天体运行论》里，就曾经列举出古希腊时代他的好几个先行者的名字。①事实上，不只是在古希腊，在其他地方，也有一些类似的材料[3]。在中国，约和古希腊的阿利斯塔克（公元前 3 世纪前期）同一时间，成书于战国末期（公元前 403～前 221 年）的《庄子·天运》中也提出了这个问题，它以发问的方式说：“天其运乎？地其处乎？日月其争于所乎？孰主张是？孰维纲是？孰居无事推而行是？意者其有机缄而不得已耶？意者其运转而不能自止耶？”从这段文字来看，《庄子》不但认为地动，而且认为运动的原因不是上帝的推动，而是本身有一种因素在起作用，并且是不会自己停止的。

在封建社会前期的秦汉时代（公元前 221～公元 220 年），地动说的材料

① 哥白尼在《天体运行论》第一卷第五章中列举了古希腊毕达哥拉斯学派中日心地动说的先行者 Heraclides，Ecphantus 和 Philolaus[1]，但遗漏了一个最主要的人，即 Aristarchus。关于这些古希腊学者工作的简要介绍可参阅文献[2]。

更多，比较明显的有如下几种。

（1）《仓颉》篇："地日行一度"，中国古时分圆周为$365\frac{1}{4}$度，而秦朝和西汉初期所用的历法，其回归年长度为$365\frac{1}{4}$日，因此地日行一度也就是一年转一圈。

（2）《春秋纬・元命苞》："天左旋，地右转。"这可能指的是自转，作者从运动的相对性出发，认为天穹的周日运动（左旋）是由地球的自转（右转）引起的。

（3）《尚书纬・考灵曜》："地有四游，冬至地上北而西三万里，夏至地下南而东三万里，春、秋二分其中矣。地恒动不止，而人不知，譬如人在大舟中，闭窗而坐，舟行而不觉也。"这段话是想用地球的运动来解释太阳每天在正南方时高度的周年变化（详细讨论，可参见文献[4]）. 这里使我们感兴趣的是，其中关于运动相对性的比喻，竟和哥白尼在《天体运行论》中所用的几乎完全一致[1]。

公元 2 世纪时有名的经学家郑玄曾给《考灵曜》作过注，这本书在唐代以前曾广为流传。晋代的博物学家张华（232～300）在他著的《博物志》中也引用了《考灵曜》中的这段材料，并且还作诗加以发挥，说一年四季的寒来暑往，是由于"天回地游"[5]。

差不多与张华的《博物志》同时成书的《列子・天瑞》和《尸子》等书中，也都收集了有关地动的材料，特别是在《天瑞》中还出现了一种无限宇宙的早期概念，认为天体是游动在无限空间中的气体球，在没有日、月、星的部分，也仍有气体存在，不过不会发光而已。

到了宋代，在张载（1020～1077）的著作中，把地动的思想阐述得更为明确了。他在《正蒙・参两》中说地球有两种运动：一种是上下位移，这还是继承了《考灵曜》中的说法，想用"地有四游"的说法，来说明一年当中昼夜长短的变化；另一种是想用地球的自转，来说明天穹的周日旋转，他说："恒星所以为昼夜者，直以地气乘机右①旋于中。"在这里，我们应该注意到这个"机"字，即张载不但认为地球在动，而且认为地动是物质的一种内在属性，他说："凡圆转之物，动必有机，既谓之机，则动非自外也。"

① 原文为"左"字，不可解，应系"右"字之误。

总之，中国古代虽然没有明确地把太阳放在中心位置上的学说，但关于地动的观点却几乎与地静的观点有同样长的历史，他们始终在互相斗争着，一直到 16 世纪，耶稣会士来到中国的前后，还在争论，一方面是方以智父子还在传述《考灵曜》的材料[6]，一方面是王可大、章潢等人在对这些材料进行攻击[7]，甚至早期来华的耶稣会士也有人加入了这个攻击的行列[8]。

和其他国家一样，中国古代虽然有关于地动的思想，但由于生产水平和科学实践水平的限制，这些思想只能是原始的、零散的。科学的日心地动说，只有当生产、商业、地理发现和天文观测发展到了新的阶段，当社会有了新的阶级力量登上政治舞台的时候，才能得到充分的论证。恩格斯在《自然辩证法》导言里指出，文艺复兴时期最重要的特色之一就是产生了“现代自然科学”，“它唯一地达到了科学的、系统的和全面的发展”。而哥白尼的《天体运行论》正是现代自然科学的起点，他和他的先行者们有质的差别。哥白尼以大量的观测事实为基础（包括前人的观测和他自己几十年的亲自观测），而且他不以这些感性材料为满足，又经过长期的分析、研究，才把日心地动说改造成了一个系统的科学理论，从而给唯心主义世界观以沉重打击，使自然科学开始从神学中解放出来。中国人民对哥白尼的这种革命行动和这一伟大历史功绩是充分予以肯定的。中国科学院院长郭沫若曾经指出：“在人类对于客观真理的探求过程中，哥白尼是一个里程碑式的存在。……他的科学的工作方法，为了开展科学知识而向反动势力挑战的革命精神，永远值得全人类学习。”[9]

二、《天体运行论》与《崇祯历书》

中国人知道哥白尼的名字，是在 17 世纪 30 年代，但哥白尼学说被介绍到中国却在此后约 130 年。原因是，当时来华传教的耶稣会是中世纪神权与教权的维护者；而作为其教义基础的宇宙观，正是哥白尼所反对的地心说。这样一个组织，当然不可能把动摇了神学基础的哥白尼学说传到中国来，更何况 17 世纪初叶，哥白尼学说在欧洲也正在经历着艰苦的斗争。一方面是对于证实哥白尼学说具有决定意义的视差现象尚未发现；一方面是罗马教皇正在对宣传哥白尼学说的人进行残酷镇压：布鲁诺被送上火刑架，伽利略两次受审，凡是宣传哥白尼学说的书籍统统被列为禁书，在这种情况下，当时来华的耶稣会士们不敢承认和宣传哥白尼学说。

只是由于他们来华的时候，正当中国在农业、手工业和城乡商品经济的发展推动下，人们正在掀起一个探求科学技术知识的高潮。此时在天文学方面，产生了多次改历运动。耶稣会士们感觉到，如果能介绍一些科学知识，适应中国的这一时代要求，特别是，如果能在改历工作中做出贡献，那就能博得明朝政府的欢心，就能在中国立足，对传教事业大为有利。这一点在利马窦从北京写回欧洲的一封信里说得很明白[10, 11]。根据利马窦等人的汇报，耶稣会决定了在中国采用"学术传教"的策略。一些懂得科学技术的会士来到了中国。

既然耶稣会士要用科学技术作为手段，以取得中国人的信任，那就必须使自己所介绍的科学知识在实践面前经得起考验，而在天文学方面就必须使自己的天象预报符合实际。这样，自然界的客观规律就迫使他们不得不偏离自己的主观信仰而去求助于哥白尼、伽利略、开普勒等人的劳动成果。①

这种自相矛盾的态度，在耶稣会士参加编译的《崇祯历书》（1634 年）中表现得非常清楚。这部书的理论部分是由耶稣会士邓玉函、汤若望、罗雅谷等人编译的。他们大量地引用了《天体运行论》中的材料，基本上全文译出了八章（见表 1），译用了哥白尼发表的 27 项观测记录中的 17 项（见表 2），并且承认哥白尼是四大天文学家之一［其他三个是：托勒密、阿方索和第谷］，但却隐瞒了哥白尼的日心地动说。从他们歪曲的介绍中，这时中国人民知道了哥白尼是一位精于观测的天文学家，却不知道他提出了一个革命性的学说，这个学说正在欧洲掀起巨大的变化。

表 1　《天体运行论》[12]与《崇祯历书》对照

序号	《天体运行论》	《崇祯历书》	备注
1	4 卷 5 章	月离历指卷一，测本轮大小远近及加减差后法（此近世哥白尼法，今时通用）（第七）	"前法"（第六）是讲托勒密方法，但亦是译自此章
2	4 卷 9 章	月离历指卷一，求次轮之比例（第十一）	
3	4 卷 24 章	交食历指卷四，"求太阴高卑差"和"太阴在朔高卑视差"	
4	4 卷 26 章	交食历指卷四，高弧正、斜交，黄道南北、东西差	

① 薮内清在《近世中国にえ传られた西洋天文学》（科学史研究，第 32 号，1954 年）中认为《崇祯历书》完全没有提到开普勒的成果，这是不正确的，《五纬历指・卷四》从开普勒《论火星的运动》一书中曾翻译了几段材料，不过译者对这本书做了歪曲性的评介。

续表

序号	《天体运行论》	《崇祯历书》	备注
5	5 卷 6 章	五纬历指卷二，测土星最高及两心差后法（第二）	哥白尼把土星本天所偏离的中心称为“地轨中心”，而译者篡改为“地球”
6	5 卷 7 章	五纬历指卷二，试以土星表较古今两测（第三）	
7	5 卷 11 章	五纬历指卷三，上古测木星法（哥白尼亲测所记）第二	与 5 犯有同样错误
8	5 卷 16 章	五纬历指卷四，测火星最高及两心差后法（哥白尼测算必用其图）（第二）	与 5 犯有同样错误

表 2　《崇祯历书》中引用的哥白尼观测记录

	观测时间	观测项目	《天体运行论》	《崇祯历书》
1	1500 年 11 月 6 日	月食	4 卷 14 章	月离历指卷四·古今交食考（第三十）*
2	1509 年 6 月 2 日	月食	4 卷 13 章	月离历指卷四和卷二
3	1511 年 10 月 6 日	月食	4 卷 5 章	月离历指卷四和卷一
4	1522 年 9 月 5 日	月食	4 卷 5 章	月离历指卷四和卷一
5	1523 年 8 月 25 日	月食	4 卷 5 章	月离历指卷四和卷一
6	1514 年 2 月 25 日	土星冲日	5 卷 6 章	五纬历指卷二
7	1520 年 7 月 13 日	土星冲日	5 卷 6 章	五纬历指卷二
8	1527 年 10 月 10 日	土星冲日	5 卷 6 章	五纬历指卷二
9	1520 年 4 月 30 日	木星冲日	5 卷 11 章	五纬历指卷三
10	1526 年 11 月 28 日	木星冲日	5 卷 11 章	五纬历指卷三
11	1529 年 2 月 1 日	木星冲日	5 卷 11 章	五纬历指卷三
12	1512 年 6 月 5 日	火星冲日	5 卷 16 章	五纬历指卷四
13	1518 年 12 月 12 日	火星冲日	5 卷 16 章	五纬历指卷四
14	1523 年 8 月 25 日	火星冲日	5 卷 16 章	五纬历指卷四
15	1525 年	春分点的移动	3 卷 2 章	恒星历指卷二
16	1515 年	黄赤交角的测定	3 卷 10 章	日缠历指
17	1522 年 9 月 27 日	月亮地平视差的测定	4 卷 16 章	月离历指卷二

*《古今交食考》中列举了哥白尼所观测的十次月食记录，但其中有五次（1457 年一次，1460 年二次，1461 年一次，1481 年一次），显然不是哥白尼所测，故本表未列入。

三、哥白尼学说在中国的胜利

哥白尼学说揭示了太阳系结构的真理。真理的威力是不可抗拒的。在欧洲，宗教裁判所的残酷镇压阻挡不了哥白尼学说的发展与胜利。在中国，耶稣会的纪律和封建统治者的封锁、反对，也不能长久地压制住哥白尼学说的传播。

早在1650年左右，就有一位波兰人穆尼阁（1611～1655）曾和中国学者谈论过地动说，可惜留下的资料不多，无法得知其详[6]。

1722年，清政府在编纂《历象考成》时，又有人提出地动的主张，但编者不赞成。因此《历象考成》仍旧以第谷的宇宙体系作为自己的体系[13]。

1730年7月15日（清雍正八年六月初一日）发生日食。用第谷方法算出的北京见食食分不如用开普勒定律计算的结果准确。于是，当时的钦天监监正耶稣会士戴进贤不得不采用并向监中的中国学者介绍了开普勒的椭圆面积定律。这样，清政府决定再次改历。这就是1742年完成的《历象考成后编》。但为了不越出《历象考成》的范围，《历象考成后编》把开普勒的定律来了一个颠倒，即把地球放在椭圆的一个焦点上静止不动，而让太阳沿着这个椭圆轨道绕地球转。

在欧洲，自从万有引力定律发现（1687年）以后，日心学说更加深入人心。18世纪初英国出现了表现哥白尼太阳系的仪器。后来，有两个这样的仪器到了中国。在1759年成书的《皇朝礼器图式》中著录了它们，一个叫“浑天合七政仪”[图3（a）]，一个叫“七政仪”[图4（a）]。后者还配有钟表机械，可以自动表演地球和行星绕太阳的运动。这两个仪器现今仍保存在北京故宫博物院里[图3（b）、图4（b）]。

《历象考成后编》中开普勒定律的颠倒使用表明了地心说者已难维持下去，而表演日心体系的仪器又使耶稣会士们处于被动的地位。于是，耶稣会士不得不按照事物的本来面目，把被他们的前辈所颠倒了的东西，重新颠倒过来。1760年法国人蒋友仁向乾隆皇帝献了一幅世界地图，名叫《坤舆全图》，高1.84米，长3.66米，图分东西两半球，直径各1.4米。在图的周围布置了说明文字和解说文字的精美插图。这些文字的内容绝大部分属于天文学，插图则完全是天文图，其中明确宣布哥白尼学说是唯一正确的（图5）；正确地介绍了开普勒三定律；还介绍了一些欧洲天文学的最新发展，如地球为椭圆形，等等。这些都是比较好的。但是没有介绍牛顿的万有引力定律（1687年）和布拉德雷关于光行差的发现（1725年），而这两件事对哥白尼学说在欧洲的胜利都是有决定意义的。

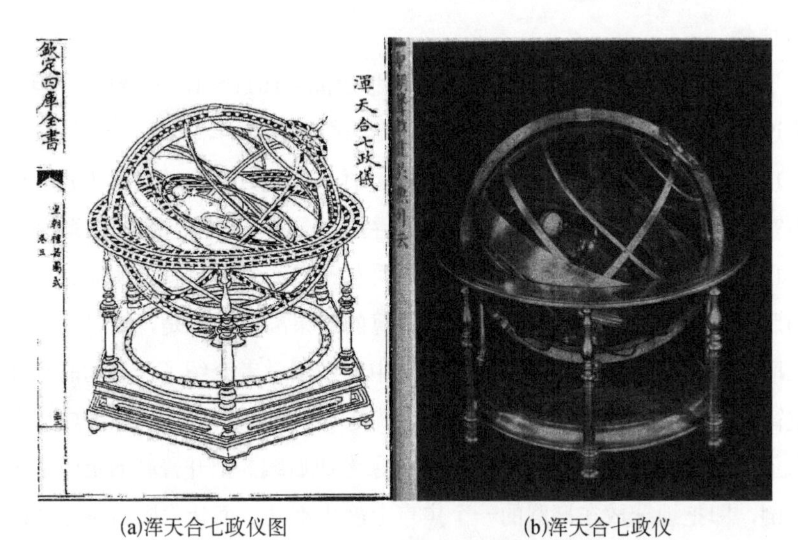

(a)浑天合七政仪图　　(b)浑天合七政仪

图 3　《皇朝礼器图式》（1759 年）中的图

（北京故宫博物院藏）

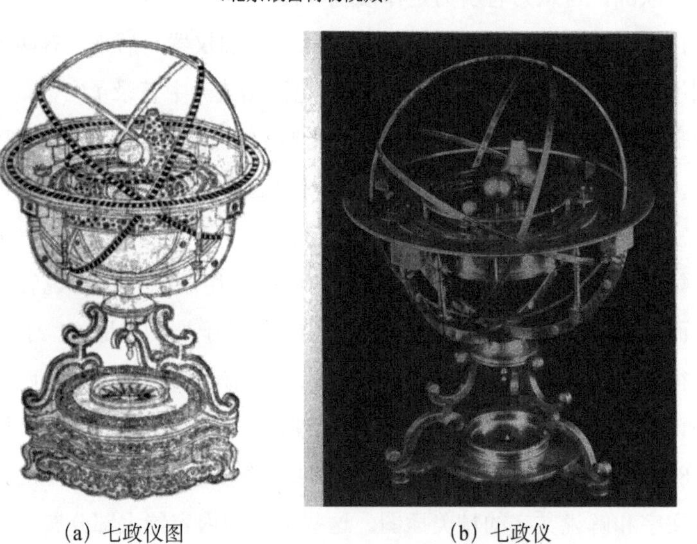

(a) 七政仪图　　(b) 七政仪

图 4　《皇朝礼器图式》（1759 年）中的图

（北京故宫博物院藏）

图 5　《坤舆全图》（1760 年）上的哥白尼太阳系图及说明文字

（明清档案馆藏）

蒋友仁的《坤舆全图》献给乾隆以后，被锁在深宫密室之中，并未与广大群众见面。两个表演日心地动说的仪器，也是同样的命运，又过了三四十年，才由当时参加过润色说明文字的钱大昕把他的润色稿定名为《地球图说》加以出版。他又叫他的学生李锐按照文意补绘了两幅地图和十九幅天文图，附刊在《地球图说》之后。

钱大昕刊印《地球图说》本是件好事，但是他却请了一位封建官僚阮元来作序，阮元本人对日心地动说是反对的，他认为那简直是“上下易位，动静倒置，离经叛道，不可为训”[14]。他在《地球图说·序》里虽然没有用那样尖刻的字眼来反对，却抓住了地球的“球”字大谈“地为球形，居天之中”的谬论，制造了不少混乱，最后劝读者对于哥白尼学说“不必喜其新而宗之”。其作用是很坏的，另外，钱大昕本人对于日心地动说所持的也是一种实用主义态度[15]，因而，他虽然把《地球图说》付印了，却没有起到应有的效果。

阮元、钱大昕等人都是乾嘉学派的重要人物，乾嘉学派当时在中国学术界占了统治地位。对于阮元、钱大昕等人的言论在相当长的时期内无人反驳。

又过了 50 多年，由于帝国主义的侵略，中国已成为半殖民地半封建的社会。为了救中国，当时出现了一股向西方国家学习科学技术知识的潮流。但是，那个时候的欧洲天文学，在哥白尼学说的基础上已经有了十分巨大的发展，中国必须批判阮元等所散布的阻碍哥白尼学说传播的谬论。

这个任务是由李善兰、王韬等人完成的。

1859 年，李善兰在为《谈天》所写的序言中，把批判的锋芒直指阮元、钱大昕等人的谬论。他指出，这些人并没有精心考察，而是附会儒家经典，乱发议论，无聊得很。研究天文学的人必须注意孟子所说的“苟求其故”这四个字，也就是说对任何现象都要问一个“为什么”。哥白尼、开普勒、牛顿都是善求其故的，因而做出了他们各自的发现。接着李善兰又以力学原理和大量事实（如恒星的光行差和视差，煤坑的坠石实验等）证明地动和椭圆理论已是确定如山，不可动摇。最后他直截了当地宣布：“余与伟烈君所译《谈天》一书，皆主地动及椭圆立说，此二者之故不明，则此书不能读。”（图 6）

《谈天》原名《天文学纲要》（*Outlines of Astronomy*）是英国著名天文学家约翰·赫歇尔（1792～1871）的一部深入浅出的著作，系统地介绍了近代天文学的全貌。李善兰的中译本系根据 1851 年的第十二版，全书共十八卷，1859 年初版于上海。至 1874 年徐建寅重校时，又将至 1871 年为止的新成果增补了进去，现今流传的即 1874 年的版本。

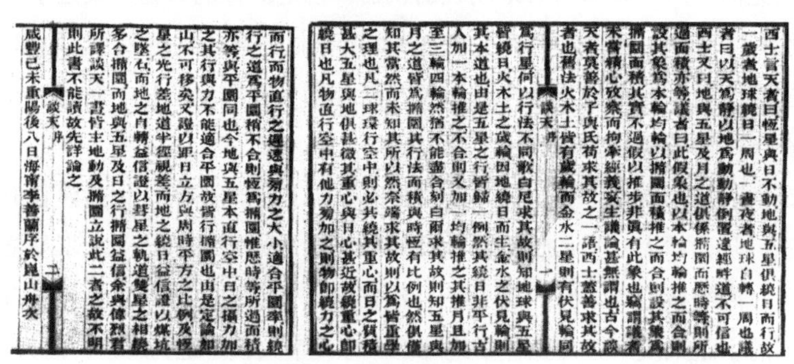

西士言天者曰恆星與日不動地與五星俱繞日而行故一歲者地球繞日一周也一晝夜者地球自轉一周也議者曰以天為靜以地為動動靜倒置違經畔道不可信也西士又曰地與五星及月之道俱係橢圜而歷時等則所過面積亦等議者曰此假象也以本輪均輪推之而合則設其象為本輪均輪以橢圜面積推之而合則設其象為橢圜面積其實不過假以推步非真有此象也竊謂議者未嘗精心考察而拘牽經義妄生議論甚無謂也古今談天者莫善於子輿氏苟求其故之一語西士蓋善求其故者也舊法火木土皆有歲輪而金水二星則有伏見輪同為行星何以行法不同歌白尼求其故則知地球與五星皆繞日火木土之歲輪因地繞日而生金水之伏見輪則其本道也由是五星之行皆歸一例然其繞日非平行古人加一本輪推之不合則又加一均輪推之其推月且加至三輪四輪然猶不能盡合刻白爾求其故則知五星與月之道皆為橢圜其行法面積與時恆有比例也然俱僅知其當然而未知其所以然奈端求其故則以為皆重學之理也凡二球環行空中則必共繞其重心而日之質積甚大五星與地俱甚微其重心與日心甚近故繞重心即繞日也凡物直行空中有他力旁加之則物即繞力之心而行而物直行之遲速與旁力之大小適合平圜率則繞行之道為平圜稍不合則恆為橢圜惟歷時等所過面積亦等與平圜同也今地與五星本直行空中日之攝力加之其行與力不能適合平圜故皆行橢圜也由是定論如山不可移矣又證以距日立方與周時平方之比例及恆星之光行差地道半徑視差而地之繞日益信證以煤坑之墜石而地之自轉益信證以彗星之軌道雙星之相繞多合橢圜而地與五星及日之行橢圜益信余與偉烈君所譯談天一書皆主地動及橢圜立說此二者之故不明則此書不能讀故先詳論之

咸豐己未重陽後八日海甯李善蘭序於崑山舟次

图 6　李善兰《谈天·序》（1859 年）

（中国人写的第一篇宣传哥白尼学说的文章）

经过李善兰、徐建寅等人的努力，再加上在《谈天》前后一些通俗的天文、地理书籍对哥白尼学说的肯定[16]，地球绕太阳运动的真理已是所向披靡，势不可挡。但是顽固的守旧派还是有的。例如，吕吴调阳于 1878 年著《〈谈天〉正义》，死抱着陈腐不堪的儒家经典不放，要求天文学要“本之大《易》”。但他自己也失去信心了，只好哀叹说：“呜呼！天道之不明，圣教其将绝矣！”

继李善兰之后，另一位学者王韬又对阮元、钱大昕、吕吴调阳等人的错误，再一次进行了批判。他于 1889 年做了两项工作：一是写了一篇《西学图说》，用最新的天文成果，说明哥白尼学说的不可动摇；二是翻译了一本《西国天学源流》，从历史发展的角度批判了阮元的形而上学观点和钱大昕的实用主义。王韬认为：①历史是不断前进的，后人总要超越前人；②行星走椭圆轨道，乃是万有引力作用的必然结果，绝非假象，只有按照椭圆轨道计算，才能比古代精确。

经过这样长期的激烈斗争之后，哥白尼学说终于在我国取得了胜利。到了 1897 年，已经有人把哥白尼学说编成了歌谣[17]。可见，那时哥白尼学说已广为传播了。

在这一胜利的高潮中，1884 年华世芳在《近代畴人著述记》里，引用了晋天文学家杜预（222～285）的两句话，从认识论的角度对哥白尼学说做了一次恰如其分的概括。他说，哥白尼-开普勒体系真是“顺天以求合，而非为合以验天”。“顺天以求合”，就是按照自然界的本来面目来描写自然界，这是唯物论的反映论。“为合以验天”，就是臆想出一些条件硬加于自然界，这是唯心论的先验论。这两句话，代表了天文学发展中两种对立的思想，这两种思想的斗争，贯穿在我国两千多年的天文学发展过程中。而华世芳用它来评价哥白尼学说和开普勒定律，又是再恰当也没有了，它一语道出了哥白尼学说的胜利就是唯物论的反映论的胜利。

四、结束语

从地动说开始在中国萌芽，到哥白尼学说取得胜利，所经历过的这段漫长道路，使我们感到新生事物想要不经过艰难曲折，不付出极大努力，要想获得成功，那是不可能的。但科学要战胜迷信，唯物主义要战胜唯心主义，这却是一条不可抗拒的历史规律。

历史在不断地向前发展。从哥白尼日心地动说到太阳系围绕着银河中心旋转的发现，再到河外星系的发现和关于总星系的探讨，我们今天所观测到的宇宙范围和天文现象要比哥白尼所处的时代广阔得多，丰富得多了。特别是最近十年来，关于类星体、脉冲星、微波辐射和星际有机分子的发现，对天体演化、物质结构、生命起源等重大理论问题的研究提供了崭新的前景。

由于受帝国主义、封建主义和官僚资本主义的长期残酷剥削和压迫，我国的科学事业长期处于落后状态，中华人民共和国成立以后，在毛主席的无产阶级革命路线指引下，在党和政府的亲切关怀下，经过工农兵、革命干部和科学工作者的共同努力，我国的科学技术已经有了很大的发展，但是与世界先进水平相比，仍有很大的差距。我们还是一个正在发展中的国家，对于上述这些重大科学理论问题的研究，也还处在起步阶段。我们要本着“古为今用”和“洋为中用”的精神，向世界各国人民学习，要像哥白尼那样，敢于走前人没有走过的道路，敢于攀登前人没有攀登过的高峰，争取在不久的将来，赶上和超过世界先进水平，为人类做出较大的贡献。

本文写作过程中，曾蒙有关领导同志的指导和帮助，并得到许多兄弟单位的大力支持，提供资料，参加讨论，提出意见，特此表示衷心感谢。

参考文献

[1] 哥白尼. 天体运行论. 李启斌译. 北京：科学出版社，1973.
[2] Heath T L. Aristarchus of Samos. Oxford，1913.
[3] Waerder B L V. Neuiahrsbl. Naturforsch. Ges. Zürich，1970：172，55.
[4] Maspero H. T'oung Pao，1929：29，336.
[5] 张华. 励志诗//萧统. 昭明文选，卷九，约 290.
[6] 方以智. 物理小识，卷二.
[7] 王可大. 象纬新篇，章潢. 图书编，均见陈梦雷. 古今图书集成•乾象典，卷五. 天地总部.
[8] 高一志（Vagnoni P A）. 空际格致，卷上. 地性之静.
[9] 郭沫若. 争取世界和平的胜利与人民文化的繁荣. 新华月报，1953（10）：175.
[10] Venturi T. Opere Storiche del P. Matteo Ricci S. I. Macerata，1913：285.
[11] 裴化行. 中国的天文学问题. 新北辰，1925，1：1137.
[12] Коперник Н. О вращениях небесных сфер（перевод И.Н. Веселовского）// Иэдателвстио. Hayka，1964.
[13] 历象考成，卷九. 五星本天皆以地为心.
[14] 阮元. 畴人传，卷四十六. 蒋友仁传，1799.
[15] 钱大昕. 潜研室文集，卷三十三. 与戴东原书.

[16] 玛姬士. 新释地理备考全书，1847；合信. 天文略论，1849；艾约瑟. 天文启蒙，1886；等.
[17] 叶澜. 天文歌略，1897.

〔《中国科学》，1973 年第 16 卷第 3 期，作者：席泽宗、严敦杰、薄树人、王健民、陈久金、陈美东，本文曾在中国科学院和中国天文学会于 1973 年 6 月 22 日举行的“纪念哥白尼诞生五百周年座谈会”上宣读〕

科技史上的中外交流

一部人类科学技术发展的历史表明，科学技术是各国人民在长期的生产斗争和科学实验中共同积累的财富。当然，由于历史条件、生产水平、自然资源、社会需要等方面不同，各个国家科学技术的发展有先有后，水平有高有低。但是，每个国家和民族都有自己的长处和特点。彼此之间的交流，有助于相互取长补短，借鉴创新，进而不断推动科学技术的发展，推动社会生产力的前进。我国从古至今的科学技术，也正是通过自己创造、中外交流、向外国学习、吸取和利用了不少世界其他民族和国家的科学技术成果，在此基础上发展起来的。同时，我国人民也以自己独创的科学技术成果对人类作出了贡献。

一、国家无论大小都有自己的贡献

“每个民族都有它的长处，不然它为什么能存在?为什么能发展?”世界上有许多民族，国家也有大有小，在科学技术上，都有所发明创造。而这些发明创造，绝不会长期为某一个民族所私有或垄断，迟早总要在各民族之间流传推广。科学技术上的绝对闭关自守，根本是不可能的，这是一个客观规律。

就拿人们平时吃、穿、用的东西来说吧，有哪一个国家能不利用其他国家的研究成果呢?小麦起源于西亚，水稻起源于中国、印度和日本，大豆起源于中国，花生、玉米、西红柿、马铃薯起源于拉丁美洲。按照“四人帮”的逻辑，凡是引进外国的东西，就是“崇洋媚外”，那他们连米、面也甭吃了！除了近代的合成纤维以外，人类穿衣的四大原料——丝、棉、毛、麻，则是分别由中国、巴基斯坦、巴比伦（今之伊拉克）和伊朗发明的。日常用的玻璃是埃及人发明的，瓷器是中国人发明的，而橡胶则是巴西人的贡献。

每天早晨起来，先要知道今天是几月几日，星期几。安排这一套的方法叫作历日制度，也叫历法。我们现在所使用的阳历是公元前 46 年罗马帝国时制定的，到了 13 世纪经过意大利人的改革，才成了今天的样子。星期记日制度则一直可追溯到希伯来。计时制度中的一小时分为 60 分，一分分为 60 秒，却又是巴比伦人的贡献。

在生产、科研和日常生活中，都离不开数字的运算。0，1，2，3，…，9 这些数码字和位值记数法(如三位数代表百，四位数代表千)，是阿拉伯人的发明。欧洲人到 12 世纪以阿拉伯数字代替罗马数字（Ⅰ，Ⅱ，Ⅲ，…）和学到阿拉伯人以“0”补空位的方法，为近代科学的兴起提供了方便条件。尤其重要的是，阿拉伯人具有优良的学风。他们上承希腊、罗马文化，并在新的实践基础上加以发展，又从东方吸取了中国、印度、波斯（今之伊朗）等国文化，从而在沟通东西方文化方面作出了巨大的贡献。中国的四大发明（造纸、印刷术、火药、指南针）就是经过阿拉伯人之手传到欧洲的，而作为欧洲资产阶级革命前奏的文艺复兴运动，就是从对阿拉伯文献中所保存的希腊古典著作重新加以认识开始的。

谈到近代科学，当然是欧洲和北美各国贡献较大，然而，由于帝国主义的侵略，沦为殖民地、半殖民地的亚非拉地区也不是毫无贡献的。非洲的马蒂安努·卡配拉于公元 5 世纪就提出了水星和金星围绕太阳运动的理论，哥白尼自认为是他的先行者。18 世纪朝鲜唯物主义学者朴燕岩的天文学思想，比起被宗教法庭用火烧死的欧洲先进学者布鲁诺的思想来毫不逊色。朴燕岩主张天地万物都是由同一物质（尘埃）组成的，在一定地方，只要发展到一定阶段就会产生人类。引起生物学革命的达尔文的《物种起源》也有拉丁美洲人的贡献，阿根廷学者佛兰西斯科·哈比尔·慕尼兹曾用通信方式给了达尔文许多帮助。杰出的古巴医学家卡罗斯·胡安·方来伊在1881年提出蚊子是黄热病传染的媒介，后经古巴另一医生胡安·葛特拉斯证实以后，并制定出对策，对拉丁美洲的黄热病防治起了很大作用。在巴西，诞生了近代航空界伟大的先驱者阿贝特·桑多斯·多蒙，他于1906年进行了人类历史上的第一次飞机试航。20世纪在亚洲涌现出了许多著名的科学家。例如，印度财政部小职员拉曼就曾在物理学上作出过重要贡献。这些国家的人民在帝国主义和封建主义的重重压迫下，整天在饥饿线上挣扎，还能取得这样大的成就，一旦获得独立和解放，定能作出更大的贡献。我们满怀希望地等待着发展中国家在向自然作斗争中也能捷报频传。

上面所举的例子仅是世界部分民族和国家对科学技术的贡献的一小部分。这些科学技术成果都先后传入我国，对我国科学技术发展产生过重要影响。

我们的祖先有过重要贡献

“在很早的时候，中国就有了指南针的发明。还在一千八百年前，已经发明了造纸法。在一千三百年前，已经发明了刻版印刷。在八百年前，更发明了活字印刷。火药的应用，也在欧洲人之前。”毛主席在《中国革命和中国共产党》里指出的这四大发明，是中华民族对人类的杰出贡献。英国唯物主义的真正始祖弗朗西斯·培根对此做过这样的评价：“它们改变了世界上事物的全部面貌和状态，又从而产生了无数的变化；看来没有一个帝国，没有一个宗教，没有一个显赫人物，对人类事业曾经较这些机械的发现施展过更大的威力和影响。”四大发明传到欧洲以后，为资产阶级走上政治舞台提供了物质基础：造纸术和印刷术的出现改变了只有僧侣才能读书、写字和受高等教育的状况；火药和火器的采用摧毁了封建城堡，建立了新兴的市民军队；指南针到了哥伦布手里成了一种法宝，使他有可能发现新大陆，奠定了以后的世界贸易以及从手工业过渡到工场手工业的基础，而工场手工业又是现代大工业的出发点。所以1863年1月马克思在给恩格斯的信里，肯定了火药、指南针和印刷术的发明“是资产阶级发展的必要前提”。

除了誉满世界的四大发明以外，被恩格斯认为“在计时上和力学上是一巨大进步的机械时计”，也有中国人的一份贡献。在今天的钟表机械中，有一组使机轮运转变慢、控制恒定速度的锚状擒纵器（俗名卡子），这是钟表的关键部件，而这个部件首先出现在宋代苏颂和韩公廉所制造的水运仪象台中。水运仪象台是我国天文仪器的一个重要发展，在世界天文学史和钟表史上占有非常重要的地位。第一，它的屋顶是活动的，这是今天天文台圆顶的祖先；第二，浑象的旋转，一昼夜一圈，这是转仪钟（现今天文台的跟踪机械）的祖先；第三，在报时系统中有个由“天关”“天衡”等组成的擒纵器，因此，它又是钟表的祖先。

中国在数理化方面也有许多突出的贡献。战国时期成书的《墨经》中关于时间空间、物质结构、光学、力学和几何学的论述，虽字数不多，却内容丰富，结构严密，有定义，有定理，有证明。在古典著作中只有欧几里得的《几何学》和牛顿的《自然哲学数学原理》是这样写的，而《墨经》比欧几里得约早两百年，比牛顿约早两千年。南朝祖冲之推算出圆周率在 3.1415926 与 3.1415927 之间，有效数字达到七位，在他以后的一千多年，法国才有人推算到小数后十位。祖冲之的密率 $\pi=355/113$，是分子、分母在一千以内的最佳值，欧洲到 16 世纪才得到同样的结果。

作为化学原始形态的炼丹术，我国在公元前 2 世纪就有了。西汉时的《淮南万毕术》中的“白青（即硫酸铜）将铁则化为铜”，在世界上最早发现了金属置换反应。这种将铁放在硫酸铜，即胆矾溶液中，使胆矾中的铜离子被金属铁置换而成为单质铜沉淀下来的产铜方法，到宋代曾广泛应用于生产，是水法冶金技术的起源。东汉末年的《周易参同契》认识到了物质进行化学反应时的配方比例关系。东晋时的《抱朴子·内篇》发现了化学反应的可逆性。不少事实说明，中国的炼丹术比阿拉伯人更早地为原始形态的化学作出了贡献。

中国的医药学更是一个伟大的宝库。1973 年在长沙马王堆三号汉墓出土的帛书中就有《阴阳脉死候》（诊断学），《足臂十一脉灸经》（经脉学），《五十二病方》（医方学）和《导引图》（医疗体育）等六部医学著作。明代的《本草纲目》则是药物学的集大成，它收有药物 1892 种，附方万余则，插图千余幅。该书于 1596 年在南京出版以后，被译为各种文字，流传于全世界。

其他的如都江堰水利工程，雄伟的万里长城，贯通南北的大运河，等等，我们就不再一一列举了。总之，中国是世界文明发达最早的国家之一，曾经创造了光辉灿烂的古代文化，并对世界文化的发展产生过深远的影响。只是在近代落后了，这完全是外国帝国主义和本国反动政府压迫和剥削的结果。今天，我们有优越的社会主义制度，有战无不胜的毛泽东思想，有毛主席的革命路线，有党中央的领导，有八亿勤劳勇敢的人民，有这样一支科技队伍，有富饶的自然资源，只要我们努力奋斗，在自力更生的基础上善于学习外国的好经验，正确地对待中外交流，我们一定能够赶上和超过世界先进水平。

二、善于学习是创新的一个重要因素

中国从来就不是孤立的，不仅世界其他民族和国家不断地同中国交往，中国也不断地有人到其他国家寻求友谊和进行学习。汉武帝派张骞通西域，把丝绸带向西方，把苜蓿、葡萄等农作物带回我国。东汉的班超再次到西域，东西交通更有所发展。当时由东往西所结识的国家有安息、条支、大秦等。大秦即罗马帝国；安息即后之波斯，今之伊朗；条支即伊朗以西，红海、地中海以东阿拉伯人所在的地区。据《后汉书·西域传》，罗马皇帝安敦尼乌斯派遣的大使于延熹九年（166 年）由海路经越南来到了中国，带来的礼物有象牙、犀角、玳瑁等。

从魏晋南北朝开始，我国就翻译印度的科学书籍了。据《隋书·经籍志》记载，当时翻译的数学、天文、医学书籍有十九种之多，共约一百五十卷。到了唐代，在中国工作的印度医学家和天文学家更多。当时讲印度天文的已有三个学派，即伽叶氏、瞿昙氏和俱摩罗三家。

开元六年（718 年），唐玄宗李隆基命瞿昙悉达译“九执历”。这部书一方面把正弦函数表和零的符号介绍到我国来，一方面汇编了我国古代的许多天文著作，至今还是我们研究中国数学史和天文学史的重要参考书。

我国的学者们，对从印度传来的这些科学成就，抱着欢迎的态度，批判地吸收了其中有益的东西。著名的唯物主义学者刘禹锡，曾经写诗赞扬过印度医学中的眼科。唐朝的医学家孙思邈，在他的《千金要方》中，也吸收了印度古医圣耆婆的学说。而这部书传到日本以后，对日本医学的发展也起了很大的推动作用。

唐宋时代的天文学家们，也从印度天文学中吸取了一定的营养。李淳风制“麟德历”时，僧一行制“大衍历”时，都从印度天文学中采用了一些计算方法，使关于日食的计算前进了一步。

到了元朝，随着中外交通的频繁，又有很多波斯人和阿拉伯人来到中国。1266 年元世祖忽必烈重修大都（北京），总设计师就是一个叫亦黑迭儿丁的阿拉伯人。1267 年建回回司天监，负责人扎马鲁丁带来了数学、天文书籍 23 种，其中包括托勒密的《天文集》；造天文仪器七大件，其中包括地球仪。从明代起，阿拉伯天文学便成了我国天文学的一个组成部分，200 多年间在钦天监内设有回回科，一方面颁布回历，供少数民族使用；一方面用其方法计算天象：以与用中国方法算得的结果进行比较；同时翻译天文书籍，《七政推步》就是最有名的一部，这部书后来还被摘要刊载在《明史·历志》中。

在医学方面，1270 年忽必烈设广惠司，负责制造回回药剂，1292 年又改为回回药物院，负责翻译、研究从阿拉伯传来的医药学。现在北京图书馆还保存有元朝末年翻译的《回回药方》一书。明代李时珍在编《本草纲目》的时候，也吸收了从印度和阿拉伯传来的药物。现在药物学中的许多名词，如苏打等都是从阿拉伯语来的。在元代，还有一个尼泊尔工匠阿尼哥率领了 80 位熟练工人来到中国，帮助我们建筑了北京白塔寺的白塔等许多建筑，还协助郭守敬制造了具有世界先进水平的天文仪器——简仪。

明朝前期，随着郑和七次下西洋，我国学者的足迹南到爪哇（印度尼西亚），西到木骨都束（索马里的首都摩加迪莎）、麻林地（肯尼亚）等处，访问了东南亚、南亚、阿拉伯和东非地区的 20 多个国家，写下了《西洋番国志》等三部著作，大大地丰富了我们的地理知识。

我国明代后期，欧洲发生了文艺复兴运动。随着资本主义生产方式的出现，欧洲的科学技术有了飞速的发展，而我国则还长期地停留在封建社会，其后由于帝国主义的侵入，更沦为半殖民地半封建社会。在这种情况下，帝国主义侵略者不可能将其先进技术带给我国；本国的反动统治阶级在政治上搞投降主义的同时，在科学技术上又往往是盲目排外；在三座大山的重重压迫下，人民不可能充分发挥其创造力。这样，就造成了我国科学技术的落后状态。例如，作为欧洲近代科学起点的哥白尼学说，先是传教士封锁、歪曲，后是封建势力坚决反对，直到哥白尼逝世以后 300 多年才在我国得到普及。又如，1804 年出现火车头，过了 70 多年，1876 年英国商人才在上海至吴淞间修起第一条铁路。通车后，封建卫道士们纷纷起来反对，说什么“铁路惊动地脉”，最后出白银 280 万两从英商手中买回，将铁路、车辆等全都拆除、毁坏。

但是，历史总是要向前发展的，先进的科学技术总是或早或迟要传播到全世界的。火车、轮船、飞机、电灯、电报、电话，等等，还是都传到中国来了。先进的中国人，不但欢迎西方的技术，而且也认真学习西方的科学理论。康有为在 28 岁的时候，就写了《诸天讲》，其后又修改补充，评介了从康德到爱因斯坦的宇宙理论。严复翻译赫胥黎的《天演论》，把达尔文的进化论系统地介绍到中国来，对中国的民主革命起了推动作用。在居里夫人于 1898 年发现镭以后不久，1903 年鲁迅就在《浙江潮》上著文，在我国首先介绍了这一重要发现，热情地赞颂这一科学成果。他说，由此项研究“而生电子说。由是而关于物质之观念，倏一震动，生大变象”“辉新世纪之曙光，破旧学者之迷梦”。以后，鲁迅更进一步提出“拿来主义”，精辟地阐述了学习外国先进经验的重要性和必要性，指出对于外国好的东西，“我们要运用脑髓，放出眼光自己来拿!”

倒行逆施的“四人帮”别有用心地把向外国学习诬蔑为“洋奴哲学”，把引进技术诬蔑为“爬行主义”，把学习外国、“洋为中用”与自力更生对立起来，凡此种种都是形而上学猖獗、唯心主义横行的表现。如果依了他们，拒绝学习外国的经验，那么蒸汽机是外国人发明的，就得停了火车赶牛车；电照明也是外国人发明的，就得关掉电灯点油灯。照此办理，社会非但不会进步，而且只会倒退到刀耕火种的愚昧时代去，人只好变成猴子。“四人帮”所搞的那一套，才是地地道道的爬行主义、倒退、复辟。

历史的经验值得注意。过去我们在科学技术方面向外国学习了不少好的东西，对我国的科学技术的发展大有好处。今天，我们的祖国已经成为初步繁荣昌盛的社会主义国家，我们在自己努力研究、探索、独创的同时，仍然应当努力学习外国的先进经验。“我们的方针是，一切民族、一切国家的长处都要学”，尤其是在“自然科学方面，我们比较落后，特别要努力向外国学习。”我们就是要像鲁迅所说的那样：采取“沉着，勇猛，有辨别，不自私”的学习态度和方法，把外国的东西拿来，“洋为中用”“推陈出新”，争取在本世纪内把我国建设成为四个现代化的社会主义强国，对人类作出较大的贡献。

〔《光明日报》，1977 年 8 月 17 日，作者：席泽宗、邢润川〕

天文学史的研究

天文学史是以天文学本身为研究对象的一门学科。它研究天文学的发展规律，研究当代天文学的一些课题，是天文学中不可缺少的一个分支。阐明它的意义，掌握国内外动态，分析我国当前研究中存在的问题，是很有必要的，无论对于天文学的发展，还是对于自然科学史的研究，都有促进作用。

一、国内外状况

近20年来，在天文学突飞猛进的同时，国际上的天文学史研究也在迅速发展，著作越来越多。天文学史的文章除了散见于各种期刊，从1970年起，在英国开始有《天文学史杂志》（*Journal for the History of Astronomy*，*JHA*）出版。日本也出版了《天文学史研究》。美国从今年起出版《考古天文通报》（*Archaeoastronomy Bulletin*）。苏联从20世纪50年代起以论文集形式出版《天文学史研究》（*Историко Астрономические Цсследования*），从70年代起又增出《天文学史问题》（*Вопросы истории астрономии*）一种。

国际天文协会主编的《天文学通史》，从今年开始由英国剑桥大学陆续出版，全书共分四卷：第一卷为哥白尼以前的天文学史；第二卷为 16～19 世纪太阳系研究史；第三卷为 16～19 世纪恒星研究史；第四卷为 20 世纪天文学史。

国际性的天文学史研究活动也很热闹。国际天文协会第 41 组（即天文史组）和国际科学史协会的天文史会议，过去都是三年开会一次（从下届起国际科学史协会改为四年一次）。1974 年国际科学史协会在日本召开大会，着重讨论中国科学史问题。1976 年国际天文协会开会时第 41 组分为四个小组，分别讨论：古代天象记录的应用问题；如何开展现代天文学史研究；考古天文问题（即史前天文学）；编辑出版问题。

1964 年 8 月联邦德国汉堡大学召开了天文仪器史和天文学史编写法会议，有 18 个国家的 80 多位学者参加，其中有两篇文章讨论快速电子计算机在天文学史工作中的应用，还有一篇关于西藏天文学的文章[1]。1968 年 1 月崇基学院召开了中国科学史讨论会，美国、日本、新加坡、马来西亚等都有人参加。

1971 年在列宁格勒举行“纪念开普勒诞辰 400 周年”大会[2]，1972 年在伦敦举行“天文学在古代世界的地位”会议[3]，1973 年在波兰举行“纪念哥白尼诞辰 500 周年”大会[4]，1973 年在美国举行“哥伦布以前美洲的考古天文学”会议[5]，1974 年在美国举行“宇宙论、历史和神学”会议[6]，1976 年在印度举行纪念阿拉巴塔（Aryabhata）诞辰 1500 周年大会，这些都是大型国际学术讨论会。

国际上的天文学史研究，主要集中在近代和现代史研究，对于中国天文学史也投入了相当的力量。首先是日本。日本研究中国天文学史的人已经发展到第四代。第一代是新城新藏和饭岛忠夫的论战，前者主张中国天文学是土生土长的[7]，后者则主张来源于巴比伦[8]。第二代以能田忠亮为代表，著有《东洋天文学史论丛》[9]。第三代以薮内清为代表，他在京都大学人文科学研究所主持中国科学史研究班，他的代表作是《中国的天文历法》[10]。第四代是山田庆儿、中山茂和桥本敬造等人。现在山田庆儿接薮内清的班，主持中国科学史研究班，1979 年 3 月出版了《中国的科学和科学者》[11]；山田本人写的《通向授时历的道路》和宫本一彦写的《中国人的行星论》，都有较高的水平。中山茂任教于东京大学，他用英文出版的《日本天文学史——中国的背景和西方的影响》[12]一书，在欧美颇得好评。桥本敬造则专心致力于清代天文学。

继李约瑟[13]之后，席文（N.Sivin）在美国想把他所在的宾夕法尼亚大学变成研究中国科学史的另一中心。席文在天文学史方面的代表作有《中国早期数理天文学中的宇宙和计算》[14]《哥白尼在中国》[15]等。他正在把“授时历”译成英语，作为他主编的东亚科学丛书之一。席文还编有《中国科学》（*Chinese Science*）杂志一种，刊登有关中国科学史的论文和动态。

此外，英国克拉克和斯蒂文森合著《历史上的超新星》[16]于去年出版，主要用的是中国资料。联邦德国的哈特纳（W. Hartner）在研究甲骨文中的天文资料和汉代的日月食，新加坡的洪天赐在研究僧一行，美国加州大学的汉德生（J. Handerson）在研究天文历法对明末清初天文学家的影响。澳大利亚的何丙郁对中国天文学做过一系列工作[17]，对 1054 年超新星和蟹状星云的关系问题，曾提出异议[18]。总之，在世界各地都有一些对中国天文学史有兴趣和正在做工作的人。

我国进入 20 世纪 70 年代以后，天文学史工作也有很大的发展。1973 年举行了纪念哥白尼诞辰 500 周年的活动。1974 年冬，国务院科教组和中国科学院联合召开了研究中国天文学史的规划会议；1975 年冬在天津召开了研究成果交流会。近几年来的主要成果，除已刊于《中国科学》《天文学报》《考古学报》《历史研究》《文物》《考古》等期刊，以及《中国天文学史文集》《科技史文集・天文分册》以外，即将交付出版的重要著作有北京天文台天象资料组汇编的《中国古代天象记录总表》和《中国古代天文史料汇编》，中国社会科学院考古研究所主编的《中国天文文物图录》和《中国天文文物文集》，中国天文学史整理研究小组主编的《中国天文学史》和《中国天文学简史》。

二、研究天文学史的意义

天文学史的研究与天文学的发展有着密切的关系，这可从以下几方面来看。

第一，天文现象的变化，有的时间尺度很长，而人类观测的历史只有几千年，用望远镜观测还不到 400 年，因此，有许多的理论研究，就不仅需要近代的观测资料，也需要遥远的古代资料。例如，1976 年美国艾迪发表文章，从 1645～1715 年太阳黑子记录极少，即所谓蒙德（Maunder）极小期出发，又结合日冕形态的描述、极光记录和树木年轮中放射性碳-14 的测定等，提出见解说，至今人们公认的太阳活动的 11 年周期在历史上并不存在，只是近200 多年的事[19]。文章发表以后，议论纷纷。要证实或否定这一看法，就必须查阅大量历史资料。为此，我国云南天文台、紫金山天文台、北京天文台和中国科学院自然科学史研究所做了大量工作，有的已经发表[20-22]，有的即将发表[23]。他们的结论是，蒙德极小期是太阳活动更长的周期中的一个周期现象，而在这个蒙德极小期中 11 年周期也还存在。又如，1976 年惠普在英国《自然》杂志上说："50 年代以来对彗星研究的三大成就是：确认在太阳系外围有一彗星云，彗核是由脏冰组成和用太阳风来解释彗尾。"[24]江涛利用中国历史上的哈雷彗星记录，先定出它每次过近日点的时刻，然后再利用天体力学方法计算其过近日点的时刻，两相比较，在扣除了九大行星摄动引起的误差以外，还有 4.1 日之差。江涛认为，这 4.1 日之差，即由非引力效应引起的，这个非引力效应就是脏冰球的自转和挥发引起的；反过来，用这个数值也可以检验脏冰球模型[25]。在这里，又把中国的记录和最新的彗星理论联系起来了。此外，中国历史上的新星和超新星记录在射电天文学中的作用[26]，日、月食记录在研究地球自转不均匀性中的作用[27]，等等，都是尽人皆知的事例。我们的祖先给我们留下了一大批天文学遗产，我们应该积极地做好这方面的工作。

第二，天文学史是人类怎样认识宇宙的历史，研究这部历史，对理解马克思主义的认识论有着重要的意义，在天文学史上就有众多的例子可资论证。哥白尼学说建立的过程就是很有说服力的例子。又如我国《汉书·律历志》中说："历本之验在于天"，我国的一部历法史，就是从观测实践基础上建立起来的历法理论，通过日月食观测这一实践的检验，而不断地丰富和提高的过程[28]。明末清初的民间天文学家王锡阐说："测愈久则数愈密，思愈精则理愈出。"在人类探索自然的历史长河中，观测的时间越久，次数越多，则所得数据越精密，所建立的理论越完善；但是新的理论还要在实践中得到进一步的检验，所以他又说："以吾法为标的而弹射，则吾学明矣。"

第三，历史是一面镜子，可以鉴往知来。从科学政策和组织管理上研究历史经验，可供制订天文科学发展规划和组织管理工作借鉴；从治学态度和治学方法方面，总结历代有成就的天文学家和天文学派的丰富经验，作为今日研究中的参考；还可以从对过去的学术思想、理论和假设的评价中，培养对不同的学说的冷静和客观的批判态度。美国席文曾说，今天的美国文化，很像中国历史上的唐朝文化。唐朝是我国历史上很有名的强盛时代，当时不仅吸收外国的东西，而且欢迎外国人来中国工作。最近在西安附近发现了唐代瞿昙譔的墓志铭，从而弄清了瞿氏世系：瞿昙譔是瞿昙悉达的第四个儿子，瞿昙悉达是瞿昙罗的儿子，瞿昙罗祖籍中天竺，先辈移居长安。自瞿昙罗起，至瞿昙譔的儿子瞿昙晏为止，四代人服务于唐朝司天监 100 多年，而且经常担任监正或监副的要职，做了不少工作。瞿昙悉达编著的《开元占经》，至今还是研究我国天文学史的重要资料。

此外，正确评估我国各族人民和世界各国人民在天文学上的贡献，阐明我国与世界各国在天文学上的交流关系，对于加强我国各族人民之间的团结，增进各国人民之间的相互了解，都会有一定的帮助。1973 年纪念哥白尼诞辰 500 周年期间，我们发现了北京图书馆保存的《天体运行论》的第二版和第三版，以及故宫博物院保存的英国造的两台表演哥白尼学说的仪器，将这四样东西在北京天文馆展出后，波兰、英国、瑞士、意大利、加拿大、墨西哥等国都有人来参观，去年还有人来拍摄照片，日本的中山茂并且论述说，日本的太阳中心说，除直接翻译荷兰书籍外，还接受了由中国传去的东西[30]。

总之，天文学史的研究，对于天文学的发展，对于实现四个现代化，对于促进国际交往，都能够做出一定贡献，这是一件应当做好的工作。

三、几点意见

为了加强天文学史的研究，提高天文学史研究工作的效率，提出以下几点意见供有关方面参考。

第一，在继续加强中国天文学史研究的同时，要大力开展世界近代和现代天文学史的研究；特别是研究第二次世界大战后各国天文学发展的历史，总结其经验教训。要研究国外许多大天文台的组织管理工作经验；总结近代一些有成就的科学家（如赫茨勃龙、夏普莱，等等）的治学态度和治学方法；系统地研究天文学各个分支（如天体物理、天体演化、射电天文）的历史，以便迅速取得较大成效。

第二，中国天文学史的研究，要从乾嘉学派的烦琐考证中摆脱出来，着重探讨规律性，有重点地研究问题。我们认为最近几年应着重研究如下几个方面。

（1）结合现代天文学，探讨一些新课题，如引力常数是否有变化？太阳活动的规律性怎样？地震是否与太阳活动有关？太阳系某些天体的演化，超新星与脉冲体、X射线源（有的可能就是黑洞）的关系，等等。

（2）对于我国古代天文学各个领域、各个概念和范畴的起源，国内外都是争论不休，我们要组织各方面的有关力量（如考古学、民族学、语言学等）拿出较为成熟的见解来。国外近年来广泛开展的考古天文学，在我国尚属空白，尤应迅速赶上。

（3）中外交流问题，外国天文学传到我国的比较清楚，我国天文学传到国外的情况，特别是对于西亚和欧洲的关系，则比较模糊，这也应作为研究重点。

（4）我国有50多个少数民族，有些各有自己的天文知识，应抓紧时间做一次全面普查，弄清我国各民族在各个历史阶段对天文学的贡献。

（5）自明代以后，相对来说，我国天文学是比较落后了。过去写天文学史以写成就为主，往往就把这近400年的历史省略了。现在从总结经验教训入手，就觉得这一段值得研究的问题很多，亟待开展工作。

（6）科学思维的萌芽同宗教、神话之类的幻想往往联系在一起，在早期阶段，天文学同星占术有着密切关系。为了弄清天文学思想发展的脉络，对于星占术也有着重研究一下的必要。

第三，天文学史研究的组织工作要加强，要组织力量对中国和世界天文史的重大问题进行研究。同时，在中国天文学会内要协调各单位之间的分工，并推动非专业人员的业余研究，组织学术交流。《天文学史文集》要继续出版，并争取在1982年改为季刊。同时还应加强国内外的情报工作和外文书刊的翻译介绍。

参考文献

[1] Vistas in Astronomy，1967（9）.
[2] Vistas in Astronomy，1975（18）.
[3] Hodson F R. The Place of Astronomy in the Ancient World. London：Oxford University Press，1974.
[4] Nicolas Copernicus Committee of IUHPS. The Reception of Copernicus Heliocentric Theory. Poland，1973.
[5] Aveni A F. Archaeoastronomy in Pre-Columbian America. Austin：Univ. of Texas

Press，1975.
［6］Yourgrau W，Breck A D. Cosmology，History and Theology. New York：Plenum Press，1977.
［7］新城新藏. 东洋天文学史研究. 沈璿译. 上海：中华学艺社，1933.
［8］饭岛忠夫. 陈啸仙译. 科学，1926（11）.
［9］能田忠亮. 东洋天文学史论丛. 东京：恒星社，1943.
［10］薮内清. 中国の天文历法. 东京：平凡社，1969.
薮内清的著作目录见东方学报，1970（41）：763.
［11］山田庆儿. 中国の科学と科学者. 京都：京都大学人文科学研究所，1978.
［12］Nakayama S. A History of Japanese Astronomy—Chinese Background and Western Impact. Cambridge，MA：Harvard Univ. Press，1969.
［13］李约瑟的著作目录见 Teich M，Young R. Changing Perspectives in the History of Science（Essays in Honour of Joseph Needham）. London：Heinemann Press，1973.
［14］Sivin N. T'oung Pao. 1969，55.
［15］Sivin N. Studies Copernicana，1973：63.
［16］Clark D H，Stephenson F R. The Historical Supernovae. Oxford：Pergaman Press，1977.
［17］何丙郁的著作目录见（日本）科学史研究，1972（102）.
［18］Ho P，et al. Vistas in Astronomy，1972（13）：1.
［19］Eddy J A. Science，1976，192（4245）：1189；Proceeding of the Inter. Sym. on Solar- Terr. Phys.，1976（11）：958.
［20］云南天文台古代黑子记录整理小组. 天文学报，1976，17（2）：217.
［21］丁有济，张筑文. 科学通报，1978，23（2）：107.
［22］罗葆荣，李维葆. 科学通报，1978，23（6）：362.
［23］戴念祖，陈美东. 科技史文集：天文分册，第二集. 上海：上海科学技术出版社.
［24］Whipple F L. Nature，1976（15）：263.
［25］Kiang T. Mem. R. Astr. Soc.，1971（76）：27.
［26］席泽宗，薄树人. 天文学报，1965，13（1）：1；科学通报，1965（5）：387；Science，1966，154（3749）：597；NASA. TT-F，1966：388.
［27］Newton R R. Ancient Astronomical Observation and the Acceleration of the Earth and Moon. Baltimore：John Hopkins Press，1970.
［28］席泽宗. 中国自然辩证法研究会通讯，1978（12）.
［29］席泽宗. 人民日报，1978-09-26.
［30］中山茂. 日本の天文学. 东京：岩波书店，1972.

〔《自然杂志》(上海)，1979 年第 2 卷第 4 期，本文曾在中国天文学会第三次代表大会上报告，作者：席泽宗、郑文光〕

睿智而勤奋　博大而精深

——祝世界著名科学家、中国人民的老朋友李约瑟博士80大寿

40多年前，英国一位名叫怀德海的著名数学家兼哲学家，在赞扬了中国古代对哲学、文学和艺术的伟大贡献后，接着说："我们并不怀疑中国人具有探索自然科学的才能，但是他们在自然科学上的成就是微不足道的，而且若使中国孤立于世界，也没有理由相信她对科学会有什么贡献。"就在这时候，杰出的生物化学家、英国皇家学会会员李约瑟博士，却与之相反，他下决心研究中国科技史。因为他在剑桥大学从接触到的一些中国留学生中，感到他们与西方人同样聪明能干；他认为，中国的古代文明，其中包括科学曾放射出灿烂的光辉。于是他向这些留学生学习中文，开始研究中国科技史。

学有渊源。李约瑟以丰富的现代科学素养，来参加中国科学史的研究，本身就具备着非常有利的条件，加上1942～1946年，他受英国政府委托，在重庆从事中英科学合作工作，这使他有机会在中国各地广泛旅行，与许多中国科学家交朋友，搜集到大量的中国古代典籍，为他的中国科学技术史研究

奠定了丰厚的基础。中国抗战胜利后，李约瑟回到英国。他将搜集到的材料加以整理分析，开始了卷帙浩繁的《中国的科学和文明》（中译本为《中国科学技术史》）这部著作的撰写。这部著作涉及天文、地理、生物、数学、物理、化学、工业、农业、医学，以及科学思想和社会背景，简直无所不包。全书共 7 大卷，20 册，约 800 多万字。至今虽然只出了 8 册，但从 1954 年第一卷问世以来，每出一册，都引起世界性的反响。今天已翻译他的原著或简译的国家有中国、日本、法国、意大利和西班牙等，包括英、中、法、意、西、日等文版。许多国家的报刊发表书评，给予极高评价。伦敦《自然》杂志说："像这样一部波澜壮阔的令人震惊的作品，任何赞美都不会过誉。"巴黎《科学史评论杂志》指出，这"是划时代的著作，是知识界的必读书"。加尔各答《印度历史学报》则赞扬说："这部研究中国科学史的著作，既博大，又精深，是欧洲学术成就的最高峰。"

李约瑟这部著作虽名为《中国科学技术史》，实际上是对上下几千年、世界各大洲的科学文化进行比较和研究。它以丰富、有力的论据，肯定了中国科学技术在世界历史上曾经起过的重大作用。这部著作涉猎面是如此之广，所谈问题是如此之高深，但行文却又深入浅出，非常流畅，使人读来感到轻松愉快。李约瑟的著作有独到见解。他与王铃、普拉斯合作，从对中国天文仪器的研究，得出宋代的水运仪象台，是欧洲近代机械钟表的嫡系祖先的结论。这一结论后来已为举世所公认。他抓住潮汐理论、怒潮，以及验潮、潮汐表四个方面，把我国的潮汐学史写得有声有色，活灵活现。1956 年，河北兴隆发现战国时期的铁范，当时多数人认为这是用来铸造青铜工具的，李约瑟则依据他对中国钢铁技术的系统研究及现代科学知识，与另一些学者判断，兴隆铁范是用来铸造铁生产工具的，从而肯定了我国进入铁器时代的时间大大提前，其后的考古发掘和技术性研究，也都证明了李约瑟的观点是正确的。

李约瑟做学问的办法是：处处留心，不耻下问，随手笔记，融会贯通。一般人看来很平常的事物，在他看来就可能大有学问：古代一张防狗的通告，成为最早印刷品的证据；一个瓷瓶上的彩画，发现了中外文化交流的线索；北海公园的九龙壁，与天文历法有关系；大渡河上的铁索桥，成为古代中国钢铁工业的标志。沈括的《梦溪笔谈》到了李约瑟手里，就成了"中国科学史上的坐标"。他按照现代科学的分类，对其内容进行统计分析，发现其中属于科学技术方面的共有 207 条，使人们对该书的重要性有个一目了然的认识。

李约瑟从事这项工作，所用的中文材料，大部分都由自己译成英文。在已有西方文字译本的情况下，他也要对照原文，进行校核。因此在他的书中，纠正了过去西方汉学家们的许多错误。在吸收前人的研究成果时，他不盲从，而是经过自己的一番钻研、消化的。他的工作十分细致、审慎。他不轻易把自己的结论强加于人，而是服从实践的检验。关于船尾的方向舵，李约瑟早已从中国和欧洲文献记录的对比中，认为是中国发明最早，但长期有着争论，直到 1958 年在广州博物馆里看到汉墓中出土的明器陶船上有个小小的舵楼以后，才成为定论。

当然，编写这么大部头的巨著，其史实、资料的引用，总难免有所出入；其哲学和历史观点，也难免有可以商榷的地方。但是他的总的目的已经达到，这就是："朝宗于海。"他认为现代的科学技术是个汪洋大海，大海的水来自条条江河，这条条江河就是古代各民族的贡献，而中华民族这条河水的贡献又特别大，非理清不可。经过他的梳理，所得到的结论是：3～13 世纪的 1000 多年中，中国的科学技术为西方世界所望尘莫及，这些科学技术先后传到欧洲，又为欧洲近代科学的诞生创造了条件。李约瑟完全赞同英国唯物主义的真正始祖弗朗西斯·培根在 1620 年说过的话：印刷术、火药、指南针，这三大发明"改变了世界上事物的全部面貌和状态，又从而产生了无数的变化"。印刷术带来了文艺复兴，火药炸掉了欧洲的封建城堡，指南针引导了新大陆的发现，而近代科学就是在这样的背景下产生的。

李约瑟认为，近代科学从方法论上有区别于古代的一点是将数学与实验紧密结合起来。但古代的西方是不重视实验的。只有中国的机械发明簇拥到欧洲以后，才产生了以达·芬奇为代表的工艺实践的方法。工匠们根据自然现象中的一些特点，提出假设，继续验证，这就是伽利略为代表的近代实验科学的先导。近代化学是由炼金术演变而来的，李约瑟认为在阿拉伯的成就传入之前，欧洲谈不上炼金术，"炼金术"这个词本身以及炼金术中的许多术语都源自中国。至于用数学公式表示科学假说，无疑是从希腊人那里继承下来的，但是李约瑟又说，如果没有中国的十进位记数法，就几乎不可能出现我们这个统一化的世界。

总之，李约瑟是由于对中国的古代文明做了深入的研究、充分的肯定、高度的评价、热情的赞扬，从而赢得了世界荣誉的。由于他的研究，各国人民对中国的情况增进了了解，在世界范围内研究中国科学史的人多起来了。

由于他的研究，也发现了许多新问题，值得进一步探讨。不管怎样，李约瑟以一个外国人，从 37 岁开始，舍弃卓有成效的本行工作，从认汉字学起，学到能掌握古汉语，能直接阅读中国古书，然后进行多学科性的纵深研究，到 54 岁开始出第一本书，到 80 高龄仍锲而不舍，这种坚韧不拔的精神很值得我们学习。

李约瑟不仅在学术上著书立说，宣传我国古代科学成就，增进全世界对中国的了解，而且一贯是中国人民的好朋友。在极端困难的抗日战争后期，他不远万里来到中国，组织中英科学合作馆，支持中国的科学事业。1952 年抗美援朝时，他不顾英国政府的反对，参加国际科学调查委员会，来到远东进行现场调查，主持公道，向全世界揭露了美帝进行细菌战的真相，为此英国政府曾给他以无理处分，取消过他的教授资格。他先后担任过英中友好协会和英中了解协会的主席，凡到英国访问的中国科学界人士，他都热情接待。打倒“四人帮”以后，他于 1978 年再次访问我国，回英国后做了《中国科学界现状》的报告，把我国科学界重临春天的情况带给了英国群众，引起了极大的重视。今天，当我们这位好朋友、老朋友 80 寿辰之际，我们衷心地祝愿他健康长寿，早日把《中国科学技术史》全部出齐，并继续做出更多更大的贡献！

1972 年，郭沫若同志和来我国访问的李约瑟博士亲切交谈

〔《人民日报》，1980 年 12 月 8 日〕

日本京都的中国科学史研究

京都是794～1868年1000多年的日本首都，即使在1869年迁都东京以后，它作为一个传统的工业城市依然繁荣兴旺，特别是继东京大学之后，在这里建立了日本的第二所大学——京都大学以后，它更以全国的两个学术文化中心之一而与东京媲美。京都大学拥有狩野直喜（1868～1947）和内藤虎次郎（1866～1934）这样杰出的汉学家，在汉学研究方面一度居于全国的领导地位。

京都大学的汉学研究由于受到清代考证学派的影响，主要是采用实证法，在汉学的每一领域都取得了许多显著成就。特别是按照狩野教授和内藤教授的建议，几位理科学学者从近代科学观点出发，采用清代考证的方法，开始研究中国经书中关于科学方面的叙述。地质学教授小川琢治（1870～1941）以经书中的叙述为基础，研究了中国古代的地理学，他的研究成果是《"支那"历史地理研究》第一、第二卷，1928年出版。天文学教授新城新藏（1873～1938）以中国经书为基础，在研究中国天文学史方面，也做出了重大贡献，他的研究成果具体地概括在《东洋天文学史研究》（1928 年）一书中。[①]新城的贡献可以分为两类，一类是弄清了“十三经”之一的《左传》的著作年代。这部书过去一直被认为是西汉时刘歆（公元前 50～公元 23）伪造的，新城根据书中关于木星的叙述，查明是公元前 4 世纪中叶（战国时期）写成的。这就引起了他和饭岛忠夫之间的一场激烈争论[②③]。

新城的贡献的第二类是对中国古代历法的研究。从殷代起一直到 1912 年中华民国成立[④]，中国一直使用“阴阳历”。随着公元前 104 年“太初历”的制定，历法上的日期从此就可以计算出来了，然而在此之前的历法系统还需要加以辨清。新城首先给《汉书·律历志》以新的解释，并采用刘歆的观点，认为周朝建立于公元前 1122 年，从而成功地重建了从周初到公元前 104 年的历法。虽然新城的这一研究留下了不少值得进一步考虑的疑点，因而未能得到学术界的公认，但是它却为中国古代天文学史的研究揭示了新的一页，从这个意义上来说，也是很有价值的。

1929 年在京都建立了以狩野直喜为所长的东方文化研究所，几位学者对东方文化开始了新的研究。他们的研究成果发表在至今已连续出了五十期的这个研究所机关刊《东方学报》（京都）上。

新城的学生能田忠亮（1901～　）在这个研究所中主持关于天文历法的研究工作。他的研究成果汇集在《东洋天文学史论丛》中。他首先阐明了中国最早的数学天文专著《周髀算经》。后来又从天文学的观点研究了《礼记·月令》，由分析其中记的每月的太阳位置所在和二十八宿，确定《月令》是根据公元前 7 世纪的天象写成的。而且，还阐述了汉代（公元前 202～公元 220 年）宇宙论的性质。

本文的作者（薮内）也是新城的学生和能田的晚辈，于 1935 年到这个研究所工作，从事中国天文学史研究。他不像传统的学者那样搞考证，而是把整个中国历史中的历法史作为研究目标。在中国，天文学过去一直被认为是国家的重要政务之一，断代史中包括专讲历法的一章，已成为惯

---

① 此书有沈璿的中译本，中华学艺社，1933 年出版。（译者）

② 李约瑟指出，日本的中国科学史研究有两个不同的学派：一派的领导是新城，一派的领导是饭岛（见《中国科学技术史》中译本第四卷第一分册第 37 页）。新城认为中国天文学是独立发展的，而饭岛则坚持中国天文学是在亚历山大大帝东征以后受希腊天文学的影响而发展的。

③ 饭岛论文的中译刊载在《科学》11 卷 6 期（1926 年）和 11 卷 12 期（1927 年）上。在沈璿译新城《东洋天文学史研究》一书的后面，附有饭岛《中国古代历法概论》的第一章“中国历法起源考”。（译者）

④ 原文此如。（译者）

例；这一章通常叫作“律历志”，或简称“历志”。薮内的目的是要根据这些文献，详细地研究每一朝代的历法系统。虽然中国历代也有一些关于宇宙论的研究著作。但中国天文学的主流是以历法为中心的，因此，薮内的第一主攻点便是研究隋唐时期的历法，结果于1944年出版了《隋唐历法史的研究》一书。

该书概括了以预告日月食为中心内容的中国理论天文学，并且阐明了其在日月运行的准确计算中用了内插法。此外，薮内在同一书中还介绍了在唐代由印度天文学的著作译成中文的“九执历”，现在又把“九执历”译成英文并加以注释刊登在《亚洲学报》的这一期上。必须指出，在《隋唐历法史的研究》一书的后面附有从殷到隋的历法概括。笔者后来在这一领域的研究成果于1969年汇集在《中国的天文历法》一书中。

1948年，东方文化研究所合并到京都大学新建的人文科学研究所中，但《东方学报》（京都）仍作为研究中国的机关刊继续出版。在这个新建的研究所中，薮内除了继续他个人关于天文学史的研究以外，还参加了《天工开物》的联合研究。《天工开物》是明代宋应星于1637年写的，它阐述了中国传统工艺的各个领域，并附有许多插图。

这一联合研究的成果《〈天工开物〉的研究》于1958年出版，在《天工开物》原文和日译文之后，刊有十一篇研究论文。这十一篇论文已在1959年被译成中文在中国出版。[①]十一篇论文的作者有：写有关于中国农学史的杰出著作的天野元之助，研究中国饮食史的专家篠田统（1899～1978），研究中国纺织技术史的专家太田英藏，笔者的晚辈同事、专门研究中国技术史的吉田光邦。令人深感遗憾的是，篠田于去年夏天逝世了，他留下了许多杰出的著作。吉田现在是人文科学研究所很活跃的教授，他于1972年出版了《中国科学技术史论集》，现正精力充沛地参加日本传统技术的研究。

1954年，英国剑桥大学的李约瑟出版了他的不朽著作《中国科学技术史》第一卷。他曾五次来访日本，有一次曾作为人文科学研究所的聘问教授，在京都旅居约一个月。从那时起，我们就和这位学者保持着密切联系；我们的同事太田英藏现在正受托为他撰写一篇关于中国纺织技

① 关于《天工开物》，杨联升曾在美国《哈佛亚洲研究杂志》1954年第17期上加以评论。

术的文章。

并不是想与李约瑟竞争，薮内从1948年开始即制订了研究历代中国科学的计划。在他因年龄限制而于京都大学退休之前，就已编成和出版了以下三本书：《中国古代科学技术史研究》(1959年)，《中国中世纪科学技术史研究》(1963年)，《宋元时代的科学技术史》(1967年)。第一本是以《东方学报》的一册（第30期）的形式出版的，其余两本都是作为研究所的研究报告出版的。李约瑟的著作是按学科写的；薮内的著作则是按年代顺序写的，每一学科由这一领域的专家执笔。

薮内在退休以后，又和吉田一起于1970年编写了《明清时代的科学技术史》，从而完成了从远古到清代中国科学史的全面研究。以上四本书的作者和题目见中山茂的报道[①]。

参加中国科学史这一联合研究工作的，除了天野元之助、篠田统和吉田光邦外，还有冈西为人、宫下三郎和山田庆儿。冈西（1898～1973）是研究中国药学史的一位著名学者，他早年在"满洲医科大学"担任教授时写的《宋以前医籍考》，于1969年在中国台北重印。目前，宫下是武田药品公司的研究人员，熟悉中国的医学和药学及其原始文献。和薮内清、吉田光邦一样，山田也是京都大学天文系的毕业生，而且是这三个人中最年轻的，他现在是人文科学研究所的教授和科学史研究班的负责人。他对从文化史和社会史的角度来研究科学很感兴趣。他在研究所从事的个人研究，是朱熹的自然哲学，已于1978年出版了《朱子的自然学》一书。山田所参加的联合研究工作的成果，是1978年出版的《中国的科学和科学家》一书，他在其中写的是一篇长达200页的精心著作——《通向授时历的道路》，对于科学适合社会需要的特点的研究很值得重视[②]。

《中国的科学和科学家》一书目录如下：

第一部分　制度与科学

　　山田庆儿：通向授时历的道路

　　田中淡：隋代的建筑设计及其考证

第二部分　科学家及其著作

　　赤堀昭：陶弘景和他的《本草经集注》

---

① 山中茂：京都的中国科学史研究团体，《日本科学史研究》（英文版）第9期，1970年。

② 这篇文章经过作者修改后，已于1980年4月作为书籍在东京出版。（译者）

天野元之助：后魏贾思勰《齐民要术》的研究

第三部分 思想与科学

小南一郎：魏晋时代的神仙思想

坂出祥伸：《方术传》的形成和性质

胜村哲也：《修文殿御览·天部》的复原

宫岛一彦：中国人的行星观·序论

森村谦一：历代本草书中新引入药物品目的研究

自京都大学开始研究中国科学史以来，包括东方文化研究所的阶段在内，已将近半个世纪，但是在中国科学史领域中，还有许多待于进一步研究的地方；尽管李约瑟写了长篇巨著，其中仍然有许多论点是需要加以探讨的。

〔《亚洲学报》(英文)，1979年第36期，作者：薮内清，席泽宗译〕

初访日本科学史界

承蒙日本学术振兴会的邀请，我于 1981 年 4 月 1 日至 6 月 30 日到日本访问，了解他们的科学史研究和教学情况。时间虽然只有短短的三个月，但日本朋友们的努力工作、严格律己、热情好客、以诚相见给我留下深刻的印象，使我永远难忘。现就所见所闻，略述一二，以飨国内同好。

一

这次旅日，以在京都居住时间最长。京都在 794～1868 年（明治维新）这 1000 多年是日本的首都。明治维新以后虽迁到东京，但这里仍是一个国际著名的文化城市。京都大学创办于 1897 年，比东京大学晚 20 年，是日本第二老的大学，论规模也居第二，但在有些方面，如理论物理、中国科学史等方面，则居第一位。

以中国为研究对象的东方文化研究所成立于 1929 年。在此以前，京大天文学教授新城新藏（1873～1938）和地质学教授小川琢治（1870～1941），已在中国天文学史和中国地理学史方面取得重要成就，前者著有《东洋天文学史研究》，后者著有《“支那”历史地理研究》两卷，这两部书都是1928年出版的。东方文化研究所成立以后，能田忠亮和薮内清在天文学史方面的工作很出色，他们的著作《东洋天文学史论丛》《隋唐历法史研究》和《中国的天文历法》等至今均为研究中国天文学史的必读文献。此外，在薮内清的主持下，集体编写的《中国古代科学技术史研究》（1959 年）、《中国中世纪科学技术史研究》（1963年）、《宋元时代的科学技术史》（1967年）和《明清时代的科学技术史》（1970年），都是具有相当水平的对中国科技史的系统研究。

第二次世界大战后，1948年东方文化研究所扩建为人文科学研究所。现在这个研究所分为三个部：东方部、西洋部和日本部。东方部在北白川原来的地方，西洋部和日本部设在百万遍的南边一个新盖的四层大楼中。西洋部内现在还没有研究科学史的人，日本部主任吉田光邦则是技术史专家，著有《日本科学史》《技术和日本的近代化》和《两洋的眼》（幕末明治的文化接触）等书。中国科学史研究室属东方部，虽正式编制只有二人（山田庆儿教授和助手田中淡），但采用讨论班的形式，团结了关西地区的整个科学史界，是一支很大的力量，形成了一个研究中国科学史的中心，受到全世界的瞩目。这个研究班目前正在研究《黄帝内经》，每星期二下午聚会一次，头一星期确定下一星期的题目，大家都做准备，但有一人要做重点准备，届时由他做报告，然后展开讨论。这样大约一年工夫，就可以把一本古典著作研究透彻，既有了日译本，也有了论文集，以往的《天工开物》研究等就是这样做出来的。

现在经常参加这个讨论班的有十余人，除班长山田庆儿（天文学史和医学史）外，还有薮内清（京都大学名誉教授）、海野隆口（大阪大学教授、地图学史）、村上嘉实（《抱朴子》专家）、桥本敬造（关西大学教授、天文学史）、宫岛一彦（同志社大学副教授、天文仪器史）、赤堀昭（医学史）、山本德子（医学史）、森村谦一（本草史）、胜村哲也（人文所副教授，用电子计算机处理汉字文献）、川原秀城（岐阜大学副教授、天文数学思想史），以及在京大进修的法国人德布尔（M. Teboul，天文学史）。田中淡（建筑史）目前正在南京工学院进修。我在京都期间，每周也参加这一活动，并于4月27日下午做了题为“中国天文学史研究三十年”的报告，由竹内实教授担任翻译，效果良好，受到热烈欢迎。报告完后，薮内清教授说，“中国的天文学史研究有三大特色：一是天象记录的分析利用，二是少数民族天文历法知识的调查，三是用观测手段来验证古人的记录”，并当场号召宫岛一彦，希望他也组织学生，做一些观测验证工作。考古学家林已奈夫教授对于中国天文学史工作和考古文物工作的紧密结合也表示赞赏。

二

在日本，大学中设有科学史系的，只有东京大学一家。按日本学制，大学生前两年的课程都在教养部上，后两年再分到各个学部（相当于中华人民共和国成立前的学院）各个系去，所以一般大学教养部只有一、二年级学生，没有三、四年级，唯独东京大学例外。东京大学不叫教养部，而叫教养学部，这一字之差，也包含着本质上的不同。东京大学把一些综合性的学科（如美国研究、国际关系、人文地理）放在教养学部成系，使它也有三、四年级学生，也有研究生，也可授予学位，科学史和科学哲学也是其中之一。东京大学科学史系现有教授二人：伊东俊太郎（比较科学史）和大森庄藏（科学哲学），副教授一人：村上阳一郎，助手一人：佐佐木力（刚从美国回国），由伊东俊太郎任主任。在国际上非常活跃的中山茂则在教养学部天文专业任教。

科学史系现有大学生 15 名，修士（相当于硕士）研究生 15 名，博士研究生 12 名，大部分是学习西方科学史或科学哲学，只有五个人学习与中国科学史有关的问题。6 月 24 日下午在伊东的主持下，我曾和他们座谈一次，回答了一些问题。这五个人的姓名和专业是：八耳俊文（地学史、本草史），铃木孝典（阿拉伯科学史、东方传统科学），宫崎宰（中日数学史），下坂英（地质学史和科学教育史），楠叶隆德（印度科学史）。

由伊东主办的英文版的《日本科学史研究》，从 1980 年起改为国际性刊物，刊名亦改为 *Historia Scientiarum*，他热诚欢迎中国学者投稿。

东京大学也有一个东洋文化研究所，与京都大学人文科学研究所不同的是，它研究除了日本以外的亚洲文化，但不包括科学史，规模也较小。

位于仙台的东北大学内，专有一个日本文化研究施设，其中包括日本科学史研究，所以叫“施设”，是因为日本文部省（教育部）规定，不够五个教授的研究单位不能叫“研究所”，只能叫“施设”。在领导关系上，研究所隶属大学，施设隶属学部（即学院）。

三

日本研究科学史的专门机构很少，设科学史系的也只有东京大学一个，但开设科学史课程的学校却非常多。我到大阪附近的关西大学讲《战国时期关于行星和卫星的知识》，听讲者四百余人，我问桥本敬造教授："怎么有这么多人？"他说："这只是一个班。我们关西大学同一年以内有九个班上科学史，每班都是400人左右，共3000多人。"（按：关西大学有2万多名学生）因为有这么多人要上课，所以该大学就有四位科学史教授，除桥本外，另三名是友松芳郎、宫下三郎、市川米太。后来，我问宫岛一彦，他说，他所在的同志社大学（在京都）情况也是一样的，单他一个人一年内教的学生就有一千多。我说："在我们国家，我们建议大学开科学史，他们说要学的现代课程都多得安排不过来，哪有时间学历史？！"日本朋友斩钉截铁地回答说："这正是二十年前的论点，二十年前在日本也是如此。现在可不同了。现在不但不把科学史当作包袱，而是当作提高全民文化的必要措施，尤其对文科学生更是重要！"

大学普遍开设科学史课程，就得有教师。这些教师除了讲授综合科学史，都要做一些专题研究，因而就形成了在佛教大学内有《齐民要术》专家，在外国语大学内有印度天文学史专家……我到东京时，参加欢迎会的，有许多是这样的人。再加上（1）日本退休年龄早，许多科学家退休后在家里搞本门科学史研究，如东京天文台的广濑秀雄、斋滕国治。（2）日本文化水平普遍高，爱学习，4月22日晚上德布尔在京都日法会馆讲《马王堆帛书中的行星理论》，也有二十几个人来听，从白发苍苍的老太太到年轻小伙都有；我在东京曾遇见一位书店售货员，名叫大桥由纪夫，在勤勤恳恳地研究西藏历法。这样，各方面汇总起来就是人才齐全，队伍很大。现在日本科学史学会有500多会员，数学史学会也有200多会员，1982年8月数学史学会就要组织30人的代表团来中国访问。

四

按人口平均，日本书籍的发行量是全世界最大的，接近于美国的两倍。

走在日本街上，其书店之多，书店内书籍之丰富和取书之方便，实在令人羡慕。科学史的书刊，也是琳琅满目，美不胜收。单医学史杂志就有七种：《日本医史学杂志》《日本医史学会会报》《药史学杂志》《医学史研究》《日本东洋医学会志》《尚志》和《医学选粹》。

书籍方面，25 卷本的《日本科学史大系》已出齐，十卷本的《日本古典科学全书》最近又重印出版。研究日本近代科学史而又写得较好的书则有：

（1）广重彻：《科学的社会史》（近代日本的科学体制）；

（2）武谷三男编著：《自然科学概论》第一卷《科学技术和日本社会》；

（3）衫本勋：《科学史》（体系日本史丛书第 19 册）；

（4）汤浅光朝：《日本的科学技术一百年史》；

（5）渡边正雄：《日本人和近代科学》；

（6）辻哲夫：《日本的科学思想》（它的向独立的摸索）；

（7）村上阳一郎：《日本近代科学的道路》；

（8）武田楠雄：《维新和科学》。

李约瑟的《中国科学技术史》前四卷六分册，已由 34 个人通力合作，翻译成日文，分为十一册，作为第一期工程于今年年初出齐。因为李约瑟书的第五卷现在还没有出齐，他们暂时不翻，所以把第一期工程的完成当作一件大事来宣传，出版者思索社并于 4 月 17 日晚上在京都饭店举行盛宴，招待全体译者，笔者有幸躬逢其盛，但当问到李约瑟的书在中国翻译情况时则难以回答。

日本科学界还组织翻译了英国查尔斯·辛格的《技术史》，此书从远古写到 20 世纪 50 年代，规模也很大，原书七大卷，日译本分为 14 册出版。16 开本，每册 350 页左右，现已出 12 册，1982 年可以出齐。

为了发动更多的人研究科学史，朝日出版社又在组织翻译 50 卷本的《科学名著丛书》，作为第一期工程的十本，已陆续出版，其中第二本是《中国天文学数学集》，包括《九章算术》《周髀算经》《灵宪》《浑天仪》和《晋书·天文志》五部著作。《九章算术》刘徽注，在国外全文译出的，这还是第一次。

五

在介绍大量出版书籍的同时，如果不说说日本对旧书和资料的保存，那将是一件很不完整的事。凡是到过日本的人，都对日本对文物古迹的爱护程度感到惊讶。不少中国古籍都是在日本发现的。4 月 13 日，由桥本敬造陪同，到奈良附近的天理图书馆参观，这样一个私立图书馆，藏书 120 万册，有不少世界孤本，有众多的地图，有不少天球仪，1856 年至今 100 多年的英国《泰晤士报》一天不缺。5 月 13 日，由宫岛一彦陪同，到大阪附近的南蛮文化馆，这也是一个私人机构，专门收藏与 16 世纪欧洲文化有关的美术品，日本把当时到达日本的葡萄牙人和西班牙人叫“南蛮人”。进去一看，利玛窦的《坤舆全图》，戴进贤的《黄道南北两总星图》，都整整齐齐陈列在那里，任你观看，任你拍照。6 月 11 日由吉田忠陪同，到闻名世界的水泽国际纬度天文台参观，这个高度现代化的天文、地球物理机构，设有一个木村荣纪念馆，对他们这位创办人以及历届负责人和有成就的科学家的手稿和所用仪器等均妥善保存，供人参观，并为以后的历史研究提供条件。

我在京都大学人文科学研究所中国科学史研究室工作，办公室的屋子里就具备了科学史的所有基本书籍，例如，近 70 年的美国 *Isis* 杂志全套，中国《科学》杂志全套，乔治·萨顿《世界科学史引论》的原文和日译本全套，李约瑟东亚科学技术史图书馆藏书的复制件，等等。办公室里的图书不够，再到东方部的图书馆去查，这个图书馆拥有中文书 22 万册，工作人员只有三人，但你填了条子不到三分钟就可以送书到手。你所需要的篇章，立刻可以复制。如果还解决不了问题，那么京都大学 55 个图书馆，全部对外开放，你可以任意去看，真是方便。

现在，我离开京都已经半年了，但对这一段生活还是很想念。事物总是要向前发展的，我也相信，我们国家的科研工作也会有这么方便的一天。

〔《自然辩证法通讯》，1982 年第 1 期〕

日本的天文普及机构

日本在教育方面所取得的巨大成就，除了教学质量高等因素，社会上的科普工作也起了重要作用。

一、东京的六个天文普及机构

首先是涩谷区东急文化会馆内八层楼上的五岛天文博物馆，它是由东京急行电铁会长五岛庆太捐款建立，于 1957 年 4 月开馆，设有联邦德国蔡司厂造的天象仪。天象厅直径为 20 米，准备有根据各种教学需要而安排的专题表演，有为具有天文基础知识而想继续深造的人开设的“星之会”（分高、中、初三个班），有为成年人开设的夏季天文讲座，有为青少年、学龄前儿童开的专场表演。天文博物馆还装有望远镜、观测太阳用的定天镜，以及各种展览，如表现太阳表面活动、内部结构、太阳风等现象的模型，表现四季星空的布景箱等。博物馆还举办周末天文音乐会，设有小卖部，出售天文图书、教具和望远镜。这个馆出版的一些小册子，则是免费发放。另外还出一本《学艺报》（年刊），刊登馆内同人的研究成果，也是非卖品；笔者去参观，得到一本第七集，打开一看，第一篇大崎正次写的《辅星和 Alcor》，就是一篇很好的天文学史论文。

离开东急文化会馆，步行大约十分钟，就可以到东京都儿童会馆。这是一个地上五层、地下两层的建筑，其中有科学展览室、科学观察室、科学娱乐室、无线电通讯室和图书室等。在展览室内有可载七人的大型宇宙飞船模型，有月面世界布景箱。在娱乐室内有用电子计算机控制的机器人“银色武士”。这个会馆出版《东京儿童》，每年四期，也是免费发放。

设在台东区上野公园内的国立科学博物馆，系 1877 年由文部省建立的一个教育馆，但原有设备在 1923 年关东大地震时已全部毁坏。1931 年重建，命名为东京科学馆。1949 年又改名为国立科学博物馆，并扩建，现有建筑面积是 1931 年的四倍。1977 年在建馆一百周年时，进行了现代化改建。设在三楼的“太阳和宇宙”展览室，虽然面积不大，但内容很紧凑。从“古代人和天文学”开始，到“旅游太阳系”为止，共 11 个单元，其中包括设在冈山的 1.88 米远东最大望远镜模型（原大的 1/20），美国阿波罗 11 号和 17 号从月面取回来的岩石，恒星的演化示意图等。此外，这个综合科学馆内与天文学有关的还有地球物理部分、钟表部分、宇航部分等。在它的主楼顶上，有两个圆顶室。一个是安装有照相设备的 20 厘米折射望远镜，系统地进行太阳黑子观测，并和各国天文台进行资料交换。一个安装 60 厘米的卡塞格林式反射望远镜，用电视照相方法把日面活动传真到三楼展览室让人们观看。望远镜每星期六的晚上对市民开放；另外，每月有一个星期六下午举行天文报告会。

还有一个科学技术馆，是 1964 年东京奥林匹克运动会时建成的，设在千代田区北丸公园内。这里有一个做得和爱迪生一模一样的机器人。全部建筑分五层，第一层为临时性展览，第二层到第五层为常设展览，共 16 个部分，天文是其中之一。每一部分设有难题和游戏，可供大人和小孩一起玩乐。该馆除出版大型双月刊《日本的科学和技术》外，还有一份供少年儿童看的《星的手帖》。

在千代田区，还有一个 1975 年建成的电讯博物馆，其中也有射电天文学成就展览。

1979 年在丰岛区东池袋建成的“阳光城”，包括一座高 240 米、地上 60 层的大厦，一座 37 层的旅馆，一座 12 层的文化会馆，一座 9 层的百货商店。

这个建筑群体现了最现代化的技术水平：每天用自动抽真空办法消除垃圾35吨；每天经过沉淀、过滤、消毒等程序回收废水1430吨；电梯爬高240米，只需要26秒钟，每天乘电梯登高瞭望的约有2万人，来此游览、参观、办事的则在10万人以上。就在这样一个热闹区域内，也有一个圆顶直径17米的天象厅，设在文化会馆的第十层，它和国际水族馆、古代东方博物馆等一道，每天吸引着广大的观众。1981年6月我到那里时，他们已在介绍4月间美国“哥伦比亚号”航天飞机所取得的成就。

二、全国有天文爱好者组织385个

日本全国有天文爱好者组织385个，各地的青少年科学中心和天文馆则是他们活动的据点。去年四月，我到京都以后，京都市教育委员、著名天文学家薮内清领我参观的第一个地方就是京都市青少年科学中心。它有物理、化学、生物、地学八个实验室，两个展览厅，一个安装有25厘米折射望远镜的天文台。一个圆顶直径为16米的天象厅。它的主要服务对象是小学五、六年级和初中一、二年级学生，但天象厅内也有为大学生举办的讲座，每月一题，每次表演两小时，从1980年10月到1981年3月的五个题目是：①通过天象仪看天文世界；②天象仪的发展和天文学的历史；③关于行星的最新情报；④对行星运动的观测记录；⑤宇宙空间的扩展——关于宇宙观。

以比较落后的北海道来说，设有天象厅的青少年科学馆也有三个。一是1963年开馆的室兰市青少年科学馆，其天象厅每月一题，每天开放五次，每次30分钟；另有为中小学生上课用的专题节目，每次一小时；还有为托儿所和幼儿园孩子开放的节目，每年两次。该馆附有天文爱好者组织。二是钏路市青少年科学馆，1977年购入GX—10T型天象仪一架，设在直径10米的圆顶室内，每天开放四次，针对不同对象讲解不同的内容。对幼儿园儿童以星座神话为主，对小学高年级和一般市民以基础知识为主，对中学生以配合教学为主。三是1981年10月4日开幕的札幌市青少年科学馆，除具有直径为18米的圆顶，日本五藤光学研究所自制全面自动天象仪外，还有具有电视照相设备、直径60厘米的反射望远镜，以及全天候、光电追踪、实时处理的定日镜。

再看从原子弹废墟上重新建立起来的广岛市，那里的天文馆，规模也很大。

1981 年头四个月中前来参观的就有 25 万人，观看天象表演的有 8 万多人。

仙台，鲁迅曾经学习和居住过的这个地方，人口不到 70 万，但它的天文爱好者协会就有 250 多个会员。该会从 1950 年建立以来，油印一份月刊《星座》，虽然篇幅不多，但持之以恒，到 1981 年 6 月，已出了 31 卷，335 期。1954 年建立天文台。安装了直径 41 厘米的反射望远镜；1977 年地震时毁坏，1978 年又重新安装同样口径的一台。台长小坂由须人风趣地对我说："旧的不去，新的不来，地震没有什么可怕的。"仙台天文台除了具有天象厅、展览厅，以及其他仪器设备，在门外有个直径 5 米的坐标仪，人可以钻到里面去观看，是一个特点。

三、明石市立天文科学馆和御园天文科学中心

本文限于篇幅，不可能对日本的天文普及机构逐一介绍，但有两个非提不可的，那就是设在东经 135 度子午线上的明石市立天文科学馆和专为爱好者观测用的爱知县东荣町御园天文科学中心。

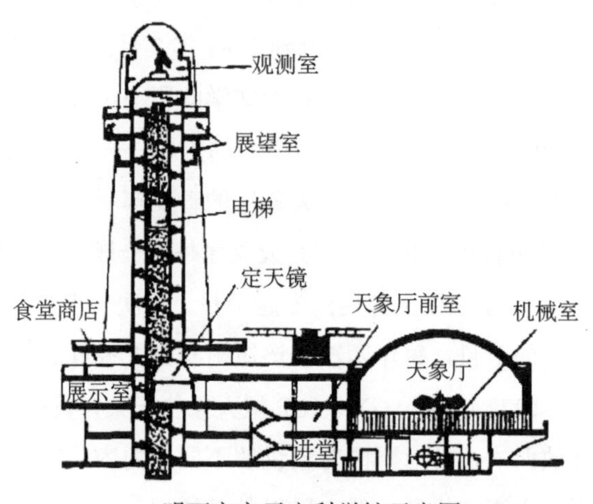

明石市立天文科学馆示意图

御园天文科学中心设在山村，配备有口径 10 厘米到 30 厘米望远镜 20 多台，并有观测室、工作室、学习室、图书馆和宿舍。去的人两周前提出申请，去后根据程度不同，分初、中、高三级，初学者可用小型仪器进行练习，水平高的可使用大望远镜的观测室及附属的研究室。观测和研究结果这里也提

供刊物发表。

根据 1884 年在华盛顿召开的国际标准时会议，日本从 1888 年 1 月 1 日起以东经 135 度子午线的时间为全日本的标准时（即东九时区）。其后，1910 年在这条子午线经过的明石市人丸山中腰建立标志，在 1957～1958 国际地球物理年期间，明石市政府又决定用 2 亿日元在这里建立一座现代化的天文馆。该馆于 1960 年建成。主楼是个四层建筑，并配以高出地面 54 米的圆塔（16 层）。乘电梯可以从底层直达塔顶，电梯的对角线正好与东经 135 度子午面重合。在第十六层的圆顶室内，安装有直径 15 厘米的折射望远镜，每月开放一次，用以观看行星和月亮。这个馆的特点是，收藏计时仪器特别多。塔顶上安有直径 6 米的霓虹钟，附近居民都可以看见，馆内有从古代水漏、沙漏一直到日差保持在 0.08 秒以内的石英钟。天象厅中设有东德蔡司公司造的大型天象仪，圆顶直径 20 米，座位 650 个。二楼展览室有美国帕洛玛山 5 米望远镜的模型（原大的 1/30）和直径 1.28 米的地球仪。三楼有大型电动太阳系模型和想象中未来月面建设的布景箱。所有解说都是事先录音的，你一按电钮，表演开始，表演完了，解说也就结束。

除了经常性的上课、表演和展览，明石市立天文科学馆每年一月举办一次全国历书展览，十月举办一次全国中小学生科学幻想画展览。馆内还为明石青少年建有“星友会”这样一个爱好者组织，每月有例会，进行演讲、讨论、观测和放映科学电影等活动。

〔《天文爱好者》，1982 年第 5 期〕

记第十六届国际科学史大会

第十六届国际科学史大会于 1981 年 8 月 27 日至 9 月 3 日在罗马尼亚首都布加勒斯特举行，来自 51 个国家的约 1200 名学者出席了大会，其中有诺贝尔奖获得者、科学院院长、大学校长、研究所所长，大部分是教授、博士，也有少数研究生。

国际科学史组织筹建于 1927 年，1929 年 5 月 20～25 日在巴黎召开第一次大会，出席会议的只有四十几个人。50 多年以后，这次出席的人数是第一次的 30 倍，而没有参加这次大会的著名科学史家还很多，单由这一点就可以看出科学史事业在全世界范围内的蓬勃发展了。

这次大会是国际科学的历史和哲学联合会科学史分会（IUHPS/DHS）委托罗马尼亚科学院筹备召开的。罗马尼亚对此事极为重视，由罗马尼亚科学院院长米霍克院士担任组织委员会主席，罗马尼亚报纸在开会的前几天就开始报道、宣传，开会期间每日都有一定的版面；开幕式于 27 日上午在国家宫举行。齐奥塞斯库总统的夫人、国务院第一副总理、国家科委主任叶莲娜·齐奥塞斯库院士出席了开幕式，并发表了长篇讲话。各国驻罗马尼亚的使节和记者也出席了开幕式。当晚电视台对开幕式做了详细报道。

开幕式以后，当天下午在布加勒斯特大学开始分组进行学术报告。共分37个组，又根据内容分为四大类。

（1）学科会：古代科学技术（论文38篇），从古代到1600年的科学技术（39），数学与力学（53），物理学与天文学（64），化学（46），生物科学（34），医药科学（61），农业科学（9），地球科学（41），工程技术（52），人类科学（31），科学与社会（69），科学的历史和哲学的方法论问题（74），19～20世纪的交通与电讯（19）。

（2）讨论会：标准单位在科学技术史中的作用（11），技术、人文主义与和平（21），科学技术与社会发展问题的比较与展望（31），文艺复兴时期的科学与大学（11），科学的创造力与进步问题（25），妇女在科技发展中的作用（26），科学仪器在科学发展中的作用（17），20 世纪的生物革命（11），科技史中教育与研究的推进（22），文化和自然遗产的保存和利用（16），关于科学史的出版物（12），音乐声学史（17）。

（3）专题会：自然科学、技术科学和社会科学之间的相互作用问题（27），科学发现的需要与机会（9），18 世纪以来数学与物理的关系（12），远东科学技术的发展（15），中世纪阿拉伯国家的数学与物理（8），科学技术史的原始资料（23），非洲科技史（4）。

（4）纪念会：阿维森纳诞生1000周年（14），德尼•泊松（Denis Poisson，1781～1840）诞生200周年（10），乔治•斯蒂芬森（George Stephenson，1781～1848）诞生200周年（3），戈古•康斯坦丁内斯库（Gogu Constantinescu）诞生100周年（3）。

以上共计968篇论文，在会上宣读的约800篇。从论文数量的分布可以看出，科学与社会方面、方法论方面的论文最多，是当前大家最关心的问题；其次是传统的几个学科——数学、天文和医学。关于中国科学史方面的论文，除我国学者提出的以外，其他国家学者提出的有六篇。

（1）李约瑟（英国）：《对中国文化领域内火药和火器史的新看法》；

（2）谢帕德（Sheppard，英国）：《通过定义看中国和西方炼金术的联系》；

（3）马祖洛夫（Martzloff，法国）：《论梅文鼎的数学工作》；

（4）别廖兹金娜（Геёрёзкцна，苏联）：《中国古代数学的发展》；

（5）别廖兹金娜：《1955～1980年中国数学史研究的总结和展望》；

（6）桥本敬造（日本）：《论中国对欧洲科学革命时期天文成就的接受》。

中国学者共提交论文 19 篇（包括台湾地区两篇），出席者八人，会上宣读了九篇，其中关于方法论的《实践是检验真理的唯一标准和最后标准》（查汝强）、《科学发展的内因和外因初探》（邱仁宗），关于中国科学史的《伽利略前二千年甘德对木卫的发展》（席泽宗）、《中国古代物理学的产生、发展及其特点》（张瑞琨等）、《中国古代编钟设计和制造技术的进一步研究》（华觉明等）、《从现代测试剖析中国古代青铜铸件的科学成就》（田长浒）和《从中国古代沙船船型到现代的"纵流压浪"船型》（梁淑芬）等文章，都受到与会者的热烈欢迎，他们纷纷要材料、谈问题，罗马尼亚的《当代》《科学》和《历史》等杂志，也将陆续发表这些文章。

我国出席国际科学史大会，这是第二次，上一次是在 1956 年，由中国科学院副院长竺可桢率领代表团到意大利参加了第八届大会，如今，25 年以后，上次参加会议的三位正式代表（另两名是李俨和刘仙洲）均已去世，这次参加的人都是在中国共产党的培养和教育下成长起来的科学家，数量和质量都引起了国际上的重视。我们到达布加勒斯特的第二天，罗马尼亚科学院院长和秘书长即接见了我们；会后，查汝强在参加"科学与和平座谈会"时，又受到齐奥塞斯库总统的接见。会议期间，前来找中国代表谈心的人络绎不绝，我荣幸地被选为远东科学史组组长（美国席文和日本渡边正雄为副），而远东几个国家代表之间尤其亲密。中日两国代表于 9 月 3 日在雅典宫进行了亲切友好的座谈，意大利代表邀请我国参加明年九月在米兰召开的国际科学史教育会议。

在分组进行学术讨论的同时，各种行政事务会议也在进行，这包括理事会、代表大会、科学政策委员会、目录编纂委员会、数学史委员会和地理学思想委员会。在九月一日举行的代表大会上，选出美国哈佛大学的希伯特（E. N. Hiebert）为下届主席，丹麦奥尔胡斯（Aarhus）大学的皮德尔森（O. Pedersen）和英国爱丁堡大学的福布斯（E. G. Forbes）为副主席，加拿大麦吉尔（McGill）大学的谢伊（W. R. Shea）为秘书长；并决定下届大会于 1985 年在美国加利福尼亚州召开。

联合国教科文组织的代表若塞·雅兹（Josè Jaz）教授在闭幕式上讲了话，大会主席格里高良于九月三日上午十二时宣布本届大会圆满结束。

通过参加这次大会，我们深深感到，第一，要克服科学面太窄的局面。

在研究中国古代科学史的同时，我们也要研究世界古代科学史，更应加强近现代科学史和科学与社会等问题的研究，使我们的科学史领域能够有一个百花齐放、满园皆春的局面，争取在下一次大会时，各个组都能有中国代表参加。第二，要提高我们的外语水平。罗马尼亚从小学二年级起即有外语课，五年级起有第二外国语，大学入学外语要进行口试，欧洲人往往能讲好几种外国语，这样就便利了他们与外国人的交往，在国际会议上，作报告、听报告、谈问题、交朋友都能运用自如，很是方便。第三，要普遍开设科学史课程。现在世界上许多国家都对文科学生开设“科学史”和“科学概论”两门课程，使他们对自然科学能有一个概括的了解，作为提高全民族文化水平的一个措施，我们觉得这个做法是可取的。

〔《科技史译丛》，1982 年第 1 期，写作日期：1981 年 10 月 13 日〕

第16届国际科学史大会简况

由国际科学史与科学哲学联合会科学史分会（IUHPS/DHS）主持召开的第16届国际科学史大会于1981年8月27日至9月3日在罗马尼亚首都布加勒斯特举行。中国代表八人应邀出席了这一盛会。

第一届国际科学史代表大会是1929年在巴黎召开的，其后除第二次世界大战期间外，每三年开一次，第15届（1977年）起，改为每四年一次。1956年，由著名学者竺可桢、李俨、刘仙洲组成的中国科学史代表团曾参加在意大利举行的第八届科学史大会。时隔25年，中国科技史界的代表重又出席大会，和来自五大洲的同行们欢聚一堂，交流学术研究的成果，受到各国学者的热烈欢迎。大会组织委员会主席、罗马尼亚科学院院长米霍克院士在我们到达的第二天就接见了我们，进行长时间的亲切谈话，会议期间又特地安排我们访问了罗物理研究中心和天文台，充分体现了东道国罗马尼亚人民对中国人民的友好情谊。

这次大会，参加者将近1200人，来自51个国家，在14个学科分支、12个专题座谈会、7个专题会议及4个纪念性会议上，共宣读论文900多篇，是历届大会出席人数和提交论文最多的一次，也是对近年来科技史研究成果的一次大检阅。从会议情况看，一些传统的学科分支如天文学史、数学史、技术史、医学史等续有发展，有不少高质量的论文；同时，近现代史的研究进一步得到重视；科学史的方法论、科学与社会等分支相当活跃，很有生气；会议期间还举行了科学史教育等专题报告会。这些值得注意的发展趋向，引起我们很大的兴趣和关注。

中国提交这次大会的论文共 19 篇（包括台湾地区的两篇）。来自中国科学院、中国社会科学院和教育部所属高等院校的八位代表，在会上宣读了有关天文学史、物理学史、金属史、造船史和科学史方法论的论文共九篇，得到与会学者的重视与好评。其中，席泽宗关于中国甘德最早观测木星卫星，查汝强关于实践是检验真理的唯一标准和最后标准，以及先秦编钟、古代沙船和青铜器研究等论文将在罗马尼亚《科学》、《当代》和《历史》杂志刊登。

会议期间，我们和各国同行们进行了广泛接触，访问了中国人民的老朋友李约瑟博士，和日本朋友们举行了亲切友好的会晤。通过这些活动，增进了友谊和相互了解，学习到不少东西。

大会期间选举产生了新的领导机构，由美国物理学家希伯特教授任下届主席，丹麦的皮德尔森和英国的福布斯任副主席，并确定下届大会于 1985 年在美国加利福尼亚州举行。

〔《中国科技史料》，1982 年第 1 期，作者：席泽宗、华觉明〕

中国科学史第一次国际会议在比利时鲁汶大学举行

由比利时鲁汶天主教大学（简称鲁汶大学）东方学系数授、中国数学史专家李倍始（U. Libbrecht）发起的中国科学史第一次国际会议于 1982 年 8 月 16～20 日在该大学中心图书馆举行，出席会议的有来自中国、日本、新加坡、美国、英国、法国、荷兰、丹麦和比利时的 22 名学者。联邦德国库恩的文章由比利时万得沃尔代读，苏联学者别廖司金娜临时因病未到。旁听会议的有东方系学生和中国在比利时的留学生，会议由英国李约瑟担任名誉主席，由美国席文（N. Sivin）担任执行主席，由李倍始任秘书长。

8 月 16 日上午，在李倍始致简短欢迎词之后，即由席文做了题为“传统中国科学知识的极限”的报告。他从认识论的角度提出，“不确定原理”（indeterminacy）这一类似蒙昧主义的、反对进步的命题在中国科学史上起了长期的积极作用。他以天文学（但不限于天文学）为例，列举了大量资料说明，根据这一原理，起初认为预告天象的失败是由于技术的粗糙，后来又认为是由于对天体运动性质假设的粗略；而自宋代起这一原理就不仅用来解释过去失败的原因，而且成为鼓励发明创造的一种武器。最后他提出一个重要问题：近几年来，我们在研究中国科学发明创造的优越性方面做了很多工作，取得了很大成绩；但从整体上，从社会背景的角度和从认识论的角度研究中国科学由一个阶段走向另一个阶段方面，做得还很少。只有加强这方面的研究，才能更平衡、更清晰地绘出中国科学史的轮廓。

16 日下午讨论天文学史，共有四篇文章。英国青年学者库伦（Chr. Cullen）在《浑仪发明以前中国关于恒星赤经的测量》报告中提出，他在剑桥用漏壶和圭表做了实验，证明不用浑仪，单用这两件仪器，就可以得到恒星的赤经，并希望中国同行能在河南登封重复他的实验。其他三篇是日本中山茂的《对中国天文学具有特别关系的天文编史工作》、吉田忠的《中国和日本的“齐七政”思想》、中国薄树人的《中国古代关于控制五星运动的力的思想》。

会议在 17 日用一整天时间报告了六篇关于数学史的文章，中国学者的占一半，即李迪的《中国考古与文物中的数学》、李文林的《中国古代算法》和沈康身的《更相减损术在中国》。新加坡的兰丽蓉报告了《中国高次方程的历史发展》。两位法国青年学者马茨洛夫（J. C. Martzloff）和林力娜（K. Chemla）的报告《李善兰的有限求和公式》和《〈测圆海镜〉中带有普遍系数的方程》显示了法国科学中心在培养新的中国科学史工作者方面的努力成果。

会议用一天半时间宣读属于技术史方面的六篇文章。82 岁高龄的李约瑟上午报告《中国和火箭学》，下午报告《中国和免疫学的起源》。他老当益壮，给与会者以很大的鼓舞。中国潘吉星报告了《根据考古新发现和对出土故纸的研究论造纸的起源》，荷兰史来为（A. W. Sleeswyck）报告了《解释古代技术描述的方法论问题》，丹麦葛兰（E. Glahn）讲了《中国传统建筑的标准化》。最后由万得沃尔代读了联邦德国库恩（D. Kuhn）的《蒙麻一年三收：对水转大纺车的一个近似理解》。

19 日晚举行关于南怀仁的公开讲演会。中国白尚恕讲了《南怀仁在中国》、席泽宗讲了《南怀仁对中国科学的贡献》，美国马绛（J. Major）讲了《从朝鲜李朝世宗时期于 1434 年制成的日星定时仪看南怀仁的地平经仪和郭守敬的简仪的关系》。南怀仁（F. Verbiest）于 1623 年 10 月 9 日生于比利时的贝当城，曾在鲁汶大学学习哲学一年，1658 年来到中国，1660 年奉召到北京协助钦天监监正汤若望（德国人）工作，经过和杨光先的一场激烈斗争之后，自 1669 年起担任“治理历法”，待遇同钦天监监副，并给康熙皇帝讲授自然科学知识，直至 1688 年 1 月 28 日病逝北京。现今屹立在建国门附近北京古观象台上的八件大型天文仪器，有六件是南怀仁监制的。

最后一天，东道主组织全体代表到南怀仁的家乡贝当城参观。在贝当城的广场上有 1913 年为他树立的巨大铜像；贝当市政府并为我们准备了有关南怀仁的小型展览。在去贝当往返路途上，还参观了根特科学史博物馆和历史名城布鲁日。

中国驻比利时代办刘祥伦和比利时教育部等有关方面负责人出席了告别宴会，会议于 8 月 21 日凌晨 1 时圆满结束。

〔《自然辩证法通讯》，1982 年第 6 期〕

比利时鲁汶大学举行关于南怀仁报告会

由比利时鲁汶大学东方学系中国数学史专家李倍始（U.Libbrecht）教授发起的中国科学史第一次国际讨论会于1982年8月16～20日在该校中心图书馆举行。会议期间就研究南怀仁的计划交换了意见，并于19日晚举行了关于南怀仁的公开报告会。出席报告会的除来自中、日、美、英、法、荷兰、丹麦、新加坡的学者外，有鲁汶大学教师、学生及市民等50余人。

南怀仁（Ferdinand Verbiest）于1623年10月9日生于比利时的贝当城，曾在鲁汶大学学习哲学一年，1658年来到中国，1660年奉召到北京协助钦天监监正汤若望（Adam Schall，1591～1666，德国人）工作，经过和杨光先（1597～1669）的一场激烈斗争之后，自1669年起担任“治理历法”（待遇同钦天监监副），并给康熙皇帝讲授自然科学知识，直至1688年1月28日病逝北京。

报告会进行了两个小时，有三个人做报告。北京师范大学数学系白尚恕讲《南怀仁在中国》，介绍了南怀仁的生平事略，列出他的中文著作有33种，发现他在监造现今保留在北京建国门古观象台上的六件大型仪器之前，还制造了一台三球仪，现今仍保存在北京故宫的库房中。

美国达特茅斯学院历史系约翰·马绛（John S.Major）从考察朝鲜李朝世宗时期于1437年制成的日星定时仪发现，这个仪器是连接元朝郭守敬的简仪和清朝南怀仁的地平经仪的一个纽带，从而断定南怀仁并不是简单地否定中国天文学，而是批判地继承，简仪→日星定时仪→地平经仪，可以看成是中朝欧对天文学的一个联合贡献。

中国科学院自然科学史研究所席泽宗报告《南怀仁对中国科学的贡献》，指出如下几个方面的内容：①南怀仁对杨光先斗争的胜利，是科学的胜利，但盲目排外的杨光先并不能代表当时的中国科学水平；②当时中国杰出的学者梅文鼎、王锡阐、李光地等都是学贯中西，并对南怀仁的《灵台仪象志》有很高的评价。此书不仅叙述了六架天文仪器的制法和用法，其中介绍的许多物理知识，如自由落体运动、光的折射定律等，当时在欧洲也是先进的；③南怀仁所做利用蒸汽推动车和船的实验，不仅在中国科学史上有其地位，在世界热机史上也应大书一笔。

此外，杭州大学数学系沈康身还写了一篇《南怀仁与建筑》，对南怀仁所著《坤舆图说》中有关建筑方面的资料，做了一些考释。由于时间关系，此文未宣读。

报告完后，鲁汶大学举行了招待会。次日（8月20日）又组织与会代表到南怀仁的家乡进行了参观。在他家乡的广场上，有1913年为他塑造的巨大铜像一座。当地政府为我们举办了有关南怀仁的小型展览，并拟于明年在他诞生360周年的时候，开展9天（10月1～9日）的纪念活动。

〔《清史研究通讯》，1982年第2期〕

第二届国际中国科学史会议在香港大学举行

继 1982 年 8 月比利时鲁汶大学召开第一届国际中国科学史会议（见本刊 1982 年第 6 期报道）之后，香港大学中文系主任何丙郁教授于 1983 年 12 月 14～17 日主持召开了第二届国际中国科学史会议。出席会议的有来自中国、日本、新加坡、马来西亚、美国、英国、法国、联邦德国、比利时等九个国家的 33 名学者。会议于 14 日下午 5 时开幕，在香港大学副校长黄丽松致开幕词之后，即由中国社会科学院副院长、著名考古学家夏鼐做题为“中国科技史和中国考古学”的公开演讲。他以许多亲身经历，说明搞科技史的人必须随时注意考古发掘的新资料作为自己的营养，而考古学者又必须具有丰富的科技史知识才能对许多发现的解释不致误入歧途。夏鼐同志的报告内容丰富，语言生动，深受欢迎，第二天《大公报》上做了长篇报道。

会议从第二天起，连续三天都是学术讨论。每天上、下午开会，晚间举行宴会。上、下午又各有一次喝茶、吃点心和休息的时间，因此三天共有 12 个单元，每个单元有两个人担任主席，绝大部分安排是一个中国人和一个外国人。国内被邀请主持会议的人是席泽宗、范楚玉、李迪、杜石然、杨直民和薄树人。1～3 单元讨论天文学史，4～6 单元讨论植物学史和农学史，7～8 单元是数学史，9～11 单元是综合问题，11 单元后半部是研究简报，12 单元是闭幕式。

闭幕式上由马来西亚的洪天赐做 17 篇中文论文的总结，比利时的李倍始做 13 篇英文论文的总结。总结之后，讨论了两个问题：一是关于会议论文集的出版；二是确定下次会议的地点。前者由于香港大学答应给以经济支持，大家只要按期交修改稿就行了。后者由于中国科学院已经决定 1984 年 8 月 20 日至 25 日在北京召开中国科学史国际会议，因而也就在“北京见”的欢呼声中宣告讨论结束。

提交会议的 30 篇论文，按学科分是天文学史七篇，数学史七篇，植物学史和农学史十二篇，综合性的四篇。在天文学史方面，日本的中山茂探讨了游艺的《天经或问后集》在日本成为禁书的原因，证认出在日本新发现的《极西天文》就是罗雅谷（Jacobus Rho）的《崇祯历书・历引》；吉田忠对揭暄的《璇玑遗述》（又名《写天新语》）进行了较全面的研究。中国的刘金沂提出应该从方位、距离和年龄三个方面研究古代客星记录和超新星遗迹的关系，他根据这三个条件重新考察了大家较为满意的七对证认，又提出了五对新的证认（公元前 134 年，公元 125 年，421 年，437 年，1523 年）。

在数学史方面，沈康身和杜石然分别就中国数学发展与印度、阿拉伯国家之间的关系进行了探讨。李迪和法国的林力娜（K. Chemla）不约而同地从算法语言的角度探讨了中国传统数学中的算法问题，林力娜的题目是“他们会像英国人一样读 Fortran 吗？”白尚恕提出，要把王恂列为宋元五大数学家之一。李继闵报告了《中国古代不定分析的成就与特色》。

在农学史和植物学史方面，英国白馥兰（F. Bray）首先论述了农学史研究的重要意义。华南农学院梁家勉教授指出，有机肥的使用是中国传统农业的一个优点，今天仍然值得发扬；彭世奖从文献记载、野生种的发现和以甘蔗为祭品等方面提出论证，认为甘蔗起源于我国。北京农业大学两位同志的文章则都属于新旧农业交替方面的研究，即董恺忱的《传统农业阶段的中西农书比较研究》和杨直民的《中国传统农学与实验农学的重要交汇——罗振玉的〈农学丛书〉》。会议还就《南方草木状》一书的真伪问题，进行了激烈的争论。

范楚玉的《春秋战国时期农业生产中的天时、地宜、人力观》和席泽宗的《王韬与自然科学》，受到主人的特别礼遇，安排了较多的时间。王韬（1828～1897）是近代最早主张变法维新的思想家，在中国香港居住21年半，所办《循环日报》影响很大，因此东道主对这个报告倍感亲切。席的文章介绍了王韬在研究春秋历法和引进西方科学方面的贡献，以及他对发展工业、科学技术的社会功能和培养人才方面的观点。

属于综合方面的其他三篇文章是：中国王锦光的《中国古代对海市蜃楼的认识》，日本宫下三郎的《中国古代药方中的禁令》，比利时李倍始的《南怀仁的一篇著作：〈吸毒石原由、用法〉》。南怀仁的这篇著作，在国内所载的中文文献中，至今未发现，是李倍始最近从巴黎国立图书馆找到的。南怀仁的记述是："小西洋有一种毒蛇，其头内生一石，如扁豆仁大，能拔除各种毒气。土人将此石捶碎，用本蛇之肉及本地之土，捣末和匀，造成一石，如围棋子大，乃造成之吸毒石也""凡人猝被毒蛇或诸毒虫咬伤，以此石置伤处，石即紧紧粘住，其毒吸尽，石始自脱。脱下速浸乳内（人或牛、羊乳俱可），浸至乳略变绿色后，将此石取出，以清水洗净，抹干收贮，以待后用"。李倍始对这篇文章对这种石头进行了详细研究，并拿实物给大家看，认为是一种活性炭。

最后，在会上简报自己工作的有胡道静、李迪、刘金沂和王锦光。胡道静说他辑录了《奉元历》《灵苑方》《梦溪忘怀录》《清夜录》和《长兴集》等沈括著作的散佚部分。刘金沂谈了他对中西古典天文学异同的探索。李迪和王锦光分别介绍了内蒙古师范大学和杭州大学的科学史研究和教学工作。

1968年1月香港中文大学曾举行过一次中国科学史国际会议，当时我们正在"文化大革命"时期，无人前往参加。这次我们去了16个人，占与会总人数将近一半，所提论文绝大多数质量较高，显示了水平。但是，我们也要学习别人的长处。美国这次来的三个人，都是农学史方面的，他们对《南方草木状》的研究，彼此持有截然相反的观点，但工作做得都很深入。日本同行不断发现国内没有的中国古籍并进行仔细研究，这对促进中日两国人民之间的友好关系是有益的。香港大学中文系的任务是培养中国文史哲方面的学生，但主任何丙郁是中国科学史方面的名家，这几年做了不少的工作：和明史专家赵令扬合作完成了《宁王朱权及其〈庚辛玉册〉》（炼丹术研究，已出版）和《明实录中的天文资料》（长达一千页，即将出版）；和何冠彪博士合作出版了《中国科技史概论》；和黄兆汉博士合作完成了《〈道藏〉里的丹药词语和别名》；正在和日本中山茂合编《中国科技史文献提要》，和美国席文合译《太清石壁记》；并受三联书店之约，撰写《我与李约瑟》（约十万字）；还指导研究生陈月玲研究《救荒本草》。何丙郁在香港大学的聘约本为三年，到 1983 年年底到期，12 月 15 日晚黄丽松副校长在宴会上宣布："再续聘三年，希望他在中国科学史方面做出更大的成绩，并争取在李约瑟有生之年，港大能再开一次中国科学史国际会议。"我们相信，在何丙郁先生的倡导和组织下，香港大学将成为中国科学史研究的又一中心。

〔《自然辩证法通讯》，1984 年第 3 期〕

参加第十七届国际科学史大会的情况

第十七届国际科学史大会于1985年7月31日至8月8日在美国加利福尼亚大学伯克利分校召开。中国大陆科学史学家取得不同来源的资助，共有 13 人参加，此外还有7名在美进修的学者及3名中国台湾学者参加。这是1956年竺可桢副院长等 5 人参加在意大利佛罗伦萨召开的第八届国际科学史大会和1981年席泽宗等8人参加在罗马尼亚布加勒斯特召开的第十六届国际科学史大会后，参加人数最多的一次，也是我国科学史学会于1965年由于发现该国际组织同联合国教科文组织有关系而宣布退出后，重新加入该国际组织的一次会议。

这次我们在美停留约三周，除在伯克利开会 9 天外，我们还访问了包括伯克利在内的加利福尼亚州内的 6 所大学，现将大会一般情况，我国科技史学会参加国际组织的情况和会后的参观访问三部分做一简要介绍。

一、伯克利大会的一般情况

这次大会共印发论文摘要 750 多篇，近千人参加了会议，各种名目的小组会约 150 个，除了第一天是注册、开幕式等活动和星期日以外，7 天时间都安排满了学术会议。参加会议的人可以根据自己的需要和兴趣，自由参加各种会议。许多世界知名的科学史学家都参加了这次会议。这是一次极好的了解世界科学史研究动向和向一些学者交流学术思想、探讨问题的机会。

在开幕式上，托马斯·库恩所做的主题发言，以及各小组的名称和论文摘要等资料，都反映了目前世界科学史研究领域的多样性。从论文的内容看，有自然科学技术史本身发展的问题，有古代、中世纪、18～19 世纪的科学史，较多的是 20 世纪的科学史，而涉及科学技术同社会、政治、经济、意识形态、机构、妇女、文化交流之间的相互关系的题目更多，表现了当前科学史研究的状况。其中，国内外学者提交有关中国科学史的论文共 30 多篇。

我国学者在这次会议期间，除了认真报告自己的论文和参加一些小组学术活动，还受到会议有关人员的热情接待。国际科学史学会主席希伯特专门宴请了部分中国学者。加利福尼亚大学（伯克利）中国研究中心代表该校尽地主之谊，热情地接待了中国学者。中国学者人数较多也是引人注目的。一位瑞典学者说："你们中国学者来参加会议的人数和瑞典来参加大会的人数（15 人）大体相当，但是瑞典全体科学史工作者都来了，你们只来了极少的一部分。"

二、我国参加国际组织的情况

这次会议期间，美国哈佛大学科学史教授、国际科学史和科学哲学联合会科学史分部（IUHPS / DHS）主席希伯特和其他同中国熟悉的国际朋友很关心中国在这次大会期间参加国际组织的问题。

8 月 2 日下午 IUHPS/DHS 召开各会员国代表大会时，我们三人均被邀请参加。在这次会议上，除一般会务报告外，主要吸收新的会员国。按字母顺序排列，需要讨论表决的有巴西、智利、中国、哥伦比亚和拉丁美洲地区等科技史组织。会议执行主席，秘书长夏（Prof. W. Shee）提议，先讨论中国的入会问题，因为这个问题已经经过几年酝酿，比较成熟。柯俊代表中国代表团对中国科技史学会创建、隶属、会员、活动情况等做一简明介绍后，有几个国家发言表示赞成，接着表决，结果全票（23 票）通过。会后美国、苏联、印度……许多国家代表向中国代表热烈祝贺，气氛十分友好。大家认为中国学会拥有近 800 名会员，给 IUHPS / DHS 增加了很大力量。

8 月 6 日开第二次全体会员国代表大会时改选了理事会。理事会中正副秘书长和司库连任，不再选举，大会只选主席 1 人，副主席 2 人，理事 3 人。经全体会员国和理事会成员以无记名投票选举结果，Sabbarayappa、Pierre Dugac 和李佩珊当选为理事，意大利的帕罗·盖路兹（Palo Galluzzi）当选为主席，苏联米库林斯基（Semeon Mikulinsky）和联邦德国斯克瑞巴（Christoph Soriba）当选为副主席。

另外，在 6 日同一天召开的国际科学史研究院（The Académie Internationale d' Histoire des Sciences）院士会议上，经副院长霍尔顿教授提议，全体院士一致选举了中国科协主席、物理学教授周培源为荣誉院士。

新理事会第一次会议于 8 月 7 日上午召开。会议主要讨论了 1989 年第十八届科学史大会在德意志联邦共和国召开的问题。初步设想会议在海德堡召开，然后全体代表乘火车到慕尼黑继续开会，在车上也可以开会，会上还讨论了理事会的工作问题，拟定每年 1 月执行委员开会研究工作，执行委员会包括主席、两位副主席、秘书长和司库。在两次大会期间，理事会开会一次，会上花了很多时间讨论有关财源问题。

三、会议前后访问的收获

我们会前访问了斯坦福大学，会后访问了加利福尼亚大学系统的五所分校：伯克利、戴维斯、圣迭戈、洛杉矶和圣塔芭芭拉，基本上是一所大学一天，走马观花，但还是有不少收获。

（1）这六所大学都有专门从事科学史教学和研究的组织，除斯坦福大学外，科学史的组织多设在历史系内，戴维斯则在哲学系内。他们都十分重视科学史的教学和研究，认为科学史是对学生（不论理科还是文科的）进行文化教育的一个不可缺少的重要组成部分。因为在现代社会中科学和技术已经是一种关键力量，潜力很大，必须让学生具有这方面的知识和思想方法。除了教一般科学史，分散各系中的一些教师也开设一些专门学科史的课程并进行研究和著述。在戴维斯和圣塔芭芭拉两分校从事科技史教学研究的人很少，但他们都工作得很起劲。

斯坦福大学的情况同麻省理工学院和伊利诺伊大学的 STS 计划（科学、

技术与社会）相似，他们把科学史组织在一个多学科的单位，名称是价值、技术、科学和社会（VTSS），其中除科学史学家以外，还有历史、经济、社会、哲学、工程技术等各种专家。其宗旨在研究人的价值，科学和社会之间相互的影响，这代表着美国 20 世纪 70 年代发展起来的一个新方向，目前主要是带研究生，为大学生开课，讨论问题，撰写著作。

（2）加利福尼亚大学（伯克利）和斯坦福大学，对东亚特别是对中国都设有专门的机构。斯坦福大学的胡佛研究所（1919 年成立）已经成为美国和世界著名的政治、经济、政策研究和档案收集储藏的中心，设有东亚图书馆和东亚研究所，对中国问题的研究是其中一个重要部分（六十年代建立的）。伯克利分校的东亚研究所内也有专门研究中国问题的中心。据说在美国大学中这类研究工作近年来开展较多。这是哈佛大学费正清教授从三十年代开始创建的中国问题研究的发展。伯克利和斯坦福两所大学的中国问题中心都拥有一批对中国进行长期研究的学者，他们中有能说会读中文的美国学者，还有一批美籍中国学者。近年来他们同我们进行学者互换，也吸收了一些国内大学或研究机构派去的学者工作。对中国科学史的研究是他们近年来注意的一个方面。从这里，我们可以看到美国对中国的研究力量是很雄厚的。

（3）各大学图书馆都十分重视扩增和精选自己的馆藏。加利福尼亚大学（伯克利）Baneroft 图书馆有各种特殊收藏，其中科技史部分是该校科学技术史办公室的一个组成部分。这部分藏书很全。有著名科学家的著作，也有尚未出名学者的著作。其珍本收藏重点在 18 世纪的物理科学和数学、科学仪器等，近年来逐渐扩展到其他学科和其他历史时期。对美国西部发展各个历史时期的图书档案特别重视，其中包括美国著名科学家、工程师的书信和著作，还有旧金山半岛上 20 世纪的物理科学、核医学、电子学和人类学的发展。对 20 世纪早期量子物理学的大量档案更是闻名于世。此外对农业发展、采矿、通信、交通等方面的收藏也较丰富。加利福尼亚大学生物学图书馆也有较丰富的稀有书籍、档案和手稿等。加利福尼亚大学系统各校馆藏各有特点。戴维斯分校藏有较丰富的美国农业机械变迁的图片档案。圣迭戈分校则藏有西班牙内战时的大量史料，包括许多小册子，据称是这方面史料较全的一个图书馆。

（4）加利福尼亚大学（圣迭戈）物理教授、美籍华裔学者程贞一，趁伯克利大会之便，于 8 月 10～12 日请了部分中国学者到该校做了一天学术报告，并同我们共同讨论 1988 年在该校举办第五届国际中国科学史讨论会的有关事宜（第三届在北京召开后，第四届已决定于 1986 年 5 月在澳大利亚悉尼召开）。该校研究院比较重视对中国的研究，把这次会议在该校召开作为他们对中国问题研究的一个组成部分。他个人近年来研究中国古代科学史有些心得，认为中国人自己应该对这门学科做出自己的成就，有自己的独立见解。另外，他想在 1988 年的会上，用一部分时间进行专题讨论。这个专题的选择要着眼于对中国现代化建设有利用价值的、能作中外比较研究的领域，如半导体科学技术的发展，金属工业材料的发展，农业科学技术的发展等。初步确定于 1988 年 8 月 8 日开会。我们认为，我国应积极给予支持，并提出具有分量的论文。

这次参加第十七届国际科学史大会和会议前后的参观访问，处处使我们感到世界各国科学史学家，特别是美籍华裔学者对中国科学史学家的友好感情。中国参加国际组织和被选入理事会的顺利情况，我们到各校访问受到热情接待的情况和从关心我们的研究资料到提供旅行方便等情况，都说明我们在国际科学史的行列中是受到重视并寄以很大的期望的。我们自己应该努力开展中、外科学史的研究，作出好的成绩，也希望有关科学教育的领导部门加强重视和支持这一学科，使其得到应有的发展，并着手参加第十八届会议的准备工作，提高论文质量。这不仅有利于巩固我们在这一学科领域内已取得的国际地位，也有利于我国的科学教育事业，从而有利于我国现代化的建设。

〔《自然辩证法通讯》，1985 年第 6 期，作者：柯俊、席泽宗、李佩珊〕

东方天文学史讨论会在新德里举行

东方天文学史讨论会是国际天文学协会（IAU）召开的第91次讨论会（Colloquium），由该会与国际科学史和哲学联合会（IUHPS）和印度国立科学院（INSA）联合主持。为此在一年多前成立了国际组织委员会和地方组织委员会。国际组织委员会由联邦德国的阿拉伯天文学史专家、七十七岁高龄的肯尼迪（E. S. Kennedy）担任主席，席泽宗（中国）、皮德尔森（丹麦）、安沙里（印度）、薮内清（日本）、萨里巴（黎巴嫩）、麦希耶（英国）、金（D. King）和潘格雷（美国）任委员。地方委员会十人都是印度人，由射电天文学家、高级教授司瓦拉卜（G. Swarup）担任主席，科学史家柏格（A. K. Bag）博士担任秘书长，负责具体工作。

会议于1985年11月13日至16日在印度国立科学院举行。出席会议的有来自奥地利、加拿大、中国、丹麦、法国、联邦德国、印度、印度尼西亚、伊朗、以色列、日本、马来西亚、巴拉圭、波兰、沙特阿拉伯、西班牙、土耳其、英国、美国等十九个国家的七十多位学者，其中印度人占一半。会上共报告论文四十五篇，其中属于印度天文学史的占二十篇。

所谓“东方”，范围是很大的，西起西班牙（因为它是中世纪阿拉伯的后倭马亚王朝、中国史书称为白衣大食的所在地），东到印度尼西亚，横跨欧、亚、非三洲，印度正处在这一地带的中心。时间上从远古到文艺复兴晚期与拉丁语世界频繁接触为止，所以这次讨论会实际上是一次古代天文学史讨论会。

会议不分组，按问题性质分六个单元进行。第一个单元讲古代东方天文学的主要成就和特点，共三篇文章。由席泽宗报告《中国古代天文学的特点》，由舒克拉（K. S. Shukla）报告《印度古代天文学的成就和特点》，由李石克（S. S. Lishk）报告《古代印度天文学中蓍那学派的成就和特点》。

第二个单元讨论天文学发展过程中各地区之间的相互影响，共五篇文章，其中有两篇讲中、印、日三国之间的天文学交流。一篇是日本中山茂的《论符天历在东西方天文学史上的地位》，文章指出，在中国失传的唐代民间小历，他们最近在日本天理图书馆发现了其残存部分，经研究其表现日躔差的方法是抛物线函数，这既不同于印度用三角函数，也不同于中国用内插法，而类似于后来回历中的方法。因此，中山茂认为这个方法可能起源于中亚。另一篇是日本矢野道雄的《〈宿曜经〉及其梵文来源》。《宿曜经》是唐代印度僧人不空（Amoghavajra）于 759 年翻译过来的印度星占学的书籍，其后杨景风于 764 年又重新整理过一次；日本僧人空海于 806 年把它带回日本后在日本影响很大。但是这本书的印度原著至今尚未找到，矢野认为它根据的可能不是一本书，而且可能加进去了中亚细亚天文学知识。

第三个单元是古代天象记录的应用，共九篇文章。紫金山天文台的徐振韬认为，从汉代出土的文物中可以断定，在汉代以前中国人已观测到了黑子、日珥、日冕，甚至耀斑。法国戴明德（M. Teboul，现在日本东京大学工作）提出，《易经》中的乾卦和坤卦就是极光记录。伊朗哈德威认为阿维森纳在九百五十年以前已经观测到水星凌日。印度威那高帕儿（V. R. Venugopal）从对东方古代黑子记录的分析，得出太阳活动除了蒙德极小期外，还有两个极小期。但是美国艾迪（J. A. Eddy）对利用古代记录得出的这些结论都持怀疑态度。认为不能轻易相信，他作了长篇的评论性发言。美国另一位天文学家欧文 • 金格里奇（Owen Gingerich）也持同样态度，当印度厦尔马（S. D. Sharma）报告《十一世纪以前印度天文学家对彗星运动周期性的认识》时，他郑重指出，在牛顿力学出现以前，单凭观测这是不可能的，两人发生了激烈争论。

第四和第五单元讨论中世纪天文学的发展，共十六篇文章，其中九篇属于印度天文学史，六篇属于阿拉伯天文学史，一篇是土耳其泰克利的论文，认为哥白尼的《天体运行论》也是16世纪一部重要的三角学著作，它完成了雷乔蒙塔努斯（Regiomontanus）所未完成的一些工作。自然科学史研究所陈美东报告了《回历中若干天文数据的研究》以后，肯尼迪说，他可以利用这些数据帮助寻找其来源。

第六单元讨论仪器，天文台及其相关的问题，共十二篇论文。上海天文台的全和钧报告了《中国古代漏壶的刻度和精确性的研究》，他认为西汉时漏壶计时约可准确到一刻钟（14.4分）。奥地利费尔乃斯（M. Firneis，女）关于维也纳博物馆收藏阿拉伯天文仪器的报告，引起了广泛的兴趣。印度高文德（V. Govind）在用幻灯介绍了古代和中世纪的天文仪器以后，又组织全体代表到新德里古观象台参观巨型仪器的实物，给人以深刻的印象。

最后，欧文·金格里奇以国际天文学协会天文史委员会顾问的身份，作了总结发言。他说，科学史的研究是要认识科学本身发展的规律，因此它不是争谁第一，谁正确，而是要对各种现象问一个为什么？——为什么是这样发展，而不是那样发展。所以要加强比较科学史的研究，要探讨不同文化地区之间科学的交叉传播；而要做到这一点，就必须掌握更多的语言，更多的原始资料。

紧接在东方天文学史讨论会之后，第十九届国际天文学大会于1985年11月19日至28日在新德里会议大厦召开。参加东方天文学史讨论会的中国代表团四人，又作为以王绶琯为团长、叶叔华为副团长的中国天文代表团的成员参加了这次大会。出席这次大会的共一千四百多人，来自五十多个国家和地区。东道主对这次会议极为重视，事前成立了以国家计委委员、内阁科学顾问委员会主席梅农为首的国家组织委员会，总理拉吉夫·甘地出席了开幕式，并作了二十分钟的讲话。他说，当今世界最大的问题是政治障碍，而科学领域的国际合作是克服这种障碍的途径之一；印度要进步，就必须发展科学，而且科学不能掌握在少数人手里，要扎根到群众中，要与传统文化相结合。

开幕式以后，从第二天起即按四十个专业委员会进行小组或联组活动。天文史委员会进行了四次活动，每次出席者二十多人，三次是学术报告，一次是事务性的工作会议。学术报告共有十一篇文章，内容比较分散，从《苏联亚美尼亚的考古天文学新成就》到《近代天文学在印度》，从《十九世纪太阳系天文学》到《美国天文学家纽康（S.Newcomb，1835～1909）生平简介》都有，还有利用太阳光画画的一篇文章也在这一组报告。我们则只递交了一篇《近三年来中国天文学史研究新进展》的书面发言。在工作会议上，改选了天文史委员会组织委员会，美国艾迪当选为主席，英国诺思（J. D. North）当选为副主席，席泽宗等五人当选为委员，原任主席皮德尔森退居为顾问。

这次大会上，中国学者共有十四人在十五个专业委员会当选为组织委员，有王绶琯、叶叔华、陈彪、曲钦岳、苗永瑞、苗永宽、易照华、胡宁生、李启斌、罗定江、叶式辉、沈良照等。同时，叶叔华还当选为预算审查委员会主席和经典技术观测工作组主席（由三个专业委员会组成的临时机构）。这次大会接受个人会员935人，其中我国占190人。这样会员总数超过6000人，我国占270人。我国会员中，这次被天文史委员会接受为会员的共六人，他们是：薄树人、刘金沂、徐振韬、全和钧、庄威凤、李致森。天文史委员会初步确定1987年与方位天文学委员会在巴黎联合召开方位天文学史讨论会。

天文史委员会在回顾过去一段工作的时候，认为近三年来出版的重要著作如下。

（1）*Ptolemy's Almagest*, Translated and annotated by G. J. Toomer（London，1984）（Toomer译注托勒密《天文学大成》）。

（2）N. M. Swerdlow and O. Neugebauer，*Mathematical Astronomy in Copernicus's De Revolutionibus*（《哥白尼〈天体运行论〉中的数理天文学》），Part 1-2（New York，Heidelberg，1984）。

（3）O. Gingerich and Barbara L，*Welther Planetary，Lunar，and Solar Positions，New and Full Moons，A. D. 1650～1805*（《1650至1805年的日、月、行星的位置和朔望表》）（Philadelphia，1983）。

（4）W. Hartner，*Oriens-Occidens*（《东西方天文学史论文集》），II（Hildesheim，1984）。

（5）D. C. Heggie编，*Archaeoastronomy in the Old World*（《旧大陆考古天文学论文集》）（Cambridge，1982）。

（6）A. F. Aveni编，*Archaeoastronomy in the New World*（《新大陆考古天文学论文集》）（Cambridge，1982）。

（7）G. V. Coyne，M. A. Hoskin and O. Pedersen 编，*Gregorian Reform of the Calendar*（《纪念格里高里改历四百周年（1582～1982）讨论会论文集》）（Città del Vaticano，1983）。

（8）Owen Gingerich 主编，*Astrophysics and 20th Century Astronomy to 1950*（《天体物理学和 20 世纪前 50 年的天文学》）（Cambridge，1984）。此书为国际天文学协会和国际科学的历史和哲学联合会主编的《天文学通史》（*General History of Astronomy*）第四卷第一分册，其他各卷各册均尚未出版。

最后，再附带介绍一下最近出版的关于印度科学史的几本重要著作。

（1）A. K. Bag 主编的《印度的科学和文明》（*Science and Civilization in India*）。此书按时代先后分五卷，第一卷为哈拉帕（Harappa）时期，已出版。

（2）O. P. Jaggi 主编的《印度的科学、技术和医学史丛书》（*History of Science，Technology and Medicine in India*），共 15 卷，其中医学占 8 卷，已出 12 卷，第六卷数学和天文学在印刷中。

（3）S. S. P. Sarsvati 著《印度古代科学家》（*Founders of Sciences in Ancient India*），共两卷。

（4）B. V. Subbarayappa 和 K. V. Sarma 主编《印度天文学精粹》（*Indian Astronomy：A Source Book*），收集了三千多条原始资料，译成英文并加以注释。

〔《科学史译丛》，1986 年第 2 期〕

苏联科学院在莫斯科召开“牛顿和世界科学”国际讨论会

为纪念牛顿《自然哲学的数学原理》出版三百周年，苏联科学院于 1987 年 10 月 13～16 日在力学问题研究所礼堂召开了“牛顿和世界科学”国际讨论会。应邀出席会议的有中国、美国、英国、法国、西班牙、意大利、罗马、加拿大、荷兰和联邦德国等的十余名学者。苏联出席者有二百余人。会议由苏联科学院科学技术史研究所筹备召开，著名数学史家尤什凯维奇和著名力学史家格里高良主持了会议。

会议进行四天，分六个单元，各有一个中心，各中心专题及其论文如下。

（1）综合研究。论文有《伽利略世界和牛顿世界》《牛顿和〈自然哲学的数学原理〉》《牛顿力学对伯努利和欧拉的影响》《牛顿和他生活的环境》和《〈原理〉和哲学——牛顿动力学原理的考察》等。

（2）数学。论文有《牛顿的极限理论》《牛顿动力学的数学方面》《牛顿〈原理〉中阿贝尔（Abelian）积分超越数的拓扑学证明》和《牛顿二项式公式和它的历史》等。

（3）物理学。论文有《〈原理〉的方法论和理论物理学的诞生》《作为实验家的牛顿》《牛顿和胡克》和《开普勒、伽利略、牛顿、爱因斯坦著作中运动学定律和动力学定律的相互制约性》。

（4）牛顿在俄国。论文有《新发现的莫斯科大学图书馆藏牛顿〈原理〉第一版》《牛顿和格鲁吉亚》《牛顿和福斯特·苏森》《17 世纪 90 年代塔尔杜大学牛顿〈原理〉的教学》和《18 世纪第二个 25 年彼得堡天文学家和数学家著作中对牛顿学说的宣传》。

（5）牛顿和世界科学。论文有《牛顿学说在中国的传播和影响》《牛顿在西班牙》《牛顿和 18 世纪上半叶的美国科学思想》《英国的世界形象和牛顿力学》和《17 世纪的英国精神文明和牛顿》。

（6）牛顿和近代科学。论文有《牛顿和近代认识自然的理论》《牛顿力学定律的近代解释》《牛顿关于运动的定义和定律的近代解释》《〈原理〉中有心力反例的证明》《牛顿和技术》《牛顿和非线性物理》《1987 年超新星和牛顿力学》《牛顿和近代地球物理学问题》和《电学发展中的牛顿概念》。

所有论文都在大会上报告，并决定用俄文出会议论文集。

整个会议开得简单朴素：不收费，不照相，不宴请，没有开幕式和闭幕式，所有代表一律在力学问题研究所自己花钱吃自助餐。会议期间有两次古典音乐会，每次一小时，免费招待：一次由科学技术史所职工演出；一次由莫斯科大学学生演出。会后组织外宾到莫斯科郊区沙高尔斯基参观一次。

〔《中国科技史料》，1988 年第 9 卷第 2 期〕

十七、十八世纪西方天文学对中国的影响*

一

从16世纪末开始，耶稣会士接踵来华，他们在宣传教义的同时，传播了许多当时欧洲的自然科学知识。其中最突出，也是最重要的当推西方天文学的传播。天文学巨著《崇祯历书》的修撰（1629～1634 年）可视为这一活动的高潮。17～18 世纪西方天文学在中国的传播大致可以归纳为六个重大方面。

（1）引入了欧洲古典的几何模型方法。最先是以第谷体系为基础的，但也包括托勒密、哥白尼等人使用过的一些几何方法。后来又引入开普勒的椭圆轨道模型，但将太阳和地球调换了位置。几何模型方法成为清代（1644～1911 年）官方天文学的理论基础达两个多世纪之久。

（2）引入了明确的地圆概念。这一概念在西方几何模型体系（无论是托勒密、哥白尼还是第谷）中是必不可少的，而在中国古代始终未曾明确建立。

---

* 本文的撰写，得到江晓原同志的密切合作，在此表示衷心感谢。

即使中国古代有少数学者主张过地圆，也与西方的地圆概念大不相同——这些学者心目中的地球大到与天球同数量级。

（3）《崇祯历书》的刊行。此书后又经汤若望增删，以《西洋新法历书》多次刊印。在相当长的时期中，这部号为西方古典天文学百科全书的巨著成为中国学者研究天文学的主要材料，其作用是非常大的。

（4）望远镜的引入。17世纪初，耶稣会士阳玛诺（Emmanuel Diaz，1574～1659）、汤若望都在他们的汉文著作中介绍了伽利略的望远镜及其天文学发现，明末、清代的皇家天文机构中也使用天文望远镜，其中有的系耶稣会士携来，有的则为中国工匠自制，但望远镜引入中国之后，在清代始终未获得像西方那样的长足发展。

（5）西方天文仪器的制造。其中的星盘、黄道浑仪等是中国传统赤道式系统中所未曾有过的。最著名的是南怀仁在1673年主持铸成的六件大型青铜仪器，后来纪利安在1715年也造了一架，原件现在都保存在北京古观象台。

（6）耶稣会士长期主持清朝的皇家天文机构。清朝建立之初，任命汤若望为钦天监负责人，此后长期任用耶稣会士主持钦天监，这一传统保持了近200年之久。考虑到中国古代钦天监负责人在宫廷中的特殊地位，上述传统的历史作用是不容忽视的。

二

在耶稣会士来华之前，欧洲古典天文学实际上已经两次传入中国。第一次是在公元8世纪初，以印度天文学为媒介；第二次是在13～14世纪，以伊斯兰天文学为媒介。但这两次输入都未对中国天文学产生重大影响。而从16世纪末开始的第三次输入，不仅规模远胜于前，并且在中国产生了广泛深远的影响。这种影响甚至远远超出了天文学本身的范围。这里只就最突出的三个方面略加讨论。

1. 促使天文学研究的热情空前高涨

天文学本来一直是中国古代自然科学中最发达的学科之一，但到明代（1368～1644年）却趋于衰落。明末耶稣会士输入西方天文学，好像一块巨石投入平静的湖面，从不同的角度引起了重视。西方天文学当时在预报交食等天象方面表现出相当高的准确性，使一些中国学者颇为心折，他们热情赞扬西方天文学，自己先学习并加以掌握，又积极向朝廷建议采用西方天文学修改历法。这部分学者以徐光启、李之藻为代表。另一部分学者则断然拒绝西方天文学的概念。明清之际的著名人物可举宋应星、王夫之为例，这两人都坚决反对西方的地圆说。稍后有杨光先，也反对地圆说，并指责汤若望计算交食有误。热情赞扬也好，坚决反对也好，无疑都能唤起学者们对天文学的注意。更重要的是，自从明朝政府开设历局修撰《崇祯历书》，用“中法”还是用“西法”的问题就成为一件国家大事了。明末围绕这个问题争论了十几年；清朝虽一开始就采用西法，但争论仍持续了很长时间。这一争论不仅刺激了许多学者研究天文学的热情，连皇帝也受了影响。杨光先、汤若望当众测量日影以检验各自理论的优劣，而在场众大臣却无一人能懂。这个场面给年轻的康熙皇帝留下了深刻的印象，为此他决定亲自学习天文学，以便有能力判断是非。

如果说康熙最先是因为要判断西法中法的优劣之争才去学习天文学，那么后来他似乎在很大程度上被西方天文学（以及几何学等）本身吸引了。他不仅自己刻苦学习天文学——这一点在耶稣会士留下的文献中有生动的记述，还经常向宗室、大臣等讲论，有时甚至有炫耀的成分。他又给民间天文学家梅文鼎以空前的礼遇。不能否认，“上有所好，下必甚焉”的规律是有很大作用的。康熙的上述举动，促使天文学研究在清代成为非常时髦的事。这种风尚，实为中国历史上前所未有。这里我们只能提供少数有趣的事例以见一斑。

张雍敬，写过一部关于历法的著作《定历玉衡》。为了和当时的著名天文学家梅文鼎切磋学问，经过千里旅行，到梅处相互辩论一年多。涉及几百个问题，最后大部分意见都一致了，但对地圆之说张雍敬终不能接受。这次与梅氏兄弟辩论，留下了三四万字的材料。后来张雍敬写了《宣城游学记》，记述了这场学术讨论。①

刘湘煃，因为慕梅文鼎之名，竟不惜变卖了家产，从湖北来到安徽成为梅文鼎的弟子。他后来因帮助梅文鼎完善了关于内行星的几何模型而受到梅的称赏。②

① 阮元：《畴人传·张雍敬》，卷40。
② 阮元：《畴人传·刘湘煃》，卷40。

另一个颇能说明问题的例子是曾国藩，他除了在政治、军事和外交方面的活动为世所知，生前也颇以学问名世，他自己对此也很自负。但他晚年在给儿子的信中却表示，自己“生平有三耻”第一耻竟是：“学问各途，皆略涉其涯涘，独天文算学，毫无所知，虽恒星五纬亦不识认。”殷殷叮嘱，要儿子“尔若为克家之子，当思雪此三耻。推步算学，纵难通晓，恒星五纬，观以尚易……三者皆足弥吾之缺憾矣”。[①]不久又写信督促，再申前意。这个事例已是19世纪的事了，那时研究天文学的热潮已经减退，但天文学在曾国藩心目中的位置尚且如此，则此前的盛况自不难想象。

在这一时期的天文学研究热潮中，还有一个现象值得注意，即民间天文学占了很大的比重。当时名望最高，成就最大的一批天文学家，如王锡阐、梅文鼎、江永等人，都是布衣，而官方天文机构中的官员，竟无人能与王、梅比肩。这也是中国历史上前所未有的。何以会如此，原因很复杂。除了清政府的政策（不再禁止钦天监官员以外的人研究天文历法）、康熙的提倡，明朝遗民的政治感情等因素，显然也和耶稣会士传播西方天文学有关。明清之际，利玛窦的世界地图（内有不少天文学内容）、《乾坤体义》、阳玛诺的《天问略》、汤若望的《远镜说》等中文著作在中国士大夫阶层中非常流行。《崇祯历书》的刊行更为士人系统研习天文学提供了教材。王锡阐就是从《崇祯历书》入手学习天文学的。

2. 改变了中国传统的天文学方法

《西洋新法历书》由清政府下令颁行之后，以几何体系为特征的西方天文学方法获得了“钦定”的官方地位。1742年修成的《历象考成后编》采用颠倒的开普勒椭圆运动定律来描述太阳运动，但仍可归于几何体系一类。不仅官方制定历法用西法，民间天文学家的著作大部分也是研讨、补充或阐述西法的。即使是主张“取西历之材质，归大统之型范”[②]最力的王锡阐，也写了《五星行度解》这样纯粹研讨西法的著作。由于“哥白尼的日心体系和开普勒的天体运动三定律等等都只能在欧洲天文学的几何学天体运动体系中产生，而难以从中国传统的代数学体系中直接导出”[③]，所以中国天文学方法的改变，其历史意义是不可低估的。

---

① 曾国藩：《曾国藩教子书》，长沙：岳麓书社，1986年版，第12页。

② 王锡阐：《晓庵新法》自序。

③ 中国天文学史整理研究小组：《中国天文学史》，北京：科学出版社，1981年版，第224页。

谈到这一时期中国学者对西方天文学的研究，不可避免地要涉及“会通”问题。“会通中西”是这一时期中国天学数学界极为流行的一种说法。最先徐光启提出“欲求超胜，必须会通”①，要求对西方天文学和中国传统天文学两者都加以研究，目的是赶上并超过西方。此后，清代最著名的天文学家王锡阐、梅文鼎都被认为是会通中西的大家。另一著名天文学家薛凤祚也以会通自任，他的著作就取名《天学会通》。然而，徐光启所向往的“超胜”，后来却并未成为事实。这在很大程度上是因为会通者们实际上没有把超胜作为自己努力的目标。王锡阐、梅文鼎对西方天文学和中国传统天文学确实都作过深入研究，但他们的会通却不免误入歧途。王锡阐致力于论证“西学中源”，即认为西方天文学方法都是中国古已有之的，甚至是“窃取”自中国古代的。同时，他又做出惊人的努力，试图在保存中国传统天文学模式的情况下，把西方天文学的一些计算方法和成果采纳进去。他的多年力作《晓庵新法》就是上述意图的具体实践。梅文鼎虽然不做这方面的尝试，但他论证“西学中源”的热情却比王锡阐要大得多。事实上，他是这个学说的集大成者。按照梅文鼎的意见，欧洲天文学以及伊斯兰天文学，都是中国古代“周髀盖天之学”在上古时传入西方的结果。

以论证“西学中源”为基调的会通工作，不仅受到中国士大夫的广泛欢迎，也得到康熙的大力提倡。结果使得清代天文学虽然改用西方天文学方法，却并未出现进一步的发展。这是非常可惜的事。

3. 冲击了“用夏变夷”的传统观念

颁布历法在中国古代被视为一个王朝实施其统治的象征，是一件很神圣的事。同时，中国古代又一贯认为自己的文化比任何“外夷”都要高明，只有用华夏的政治文化去“教化”、改变异族，即所谓“用夏变夷”，而决不能也不会相反。但自从清政府采用西方天文学来制定历法、任命西方人来领导钦天监，就形成一种不折不扣的“用夷变夏”的局面。何况历法是一件神圣的事，就更引起士大夫的惊恐。杨光先控告汤若望，就是这种不满的表示。尽管由于康熙的开明态度，杨光先获罪去职了，但要当时的中国士大夫在心理上坦然接受上述局面是困难的，所以争论仍在继续。这里提供一个发生在杨光先获罪后半个世纪的事例，以见一斑。

① 徐光启：《徐光启集》，北京：中华书局，1963年版，第374页。

清代经学大师江永（1681～1762）在天文学上也有很高造诣，写了一部讨论西方几何体系的天文学著作，梅瑴成（梅文鼎之孙，是康熙所赏识的学者，也是“西学中源”说的功臣之一）读了书稿后，写一副对联赠江永：“殚精已入欧逻室，用夏还思亚圣言。”意思是说，江永对欧洲天文学的研究固已登堂入室了，但还希望不要忘记孟子“用夏变夷”的教导。江永体会出梅瑴成是“恐永主张西学太过，欲以中夏羲和之道为主也”，但他却表示：“至今日而此学昌明，如日中天，重关谁为辟？鸟道谁为开？则远西诸家，其创始之劳，尤有不可忘者。”[①]这一小段话很值得注意，这里江永不赞成“西学中源”说，而且他明确表示，西方人能够创立比中国更好的天文学。

尽管采用西方天文学的现实与“用夏变夷”传统信念之间的冲突在清代靠论证“西学中源”而得到一定程度的缓解，但西方天文学的传入毕竟也开阔了中国学者的眼界。江永所表示的上述开明态度，在当时虽然远未能被广大学者接受，但也不乏支持或同情者。如当时的著名学者赵翼在谈到西方天文学时说：“西洋远在十万里外，乃其法更胜，可知天地之大，到处有开创之圣人，固不仅羲、轩、巢、燧已也。”[②]这番话说得比江永更加直截了当。

三

讨论这一时期西方天文学在中国的影响及其后果，很自然地会引导到像席文所提出的“为什么中国没有发生科学革命——或者是它真的没有发生吗？”[③]之类的问题。通常使用的“科学革命”的定义，由于是事后给出的，当然在很大程度上是从客观效果着眼的，就天文学而言也不例外。在中国，虽然西方的几何体系方法取代了传统的代数方法，但当欧洲天文学随后突飞猛进，进入天体力学和数学分析方法的时代，中国天文学却仍停留在古典的几何体系上。事实上，终清之世，中国天文学并未越出《崇祯历书》的范围。只是细节上有所改善而已。因此如果考虑到客观效果，显然不能认为中国曾在 17 世纪发生过类似欧洲的天文学革命。

然而，几何体系方法与代数方法毕竟是截然不同的，前者在中国取代了后者，能否视为一场“概念革命”呢？我们认为这种看法也不能成立。首先，

① 江永：《数学》又序。

② 赵翼：《檐曝杂记》，北京：中华书局，1982 年版，第 36 页。

③ 李国豪等主编：《中国科技史探索》，上海：上海古籍出版社，1986 年，第 97-114 页。

中国传统的代数方法事实上也不失为一种数学模型，西方的几何体系引入之后，可以说绝大部分中国天文学家也将其视为一种计算方法。著名学者钱大昕的一段话很有代表性：

> 本轮均轮，本是假象，今已置之不用，而别创椭圆之率。椭圆亦假象也。但使躔离交食，推算与测验相准，则言大小轮可，言椭圆亦可。①

显然，几何体系只是一种计算方法。由于中国天文学家大部分都不认为几何体系是宇宙真实情况，其意义与欧洲的哥白尼革命就不可同日而语了。其次，由于“西学中源”说被广泛接受，而这个学说断言西方天文学是源出中国、古已有之的，这样就不存在新概念对旧概念的取代，因而也就谈不到概念革命了。

总的来说，这一时期西方天文学输入中国后所产生的影响是巨大的，而且远远超出了天文学甚至自然科学的范围。但是，它仍是作为一种技艺被引进的。这种技艺主要被用来制定历法，而未被用来进一步探索自然。换言之，中国天文学在 17 世纪虽然改变了它的方法，却未改变它的传统性质。清代中国天文学仍是以造历为目的的官方天文学，依旧带有极强的实用主义色彩。民间天文学家固然没有造历的任务。但他们几乎都按照传统将自己的著作归结到怎样推算天体位置——正是中国传统历法中的内容。

〔《自然科学史研究》，1988 年第 7 卷第 3 期〕

① 阮元：《畴人传·钱大昕》，卷 49。

杰出科学史家李约瑟

李约瑟（Joseph Needham）是英国人（图 1），生于 1900 年 12 月 9 日，现已 94 岁高龄，但仍在坚持工作，担任李约瑟研究所名誉所长。他是伦敦皇家学会会员（FRS）和英国学术院院士（FBA），在英国同时兼有这两个称号的，现在可能只有他一个人。1992 年英国政府又授予他以勋爵（Companion of Honour），所以现在他名片上印的是，“Dr. Joseph Needham，CH，FRS，FBA”。他又是美国国家科学院外籍院士，美国艺术和科学院外籍院士；丹麦皇家科学院外籍院士；国际科学史研究院院士，曾于 1972～1975 年担任国际科学史和科学哲学联合会主席；他是中国科学院和中国社会科学院名誉教授，是中国“国家自然科学奖”（1983 年度）一等奖获得者。迄今，中国自然科学奖授予外国人者，只有这一次。

李约瑟从小就很聪明，8 岁就会骑马和打字，14 岁开始参加外科手术，18 岁成为皇家海军预备队军医，同年进入剑桥大学读书，后来成为诺贝尔奖获得者霍普金斯（F. G. Hopkins，1861～1947）的研究生。1924 年获博士学位后，一直在剑桥大学生物化学实验室工作，先是研究人员，1927 年起担任

图 1 伏案工作的李约瑟（1990 年王家凤摄于李约瑟研究所）

实验指导，1933 年起任高级讲师。李约瑟的早期研究工作是肌醇和其他胞质环流的新陈代谢，用一句通俗的话来说，就是研究血红蛋白是怎样在鸡蛋孵小鸡的过程中形成的。这项研究导致了他在 31 岁时有三卷本的《化学胚胎学》（*Chemical Embryology*）[1]出版，每卷 600 多页，这部书开创了一门新的学科，一时间全世界有 100 多种学术期刊发表评论，后来曾任联合国教科文组织第一届总干事的朱利安·赫胥黎（Julian Huxley，1887～1975）（《天演论》作者赫胥黎的孙子）在英国《自然》杂志上说：和林奈的《自然系统》、达尔文的《物种起源》一样，“这本书自成一本经典名著……它向全世界宣布，生物学的这门分支学科将从此完全有权利在它自己的领域中名正言顺地树立起来”。[2]

正当李约瑟在生物化学领域阔步前进的时候，1937 年发生了戏剧性的变化。这一年，他的实验室来了三位中国留学生：王应睐、沈诗章和鲁桂珍（1904～1991）。他们的突出表现，使李约瑟认识到，能培养出这样优秀学者的国度，必然有优越的人民和优秀的文化。于是他对中国产生了极大的兴趣。已经通晓法文、德文、拉丁文和希腊文的他，为了真正了解中国，又开始学中文。

由于有这样一个背景，1942 年英国政府选派驻华大使馆科学参赞时就挑中了他。他于 1943 年年初来到中国，这时国共两党已处于貌合神离状态，他觉得作为外交官，很难有所作为；作为科学家，作为中国科学家的朋友，则大有可为。于是离开大使馆，在英国文化委员会的支持下，组建中英科学合作馆（图 2）并自任馆长，在英国和印度购买中国科学界所需要的图书、仪器和试剂，分赠给国内有关单位，同时也把中国科学家的论文推荐给国外学术刊物发表。

图 2　重庆中英科学合作馆建筑（1944 年）

（现已不存在，本图采自《科学前哨》）

为了了解中国科学家的需要，李约瑟乘着一部载重 2.5 吨的卡车，历尽千辛万苦，跑遍了尚未沦陷的十个省份，西北至甘肃玉门油田，东南到福州，访问了 300 多个大学、科研单位、医院和工厂，结识了上千位学术界人士，竺可桢当时称赞他是一位雪中送炭的朋友。

李约瑟还把他参观访问了解到的情况，写成九篇报告在英国《自然》杂志发表，并通过 BBC 电台向全世界广播。战争结束以后，他和他的夫人将这些报告和旅行日记，以及中英科学合作馆的一些文件，合编为一本书，名为《科学前哨》（*Science Outpost*）[3]；又将他们所拍的 97 幅照片，出了一本影集，名为《中国科学》（*Chinese Science*）[4]。两书向全世界展示了中国老一辈科学家在抗战时期艰苦奋斗的历程和取得的优异成果，至今为人们所珍视，前者已于 1986 年被译成日文[5]。

李约瑟在华办中英科学合作馆的经验，还产生了深远的世界影响。1945 年联合国成立的时候，想在同盟国家教育部长会议的基础上，建立一个永久性的教育文化机构。李约瑟闻讯之后，认为这个机构必须包括发展科学在内，便从重庆发表了三个长篇备忘录，向各国科学界和政界人物进行游说。主持筹备工作的朱利安·赫胥黎终于接受了他的建议，这就是联合国教科文组织

（UNESCO）的由来。因为 S（Science）是李约瑟主张加进去的，朱利安·赫胥黎也就请他去担任第一届的科学部主任。他离任之后，又被聘为联合国教科文组织的荣誉顾问，一直到今天。

急于展开大规模的中国科学史研究的李约瑟，于 1946 年离开中国后，在巴黎联合国教科文组织只工作了两年，就返回剑桥。此时虽仍教生物化学，但更多的精力已花费在收集有关东亚科学史的图书和准备编写《中国科学技术史》的工作上。

由他组织、设计和作为主要撰稿人的《中国科学技术史》（*Science and Civilisation in China*）于 1954 年开始出第一卷[6]，到今年是 40 周年。按照他当初拟的提纲[7]，这部书本来准备出七卷，但收集的材料随着时间的推移越来越多，从第四卷起就分册出版，最终将为七卷 34 册[8]。目前虽只出版了 15 册，还不到全书的一半，但就数量来说，已超过世界上科学史三大名著的总和，这三大名著①美国萨顿（G. Sarton）的《科学史导论》（*An Introduction to the History of Science*），巴尔的摩，1927～1948 年，共 3 卷 5 册；②英国辛格（C. Singer）的《技术史》（*A History of Technology*），牛津，1955～1979 年，共 6 卷；③法国塔顿（R. Taton）的《科学通史》（*Histoire générale des sciences*），巴黎，1957～1964 年，共 4 卷，此书有英译本。

因此，美国耶鲁大学科学史教授普赖斯（Price，1922～1983）感慨地说，“就是对于西方各国的科学技术史，也没有人做过如此巨大的综合研究”“他在两种文明之间架设桥梁，这种工作从来没有人尝试过”。[9]

对中国科学技术史做系统而全面的综合研究，李约瑟是首创。他不仅在自然科学方面造诣很深，而且熟悉哲学、历史、文学和多种语言。他有很高的西方文化素养，又对东方文化有着亲身的体验和深刻的理解，因而能将中国科技史放在世界范围内进行比较研究，找出其与各国之间的异同和交流关系，发现其优缺点，做出一般人所做不到的贡献，中国物理学家叶企孙（1898～1977）早在 1957 年即在《科学通报》撰文说：“全球的学术界将通过这部巨著对中国古代科学技术得到全面的清楚了解。”以毕生精力研究中国科学史的日本学士院院士薮内清于 1974 年在为 SCC 日译本《中国的科学和文明》所写的序言中说：“李约瑟除就科学史的各个领域进行深入细致的研究外，还对中国文化有全面的、深刻的理解，日本学者几乎赶不上。阅读此日译本的读者们，大概会在惊叹其知识丰富的同时，对从东西文化的综合所产生的独创见解，以及对过去所不了解的种种新发现产生敬佩之情。对中国的深刻理解，今后愈益需要，而此书是对这种理解最有用的和最大的书籍之一。”[10]

除日本和中国在进行全译外，翻译这部著作部分内容的国家还有意大利、西班牙、荷兰、丹麦、德国、法国和墨西哥。另外，英国罗南（C. Ronan）又在根据其内容写多卷本的《简明中国科技史》（*The Shorter Science and Civilisation in China*）。

英国大历史学家汤因比（A. J. Toynbee，1889～1975）早在这部书出第一卷的时候，就预感到它的重要意义。1954 年他在伦敦《观察家报》（*The Observer*）上发表评论说：“李约瑟著作的实际重要性和它的学术价值一样巨大，这是比外交承认还要高出一筹的西方人的‘承认’举动。”[11]40 年来的历史证明，汤因比的预见是正确的。李约瑟的著作在批判欧洲中心论上起了重要作用，它改变了汉学研究的面貌，以往的汉学家只注重文史哲，而今则必须把科技史放在其视野之内，它把中国科技史在世界范围内形成了一门学科，世界七大工业国，除加拿大以外，目前都建立了中国科技史的研究机构。各国研究中国科技史的人员之间互相联系，自 1982 年以来每 2～3 年召开一次国际会议，至今已开七次，足迹遍历欧、亚、澳、美四洲。

李约瑟通过他的卓越工作，把东西两大文明连接起来，其历史功绩将是永远不可磨灭的。由于他对中国人民和中国文明具有深刻的了解和崇高的敬意，所以 50 多年来对我一贯友好，中华人民共和国成立后八次来华（图 3），一直担任着英中友好协会（至 1965 年）和英中了解协会主席，在英国接待中国科学工作者不计其数。在黄华同志主编的《国际友人丛书》中有王国忠著的一本《李约瑟与中国》[12]，长达 64 万字，详述了他和我们的友好关系。大家如有兴趣，可以阅读，这里不再多说。

图 3　1986 年李约瑟第 8 次来华，方毅接见时的合影

（前排左起：卢嘉锡、李约瑟、方毅、鲁桂珍、坦普尔、孙鸿烈；后排右 2 为本文作者）

在国际上学术地位极高，对中国科学事业做出如此重大贡献的这样一位老朋友，当选为中国科学院外籍院士应该是当之无愧的，请大家考虑。

参考文献与注释

[1] Needham J. Chemical Embryology. Cambridge：Cambridge Univ. Press，1931；New York：Hafner，1963.

[2] 转引自鲁桂珍. 李约瑟的前半生//李国豪，张孟闻，曹天钦. 中国科技史探索. 上海：上海古籍出版社，1986：1-45.

[3] Needham J，Needham D M. Science Outpost. London：Pilot，1945. 徐贤恭和刘建康翻译的《战时中国之科学》(上海中华书局 1947 年出版)，以前被认为是这本书的中译本。这是一个误解. 详细考证见胡升华. 李约瑟与抗战时期的中国科学.(手稿)

[4] Needham J. Chinese Science. London：Pilot，1945.

[5] 山田庆儿，牛山辉代译. 科学の前哨（第二次世界大战下の中国の科学者太と）. 东京：平凡社，1986.

[6] Needham J. Science and Civilisation in China. Cambridge：Cambridge Univ. Press，1954.

[7] 沈海燕译. 李约瑟《中国科学技术史》总目//张孟闻. 李约瑟博士及其中国科学技术史. 上海：华东师范大学出版社，1989：46-103.

[8] 迄今，李约瑟《中国科学技术史》原书出版情况是：第一卷导论（318——原书页数，下同），1954 年；第二卷科学思想史（696），1956 年；第三卷数学、天学和地学(874)，1959 年；第四卷物理学和物理技术[第一分册物理学(430)，1962 年；第二分册机械工程（753），1965 年；第三分册土木工程和航海技术（927），1971 年]；第五卷化学和化工技术[第一分册纸和印刷（钱存训执笔，475)，1985 年；第二分册炼丹术的发现和发明：点金术和长生术（507），1974 年；第三分册炼丹术的发现和发明：从长生不老药到合成胰岛素的历史考察(478)，1976 年；第四分册炼丹术的发现和发明：器具、理论和中外比较(760)，1980 年；第五分册炼丹术的发现和发明，内丹（561），1983 年；第六分册军事技术：投射器和攻城术（未出）；第七分册火药史诗（693），1986 年；第八分册军事技术：射击武器和骑兵（未出）；第九分册纺织：纺纱（D. Kuhn 执笔，510），1988 年；第 10～14 分册，共 5 本，未出]；第六卷生物学和生物技术[第一分册植物学（708），1986 年；第二分册农业（F. Bray 执笔，722），1984 年；第 3～10 册，共 8 本，未出]；第七卷社会背景，全书总结，共 4 册，未出。

[9] Price D J S. Joseph Needham and the Science of China//Nakayama S，Sivin N. Chinese Science Explorations of an Ancient Tradition. Massachusetts：MIT Press，

1973：9-21.
[10] 砺波护等译. 中国の科学と文明. 第一卷. 东京：思索社，1974.
[11] 译自《中国科学技术史》原书护封所引。
[12] 王国忠. 李约瑟与中国. 上海：上海科学普及出版社，1992.

〔《中国科技史料》，1994 年第 15 卷第 3 期〕

Ferdinand Verbiest's Contributions to Chinese Science

Liang Qichao (1873-1929), a famous Chinese scholar and one of the leading spirits of the Reform Movement of 1898, said:

> The most important event worth writing about in the history of Chinese scholarship in the late Ming and early Qing dynasties (sixteenth and seventeenth centuries), was the introduction of European astronomy and mathematics into China. If the propagation of Buddhism during the Jin and Tang dynasties is regarded as the first understanding between Chinese and alien cultures, the introduction of western science in the sixteenth and seventeenth centuries is certainly the second. Though Islamic civilization was introduced in the Yuan dynasty, it was on a small scale and had only little influence on the Chinese. In these new historical circumstances the style of study was transformed. Many scholars became interested in the New Western

Methods and enjoyed talking about practical problems.[①]

According to the statistics compiled by Professor Nathan Sivin, from the beginning of the Qing period (1644) to Wang Yinzhi (1766-1834), of thirty-six famous scholars, eighteen left a total of seventy-two books on astronomy and mathematics. Although the rest of them wrote no special book on these topics, they often dealt with their problems. Sivin also noticed that these works not only had a great influence on the development of Chinese science itself, but also brought about changes in Chinese academic circles both in ways of putting problems and in methods of solving them.[②]

Of those who first introduced western science into China, three Jesuits made a prominent contribution and are generally regarded as the pioneers. They are Matteo Ricci of Italy (1552-1610); Johann Adam Schall of Germany (1591-1666); and Ferdinand Verbiest of Belgium (1623-1688), who arrived in China in 1658. In honor of the transcendent contributions of the three Jesuits to Chinese science, the government of the People's Republic of China repaired their tombs at Beijing in 1978. Here I would like to deal with the contributions of Verbiest. But because of the limited documents to which I can refer, my paper cannot cover the whole subject, and is nothing more than an introduction.

I. The Struggle for the Application of European Astronomy to the Chinese Calendar

In the latter part of the sixteenth century, Chinese agriculture and handicrafts were developing rapidly. This development threatened the idealist system of philosophy maintained since the Song and the Yuan dynasties. The result of the currents was an advance in approaching problems of science and technology. Many well-known scientific books were published in that time, such as *Bencao Gangmu* (*Great Material Medica*, 1596) by Li Shizhen, *Tiangong Kai Wu* (*Encyclopedia of*

① Liang Q. Zhongguo Jin Sanbainian Xueshu Shi (The History of Science in China During the Last 300 Years). Shanghai, 1936: 8-9.

② Sivin N. Wang Hsi-shan//Dictionary of Scientific Biography, 14: 159-166.

Technology, 1637) by Song Yingxing, *Youji* (*Travel Notes*, 1640) by Xu Xiake, and so on. As for astronomy, calendar reform was needed because the *Da tong* calendar, which had been in use for over two centuries without improvement, was out of date. Predictions of eclipses and other celestial phenomena based on the *Da tong* calendar often did not accord with reality. Just at this time European missionaries arrived in China to promulgate Christianity. They realized that by introducing science and technology, the door closed to Christians could more easily be thrown open. They expected that their help in calendar reform would win them favor with the court, which would give them greater opportunities for preaching. This idea was clearly stated in Ricci's letter of May 12, 1605:

> If this astronomer was to come to China, after we had translated our tables into Chinese, we would undertake the task of correcting the calendar, and thanks to that, our reputation would go on increasing, our entry into China would be facilitated, our sojourn there would be more assured and we would enjoy greater liberty.①

At the invitation of Ricci, missionaries who had a good command of astronomy arrived in China in 1620. These included Niccolò Longobardi (1565-1654), Johann Terrenz Schreck (1576-1630), Giacomo Rho (1593-1638) and Schall. In 1629, after a serious and long-fermenting controversy, the Imperial Bureau of Astronomy (*qintianjian*) again failed to predict an eclipse. Therefore the Ming court determined to adopt the methods of European astronomy to compile a new calendar, and appointed Xu Guangqi (1562-1633) to take charge of the task. Under the leadership of Xu Guangqi, the Calendrical Board, consisting of about one hundred members, was founded. Rho and Schall were asked to compile and translate astronomical books. By 1634 a great compendium containing one hundred and thirty-seven volumes was completed, under the title *Chongzhen Lishu* (*Chongzhen Reign-period Treatise on Calendrical Science*) . However, many scholars who adhered to the old line vehemently opposed the new method and

① Ricci M. Opere Storiche. Venturi T. Macerata, 1910-1913, 2: 284-285; Bernard H. Matteo Ricci's Scientific Contribution to China. trans. Werner E C. Peiping, 1935: 56.

impeded the implementation of the new calendar. The dissension continued for a long time，so that by the time of the fall of the Ming dynasty the new calendar had still not been put into use.

In the fifth lunar month of 1644，Manchu troops entered Beijing and the Qing dynasty was founded. Thereafter regent Dorgon summoned the officials of the former Bureau of Astronomy，and also Schall，to debate the calendars that each had prepared for the fall of the year（1645）. As a result，Schall pointed out seven mistakes in the old calendar prepared by the officers of the Bureau of Astronomy. On the contrary，in the new calendar prepared by the missionaries，there were almost no mistakes to be found. The officials could only say："We learned our calculation methods from the sages of former times，and did not dare to renounce the resulting calendar and be obedient to the foreign one." On the first day of the eighth lunar month of the same year，a solar eclipse took place. Schall and the director of the Bureau of Astronomy，bringing with them the prediction tables for this eclipse as calculated by themselves，held a test in the old observatory. The court sent Feng Quan，an advisor to the emperor，as the arbiter of the test. The new western calendar accorded with the celestial phenomenon very well，but the *Da tong* calendar showed a difference of two *ke*（30 minutes），and the Islamic calendar a difference of three *ke*（45 minutes）. Thereupon the court appointed Schall director of the Bureau of Astronomy and adopted the new western method to calculate the official ephemerides for the next year. On the front cover of the ephemerides the five Chinese characters *Yi xiyang xinfa*（based on the new western method）were printed. From then on，Schall was given increasingly full confidence and had a position of special favor with the court；in the fifteenth year of his reign the Shunzhi（1658）emperor graciously granted him the rank of *guanglu dafu*（an official of the first class）and bestowed honors on his ancestors for three generations.

These favors distinguished the achievements of the missionaries，but thereby the contradiction between them and the feudal idealist philosophers became more acute. As Verbiest was summoned to Beijing to assist Schall in the compilation of the calendar in 1660，a storm over this new calendar was breaking out. In 1657

Wu Mingxuan，in control of the Moslem Calendar Section，first accused Schall in court of miscalculating the positions of Mercury. The accusation was based on the supposition that Schall's prediction that Mercury would not appear in the sky in the second month and the eighth month was wrong. The emperor thereupon appointed high officials to go to the observatory three times to examine the case（on the tenth day of the fourth month，on the twentieth day of the eighth month and on the fifth day of the ninth month，respectively）. Mercury could not be seen on any of these occasions. The accusation thus proved false，and Wu Mingxuan was sentenced to death，though the execution was postponed.

When Wu Mingxuan attacked the calendar compiled by Schall，the controversy was also taken up by a scholar from Anhui province named Yang Guangxian，who knew about calendrical science to some extent，In the twelfth month of 1660 Yang presented to the Board of Rites a report entitled *Zheng guoti cheng*（To rectify the state system），accusing Schall of usurping state power by printing "Based on the new western method" on the front cover of the official ephemerides，and of computing errors in computing the calendar，but his report was ignored. Then in the seventh month of the third year of the Kangxi reign（1664），Yang presented another report called *Qing zhu xiejiao zhuang*（Challenging the heretics）in which he wrote：

> Adam Schall dodged and hid in the court for the purpose of stealing secret information under the cover of compiling the calendar. The missionaries ganged up and were hatching a sinister plot. That is why they are building churches in the capital and other important cities and promulgate their doctrines to tempt the people. Their activities have violated our law and must be condemned.

This alarming report caused consternation in the Qing court. However，because of this report the regent Oboi was placed in an ambivalent position toward the westerners. So，on the sixth day of the eighth month the Qing court brought Schall，Verbiest and other missionaries in Beijing to a public trial. At that time

Schall was seventy-three years old, and had recently become ill, so that he was not able to say a single word in his defense. To undertake the cause of the missionaries, Verbiest replied as their spokesman, but he was stopped by the judge. Consequently, on the first day of the fourth month of 1665, the Boards of Rites and of Punishments drew up a proposal according to which Schall would be put to death by dismemberment, all of the missionaries in Beijing would be banished, others in every province would be deported under escort from Guangzhou, seven Chinese officials in the Bureau of Astronomy would be put to death by dismemberment, five others would be condemned to death, and Christianity would be proscribed. The charges against them were absolutely ridiculous, namely that the Bureau of Astronomy failed to choose the correct day for holding a ceremony for the youngest son of the Shunzhi emperor, and that the missionaries' so-called "Ten Thousand Years Calendar" only contained two hundred years. All of these charges were quoted from essays entitled *Xuanze yi* (On choice) and *Zhai miu shi lun* (On ten mistakes), written by Yang Guangxian. On the next day, while the regents were holding a meeting to ratify the proposal, they had to flee in alarm from a sudden earthquake. Thereafter, earthquakes continued from time to time and a comet appeared in the sky. The superstitious Qing court regarded these phenomena as manifestations of the anger and discontent of the Heaven. According to the established custom of preceding dynasties, offenders in such cases must have their penalties reduced. Hence, only the five officials of the Bureau of Astronomy were executed, and Schall, Verbiest and the other missionaries were released from prison and allowed to stay in the Beijing church temporarily.

After Schall, Verbiest and the others were discharged, the Qing court appointed Yang Guangxian as director of the Bureau of Astronomy and Wu Mingxuan as the vice-director. Yang Guangxian tried five times to resign from the position because he only knew calendrical principles in outline and was not familiar with the methods of calculation. His resignation was not approved and he was obliged to be in charge of the Bureau of Astronomy. Later. he collected his *Qing zhu xiejiao zhuang* (Challenging the heretics) and other articles into a book, which was published under the title *Budeyi*（*I Cannot Do Otherwise*）. Yang Guangxian first adopted the *Da tong* calendar and then used the Moslem calendar, but whichever method he used, the results calculated often did not accord with the celestial phenomena. Therefore in the eleventh month of 1668, the Kangxi emperor, who was only fourteen years old, eventually decided to test by practice what was correct in the new and old methods. Many high officials were appointed as witnesses. In the observatory, Verbiest(by that time Schall had died), Yang and Wu were asked to predict the noonday shadow length of the gnomon, Verbiest calculated that if the gnomon was 8.49 *chi*（Chinese feet）in height, its shadow would be 16.66 *chi*. At the next noonday the shadow coincided exactly with the length that he predicted. Though Yang and Wu did not know how to calculate the shadow length, they still did not admit defeat. Wu said the shadow would be 9 *fen*（Chinese inches）longer, and Yang that it would be 6 *fen* longer, than that predicted by Verbiest. On the twenty-fifth of the same month the second test was held in front of the Wumen Gate of the palace. Verbiest correctly said that the 2.2 *chi* high gnomon would have a 4.345 *chi* shadow. On the next day the third test was in the observatory again. Verbiest correctly predicted that an 8.55 *chi* high gnomon would have a 15.83 *chi* shadow. These three test results proved that Verbiest was right in each case and that on the contrary, Yang and Wu were always wrong. Knowing these results, the emperor decided that the civilian calendar and the ephemerides of the sun, the moon and the five planets, compiled by Wu Mingxuan should be passed on to Verbiest to examine. Yang Guangxian was utterly discomfited and argued:

> The calendar calculated by your subjects is based on that of the emperors Yao and Shun; the throne and the state system inherited and carried on by your majesty are all those of the emperors Yao and Shun. Your majesty accepted everything inherited from emperors Yao and Shun, but why only reject their calendar?①

---

① Huang B. Zhengjiao Fengbao. Shanghai, 1903: 23.

In order to handle the problem with more care，the Qing court in the eighth year of the Kangxi reign，sent twenty high officials together with Verbiest，Yang，Wu and others to the observatory to test the mistakes pointed out by Verbiest. The initial moment of the（fifteen-day solar period）beginning of spring，the beginning moment of the（fifteen-day solar period）rain water，and the positions of the moon，Mars and Jupiter all accorded with those predicted by Verbiest；Yang and Wu were wrong in every case. With such results. Wu and Yang were discharged，and the calendar of the next year was to be compiled by Verbiest. Though he declined an appointment as vice-director of the Bureau of Astronomy，he was put in charge of astronomy as general editor of the calendar with a salary of two hundred taels of silver and twenty-five measures of rice per annum，the same as the vice-director. Verbiest held the office until his death and was succeeded by Claudio Filippo Grimaldi of Italy（1639～1712，arrived in China in 1669）. From generation to generation until the sixth year of the Daoguang reign（1826）this position was held by a missionary. In that year Verissimo Monteiro da Serra went back to Portugal for treatment of an illness.

After Verbiest took charge of the Bureau of Astronomy，he wrote *Budeyi Bian*（*I Cannot Do Otherwise Refuted*），and other books. In these books the fallacies presented by Yang Guangxian in *Budeyi* were refuted one by one. He also presented a report to the court demanding that Yang Guangxian be punished for having framed a case against upright persons，in that Li Zubai and four other officials had been executed，and for having trumped up a charge against Schall of plotting a rebellion. The emperor set aside the previous judgment. Schall，Li Zubai and the other officials were rehabilitated. A tomb and monument were built in memory of Schall and the emperor sent a high official to manage a memorial ceremony for him. All the persons previously absolved in the case were recharged，and Yang Guangxian was sentenced to death. On account of his advanced age he was excused from punishment and sent to his hometown. On his way，however，a pestilential disease killed him. This long-term struggle ended with the complete triumph of Verbiest and the thorough defeat of Yang and Wu.

Verbiest's triumph in the struggle was a victory for science. Yang Guangxian was blind in his opposition to everything foreign, and clung to traditional methods in order to assert feudal interests. His suspicion that Schall was plotting a rebellion was nothing more than a misunderstanding of Christianity. His knowledge about astronomy was so poor that, as Ruan Yuan, the author of *Chouren Zhuan* (*Biographies of Mathematicians and Astronomers*), said, Yang was "forging records by the old method, forcing the celestial bodies to be obedient to the imagination of man, misapplying the scientific apparatus, and disturbing the harmony of the course of the heavens"①. Also Lu Xun, the chief leader of the new Chinese cultural movement, and a great Chinese writer and thinker, satirized Yang's notorious xenophobic idea, that "preferred to use the old calendar in China rather than to have it improved by a westerner". Yang's attitude was laughed at by later scholars. Such a clownish stand against the development of science cannot be considered typical of the Chinese people. Actually, at that time, many scholars such as Xue Fengzuo (1599-1680), Huang Zongxi (1610-1695), Wang Xichan (1628-1682) and Mei Wending (1633-1721) had a correct attitude towards foreign things. These scholars studied European astronomy, analyzed it, and even more or less developed it. But their work is outside the scope of this paper.

II. Making Six Astronomical Instruments

Verbiest considered that instruments are most important in compiling a calendar, because only "with the help of instruments could the theory and methods of the calendar become more and more precise and accurate, and it is impossible for the compiler to get a good calendar without making precise apparatus"②. After he had taken charge of the Bureau of Astronomy, he at once began to design and to make instruments. With hard work, for four years, six new bronze instruments were made in 1673, and are now still standing at the site of the Ancient Beijing Observatory.

① Ruan Y. Chouren Zhuan (Biographies of Mathematicians and Astronomers), vol. 45, Nan Huairen. Shanghai, 1935: 590.

② Nan H. Lingtai Yixiang Zhi (Record of Newly-made Instruments in the Observatory). Beijing, 1674.

They are the ecliptic armillary sphere（*huangdao jingweiyi*）, the equatorial armillary sphere（*chidao jingweiyi*）, the horizon circle and azimuth（*diping jingyi*）, the quadrant（*diping weiyi*）, the sextant（*jixianyi*）and the celestial globe（*tiantiyi*）. Of them the ecliptic armillary sphere and the sextant were unknown before in China（Figure 1）.

Figure 1　The Ancient Peking Observatory

Unnumbered woodcut from the *Xinzhi yixiang tu* of F.Verbiest（Beijing，1674）

Earlier Chinese bronze ecliptic instruments（*huangdao tongyi*）were simply made from the equatorial armillary sphere with an ecliptic circle. The so-called ecliptic extensions of the lunar lodges then were obtained by measuring the ecliptic arc between right ascension circles PM1 and PM2, which separately pass the two controlling stars of neighboring lunar lodges（Figure 2）. This ecliptic extension is different from the longitude difference based on considering the ecliptic pole and circle as the cardinal point and circle. The inner and outer degree of the ecliptic is also different from the present latitude, because the former is measured along the right ascension circle rather than the longitude circle. Thus some scholars referred to ancient Chinese ecliptic data as polar longitude and polar latitude. [①]But using the ecliptic armillary made by Verbiest，we can directly get the longitude and latitude of celestial bodies. The structure of Verbiest's ecliptic armillary is shown in Figure 3 and Figure 4.

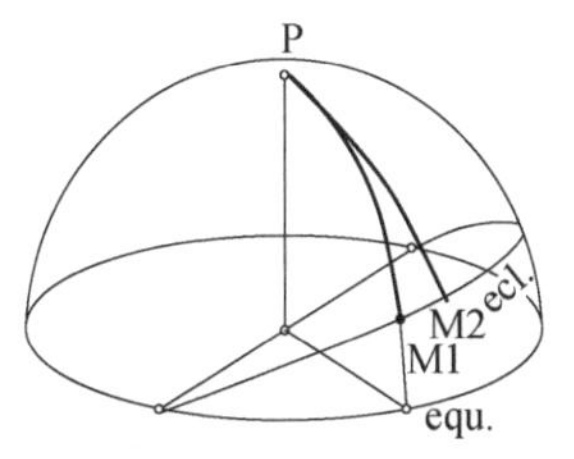

Figure 2　The ecliptic extensions of the lunar lodges obtained by measuring the ecliptic arc between right ascension circles PM1 and PM2

Figure 3　Ecliptic armillary

（F.Verbiest，*Xinzhi yixiang tu*[Beijing，1674]，fig.no.1）

① Kiyoshi Y. Chûgoku no Temmon Rekihô（Astronomical Science in China）. Tokyo，1969：55.

Figure 4　Verbiest's ecliptic armillary sphere

On the roof of the Ancient Peking Observatory（Photo：courtesy of Xi Zezong）

On an oblique cross there stand two clambering dragons which support a half circle with cloud ornaments，on which a meridian circle with a diameter of 6 *chi* is fixed. The uppermost point of the meridian circle is the zenith. For Beijing（$\Phi=40°$），the north pole is located northward 50° from the zenith；the point opposite is the south pole. Through the south and north pole is installed a right ascension circle joined to the meridian circle by two short steel axles. The ecliptic poles are two points on right ascension，the angular distances from which were 23°21′30″ at that time. The ecliptic circle is perpendicular to the ecliptic poles. It intersects with the right ascension circles at two points：the one near the north pole is the summer solstice and the other near the south pole is the winter solstice. So this particular right ascension circle is called the "circle through poles and solstices". It is joined to the ecliptic axis through the ecliptic poles. The longitude circle is a circle rotating around the ecliptic axis and with a smaller diameter. At the middle of the ecliptic axis there is a small cylinder perpendicular to the longitude circle.

For use in observations, several verniers could be fixed on the ecliptic circle or longitude circle. These verniers are now absent. Professor Chang Fuyuan has inferred that it was necessary for determining the longitude and latitude of a star to select another star, the position of which was already known, as controlling star. First one would locate the latter on the ecliptic circle by a vernier and then observe the former by another vernier. The longitude of the star under observation would be determined by comparing the positional difference of both stars. In the same way, by rotating the longitude circle and using verniers, one could get its latitude.①

The mounting of the equatorial armillary (Figure 5 and Figure 6) is the same as that of the ecliptic armillary, but its structure is rather simple, having only three circles: equatorial, right ascension and meridian. Instead of an ecliptic axis, there is a steel axis through the north and south poles and from the latter stretch two quadrant arcs to support the equatorial circle. In the equatorial circle there is a right ascension circle which can rotate around the axis. The equatorial circle is combined with the meridian circle and both of them are fixed. In principle this instrument is the same as ancient Chinese armillary spheres, the only exception being that the observation is by means of a vernier rather than a sighting tube.

Figure 5 Equatorial armillary

(F.Verbiest, *Xinzhi yixiang tu*[Beijing, 1674], fig.no.2)

① Chang F. Tianwen Yiqi Zhi Lüe. Beijing, 1930.

Figure 6 Verbiest's equatorial armillary on the roof of the Ancient Peking Observatory
(Photo：courtesy of Xi Zezong)

The horizon circle and azimuth（Figure 7 and Figure 8）have only one circle. It is six *chi* in diameter and four *chi* in height， and is supported by a vertical pillar and four bronze clambering dragons. On two of the clambering dragons（the eastern and the western ones）there stand two columns decorated with spiralling dragons，four *chi* high. Each dragon at the top of a column stretches a paw to support a "fire ball". This fire ball corresponds to the zenith. Between the fire ball and the center of the horizon circle there is a rotating long axis，the top of which enters the fire ball，and the lower part of which enters the center of the central vertical pillar. When the standing axis rotates，an alidade perpendicular to and combined with it above the horizon circle rotates simultaneously. A wire stretched in a line from both ends of the alidade and attached to the fire ball forms two right triangles. Rotating the alidade and making the two wires coincide with a star，we can get the azimuth of the star by reading the graduation pointed out by the alidade on the horizon circle. This method is the same as that used in *liyunyi*（the standing-rotating instrument）invented by Guo Shoujing（1231-1316）. The only difference is that the *liyunyi* could fix both the azimuth and the altitude of a celestial body, but this instrument could only find the azimuth. It must be admitted that this is a shortcoming.

Figure 7　Horizon circle

（F. Verbiest, *Xinzhi yixiang tu*[Beijing, 1674], fig. no.3）

Figure 8 Verbiest's azimuth on the roof of the Ancient Peking Observatory

（Photo：courtesy of Xi Zezong）

Figure 9　Horizontal altitude instrument（quadrant）

（F. Verbiest，*Xinzhi yixiang tu*[Beijing，1674]，fig. no.4）

Figure 10　Verbiest's horizontal altitude instrument on the roof of the Ancient Peking Observatory

（Photo：courtesy of Xi Zezong）

Figure 11 *Jixianyi*（sextant）

（F.Verbiest，*Xinzhi yixiang tu*[Beijing，1674]，fig. no.5）

Figure 12 Verbiest's *jixianyi*（sextant）on the roof of the Ancient Peking Observatory

（Photo：courtesy of Xi Zezong）

The apparatus made by Verbiest for determining the altitude or zenith distance of a heavenly body is the horizontal altitude instrument. It is also called the quadrant because it has only a quarter of a circumference（Figure 9 and Figure 10）. There are two graduation scales on the quadrant. The graduation on the inside represents the altitude from the upper 0 to the lower 90 and that on the outside represents zenith distance from the lower 0 to the upper 90. The center of the circle is connected with both ends of the arc by two radial rods six *chi* in length. The plane formed by the arc and two radii is decorated with dragons and cloud ornaments. The quadrant is mounted in a frame set on a pedestal. The pedestal has a long base and two cross-pieces. At the intersection of each cross-piece，a pillar is set up； the tops of the pillars are spanned by a cross beam. From the midpoint of the pedestal to the midpoint of the cross beam there is a rotating axle， 9.6 *chi* in length. The solid plane of the quadrant is attached to this axle. At the intersection of both radii of the quadrant there is a small cross axle perpendicular to the instrument plane. A sighting tube is set on the small cross axle close to the instrument plane. The length of the sighting tube is equal to the radius of the circle. Attached to the lower end of the sighting tube is a small leaf. To take observations， one rotates the instrument plane and elevates the sighting tube. When the sighting tube is aligned with a star， the point on the quadrant's circumferential scale with which the leaf on the end of the tube coincides gives the altitude and zenith distance of the observed star.

In addition to these instruments to make observations in the three celestial coordinates， Verbiest made an apparatus to measure the angular distance between two stars. This is the *jixianyi*（the recorder of limitations），also called the sextant，because its main part consists of one sixth of a circumference（Figure 11 and Figure 12）. The graduation of its scale begins from the middle of the arc and extends 30° on each side. The midpoint of the arc and the center of the circle are connected by a bronze radial rod mounted on a transverse axle which itself is the chord of a semicircular gear. The gear is supported by a column mounted on a pedestal decorated with dragons. A handwheel is provided to rotate the gear， which thus tilts the transverse axle. Meanwhile the plane of the sextant can be rotated around the vertical column. On the plane of the sextant there are a sighting tube and two verniers. The sighting tube and the bronze radial rod are joined by a small axle at the center of the circle. Rotating the sextant to face two stars，one observes the first star by aligning the standing ear of the radial rod with the small central axle，and then observes the second star through the vernier of the sighting tube in the same way. The number of degrees between the sighting tube and the radial rod is the angular distance of both stars.

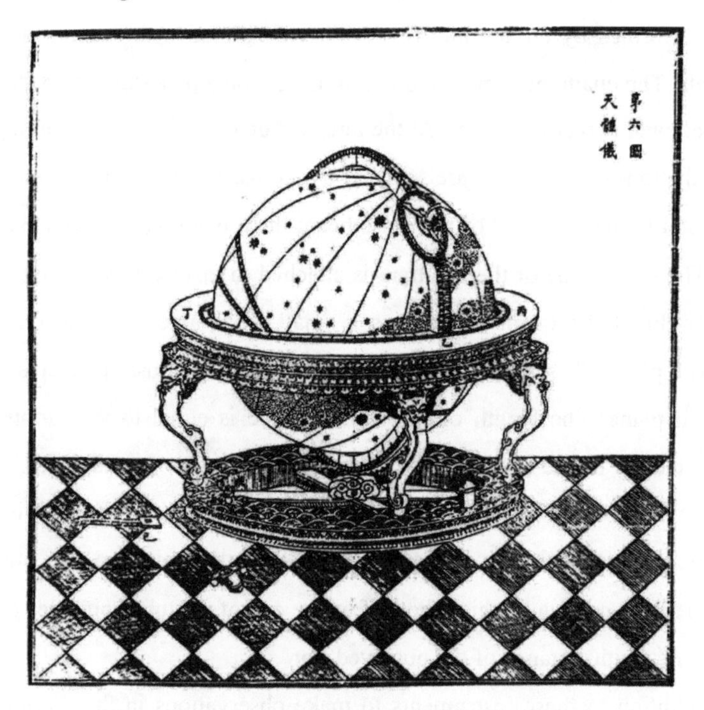

Figure 13 Verbiest's demonstrational celestial globe

（F. Verbiest，*Xinzhi yixiang tu* [Beijing，1674]，fig. no. 6）

Apart from the five instruments mentioned above，Verbiest made a demonstrational celestial globe（Figure 13）. The shape and structure of the celestial globe are similar to that of ancient Chinese *hunxiang*（celestial globes），but there are differences as follows：（1）stellar magnitude is denoted by stellar size；（2）there are constellations in the region of the south pole；（3）the ecliptic is divided into twelve equal parts，the longitude of which intersects at the ecliptic pole；（4）a time disc is installed on the meridian circle，divided into twenty-four parts representing twenty-four hours; and(5)a quadrant of a gear is mounted under the meridian circle, meshing with a gear in the instrument's housing rotated by a handle in order to change the altitude of the North Pole to suit the geographic latitude of the observational position.

It is now known that any of the three coordinates of a system can be transferred to each other. So long as there are data of one coordinate of a star, the other two coordinates can be obtained by calculation. Once the coordinate data of two stars are measured, to calculate the angular distance between them is possible. Therefore, one instrument is sufficient for astronomical observation. Why did Verbiest make five pieces of observational apparatus? This was because calculating methods then were not so developed, so that the transformation of coordinates was inconvenient, and also because Verbiest considered that by using various apparatus to observe celestial bodies, he could compare the results of each observation thus heightening its precision. He said:

> For the observation of heavenly movements, the more accurate instruments that are used, the more precise results are obtained. Six instruments used simultaneously, can be mutually complementary, as an observation may be inconvenient for this instrument, but convenient for that instrument. If the instrument is made precisely, the installation of the instrument is correct and the observation is in accordance with the correct method, the results of observation by various instruments will have to agree with each other. If there are differences, it is necessary to seek why they are not in agreement, and to correct them. After doing so, if there are still differences, use the observational value shared by most instruments. By this means, it would not be possible for the results of observations to be in disagreement with the movements of the heavens![①]

Verbiest's statement is quite correct. Using these instruments made by Verbiest, Chinese astronomers carried out observations for more than two centuries, using

---

① Nan H. Lingtai Yixiang Zhi (Record of Newly-made Instruments in the Observatory). Beijing, 1674.

the data obtained to compile two star catalogues：one is the star catalogue of the *Yixiang kaocheng*（Description of astronomical instruments），consisting of ecliptic and equatorial coordinates of 3083 stars for the year 1744；another is the star catalogue of the *Yixiang Kaocheng Xupian*（*Supplement to the Description of Astronomical Instruments*）consisting of ecliptic and equatorial coordinates of 3240 stars for the year 1844. These catalogues serve as a link between past and future. The present Chinese names of the stars are mainly based on these catalogues. Verbiest's contribution to making instruments is immortal. As historical witnesses to cultural exchange between the West and the East，his instruments today are still standing on the site of the Ancient Beijing Observatory.

III. Introduction of Physical Knowledge to China

After making his six astronomical instruments，Verbiest wrote a great work entitled *Xinzhi Lingtai Yixiang Zhi*（*Record of Newly-made Instruments in the Observatory*），or *Lingtai Yixiang Zhi* or *Yixiang Zhi*. It comprised sixteen volumes. The first fourteen volumes explain how to make and use the six pieces of apparatus；these were printed during the Kangxi reign. However，the last two volumes—the fifteenth and the sixteenth—are extremely seldom seen；they contain 117 figures to illustrate the preceding volumes. Although in the *Gujin Tushu Jicheng Lifa Dian*（*Calendrical Section of the Qing Imperial Encyclopedia*）all 117 figures were printed，some of them had their original quality impaired by printing one figure in separate halves on two pages. According to the H. P. Kraus catalogue，No. 137，the Columbia University East Asian Library in the United States，the School of Oriental and African Studies，London，England，the Bibliothèque Nationale，Paris，and the Belgian Royal Observatory preserve copies of these volumes. But all of them contain only 106 figures. Fortunately，in the rare book room of the Beijing Library，the author has seen all of the figures printed exquisitely in four volumes instead of two volumes. At the beginning of this set of figures there is a foreword written by Verbiest，and many signatures and commentaries，as shown in Figure 14，written by well-known Chinese scholars after they had read the book.

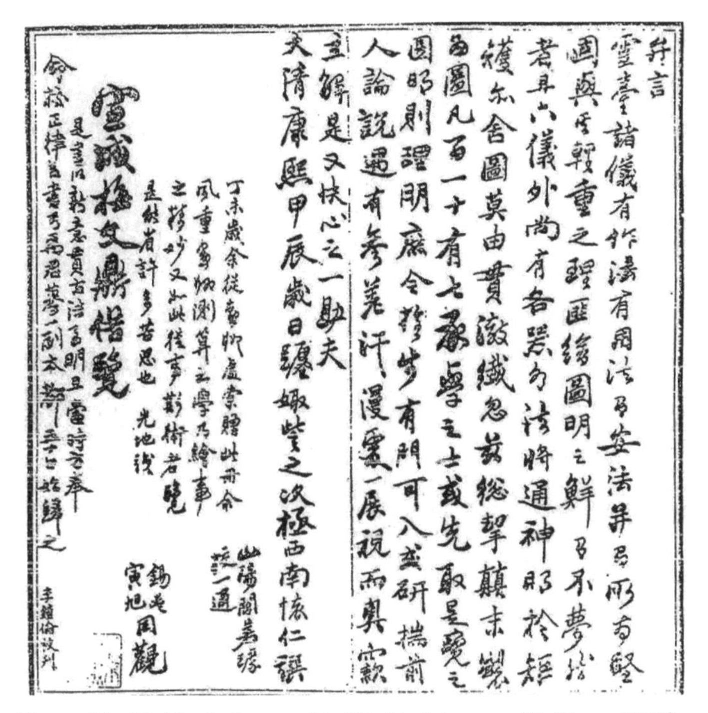

Figure 14 Verbiest's foreword to *Xinzhi yixiang tu*（Beijing，1674）

1. Li Guangdi（1642-1718）commented："I got this book from Verbiest. I have for a long time appreciated his astronomy and mathematics. These figures are drawn so clearly and exquisitely that much hard work may be eliminated by studying them."

2. Mei Wending（1633-1721）borrowed it for fifty days and then commented："This book employs new methods to revise the old ones，bringing the methods of the Ming period up to the present day. When I borrowed this book I was appointed to revise the *Lülü shu*（Collected basic principles of music）and had no time to read this carefully，so I asked Mr. Gaiyu to transcribe a copy. After fifty days I returned it."

3. Yan Ruoqu（1636-1704）read and revised it.

4. Zhu Yizun（1629-1709）and Wang Xichan（1628-1682）read it together.

5. Li Zhonglun（1663-1706）read and revised it.

Some European scholars also commented：

> This publication is one of the greatest masterpieces of Sino-European printing and certainly one of the basic works of astronomical technology... The only comparable work which comes to mind is the group of a few of Tycho Brahe's Uraniborg buildings and instruments which appear in the large Blaeu Atlases at just about the same time as the present work. But the Chinese woodcuts must be considered vastly superior, both in intrinsic interest and in number. They display not only the instruments themselves, but show in amazing detail the processes of their manufacture, with the tools and implements used to produce them; the alignment and adjustment of their flat and curved surfaces; details of the gearing and screws used to adjust and direct the instruments; the civil engineering implements and processes used in building the instrument mountings and the great observatory tower itself. Other pictures are explanatory of navigational instruments such as the compass and cross staff, and their use; astronomical principles; and mechanical powers, such as that of the inclined plane, lever, screw, pulley, etc.(*Important Works in the Field of Science*, Catalogue No. 137 [New York: H. P. Kraus, n.d.], pp. 47-48) .

In addition to the achievements mentioned by Kraus, we can find recorded in this book some other figures of instruments and physical concepts, which were advanced even by contemporary European standards.

1. Pendulum. This was called "the vertical string spherical instrument" by Verbiest. He said: "When was it invented? In recent decades a famous western scholar discovered some new characteristics of the vertical string spherical instrument." When he said "a famous western scholar", he referred to Galileo, and some of the contents of the fourth volume of *Xinzhi Lingtai Yixiang Zhi* drew materials from the *Dialogues Concerning Two New Sciences* written by Galileo. Verbiest described two basic characters of the pendulum. He said: "The time the sphere takes to swing from one side to the other is equal, and so is the time from either side back to the original position." Therefore, the motion of the pendulum is isochronic. He also gave the formula:

$$l_1 : l_2 = T^2_1 : T^2_2 = n^2_2 : n^2_1$$

and gave the following examples: the string of sphere A is 1 *chi* in length and that of sphere B is 2 *chi*, so B will swing sixty times while A swings eighty-five times. The formula is:

$$1 : 2 = N_2^2 : 85, \text{ hence } N_2 = (1/\sqrt{2}) \times 85 = 60.8$$

This result means that the length of the string is proportional to the square of the oscillation period, and inversely proportional to the square of the frequency.

2. The motion of freely falling bodies. When Verbiest discussed the pendulum, he incidentally discussed the motion of freely falling bodies and said: "The distance a body falls is proportional to the square of the time during which it is falling." This means that:

$$s=1/2\ gt^2 \text{ and } s^1 : s_2 = t^2_1 : t^2_2$$

He also said: "The proportion is a series of odd numbers, such as 1, 3, 5, ..." That is to say, if a body falls 1 *chi* in the first second, it then falls $2^2-1=3$ *chi* in the 2nd and $3^2-(1+3)=5$ *chi* in the 3rd second, etc. That is, the ratio of the falling distance in each consecutive second is equal to the ratio of consecutive odd numbers. The formulation of the concept agrees with that of theorem two, deduction one in proposition two, in the third day of Galileo's *Dialogues Concerning Two New Sciences*.①

3. The thermometer. It is not enough to measure changes of the temperature only by the sense of touch. For accuracy temperatures must be measured by a thermometer. Verbiest said: "If the external temperature is equal to our body's, we cannot sense it, we can only do so in the case of higher or lower temperatures. To remedy this defect, I designed a special instrument with which we can easily detect a change of temperature not by touch but by vision using the most sensitive sensory organ of the human body." The thermometer made by Verbiest, being an air themometer ②, shown in Figure 15, consists of a glass bulb, denoted A, which

① Yan D. Jia Lilüe de gongzuo zaoqi zai Zhongguo de chuanbo (The early propagation of Galileo's work in China). Kexue Shi Jikan, 1964 (7): 8-27.

② Wang B. Nan Huairen jieshao de wenduji he wenduji shi xi (On the thermometer and hygrometer introduced by Ferdinand Verbiest). Ziran Kexue Shi Yanjiu (Studies in the History of Natural Sciences), 1986, 5 (1): 76-83.

was attached to a stem with a fine bore，denoted BCDE. The CBD parts of the stem are fined with water. When the bulb becomes warmer the gas in the bulb expands. The water in the left hand side of the stem will be pressed down and the water in the right hand side will rise. If the bulb becomes colder，the process will be the opposite. The amount of expansion is indicated on a scale，which can represent the temperature change.

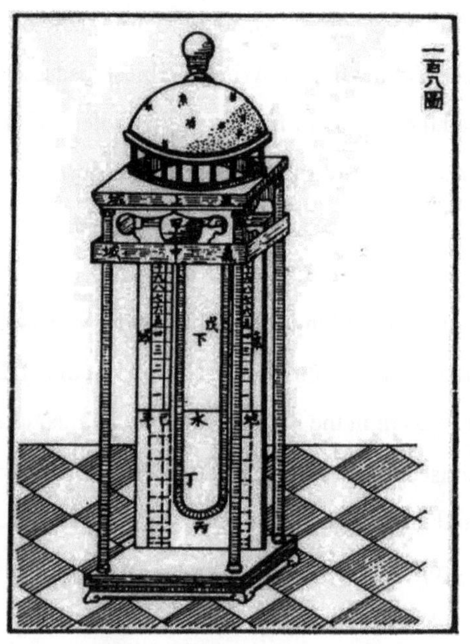

Figure 15　Verbiest's air thermometer（thermograph）

（F.Verbiest，*Xinzhi yixiang tu* [Beijing，1674]，fig.no.108）

4. The hygrometer. Verbiest said："Among all things in the world，the tendons and skin of beasts and birds are the most sensitive to changes，in moisture and dryness." Hence he made a hygrometer of a fresh tendon of a deer：shown in Figure 16. The tendon is two *chi* in length，suspended from a bracket at its upper end and weighted at the bottom. The upper part of it was under tension and the lower part was wrapped around a rectangular tube behind which a plate was placed. The plate was divided into two parts，to the left and right of the tube. On both of them scales were engraved to indicate the change in humidity. The left-hand scale indicated dryness，and the right-hand scale indicated moisture. The

tube was decorated with a dragon and a fish. A change of humidity will make the tendon become looser or tighter which gives rise to a rotary motion of the dragon tube, The dry air makes it turn to the left and the moisture makes it turn to the right. Recently, Wang Bing pointed out that Verbiest's hygrometer was very similar to that made by William Molyneux(1656-1698), but Verbiest's description was earlier than that of Molyneux.①

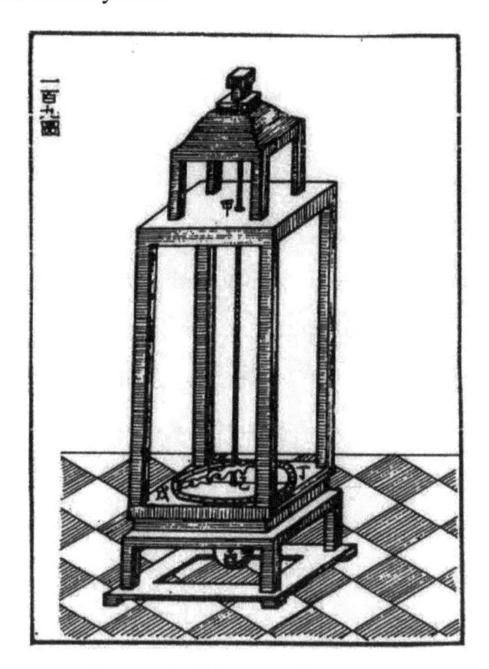

Figure 16 Verbiest's hygrometer

(F. Verbiest, *Xinzhi yixiang tu*[Beijing, 1674], fig. no.109)

5. The law of refraction. Verbiest said: "If the light of the sun, moon and stars travels from a body, through which light travels easily, into another body, through which light passes with difficulty, the light will bend towards the top of the latter. If the light travels conversely, it will bend away from the top." What he said is a statement of the law of refraction, invented by Christian Huyghens in 1690. Verbiest knew that fact more than ten years earlier than Huyghens, but not with complete precision. Huyghens stated that $n_{21} = v_1/v_2$ (v_1, v_2 is the velocity of light

① Wang B. Nan Huairen jieshao de wenduji he wenduji shi xi (On the thermometer and hygrometer introduced by Ferdinand Verbiest). Ziran Kexue Shi Yanjiu (Studies in the History of Natural Sciences), 1986, 5 (1): 76-83.

in medium 1 and 2)， that is， when a ray of light travels from an optically thinner medium into an optically denser medium（$n_{21}>1$)， the refractive light will be towards the normal line and when it travels conversely（$n_{21}<1$)， it will be away from the normal.

IV. Other Important Writings and Contributions

Apart from making the six instruments and writing the *Xinzhi Lingtai Yixiang Zhi*， Verbiest wrote two other important works on astronomy： *Kangxi yongnian biao*（Perpetual tables compiled in the Kangxi period， 1678)， and *Jiushidu biao*（Tables of ninety degrees，1682). The former，together with the *Huangyu quanlan tu*（The imperial comprehensive map)，were called the "two cultural treasures of the Kangxi period" by the Japanese scholar Inaba Kimiyama. The *Kangxi yongnian biao* consists of eight parts（solar motion，lunar motion，eclipses and the five planets)， each comprising four volumes. Some fundamental data are given at the beginning of every part and then the ephemerides of a celestial body（such as Jupiter)is given for a period of 2000 years. Having these ephemerides，it is easy to compile a civilian calendar. The *Jiushidu biao* is a special table for calculating solar eclipses occurring at Shengjing［now Shenyang（Φ= 42°)］， so it is also called "Ephemeris of Solar Eclipses". It lists the zenith distance，termed "Limit 90°". The "Limit 90°" means a point on the ecliptic， from which the distance to the intersection between the ecliptic and horizon circle is 90°.

However， the more important contribution of Verbiest to China is that， with his activities，he had a far-reaching influence on the life of the Kangxi emperor. Of all emperors in Chinese history， he was most interested in natural science. When he talked with his ministers about the reasons for his study of natural science， he said：

> You only know that I have mastered mathematics，but you do not know why I have learned it. In my childhood relations between the Chinese and western scholars of the observatory were not peaceful. They lodged many complaints

> against each other with the government. It almost led to some of them being killed. Yang Guangxian and Ferdinand Verbiest measured the noonday shadow length of the gnomon in the presence of the court ministers outside the Wumen gate of the palace, but none of the ministers understood the theory and method they used. I thought it was impossible to decide what is right if you did not know it yourself, so I made up my mind to learn natural science. ①

He took Verbiest as his teacher and learned mathematics, astronomy and mechanics. In 1682 Verbiest wrote to his confreres in Europe that Jesuits who mastered astronomy, optics and mechanics were welcome in China. Both the pay and the favorable conditions given to them by the Chinese emperor were more than that given to dukes or princes, and they always worked in the palace and talked with the emperor. ② Among his teachers were Tomas Pereira(1645-1708), who arrived in Beijing in January, 1673 and also Jean-François Gerbillon (1654-1707) and Joachim Bouvet (1656-1730), both of whom arrived in Beijing in February, 1688. Among them, Pereira followed the emperor for thirty-six years until his death. Along with the minister Songgotu, Pereira and Gerbillon went to the Sino-Russian boundary to hold negotiations between China and Russia, with the result that the two countries signed the Treaty of Nerchinsk (Nibuchu), by which China recovered two thousand *li* of lost territory.

When the rebellion of Wu Sangui broke out, the emperor ordered Verbiest to make cannons. He made 350 pieces within a year. Once Verbiest held a cannon test at the Lugou Bridge, and Kangxi saw that the percentage of hits was very high. It is said that he was so happy that he took off his dragon costume and bestowed it upon Verbiest in gratitude for his services. To explain this technical knowledge Verbiest wrote a book entitled *Shenwei Tushuo* (*Illustrated Book on Martial Prowess*, 1681). Verbiest also painted a world map and wrote the books

---

① Wang M. Kangxi huangdi yu ziran kexue (The Kangxi emperor and natural science). Nankai Xuebao: Zhexue Shehui Kexue Ban, 1980 (3): 59-67.

② Wang M. Kangxi huangdi yu ziran kexue (The Kangxi emperor and natural science). Nankai Xuebao: Zhexue Shehui Kexue Ban, 1980 (3): 59-67.

entitled *Kunyu Tushuo*（*Geography and Maps*）and *Kunyu Waiji*（*Appendix to Geography and Maps*）. The former was transmitted to Japan and，until the Meiji Restoration（1868），it was considered a definitive book for descriptions of the world.

Overall，the contributions of Verbiest to Chinese science were manifold. We do not have enough time to cover everything，but there is one more matter that we should deal with. It is that he made an experiment on the use of the steam engine in land and sea vehicles. In 1939 Leroy L. Thwing discovered that Verbiest had written a paper to describe his experiment in 1668. The English translation of the original text is as follows：

> Three years ago，to know the moving power of steam，they caused a wagon to be made of light wood about two feet long. It could be moved forward very easily. In the middle of it they placed a brazen vessel full of live coals，and upon that a boiler was placed. Through the hind axle a bronze gear was fixed，which was joined with a somewhat smaller gear through an upright shaft. If the upright shafts were turned around，the wagon would be driven forward. The vapor from the boiler came through a little pipe upon a sort of wheel made like the sails of a windmill；this little wheel turned another with an axle-tree，and by that means set the wagon in motion for two hours together；but，lest room should be wanting to proceed constantly forward，it was controlled to move circularly，in the following manner. To the axle-tree of the two hind wheels was fixed a small beam，and to the end of this beam another axle-tree，which went through the center of another wheel somewhat larger than the rest；and according as this wheel was nearer or farther from the wagon，it made a greater or lesser circle. This model indicated a principle of the moving power，and could be used in any other machine. They made a little ship as a present to the elder brother of the emperor. It had a boiler and could travel in a circle on the water. They also made use of it in a clock tower as the power source of a clock. ①

---

① Thwing L L. Technology Review，1939，41（4）：169-170.

Verbiest commented on his experiment: "The moving power of steam being given, it is easy to make other applications of it." Verbiest's use of the word *they* is not a disavowal of his invention; it is probably a sort of editorial "we". Here Verbiest called his work an experiment rather than a discovery. His achievement may be based on Giovanni Branca's steam turbine. Branca was an Italian and his work *La Macchina* was published in Rome in 1629. Verbiest might have read this book, but it is of great significance that he then used a similar play-thing to drive a wagon or a little ship, improved them by adding steering gear, and suggested various uses for the steam turbine. In using steam as moving power, Verbiest's experiment was 123 years earlier than Symington's steamboat, 150 years earlier than George Stephenson's train, and 200 years earlier than Amédée Bollée's car. In using the steam turbine for moving power, Verbiest's experiment was 218 years earlier than Charles Parson's steamboat and 243 years earlier than Ljungstrom's train. Therefore, Verbiest should occupy an important position not only in the history of Chinese science, but also in the world's history of steam engines.

〔Ferdinand Verbiest's Contributions to Chinese Science. *Ferdinand Verbiest (1623—1688): Jesuit Missionary, Scientist, Engineer and Diplomat.* ed by John W. Witek (Monumenta Serica Monograph Series 30), 183-211; Jointly published by Institut Monumenta Serica, Sanlet Augustin and Ferdinand Verbiest Foundation, Leuven; 1994, Stealer Verlag Nettetal, Germany. 中译见《传教士·科学家·工程师·外交家：南怀仁（1623—1688）》193-224 页，北京：社会科学文献出版社，2001 年。〕

哲人仙去　功业永存

——悼念李约瑟院士

1995 年 3 月 25 日上午 9 时半，我突然接到从国外打来的一个长途电话，说话人向我沉痛宣告："敬爱的李约瑟博士已于北京时间今晨 5 时（格林尼治时间 24 日晚 9 时）逝世，享年 95 岁。"说话人是李约瑟 40 年代在中国的第一位合作者，现任李约瑟研究所副所长的黄兴宗博士。我在接完电话以后，立即将这一消息转告给了一些有关人士。大家一致认为：我们失去了一位老朋友、一位对中国科学事业做出了卓越贡献的学者，他的逝世是国际学术界的一大损失。

李约瑟于 1900 年 12 月 9 日生于英国伦敦，早年是剑桥大学的一位生物化学家。他在 31 岁时出版的三卷本《化学胚胎学》，受到世界各国 100 多种学术期刊的赞誉，被认为奠定了这门分支学科的基础。1937 年他的实验室来了三位中国留学生：王应睐、沈诗章和鲁桂珍。他们的良好作风和优异成绩，使李约瑟对中国人和中国文明产生了兴趣，开始学习中文和钻研中国文化。

由于有这样一个背景，1942 年英国政府选派驻华大使馆科学参赞时就挑中了他。1943 年年初，李约瑟来到中国西南地区，这时国共两党已处于貌合神离状态，他觉得作为外交官，很难有所作为；但作为中国科学家的朋友，则大有可为。于是他离开大使馆，在重庆建立中英科学合作馆，并担任馆长。1943～1946年在华四年期间，为了了解中国学术机构和学者的需要，他历尽千辛万苦，跑遍了尚未沦陷的10个省份，访问了300多个大学、科研单位、医院和工厂，结识了上千位学界人士，向他们提供了6775册图书和200多种学术期刊的缩微胶卷，以及一些仪器和化学试剂，成为“雪中送炭”的朋友。与此同时，他又把我国139篇科学论文推荐到国外发表；经其推荐出国学习的曹天钦等人，后来都成为新中国的科研骨干力量。根据调查研究，他于1945年出版的《中国科学》（影集）和《科学前哨》两书，虽然篇幅不长，但价值极大，对抗日战争时期包括陕甘宁边区在内的中国科学工作者的活动，作了详细记录和热情报道。

急于开展大规模的中国科学史研究的李约瑟，于1946年离开中国后不久，把精力愈来愈多地投入到编写《中国科学技术史》的工作上。由他组织、设计和作为主要撰稿人的《中国科学技术史》于1954年开始出第一卷，至今已40多年。按照他当初拟定的提纲，这部书本来准备出七卷，但随着时间的推移，收集的材料越来越多，从第四卷起就分册出版，最终将为7卷34册。目前出了16册。对中国科学技术史进行系统而全面的综合研究，李约瑟是首创，而且迄今，还没有任何别的著作在全面研究中国古代科学技术及其与世界文明的关系方面，达到如此规模、深度和水准。

李约瑟的工作，改变了世界汉学研究的面貌。以往的汉学家只注重文史哲，而今则必须把科技史放在其视野之内。通过他在剑桥建立李约瑟研究所，中国科学技术史在世界范围内形成了一门学科。如今，世界七大工业国，除了加拿大，都建立了中国科学史的研究机构。

李约瑟以其大半生的工作使全球的学术界对中国古代的科技成就有了一个清楚的了解，在东西方两大文明之间架起了一座桥梁。中华人民共和国成立后他八次来华，一直担任着英中友好协会（至1965年）和英中了解协会主席，为我国参加各种国际科学组织，为我国学者与其他国家的科学家进行交流合作所做的牵线搭桥工作，据不完全统计，也在百次以上。1955年8月以汪猷为首的中国代表团去布鲁塞尔参加第三届国际生物化学会议，这是中华人民共和国成立后最早参加的国际学术会议之一，就是在李约瑟的帮助和斡旋下才得以实现的。现在，他的研究所经济很困难，但计划一直到1999年，每年仍提供食宿和往返路费资助一位中国青年学者前往进修。

在英国，既是皇家学会（自然科学）会员，又是学术院（人文社会科学）院士的只有他一个人。他获得过中国“国家自然科学奖”一等奖，还得到过世界各国的许多奖励；他不仅是中国科学院外籍院士，还是好几个国家的外籍院士。在众多的荣誉面前，他从不自满，勤恳工作，一直到生命的最后一息。他处处留心、不耻下问、见微知著、举一反三、融会贯通的治学态度和工作方法，也是值得我们学习的。他现在虽离我们而去了，但给我们留下了一份从精神上到物质上都很丰厚的遗产。他永远活在我们的心里。

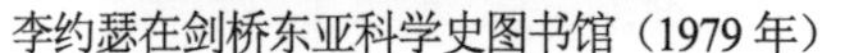

李约瑟在剑桥东亚科学史图书馆（1979年）

李约瑟在写作《中国科学技术史》（1949年）

〔《人民日报》，1995年4月10日〕

南怀仁为什么没有制造望远镜

今日屹立在北京古观象台上的八件大型天文仪器，其中有六件制造于清康熙八年至十三年（1669～1674 年），是比利时人南怀仁督修监制的，即赤道经纬仪、黄道经纬仪、地平经仪、地平纬仪、纪限仪和天体仪。这六件仪器仍属古典系统，所有观测全凭目视。许多人认为，比起中国古代仪器来，它有所前进，但在全世界范围来说，则已落后，因为这已在 1609 年左右望远镜发明并用于观天之后 60 多年[1]。何丙郁先生也曾在《西方天文学家传奇——参观北京古观象台有感》一文中说："当时北京观象台可以与欧洲天文台的天文仪器相媲美，唯一的缺点是清代的观象台没有设置大型望远镜……为什么南怀仁没有在观象台上装置一具大型望远镜呢？我初步猜想，其主因可能与磨制及检验天文镜面的技术有关，也许南怀仁在中国找不到熟谙这种技术的人士，又不易从欧洲物色一位擅长制镜的技工到中国来。但答案是否这么简单呢？是否还牵涉到政治、经济、宗教等因素呢？这还需要等待将来的研究"。

本文则拟从另一角度来回答这个问题。

在南怀仁于 1658 年离开欧洲来华之前，望远镜已被欧洲天文界广泛采用。就是在中国，邓玉函（Johann Schrek，1576～1630）在1618年已把小型望远镜带来，汤若望于1662年翻译出版了《远镜说》一书，李天经并于1635年制造了望远镜[2]。南怀仁对这些情况并不是不知道，但是当他于1669年奉命制造天文仪器时，为什么不制造望远镜呢？笔者认为，并不是由于宗教偏见，他想对中国人有所隐瞒；也不是由于中国没有物质条件和技术条件；而是由于当时望远镜的质量还很差，不能用于精确的方位天文观测。这可由南怀仁制造天文仪器之后10年，1679年两位著名天文学家赫威律斯（John Hevelius，1611～1687）和哈雷（Edmond Halley，1656～1742）之间所进行的一次观测比较得到证实。

波兰天文学家赫威律斯是一位熟练的观测者，他曾经制造过几架长焦距折射望远镜，并在他的《天文器械》（*Machinae Coelestis*，1673年）一书中有详细的叙述。但是他认为望远镜不适宜于做精确的恒星定位工作，在1674年左右和英国胡克（Robert Hooke，1635～1703）发生了一场争论：是用肉眼观测好，还是用望远镜观测好？胡克强烈否定前者的可靠性，充分肯定后者的优越性。为了解决这场争论，1679年伦敦皇家学会便挑选了年仅23岁的哈雷前往波兰和赫威律斯进行比赛，而赫威律斯此时年已70。但一老一少间的这场比赛进行得非常友好。哈雷在当选皇家学会会员之前，已于1676年在圣海伦（St Helena）岛上用带有望远镜的纪限仪观测过350颗南天的星，使用望远镜已很有经验。

据MacPike研究[3]，在1679年5月26日（新历）哈雷到达但泽（Danzig）市的当天晚上，就开始了观测工作。赫威律斯在他《观象年册》（*Annus Climatericus*）中有全部记录，哈雷也有信写给毛尔（Jonas Moore，1617～1679）和傅兰姆斯梯德（John Flamsteed，1646～1719）。毛尔于6月5日就收到哈雷的信，并由胡克于当天在皇家学会做了报告。哈雷在信中说，赫威律斯的仪器很特别，全用目视观测，但他能把相距半分的两个星分辨开来，而我用望远镜把相距一分的还区别不开[4]。在6月17日写给傅兰姆斯梯德的信中，哈雷叙述了赫威律斯的直径5英尺的地平经仪（Azimuthal Quadrant）和直径6英尺的纪限仪，并详细描写了用后者测量天体间角距离的过程："屡次观测结果，如此极近一致，使我感到惊讶；如果不是亲眼看到，我决不敢相信。我亲眼看到，几次观测所得距离相同，误差不超过10″。""上星期三我也做了一次观测。首先我执可动的照准器，合作者执固定的照准器，测得天鹰座

Lucida 星和蛇夫座 Yed 星之间的距离为 55°19′00″；然后移动刻度盘上的指针，合作者执可动的照准器，我执固定的照准器，做同样观测，得 55°19′05″；而你在赫威律斯《天文器械》第 4 册第 272 页上可以发现，他做了六次观测，所得距离都是一样，所以我再不敢怀疑他的精确性（veracity）。”[5]在这里，我们可以补充说明，据赫威律斯的记载，哈雷用具有望远镜的纪限仪观测，所得结果是 55°11′00″；比较观测的最后效果，使得赫威律斯更加相信老的观测方法的可靠性。

哈雷在但泽市一直停留到 7 月 18 日。临行前，根据主人的意愿，对主人的仪器和它们的性能留下了书面意见（written testimony）：“我亲眼看见，用铜制的大型纪限仪所进行的恒星位置观测，不止是一次、两次，而是许多次，都高度精确，而且令人难以置信地相互一致，其误差远小于一分；这些观测是由不同的人，有时就是由见证者本人做的。”[6]

1710 年一位访问过英国牛津的德国旅行者写道：“卡斯威尔（John Caswell）确认，当哈雷在赫威律斯处工作时，他发现用 300 英尺长的望远镜什么也看不见，根本无法观测。赫氏的其他的望远镜也不能用，因为镜子太大（over large glasses），不能把星象集中到目镜中心。这些过大的望远镜没有什么价值，就是牛顿和马绍尔（John Marshall），在英国用这些仪器也做不了什么工作。”[7]马绍尔是得到皇家学会认可的第一位英国光学家。我们发现，这段记录中有两个错误，需要改正：①赫威律斯望远镜的焦距是 150 英尺，不是 300 英尺；②不是镜子太大，而是焦距太长（over long focus）。

长焦距望远镜是如此之笨重：1692 年惠更斯（Christiaan Huygens，1629～1695）把他的焦距长 123 英尺、物镜直径为 7.5 英寸的望远镜由荷兰送给英国伦敦皇家学会时，学会想把它垂直挂在一个高建筑上进行天顶观测，但是没找到一个建筑具有必要的高度和稳定度。1710 年彭德（James Pound，1669～1724）把镜片借去，安装在万斯提德（Wanstead）公园里五朔节花柱（Maypole）上。这架望远镜的性能给克罗斯威特（Joseph Crosthwaite，第一位皇家天文学家傅兰姆斯梯德的助手）的印象不好。他于 1720 年 5 月 6 日写给夏普（Abraham Sharp，1653～1742）的信中说，露天安装的长 123 英尺的望远镜不可能得出许多好的观测结果。[8]

为了缩短焦距，胡克于 1688 年设计了一个镜片系统，当光线通过物镜以后，经过一系列反射，再到目镜，这样可以把长 60 英尺的望远镜，缩短到长 12 英尺的一个盒子中。同年，牛顿发明了反射望远镜，但制造出来的第一架，口径只有 1 英寸，长 6 英寸。这太小了！它不能代替折射望远镜，直到 18 世纪以前，反射望远镜只不过是一种有趣的科学玩具而已[9]。

这段历史表明，在球面像差（spherical aberration）和色差（chromatic aberration）问题没有解决以前，在天体位置测量方面，望远镜尚不是先进的工具。而当时清朝政府所需要的，正是进行天体位置测量，以满足历法工作，所以南怀仁不造望远镜是有理由的。科学史工作应该把现象放在当时的历史条件下来考察，不应该以今天的眼光来看过去。

（本文英文稿曾于 1988 年 9 月 16 日在比利时召开的纪念南怀仁逝世 300 周年国际学术讨论会上宣读。又，本文写作过程中，曾得到宣焕灿先生的帮助，作者在此表示衷心的感谢。）

参 考 文 献

[1] 刘金沂. 中国科技史料，1986，5（4）：101-107.
[2] Hashimoto K. Hsu Kuang Ch’i and Astronomical Reform. Osaka，1988：219.
[3] MacPike E F. Hevelius，Flamsteed and Halley. London，1937：86-88.
[4] Birch T. History of the Royal Society of London，Vol. 3. London，1756；New York：Johnson Reprint Corporation，1968：488.
[5] MacPike E F. Correspondence and Papers of Edmond Halley. London，1932：42-43.
[6] Olhoff J E. Excerpta ex litreris…ad J. Hevelius. Gedani，1683.
[7] Quarrell W H. Oxford in 1710，from the Travels of Zacharias Conrad von Uffenbach. London，1928：70.
[8] King H C. The History of the Telescope. London，1955：63-65.
[9] King H C. The History of the Telescope. London，1955：61，72.

〔何丙郁等:《中国科技史论文集》，台北：联经出版事业公司，1995 年〕

剑桥一日

6月的剑桥，天气好像是北京的春天，不冷不热，绿草如茵。10日下午，具有近800年历史的英国剑桥大学为今年3月4日逝世的中国人民的老朋友，闻名世界的李约瑟博士举行隆重的追思活动。

追思会（Memorial Service）于下午2时半在剑桥市中心的圣玛丽大教堂举行。会场上摆着鲜花和绿树，庄严肃穆。剑桥大学的学者们身着象征学者身份的黑色长袍在前排就座。我因要在会上发言，就是最前排就座。来自世界各地和英国各界的学人700余人参加了追思仪式，座无虚席，联合国教科文组织的代表和我国驻英大使馆科技参赞也参加了追思仪式。

追思会是一种宗教仪式，由斯图尔迪牧师主持，主要是唱赞歌、念圣经和做祈祷，时而站起，时而坐下，还下跪两次。由于李约瑟热爱中国文化，在这次属于英国圣公会教的仪式中，也由美籍华人、李约瑟研究所副所长黄兴宗念了儒家经典《礼记·礼运》中的一段："大道之行也，天下为公，选贤与能，讲信修睦。故人不独亲其亲，不独子其子，使老有所终，壮有所用，幼有所长，矜寡孤独废疾者皆有所养，男有分，女有归……是谓大同。"还唱了道教的一段赞歌："巍巍道德尊，功德已完齐；降身来接引，师宝自相携；慈悲洒法水，用以洗沉迷；永度三清岍，长辞五浊泥；慈光接引天尊。"令人惊奇的是，几十个人的合唱队中，没有一个懂中文的，而经过一个多月的训练以后，竟然唱得字字清晰、准确。

在会上发言正式评述李约瑟工作的只有韩博能（W. B. Harland）和我二人，每人发言时间限定为 7 分钟，韩博能是剑桥大学冈维尔—基兹学院的老评议员、著名地质学家、李约瑟的密友和遗嘱的执行者。李约瑟从入剑桥大学开始，一直到去世，始终是冈维尔—基兹学院的成员，并且担任过 10 年院长（1966～1976 年）。今天这个学院降半旗，为李约瑟志哀。韩博能着重讲李约瑟在剑桥大学的贡献，谈到了他的修养、对生物化学的贡献和与中国学人的有效合作，还特别提到鲁桂珍博士在李约瑟一生的事业中所起的重要作用。我以中国科学院的名义，专门谈了 50 多年来他对中国人民的友好情谊，对中国科学事业和对中国科学史研究所做的杰出贡献，他永远活在中国人民的心中。

追思仪式完后，在教堂外面有民间舞蹈表演。跳舞的人穿白色衣裳，胸前和背后搭着彩色肩带，帽子上插着花，小腿上佩着铃铛。他们有的挥舞手绢，有的挥击手杖。舞曲的调子萦绕耳边，使人难忘。这是李约瑟生前所喜爱的一种舞蹈，叫莫里斯（Morris）舞，他参加了这个舞蹈团体，90 岁时自己还在跳。他还写过一篇《英国民间舞蹈的地理分布》，受到人类学家的赞赏。今天，这个团体的成员们（多为工人、农民）也来为他献礼，表示对他升天的祝福。

舞蹈完后，大家到冈维尔—基兹学院喝茶。在茶会上，许多新闻记者围着院长问长问短，院长麦克芬森说：李约瑟一生做了两件大事，一是对生物化学的贡献，一是对中国科技史研究的贡献。

下午 5 时，会场又移到李约瑟研究所。这次参加会议的人数缩小到百人左右。会上，首先由李约瑟研究所所长、澳籍华人何丙郁做关于"李约瑟研究所未来"的报告，表示该所同仁决心继承李约瑟的遗志，要把研究所继续办下去，要把李约瑟的巨著《中国科学技术史》继续出下去。

何丙郁讲完话后，由我代表周光召院长向李约瑟研究所颁发李约瑟的中国科学院外籍院士证书，会场人员热烈鼓掌。达尔文学院院长、李约瑟研究所董事长劳埃德教授将证书打开高举过头，会场再次响起长时间的掌声。然后，我又将全国人大常委会副委员长、中国科学院前院长卢嘉锡悼念李约瑟的挽诗和挽联赠送给研究所，当王渝生教授展示并宣读至“科技名家望隆山斗，长传巨著书千卷；和平卫士德重圭璋，永慕高风士百行”时，会场又第三次响起热烈掌声，经久不息，把追思活动推向最高潮。

〔《中华英才》，1995 年第 18 期〕

沉痛悼念　业绩永存

——在李约瑟博士追思会上的讲话

我以最为悲痛的心情，代表中国科学院、中国科学院院长周光召教授和前任院长卢嘉锡教授，与你们一起，纪念我们这个时代的伟人李约瑟博士。

李约瑟博士的逝世，不仅是英国人民也是中国人民的重大损失。在中国人民的心目中，他是最杰出、最受尊重的学者之一。在过去 50 多年的时间里，他对中国的友好感情，随着时间的推移与日俱增。在许多国际场合，他敢于在逆境中挺身而出，为捍卫正义和维护中国人民的利益坦陈直言。与此同时，他全力以赴地深入探讨中国科学技术史，毫无保留地支持中国科学技术的发展，对中国科学技术的发展做出了杰出贡献。

李约瑟博士是第一个对中国科学技术史进行了系统、综合研究的人。他不仅在自然科学领域取得了重大成就，而且在哲学、历史、文学和多种语言方面有极深的造诣。尽管置身于西方文化背景之中，但李约瑟博士通过自己的感受，对东方文化具备了深入透彻的认识。他开创了世界背景下的中国科学技术史比较研究，探讨中国科学技术与其他国家的相互影响，以及她的优点与不足。他的里程碑式的著作《中国科学技术史》，完成了从一种文明到另一种文明的超越。这部著作已成为20世纪历史学研究的一部经典之作，一部罕见的能为未来指导方向的极有影响的辉煌著作。

在抗日战争后期，李约瑟博士来到中国，与中国人民一起度过了艰苦的四年。他组织了中英合作馆为我们提供书籍、刊物，仪器和化学试剂等。与此同时，为了向外部世界介绍战时中国科学家的困难处境和伟大成就，李约瑟博士出版了名为《中国科学》（*Chinese Science*）（图集）和《科学前哨》（*Science Outpost*）的两部著作。这两本书均受到了学术界的极大关注。《科学前哨》还于1986年被译为日文出版。中华人民共和国成立后，为了促进友好和学术交流，他八次访问我国。作为英中友好协会会长和英中了解协会会长，他在英国接待了无数的中国学者，推荐和安排了百余名中国和海外科学家的互访。李约瑟的名字在中国学术界尽人皆知。去年，他当选为中国科学院首批外籍院士。他将永远活在中国人民心中。

（本文为席泽宗院士1995年6月10日在英国剑桥圣玛丽大教堂举行的李约瑟博士追思会上的讲话，原文为英文。）

〔《自然辩证法通讯》，1995年第5期〕

南怀仁

南怀仁，字敦伯，一字勋卿，原名 Ferdinand Verbiest，1623 年 10 月 9 日生于比利时布鲁日附近的贝当城，康熙二十七年十二月二十日（1688 年 1 月 28 日）卒于中国北京，墓在阜成门外车公庄北京市委党校内。现今在贝当城中心的广场上，有 1913 年为他塑造的巨大铜像。

南怀仁来华之前，曾在比利时鲁汶大学学习哲学一年，对天文、数学等都很有兴趣。1641 年 18 岁时受洗入天主教，1657 年由耶稣会选派，与意大利人卫匡国等一道启程来华，于 1658 年到达澳门，被派到西安传教。不久，钦天监监正汤若望因年事已高，拟请一位对历法造诣较深的学者协助工作，于是南怀仁奉召于顺治十七年（1660 年 6 月 9 日）到达北京，供职于钦天监，直到康熙二十七年（1688 年）去世。

南怀仁到北京时，恰逢一场激烈的斗争正在开始。顺治十六年（1659 年），杨光先写成《选择议》一文，广为散发，批评汤若望在为皇四子（按：顺治共有六女八子）荣亲王（未满百日即夭折）选择安葬日期时，“不用正五行，反用洪范五行，山向、年、月俱犯忌杀”。次年（1660 年）又发表《辟邪论》，对天主教进行全面抨击，又于十二月初三日（1661 年 1 月 3 日）向礼部上《正国体呈》，控告汤若望编印的历书“依西洋新法”五字是“暗窃正朔之权以予西洋”，以及汤若望历法疏谬两罪，礼部未予受理。

顺治十八年（1661 年），顺治帝去世。政治形势发生重大变化，与汤若望交往密切的几位高级官员，先后退休。杨光先掌握这一时机，再度发动攻击，于康熙三年（1664 年）七月到礼部上《请诛邪教状》，说：“汤若望藉历法以藏身金门，窥视朝廷机密，若非内勾外连，图谋不轨，何故立天主堂于京、省要害之地，传妖书以惑天下之人。”“伏读《大清律》谋叛、妖书二条，正与若望、祖白等所犯相合”，请“依律正法”。不久吏、礼二部在礼部大堂会审汤若望、南怀仁、安文思，以及李祖白等中国籍监官与奉教人士，各省教士则由地方官拘禁候处。此时汤若望已 73 岁，身患重病，肢体麻痹，口舌结塞，被抬着进入法庭，南怀仁在旁为之答辩，但被审判官制止。十月初八日将他们逮捕入狱。经过礼部、吏部、刑部、大理院、都察院的几个月审理，有 200 多人参加的御前会议多次讨论，决定：宣布禁止天主教，判汤若望凌迟，在京教士充军，各省教士押送广州、驱逐出境。钦天监中牵连官员七人凌迟，五人斩首。当康熙四年（1665 年）三月辅政大臣向皇帝和皇太后汇报此一决定时，北京全城忽然发生大地震，惊散未批。自是余震不断，天空又出现彗星，宫中失火。这一系列的灾异现象，使清政府恐惧，认为上天示警，应按例对罪犯减刑，最后只杀了李祖白等五名钦天监官员，将汤若望、南怀仁等教士释放出狱，暂行留京。

汤若望和南怀仁被革职、入狱以后，清政府即任命杨光先为监正。吴明烜为监副。杨光先因自己“但知推步之理，不知推步之法”，五次请辞，不准，只得就任。他将撰写的《请诛邪教状》等文汇集成册刊行，名曰《不得已》。

杨光先等先是用“大统历”，后又改用“回回历”，但演算结果屡与天象不符。康熙七年（1668 年）十一月，年仅十四岁的康熙帝又想起南怀仁（此时汤若望已去世），命内阁大学士李霨、礼部尚书布颜等通知南怀仁、杨光先、吴明烜各自推算三天中午日影长度，届时测量合与不合，通过测试以定是非。十一月二十四日（12 月 27 日）于观象台测验，南怀仁算出，表高 8.49 尺，影长应为 16.66 尺，画成界线，日到正午，布颜等看到日影正合所画之处。而杨光先、吴明烜既不会推算，又不肯认输，杨说影多 9

分，吴说影多 6 分。二十五日将测试地点，移至皇宫午门前。南怀仁拿一高 2.2 尺的木表，说是日影应长 4.345 尺。二十六日再到观象台评比，南怀仁又用高 8.55 尺表，算得其影长应为 15.83 尺。三次测验结果，南怀仁预推全准，杨、吴皆错。①

康熙知道这一结果后，又下令将吴明烜所编算的来年（1669 年）民用历书和七政历书交南怀仁审查，南怀仁指出了其中五条错误。对于其中立即可以测验的，康熙又派 20 名官员会同双方当事人于康熙八年（1669 年）正月和二月，多次到观象台进行观测，结果是立春和雨水的时刻，月亮、火星和木星的位置，南怀仁所推逐款皆符，吴明烜所推全错。于是杨光先和吴明烜被撤职，并于三月初一（4 月 1 日）任命南怀仁为钦天监监副，南怀仁敬谢不就，改为“治理历法”，待遇同监副，每年给银一百两，米二十五担，实际上是钦天监业务上的最高负责人。南怀仁终身担任这个职务，去世后由闵明我（意大利人）继任，西人相传，直至道光六年（1826）高守谦（葡萄牙人）因病回国，钦天监才不再聘用欧洲人。②

南怀仁主持钦天监以后，立即组织力量，一口气写成《不得已辩》《妄推吉凶辩》《妄占辩》《妄择辩》，对杨光先进行全面批判。五月，鳌拜案发，康熙掌握实权，在此新的政治形势下，南怀仁又和其他先前受害者，控告杨光先“依附鳌拜，捏词陷人，致李祖白等各官正法”③，应予法办。于是一翻前案，已去世的汤若望及被斩首的李祖白等五人得以平反昭雪；为汤若望筑墓立碑，礼部大员主持公祭。因牵连被革职外流者，官复原职。杨光先则被判死刑，念其年老，从宽处理，令其出京回籍，八月十日行至山东德州，病发背部而死，时年七十有三。至此，这场绵延了十年的错综复杂的斗争才算了结。

在结束了这场斗争之后，南怀仁立即着手制造天文仪器。他认为，仪器在历法工作中具有头等重要性：“历之理，由此得以精；历之法，由此得以密……故作历者，舍测候之仪，而欲求历之明效大验，曷由也。”④康熙八年

---

① 黄伯禄. 正教奉褒. 上海，1930：23.

② 阎林山，马宗良，徐宗海. 鸦片战争前在中国传播天文学的传教士. 中国科学院上海天文台年刊，1982（4）：362-369.

③ 清圣祖实录. 卷 31；转引自黄一农. 择日之争与康熙历狱.（台北）清华学报，1991，21（2）.

④ 南怀仁. 灵台仪象志·序. 北京，1674.

六月十日（1669 年 7 月 7 日）清政府批准了他的计划。经过四年努力，康熙十二年（1673 年）新仪告成，共六大件，测定天体黄道坐标的黄道经纬仪，测定天体赤道坐标的赤道经纬仪，测定天体地平坐标的地平经仪和地平纬仪（象限仪），测定两个天体间角距离的纪限仪，表演天象的天体仪。其中黄道经纬仪和纪限仪为中国过去所未有。

中国天文学家们利用这些仪器进行了二百多年的观测工作，其中包括两次星表的编制，一是乾隆九年，甲子（1744 年）为历元的《仪象考成》中的星表，含有 3083 颗星的黄道坐标和赤道坐标；一是道光二十四年，甲辰（1844 年）为历元的《仪象考成续编》中的星表，含有 3240 颗星的黄道坐标和赤道坐标。这两部星表承上启下，是今天仍在沿用的恒星中文名称的主要依据。这六件仪器连同后来造的地平经纬仪和玑衡抚辰仪，至今屹立在北京古观象台上，成为东西文化交流的历史见证。①

在制成了六件天文仪器以后，南怀仁于康熙十三年（1674 年）又编写了一部大书：《灵台仪象志》，又名《新制灵台仪象志》或《仪象志》。全书共 16 卷，前 14 卷为文字部分，后 2 卷为图解，共有图 117 幅，绘制极为精美。李光地阅后称赞说："余夙重勋卿测算之学，乃绘事之精妙又如此，从事斯术者，览斯能省许多苦思也。"②

《灵台仪象志》除详述六件天文仪器制法以外，还介绍了许多当时最新的物理知识和仪器。③例如，①单摆。南怀仁把它叫作垂线球仪，介绍了伽利略发现的两条基本原理，即摆的等时性和摆长与振动周期的平方成正比，与振动次数的平方成反比。②自由落体运动。说自由落体在连续的每秒钟内所行的路程的比等于连续奇数比。如第 1 秒钟内走 1 尺，则第 2 秒钟内走 3 尺，第 3 秒钟内走 5 尺……这是伽利略在《关于两门新科学的对话》（1636 年）中推导出来的。③空气温度计。④④弦线扭转式湿度计。⑤光的折射定律。⑤⑥色散现象。

除《灵台仪象志》外，在天文学方面，南怀仁的重要著作还有《康熙永年表》（1678 年）和《九十度表》（1682 年）。日本的稻叶君山曾把《康熙永

---

① 常福元. 天文仪器志略. 北京，1930.

② 北京图书馆善本室收藏本上的批写.

③ 严敦杰. 伽利略的工作早期在中国的传播. 科学史集刊，1964（7）：8-27.

④ 王冰. 南怀仁介绍的温度计和湿度计试析. 自然科学史研究，1986，5（1）：76-83.

⑤ 王冰. 南怀仁《新制灵台仪象志》所述的折射. 自然科学史研究，1985，4（2）：195-198.

年表》和由康熙皇帝主持绘制的《皇舆全览图》（1718 年）誉为康熙时期的文化双璧。[①]它由日躔、月离、交食和五大行星，共 8 部分，凡 32 卷组成。每一部分开头先作一简要说明，然后列出 2000 年的数据表，有了这些表格，编每年的历书和计算日月食就省事了。《九十度表》又名《盛京推算表》是专为盛京（今沈阳）地方计算日食而编制的，它列出黄道圈离它与地平圈交点 90 度处的天顶距与子午线的距离，所以叫《九十度表》。

南怀仁的天文工作，不仅仅是编算历法、制作仪器和写书，而且影响了康熙皇帝的一生。在我国历史上的皇帝中，康熙是最喜爱自然科学的。康熙对他的大臣们说："尔等惟知朕算术之精，却不知朕学算术之故。朕幼时，钦天监汉官与西洋人不睦，互相参劾，几致大辟。杨光先、南怀仁于午门外九卿前当面睹测日影，奈九卿中无一知其法者。朕思己不知焉能断人之是非，因自愤而学焉。"[②]康熙拜南怀仁为师，向他学习数学、天文、力学和音乐方面的知识，非常勤奋。南怀仁于康熙二十一年（1682 年）写回欧洲的信中说："凡擅长天文、光学、力学等物质科学的耶稣会士，中国无不欢迎，康熙皇帝所给予的优厚待遇，是诸侯们也得不到的，他们常住宫中，经常能和皇帝见面交谈。"[③]由于南怀仁的要求和推荐。徐日升、张诚和白晋等先后来华，长期工作。尤其是徐日升，在康熙身边待了 36 年，至死为止。

康熙十二年（1673 年）吴三桂等三藩叛乱，声势浩大，战火遍及闽浙和西南数省。康熙为了迅速制止内战，于康熙十三年（1674 年）八月传旨南怀仁，命设计制造轻型火炮。自康熙十四年（1675 年）至康熙二十一年（1682 年）的八年间，南怀仁造成各种类型火炮近一千尊，并将造炮技术写成《神威图说》一书，于康熙二十一年正月二十七日（1682 年 3 月 5 日），呈献给康熙皇帝。康熙阅后，批示："南怀仁制造炮位精坚可嘉，着叙议具奏。"[④]四月，吏部查阅了入关前王天相等人因铸炮受封的档案后，上报应将南怀仁加封工部右侍郎；康熙准奏。至此，南怀仁的全部官衔便是：钦天监治理历法、太常寺卿、通政使司通政使、工部右侍郎又加一级。

南怀仁在地理学方面还绘有《坤舆全图》（1674 年），著有《坤舆图说》（1674 年）和《坤舆外纪》，并有答康熙问的《西方要纪》（1669 年）。《坤舆

① 转引自汪茂和．康熙皇帝与自然科学．南开学报（哲学社会科学版），1980（3）：59-67.

② 肖穆．敬平类稿．卷 11．杨公神道表.

③ 转引自汪茂和．康熙皇帝与自然科学．南开学报（哲学社会科学版），1980（3）：59-67.

④ 清文献通考．卷 194．兵 16；转引自张小青．明清之际西洋火炮的输入及其影响//1982 年清史学术讨论会，1982.

图说》传到日本以后，直到明治维新（1868～1873年）以前，被日本人奉为传授世界地理知识的名著。

南怀仁的中文著作约有40种，这里不再一一介绍，最后再说几件鲜为人知的事。①所著《吸毒石原由、用法》，在国内至今未发现。比利时李倍始最近从巴黎国立图书馆找到了这篇文章，并对这篇文章中所说的石头进行了详细研究，认为是活性炭。[①]②白尚恕在故宫博物院库房里发现了一台铜制镀金的三球仪，由五圈、三球（太阳、月亮、地球）组成。最外一圈为子午圈，直径为298厘米，其上刻有“康熙八年仲夏臣南怀仁等制”。可见这台小型演示仪器是在南怀仁制造六件大型仪器之前做成的。[②]③美国瑟温发现南怀仁于1687年用拉丁文在德国发表的《欧洲天文》(*Astronomia Europaea*)一书中说：“当余试验蒸汽之力时，曾用轻木制成一四轮小车，长二尺，且极易转动。在车之中部，设一火炉，炉内满装以煤，炉上则置一汽锅。在后轮的轴上，固定一青铜制的齿轮。其齿横出，与轴平行。此齿轮与另一立轴上之小齿相衔，故当立轴转动时，车被推而前进。在立轴上，另装一直径一尺的大轴。轮之全周装置若干叶片，向周围伸出。当蒸汽在较高压力之下，由汽锅一小管急剧喷射时，冲击于轴叶之上，使轮及轴迅速旋转，车遂前进。……此机之试验，表明一种动力的原理，使余得随意应用于任何形式之转动机械。例如，一小船，可由汽锅中蒸汽之力使在水面环行不已，余曾制成一具献赠皇帝之长兄。”[③]在这里，南怀仁说是“试验”，而不是“发明”，他可能已知意大利人布兰卡于1626年发明的冲动式汽轮，但将一个类似玩具式的发明，应用于推动车船，且增加转向机制，并作广泛应用的建议，不能说不是一件具有历史意义的创举。南怀仁的这一试验和建议，不仅在中国科技史上有其地位，在世界热机史上也应大书一笔。[④]《欧洲天文学》实际上天文学内容很少，主要是技术，是南怀仁向欧洲介绍他们在中国的工作而写的一本书，长期以来只有拉丁文本。1988年为纪念他诞生300周年已译成了荷兰文，不久将有英文本出现。比利时将1988年定为南怀仁年，举行了多种纪念活动，与此同时在中国台北和比利时鲁汶都举行了国际学术讨论会，一个研究南怀仁的热潮

① Libbrecht U. 南怀仁的《吸毒石原由、用法》研究. 香港大学中文系集刊，1987，1（2）（中国科技史专号）.

② 白尚恕. 南怀仁在中国//第一届国际中国科学史讨论会. 比利时，鲁汶，1982.

③ Thwing L L. Technology Review，1939，41（4）：169-170，中译及讨论见方豪文录. 清初中国的自动机器. 北京，1948：327-330.

④ 刘仙洲. 中国在热机历史上的地位. 东方杂志，1944，39（18）.

还正在兴起。

南怀仁曾随康熙帝出巡，写有旅行记，如《鞑靼旅行记》，这类著述，是研究康熙和清史的重要史料。

康熙二十七年十二月二十日，南怀仁逝世于北京。

〔王思治、李鸿彬：《清代人物传稿（上编·第八卷）》，
北京：中华书局，1995 年〕

阴阳爻与二进制

——读莱布尼茨致白晋的一封信

莱布尼茨（G. W. Leibniz，1646～1716）是17、18世纪之交的一位最重要的德国哲学家和数学家。他是数理逻辑的创始人，微积分的发明者之一。他的多才多艺和关注世界事务的广泛兴趣，很少有人能和他相比。普鲁士国王弗里德里希二世曾经称赞说："莱布尼茨本人就是一个科学院。"但是他生前并没有留下大部头著作。除了若干篇论文，他的学术观点都是在与别人的通信中以各种方式、从各种角度加以论述的。据统计，莱布尼茨一生所写的信中，有200多封论及中国。1990年有魏德迈（R. Widmaier）编的《莱布尼茨中国通信集》（*Leibniz Koresspondiert mit China*）出版。现存白晋（P. J. Bouvet，1656～1730，1687年抵华）给莱布尼茨的信6封，起自1697年，止于1703年；莱布尼茨给白晋的信9封，起自1697年，止于1707年；这些信均收于《莱布尼茨中国通信集》中。

1697年是莱布尼茨和白晋开始交往的第一年。这一年莱布尼茨主编出版了《中国近况》（*Novissima Sinica*）一书并作"序"。该书收入6篇文献：①葡萄牙传教士苏霖（J. Suavez）所写关于康熙皇帝于1692年下旨允许耶稣会士在华传教的文章；②比利时传教士南怀仁（F. Verbiest）所写关于中国历法的文章；③意大利传教士闵明我 1693 年 12 月 6 日从印度果阿写给莱布尼茨的信；④比利时安多（A. Thomas）神父 1695 年写于北京的信；⑤葡萄牙人徐日升（T. Pereira）和法国张诚（J. F. Gerbillon）参加中俄尼布楚条约谈判中国代表团的记闻；⑥张诚有关这次谈判的几封信。

《中国近况》出版之时，正逢从法国来华传教的耶稣会士白晋奉康熙皇帝之命回法国招募具有科学修养的耶稣会士。白晋读到此书以后非常激动，遂于该年 10 月 18 日提笔给莱布尼茨写了第一封信，并把自己写的《康熙帝传》寄给了他。同年 12 月 2 日，莱布尼茨从汉诺威给白晋回了一封很长的信，对其赠书表示感谢，并希望以后多通信讨论有关中国的问题。在这封信中，莱布尼茨还希望白晋返回中国后，能更多地了解数学、物理学方面的情况，并希望借助耶稣会士的努力，完善中国的制图学和地理学。白晋在返华前夕，于 1698 年 2 月 28 日回信答复了莱布尼茨在信中提到的许多问题，并说在华的耶稣会士都对莱布尼茨于 1673 年发明的既能加减又能乘除的新计算器极感兴趣。

白晋于 1698 年 3 月 7 日由法国启程东返，同年 10 月底回到中国。此后，他与莱布尼茨继续保持通信联系。1700 年 11 月 8 日，白晋在从北京写给莱布尼茨的信中，较详细地介绍了《周易》的情况，说它是 4000 年前中国第一位历法制订者伏羲发明的体系，包含有中国的一切学问和智慧，对卦爻及象数学的分析可以解开所有的谜。这里指的实际上是宋代哲学家邵雍（1012～1077）所创的六十四卦先天方位图（一说为比邵雍稍早的陈抟所创），白晋误以为是伏羲所作，使莱布尼茨也受此误会。

由于路途遥远，邮递困难，1701 年 2 月 15 日莱布尼茨才写信回答白晋于 1699 年 9 月 19 日写给他的信，1700 年 11 月 8 日白晋介绍《周易》的信他还没有收到。在这封信中，莱布尼茨首次向白晋介绍了关于二进制的设想。莱布尼茨于同月 26 日向巴黎科学院送交了他的论文《试论新数的科学》，因而在 10 天以前他给白晋写信谈这件事是很自然的。值得注意的是，虽然他于 4 月 25 日在巴黎科学院宣读了这篇论文，但是要求不要出版。

白晋在收到莱布尼茨 1701 年 2 月 15 日的信后，立即发现，如果 0 和 1 两个数码代表《周易》中的阴爻（--）和阳爻（—），伏羲次序图中的八卦和六十四卦不仅可以分别转换成二进制中的全部 8 个三位数码和全部 64 个六位数码，而且给出了一个从小到大的自然排列顺序。于是他在同年 11 月 4 日写了一封极长的信给莱布尼茨，并把伏羲的六十四卦先天方位图（图 1）寄给了他。这封信经过伦敦，直至 1703 年 4 月 1 日才转到身在柏林的莱布尼茨手中。

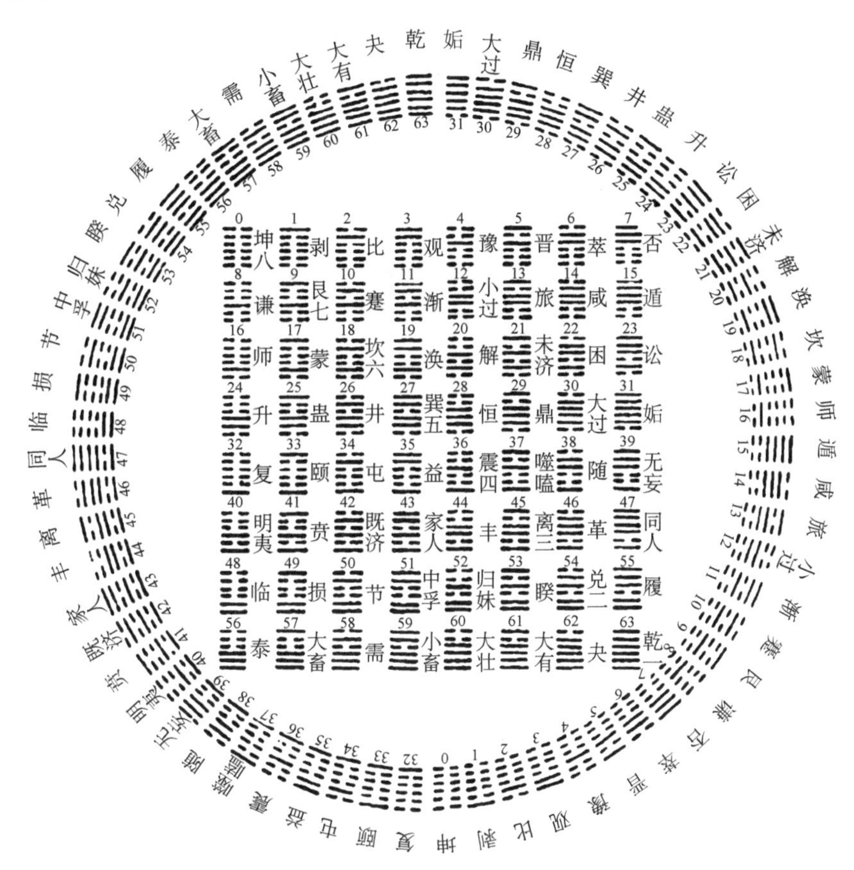

图 1　白晋寄给莱布尼茨的六十四卦先天方位图

莱布尼茨收到白晋的信和伏羲六十四卦先天方位图以后，大受鼓舞。第二天就写信告诉了一位友人，第七天（4 月 7 日）就把论文《关于仅用 0 与 1 两个符号的二进制算术的说明，并附其应用，以及据此解释古代中国伏羲图的探讨》寄送巴黎科学院请求发表（在刊物上登出来的时间则为 1705 年 5 月），又于 4 月 17 日写信给伦敦皇家学会的约翰·思伦说，这个发现使得中国人几千年以来不可解之谜得到了解答。最后又于 5 月 18 日给白晋回复了现在我们翻译出来的这封信。

从此信可以明显地看出，莱布尼茨不是受了伏羲图的启示而发明二进制的，而是在得到伏羲图之后，觉得他发明的二进制大有用途，才决心发表他思索了20多年的二进制。在这封信中，他对白晋是这样说的：

我向您承认，即使我自己，如果未曾建立我的二进制算术的话，对伏羲图哪怕研读良久也未必能够理解。早在20年前我脑中就已有这种0和1的算术的想法。……但我保留着我的发现，除非我能同时证明它的巨大用处。……正是在这个时候，您为它找到了用于能解释这座中国的科学丰碑的用处，真使我万分高兴。

严格说来，莱布尼茨并不是二进制的首创者。在莱布尼茨以前欧洲已有人使用过二进制，但他很可能不知道。莱布尼茨论二进制的最初手稿写于1679年3月15日，直到1696年5月与其庇护者奥古斯特（R. Augustus）大公的一次谈话以后，才重新引起他的兴趣。1697年1月2日他送给奥古斯特的新年礼物就是一个二进制的纪念章。纪念章的正面绘的是奥古斯特的侧身像，像的下面是一个由数字0和1组成的王冠图。纪念章的背面是一个由0到17的二进制计数法和十进制计数法的对照表，如二进制 10=十进制 2，二进制101=十进制5；对照表的左侧是加法实例，右侧是乘法实例：

```
  10 2            101  5
 101 5             11  3
 -----           --------
 111 7            101
                 101
                ---------
                 1111 15
```

可见这时他的二进制算法已很成熟，而这时他和白晋还不认识，再过六年多以后，1703年4月1日才从白晋手中收到伏羲图，而且伏羲六十四卦图只是它的阴阳爻二元符号可以转换成0与1二进制数码，并不包含莱布尼茨所发明的运算法则。所以莱布尼茨把这两件事联系起来，不单纯是因为有科学上的共性，而是还有神学上的考虑。他在这封信中说得很明白：

您已经充分体会到了它在宗教中的主要功用之一，亦即创世的无与伦比的象征，也就是说，万物来源于唯一的上帝（1）和无（0），没有什么先在的原料。……我相信中国的学者们，当他们了解了这些想法，并且看到伏羲的所有创造都与我们的一致时，将会乐于相信这位巨人也乐于代表上帝（造物主）以及上帝从无创造万物的创世过程。

莱布尼茨和白晋想把中国经典和西方基督教思想统一起来的努力，并没有成功；中国人也没有因为伏羲图和二进制有共同点而对基督教增加兴趣。

就二进制本身来说，当时也没有显示出什么重要性。二进制的重要性只是到了 20 世纪控制论和信息论出现以后才显示出来。1949 年维纳（N. Wiener，1894～1964）在他的划时代著作《控制论》一书中说，这种算术已被人于 1932 年发现是对大型电子计算机最适用的系统，不论是电路开关或热离子阀，只要使用“开”或“关”两种位置就行。1993 年美国克林顿总统上台以后，提出耗资 4000 亿美元的信息高速公路计划，轰动全世界，标志着 21 世纪将进入信息社会。在信息社会中，绝大多数的信息传输（电视、电话、各种图像）都要转换成二进制的数码进行，其特点是速度快、容量大和信息逼真。这些新技术是邵雍和莱布尼茨做梦也想不到的。我们只能历史地看待他们的成就。

〔《国际易学研究》，1996 年第 2 辑〕

李约瑟论《周易》对科学的影响

李约瑟认为，影响中国古代科学发展的三大哲学思想体系是阴阳理论、五行理论和《周易》，前两者对科学的发展是有益无害的[1]330，而“《周易》的那种精致化了的符号体系几乎从一开始就是一种灾难性的障碍，它诱使那些对自然界感兴趣的人停留在根本不成其为解释的解释上”[1]363。李约瑟并且声明，他所主张的对建立现在和未来形式的现代科学所必需的有机哲学起源于中国的说法，“没有一种是以任何形式为《周易》的观点进行辩护的，或是要减轻它对中国科学思维所造成的恶劣影响的。”[1]367 在他的巨著《中国科学技术史》第 2 卷《科学思想史》中用了长达 44 页（329-372 页）的篇幅来专门讨论这个问题，其他章节还有 45 处提及，现在将他的论点做一详细介绍，供大家参考。

1．对古代科学发展的阻碍作用

李约瑟首先引用了将《周易》译成英文的理雅各（J. Legge）于 1899 年所写的一段话：

“凡是对‘西方’科学已经有某些知识的中国学者士绅都爱说，‘欧洲’物理学的电、光、热以及其他学科的全部真理都已包含在八卦之中了。可是当问到为什么他们和他们的同胞对这些真理一直是而且仍然是一无所知时，他们就说，他们必须先从西方书籍里学到这些，然后再查对《易经》，这时他们发现在2000多年以前孔子已经懂得所有这些了。这样表现出来的虚荣和傲慢是幼稚的。而且中国人如不抛掉他们对《易经》的幻觉，即如果认为它包含有一切哲学所曾梦想到过的一切事物的话，《易经》对它们就将是一块绊脚石，使他们不能踏上真正的科学途径。”[1]362, 363

李约瑟在引完了理雅各的话之后说：

“这些话是将近一个世纪之前写的，但是现在的情况摆向了相反的方向：极少有中国科学家能抽出时间来检查他们所认为是他们自己中古时代的愚昧思想，这一事实是大大地损害了亚洲的科学发展史。但是，关于《易经》在中国科学思想的发展中究竟起了什么作用，现在该是我们作出自己的判断的时候了。”[1]363

1）关于技术发明的说法纯属虚构

《易·系辞下》在“古者包牺氏之王天下也，仰则观象于天，俯则观法于地，观鸟兽之文与地之宜，近取诸身，远取诸物，于是始作八卦，以通神明之德，以类万物之情”总论之后，列举了11种事物（渔网、耒耜、市场、船车、门、杵臼、弧矢、宫室、棺材、结绳记事），认为这些事物都是圣人（伏羲、神农、黄帝、尧、舜等）受了这个卦或那个卦的启发而发明的。例如，网和织品是受离（第30卦）的启发而发明的，船是受涣（第59卦，木在上，水在下）的启发而发明的，门是受豫（第16卦）的启发而发明的。

李约瑟认为，这种说法“是十分怪诞和武断的”，把各种发明都归源于卦象，只不过是增强他的说法的权威性而已，连作者本人大概都不相信，至今也不会有什么人相信[1]353。

2）把炼丹术神秘化

李约瑟分析了中国现存最早的炼丹书籍——魏伯阳的《周易参同契》(142年）和宋代朱熹在1197年所写的《参同契考异》。他认为，《周易》中所体现的辩证思维，对炼丹工作可能有所启发，但卦在《周易参同契》中广泛使用，并无必要，只是把简单事物披上了复杂的外衣，使它神秘化了。

朱熹在《参同契考异》一开头即说：魏伯阳并不打算解释《易经》，他只是利用虞翻（164～233）在注解《周易》时所提出的纳甲法（将天干与卦结合起来，用以计时）来指导自己在各个不同时机加入试药和取出成丹。在六十四卦中，乾、坤二卦除代表其他事物外，还代表仪器，坎卦和离卦代表化学物质，其余六十卦都与火候有关，亦即提示进行操作的时间。把这些弄清楚了，就知道《周易》之于炼丹，只是一个神秘的外衣，而且后来越来越神秘，并没有起什么促进作用。

3）对生命现象的臆测

在王逵的《蠡海集·人身类》（约成书于明初，即14世纪末）里有：“人与畜，凡动物血皆赤者，血为阴，属水。坎（第29卦）为水，中含阳。血色赤，所含者阳也。离（第30卦）中之交，生气之动也。（血）去体久即黑，热之亦黑，返本（即第二卦“坤”的土性）之义也。”

李约瑟认为：“这段话正如王逵其人，他记下了别人所未观察到的许多有生物化学意义的奇异事物，但也显示了卦系统的玄虚性。由于在此前的若干世纪里，血红色已被武断地选定是与坎卦联系着的，于是说坎卦在控制着它，就成为对血的红色一种圆满的解释”，不再深究了[1]361。

李约瑟指出，坎卦的对偶离卦在解释为什么有些动物有体外骨骼时，也起着类似的作用。《易·说卦》曰：“离为鳖、为蟹、为蚌、为龟。”孔颖达的解释是“取其刚在外”，因为离卦上下各有一阳爻，中间有一阴爻。按照这种说法，坎卦应代表鱼类、爬虫类和哺乳类，“但是我未曾看到过这样的明确提法；然而，坎的动物是猪”[1]361，一直到明末李时珍的《本草纲目》都还遵循着这种陈旧的观点。

李约瑟还举了一个更为可笑的生理学上的例子。《蠡海集·人身类》说：人的上眼皮能运动，下眼皮不能运动，是因为观（第20卦）体现了视觉观念，此一卦为风性的巽（八卦第六）在上，能动，土性的坤（八卦第二）在下，不动。人的下颚动，上颚不动，这是因为颐（第27卦）体现了口的观念，此一卦为雷性的震（八卦第三）在下边，能动，山性的艮（八卦第五）在上边，不动。原文为：

“人之目，上睫动，下睫静，为观卦之象，有观见之义，巽风动于上，坤地静于下。人之口，下颏动，上颏静，为颐卦之象，有颐养之义，震雷动于下，艮山止于上。”

4）卦的符号体系与封建官僚体制之间的配合

李约瑟说，如果上述这些论证引起人们失望的话；我们就必须回忆一下，我们欧洲人的祖先们在14世纪的最后几十年，也就是剑桥大学较老的各学院创立的时候，其情形也好不了多少[1]362。但是，以下情况使得《周易》的破坏作用变得越来越明显，即《周易》那种精致化了的符号体系是与官僚制的社会体制相适应的一种世界观。“它是对自然现象的‘行政管理的途径’？当中国的科学著作者说某某卦‘支配着’某某时刻或现象时，当某种自然物体或事件据说是在某某卦的‘主管之下’时，我们就不禁想起在政府机关工作的人们所熟悉的那套用语‘相应咨转贵部查办’‘转请贵部查照’，等等。《周易》可以说是构成了一个‘把各种观念通过正当渠道转致正当部门’的机构。”[1]364“它诱使那些对自然界感兴趣的人停留在根本不成其为解释的解释上。”[1]363

2. 莱布尼茨在接触到《周易》以前已发明二进制

李约瑟还就莱布尼茨是受《周易》的启发而发明二进制的问题进行了批驳。他指出，莱布尼茨《论二进制算术》(*De Progressione Dyadica*)一文写于1679年，发表于1703年，这中间相隔24年。在这期间，1697～1702年，莱布尼茨和在华传教士白晋有许多通信。1698年，白晋引起了莱布尼茨对《周易》的注意。1701年4月，莱布尼茨把二进制数字表寄给白晋，并认识到它与六十四卦的统一性，即以1代表阳爻，以0代表阴爻，可以把六十四卦解释为数字的另一种写法。同年11月，白晋才把宋代邵雍的两张伏羲先天图寄给莱布尼茨。当时他们真以为是伏羲氏的。这就使得莱布尼茨非常兴奋，使他对中国哲学也产生了兴趣，决定发表他的《论二进制算术》，并加了一个很长的副标题：“它只用0与1，并论述其用途及伏羲氏所使用的古代中国数字的意义。”[1]367-368

李约瑟认为，莱布尼茨当时这样做是为了给他的发明附加上宗教意义和神学意义。他说：“一切组合均产生于一和零，这好像是说，上帝创造万物是从零开始的，而且只有两条第一原理，即上帝与零。”莱布尼茨想用这种准数学论证来诱导中国人接受基督教[1]368。①

李约瑟认为，从数学上来说，二进位制和十进位制、十二进位制和十六

① 李约瑟的这一论断在莱布尼茨于1703年5月18日写给白晋的信中，可以得到充分的证明：“您已经充分体会到了它在宗教中的主要功用之一，亦即创世的无与伦比的象征，也就是说，万物来源于唯一的上帝（1）和无（0），没有什么先在的原料。……我相信中国的学者们，当他们了解了这些想法，并且看到伏羲的所有创造都与我们的一致时，将会乐于相信这位巨人也乐于代表上帝（造物主）及上帝从无创造万物的创世过程。”（《国际易学研究》第二辑，1996年，1-13页）

进位制一样，没有什么特殊性，在当时也没有显出什么重要性。二进制的重要性只是到了 20 世纪控制论和信息论出现以后才显示出来。1949 年维纳在他的划时代著作《控制论》一书中说，这种算术已被人于 1932 年发现是对大型电子计算机最适用的系统，不论是电路开关或热离子阀，只要使用“开”或“关”两种位置就行。维纳并且猜想，高级生物机体中的神经细胞本身也是按照二进制算术原理在进行。1993 年美国克林顿总统上任以后，提出耗资 4000 亿美元的信息高速公路计划，轰动全世界，标志着 21 世纪将进入信息社会。在信息社会中，绝大多数的信息传输（电视、电话、各种图像）都要转换成二进制数码进行，其特点是速度快、容量大和信息逼真，也有人称之为“数字世界”。但是，这些新技术的发展，是邵雍和莱布尼兹做梦也想不到的，我们只能历史地看待他们的成就，李约瑟说得好：“研究用阴爻和阳爻的反复交替组成六十四卦的‘变易’的占卜者，他们可以被认为是在进行简单的二进制算术运算，但是他们在这样做的时候，肯定是并没有认识到这一点的。我们必须要求，任何发明——无论是数学的或是机械的——都应该是有意识地作出并能供使用的。如果《易经》占卜者不曾意识到二进制算术，而且也未曾加以使用，那么，莱布尼茨和白晋的发现就仅仅具有如下的意义，即在邵雍的《易经》解说中所表现的抽象顺序系统是碰巧与包含在二进制算术中的抽象顺序系统相同而已。莱布尼茨和白晋相信是上帝曾启发伏羲把它纳入卦中，这一点我们不必纠缠。”[1]369-370

参考文献

[1] 李约瑟. 中国科学技术史・第二卷：科学思想史. 北京：科学出版社，上海：上海古籍出版社，1990.

〔《自然科学史研究》，2000 年第 19 卷第 4 期〕